自动控制原理

主　编　任一峰

副主编　赵俊梅　张文华　李 静　尤文斌

北京航空航天大学出版社

内容简介

本书以控制系统的建模、分析和设计为主线，系统介绍自动控制的基本理论和应用。全书共分7章。第1章介绍自动控制的基本概念。第2～6章介绍线性连续系统的数学模型、时域分析、根轨迹分析、频域分析以及系统的校正。第7章介绍线性离散系统的时域分析和数字校正。书中给出了一些国防领域的控制系统实例，其中的典型控制系统贯穿于第2～7章。此外，本书给出部分MATLAB仿真代码和结果，方便读者利用计算机进行控制系统分析和设计。

本书适合普通高等院校自动化、机械、电子、电气等相关专业的本科生和研究生作为教材学习使用，也适合从事相关装备研发和工程设计等工作的人员参考使用。

图书在版编目(CIP)数据

自动控制原理 / 任一峰主编 ；赵俊梅等副主编. --北京 ：北京航空航天大学出版社，2023.8

ISBN 978-7-5124-4025-8

Ⅰ. ① 自… Ⅱ. ①任… ②赵… Ⅲ. ①自动控制理论—高等学校—教材 Ⅳ. ①TP13

中国国家版本馆CIP数据核字(2023)第013311号

自动控制原理

主　编　任一峰

副主编　赵俊梅　张文华　李　静　尤文斌

策划编辑　龚　雪　　责任编辑　龚　雪

*

北京航空航天大学出版社出版发行

北京市海淀区学院路37号(邮编100191)　http://www.buaapress.com.cn

发行部电话：(010)82317024　传真：(010)82328026

读者信箱：goodtextbook@126.com　邮购电话：(010)82316936

北京时代华都印刷有限公司印装　各地书店经销

*

开本：787×1 092　1/16　印张：15.75　字数：403千字

2023年8月第1版　2023年8月第1次印刷　印数：2 000册

ISBN 978-7-5124-4025-8　定价：59.00元

若本书有倒页、脱页、缺页等印装质量问题，请与本社发行部联系调换。联系电话：(010)82317024

前　言

自动控制技术在工农业生产、国防建设、航空航天、交通运输和日常生活等领域均有广泛深入的应用，标志着人类社会已经进入智能自动化时代。面对各类复杂的控制工程问题，研究学习其共同遵循的基本原理和控制设计方法，具有重要意义。

本教材主要介绍了自动控制的基础理论和应用，包括系统模型的建立、控制系统的性能分析、控制器的设计和优化等方面。通过理论与实践相结合的方式，帮助读者了解自动控制原理的核心内容和关键技术，提高其解决实际问题的能力和水平。

本教材的编写坚持以“科技是第一生产力、人才是第一资源、创新是第一动力”为引领，落实立德树人根本任务，围绕经典控制中最为核心的系统思想和反馈方法，强调概念的工程化理解和直观认识，注重科学思维和方法论的引导。同时，作为一本具有国防教育特色的教材，全书以自动控制在国防领域中的应用为背景，关注火炮、飞行器、导弹、雷达等国防装备中控制系统的设计和实现，并以典型控制工程对象为应用案例，贯穿于教材的各个章节。

作为国家一流课程“自动控制原理”的配套教材，希望它能够为读者提供全面、深入、系统的自动控制理论知识，帮助读者掌握自动控制技术在国防领域中的工程应用技术，提高其工程实践能力和创新能力。

本教材编写分工如下：任一峰负责编写第1章及全书统稿，尤文斌负责编写第2章，李静负责编写第3、4章，赵俊梅负责编写第5、6章，张文华负责编写第7章、附录。

最后，感谢所有参与本教材编写的人员和编辑出版人员，感谢他们的辛勤工作和付出。

编　者

2023年3月于太原

目　　录

第1章　绪　　论

1.1 引　　言

在复杂的生产劳动过程中实现自动化控制，是一个存在已久的人类梦想。但直到进入20世纪以后，人们才在大量工程技术经验的基础上，逐渐总结形成了有关自动控制的系统理论知识。自动控制理论的推广应用，给机械制造、电气、化工、通信等领域带来了革命性的技术进步，并直接推动了航空航天等一大批尖端科学技术的诞生。与此同时，自动控制和自动化技术也日渐深入地影响到我们的日常生活，如办公自动化、楼宇自动化、农业自动化、无人工厂、生活机器人等，使我们的生活逐渐进入到一个崭新的自动化时代。可以说，现在的人们已经离不开周围生活中的各种自动化设备了。

随着控制理论及其应用技术的发展，工程控制论所揭示的思想和方法，也吸引了经济、社会等其他领域的科学工作者。控制论和其他学科的交叉融合，产生了许多的边缘学科，在促进各个学科发展和提升的同时，也使控制科学自身得到了极大的丰富和完善。工程控制论及其衍生出来的生物控制论、人口控制论、环境与生态控制论、经济控制论、社会控制论等学科，共同形成了一门具有划时代意义的独立学科——控制论。它与相对论、量子力学，一同被认为20世纪人类认识和改造客观世界的三大飞跃。

按照一般的划分，控制理论的发展经历了3个时期。20世纪40年代的经典控制论时期，着重研究单输入/单输出(Single Input Single Output,SISO)系统的控制问题。其依赖的主要数学工具是微分方程、拉普拉斯变换、傅里叶变换等，研究方法包括时域法、根轨迹法和频域法。其主要解决经典控制系统的稳定性、快速性和控制精度问题，即实现所谓"稳""准""快"的技术要求。20世纪60年代开始进入了现代控制理论时期，其着重解决多输入/多输出(Multi Input Multi Output,MIMO)系统的控制问题。它的主要数学工具是多元微分方程组、矩阵论等，其主要研究方法有状态空间法、变分法、极大值原理、动态规划等，研究重点是最优控制、最佳估计、自适应控制和系统辨识等方面的问题。20世纪80年代后期，随着计算机科学与人工智能技术取得重大进展，智能控制理论和大系统理论成为第3代控制理论的核心。它主要研究的是具有人工智能的信息处理和复杂工程控制问题，模仿具有自适应、自调节能力和高度自组织的人类生命机理，使具有高度复杂性、不确定性的各种系统可以达到更高的控制要求。自动控制理论发展的3个阶段，也反映了人类社会由简单机械化转向电气化、自动化，进而走向信息化和智能化的时代特征。

1.2 自动控制的基本概念

1.2.1 自动控制定义

飞行器在预定轨道上运行、数控机床按设定的工艺加工零件、机器人按预定程序在特殊环境中工作、化工反应塔的温度和压力维持动态恒定，这些“自动”工作的过程都有一个共同点，即在没有人直接参与的情况下，利用控制装置或控制器，使被控对象的某个或某些物理量(或工作状态)能自动地按照预定的规律变化(或运行)，这种工作方式叫作自动控制方式。其中，被控对象可以是机器、设备等，也可以是一个生产过程(如化学反应过程、热工过程等)；被控制的物理量可以是压力、温度、流量、转速、电压、位移和力等，或者是它们的组合；控制器是系统中的关键部件，先进的控制理论和控制方法都是通过控制器实现的。控制器的优劣，对系统能否有效实现控制目标具有决定性的意义。

在实际控制系统中，被控对象千差万别，控制装置也有较大的差异。在工程领域比较有代表性的有以机械、电气、液压等方式驱动运动对象的运动控制系统，以保证流量、温度、压力等化工生产过程工艺条件为目标的过程控制系统。从系统论的观点来看，各种系统的基本控制结构具有一定的相似性。控制理论正是研究这千差万别的具体系统中的一般规律，并利用它们指导控制器的设计；前者称为系统分析，后者称为系统的综合。

1.2.2 自动控制方式

自动控制的工作方式有 3 种：开环控制、闭环控制及将二者结合的复合控制。这 3 种控制方式都有各自的特点及不同的适用场合。这里仅介绍最基本的开环控制与闭环控制，关于复合控制将在后续第 6 章的 6.4 节中详细讨论。

1. 开环控制

在这种控制方式中，信号由输入端到输出端的传递是单向的，没有形成闭合环路，故称为开环控制。按这种方式组成的系统称为开环控制系统。这类系统的特点是系统的输出量不会对控制量产生影响。开环控制按输入信号的不同来源，分为按给定控制和按扰动控制两种方式。

图 1-1 为按给定控制的开环控制系统的方框图。这种控制比较简单，控制作用直接由系统的输入量产生。由于系统对于可能的干扰及工作过程中特性参数的变化没有自动补偿的作用，因此控制的精度完全取决于元部件的性能及校准的精度。因为其结构简单调整方便，所以在精度要求不高或扰动影响较小的场合比较适用。简易自动化流水线、数控车床、交通指挥灯、自动售货机等多为开环控制系统。

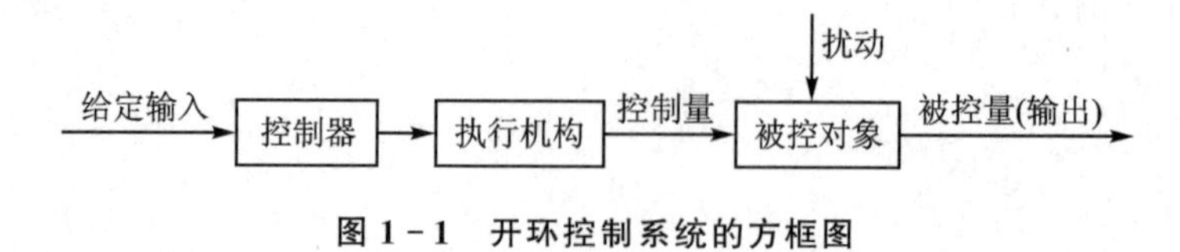

图 1-1 开环控制系统的方框图

如果系统干扰可以被测量，则可利用干扰信号产生控制作用，以补偿扰动的影响。这种控制方式属于按扰动控制的开环控制方式,也称为扰动前馈控制。扰动前馈控制是一种主动控制方式,它在干扰影响到达被控量之前,就尽可能地将干扰抵消。

2. 闭环控制

对于实际的工程系统,存在许多未知或不可量测的随机干扰信号,要想完全补偿是不现实的。若将实时输出信息反向馈送到输入端,用以修正控制量,产生抵消偏离的作用,则可使实际输出自动趋于期望的输出。这种控制方法称为反馈控制。因为反馈控制从输出端引出信号,回送到控制端形成闭合的回路,所以也称为闭环控制。图 1-2 所示为闭环控制系统的方框图。

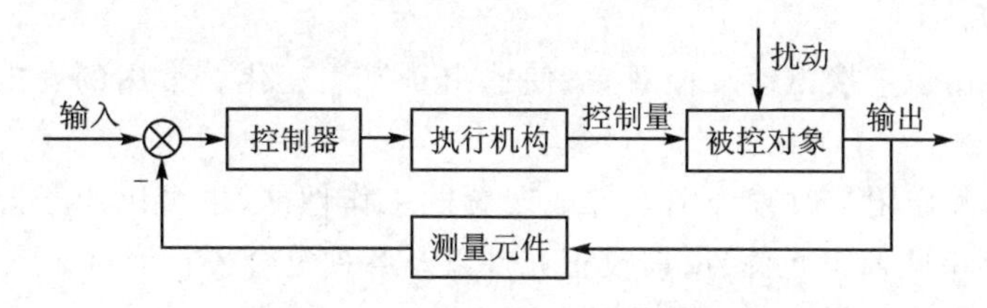

图 1-2　闭环控制系统的方框图

图 1-2 中由输入到输出的通道称为前向通道,由输出端回送信号到输入汇合处的通道称为反馈通道。信号汇合处的正负符号表示输入与反馈的极性,此处正号可以不画。若反馈信号的极性与输入相反,则称为负反馈;若二者极性相同,则称为正反馈。只有在负反馈的情况下,系统才对各种扰动及元件参数的变化具有自动调节作用。自动控制的"自动"特性正是通过负反馈实现的。在很多场合,负反馈控制就是自动控制的代名词。

大多数理想的自动控制系统,希望被控物理量或输出量能够完全实时地跟踪给定输入量的变化,即期望什么样的输出,就给定什么样的输入。由于在负反馈控制方式中,无论是由于外界干扰造成的还是由系统自身结构参数动态变化(内扰)引起的被控量与给定量之间的偏差,系统都能够通过反馈结构自行减小或消除这个偏差,因此这种控制方式也称为按偏差调节。闭环控制系统这种"利用偏差来纠正偏差"的突出特点,可以使系统达到较高的控制精度。但与开环控制系统比较,闭环系统的结构相对复杂,调试比较困难。特别是由于闭环控制存在反馈回路,如果设计调试不当,就会产生输出振荡甚至发散,使系统无法稳定地正常工作。如何保证闭环控制系统稳定,是控制理论研究的重要课题之一。

1.2.3　自动控制系统

完整的自动控制系统,除被控对象外,往往还包括给定元件、测量元件、比较元件、放大元件、执行机构和校正元件等,这些统称为控制装置。控制装置与被控对象相连接,一起构成自动控制系统。图 1-3 所示为典型的自动控制系统结构。比较元件常用符号"⊗"表示。

图 1-3 中涉及的各元器件功能如下:

① 给定元件:用于给出与期望的输出相对应的系统输入量,是一类产生系统控制指令的装置。

② 测量元件:用于检测被控对象输出的物理量,并转换为可以与输入量相比较的信号。

③ 比较元件:用于完成多端输入的和差运算,特别是用于获取输入量与反馈量的偏差。一般电路中可以由运放模块实现。

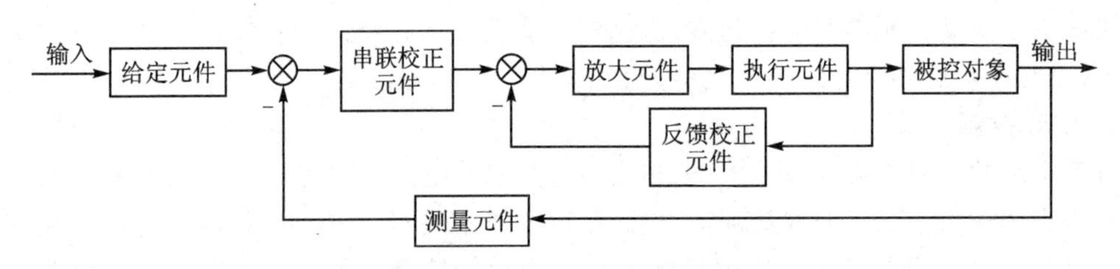

图 1-3　典型的自动控制系统结构

④ 放大元件：比较偏差信号一般都较小，不足以驱动负载，需要经过放大元件，包括电压放大及功率放大等。

⑤ 执行元件：用于直接驱动被控对象，使输出量发生变化。常用的有电动机、阀门、液压机械等。

⑥ 校正元件：其作用是改善个别元件或装置的工作性能，也可以用于改善系统的整体性能。校正元件包括串联校正元件、反馈校正元件以及各种复合校正元件。其中基于各种 CPU 的数字控制器是目前应用最为广泛的校正单元。

1.3　自动控制系统的分类

自动控制系统的种类繁多、错综复杂，可以从不同的角度来认识和分类。需要注意的是，在这些分类中关于控制系统的许多说法，会经常出现在工程技术人员的相互交流中。

1.3.1　按输入信号的特征分类

1. 恒值控制系统

恒值控制系统的特点是系统的给定输入是恒定值，以期实现系统输出的恒定。恒值控制系统是常见的一类自动控制系统，如恒温控制系统、恒张力控制系统、恒定水位控制系统等。

2. 随动控制系统

随动控制系统的特点是输入信号是随机变化的，要求系统的输出能够快速、准确地跟随输入量的变化而做出相应的变化。被控量是位移（角位移）、速度（角速度）、加速度（角加速度）的随动控制系统，通常又被称为伺服控制系统。

随动（伺服）控制系统可以实现以小功率指令信号去控制大功率负载，或在没有机械连接的情况下，由输入轴控制位于远处的输出轴，实现远距离同步传动等控制要求。

随动控制系统在工业和国防领域有着极为广泛的应用，例如火炮自动控制和指挥仪、船舶的自动驾驶、飞机和导弹的导航制导以及工业生产中的自动化测量等。

3. 程序控制系统

与随动控制系统不同，程序控制系统的给定输入是事先设定了变化规律的。这类系统往往适用于明确的运动控制目标或特定的生产工艺和生产过程，按所需要的控制规律给定输入，并要求输出按预定的规律变化。

程序控制系统与随动控制系统相比，更具有针对性。由于变化规律已知，因此可事先根据要求设计方案，保证控制性能和精度。程序控制系统有十分广泛的应用，如任务机器人、数控机床加工系统等。

1.3.2 按系统传输信号连续性分类

1. 连续控制系统

连续控制系统中各元件的输入量与输出量都是连续时间函数,又称为模拟控制系统。数学上,描述连续控制系统运动规律的最基本方法是微分方程。

2. 离散控制系统

离散控制系统又称为采样控制系统或数字控制系统。它的特点是系统中全部或局部区域的信号是脉冲序列、采样数据或数字量。常见的数控系统属于离散控制系统。描述离散系统运动规律最基本的数学方法是差分方程。

1.3.3 按系统的线性特点分类

1. 线性系统

线性系统全部由线性元件组成,其输入、输出之间的关系用线性微分、差分方程或线性方程组来描述。在描述方程中,输出量、输入量及其各阶导数(差分)都是一次的,并且各系数与输入量、输出量无关。线性系统满足齐次性和叠加性的特性,这些特性经常作为线性系统的判别依据。

2. 非线性系统

只要系统中存在非线性元件(具有死区、饱和、滞环、继电器等特性,其输入/输出关系不是一条直线),系统就称为非线性系统。其特性要用非线性的微分或差分方程来描述。这类方程的特点是各项系数可能与输出量有关,或者方程中含有输出量及其导数的高次幂、乘积项等。例如:

$$\ddot{c}(t)+c(t)\dot{c}(t)+c^2(t)=r(t)$$

其中,$r(t)$为系统的输入量,$c(t)$为系统的输出量。

严格来讲,工程应用中并不存在完全的线性系统。因为实际的物理系统总是具有不同程度的非线性特性,线性系统只是非线性系统在允许误差范围内的近似结果。目前,由于非线性系统的研究还没有统一的方法,每种方法也只能解决一部分非线性问题,因此非线性系统还有大片未开垦的区域。也正是因为非线性系统目前这种尚未成熟的研究状态,所以吸引着越来越多的人加入探索者的行列,形成了许多研究热点。

1.3.4 按系统参数变化情况分类

1. 定常系统

定常系统又称时不变系统,其特点是系统的全部参数不随时间的变化而变化。用微分方程来描述的话,方程的各系数均为固定常数,不随时间的变化而变化。如果系统同时是线性的,则该类系统被称为线性时不变系统。这是一种简单而重要的系统,已有成熟的分析设计方法。在工程应用中遇到的大多数控制系统,都属于或近似于这一类系统。

2. 时变系统

时变系统是指系统中有的参数随时间的变化而变化的一类系统。定常系统之外全部是时变系统。与非线性一样,时变也是事物的本质,所谓时不变往往也是在精度要求条件下的近似。在许多情况下,系统是不允许做时不变近似的。例如多级火箭飞行控制中,火箭分级燃料质量、飞船受的重力等都随时间发生明显变化，属于典型的时变系统。

1.3.5　按输入/输出信号数量分类

当系统只有一个输入量和一个输出量时，称为单输入/单输出(SISO)系统，也称为单变量系统。所谓单变量是根据系统外部变量的描述来分类的。当然系统内部也存在各种结构和回路，可以有各种形式的内部变量(中间变量)。但对系统的性能进行分析时，可只考虑外部输入/输出变量之间的关系。经典控制理论主要解决了这一类系统的分析与设计问题。

当系统的输入量和(或)输出量多于一个时，称为多输入/多输出(MIMO)系统，也称为多变量系统。多变量系统往往有多个输入量和多个输出量。多变量系统变量多，内部回路也多，且相互之间存在交叉耦合，比单变量系统要复杂得多。以状态空间法为基础的现代控制理论，主要解决这类系统的分析与综合问题。

当然，除了以上分类方法外，还可以根据其他的条件进行分类。各种分类方法也可以组合使用。例如本教材主要讨论单变量系统，单变量系统又分为连续部分和离散部分，其中连续部分又是从线性时不变系统开始讨论的。

1.4　控制系统的基本要求

从控制系统要完成的任务来看，在整个控制过程中，被控量即输出量应始终实时地跟踪到给定输入信号，且理想的控制系统应该是无误差的。但是在实际系统中，各物理量的变化不可能瞬时完成。输出要跟踪和复现输入信号需要有一个时间过程，这个过程称为暂态过程(动态过程、过渡过程、动态响应)。系统要正常地工作，暂态过程应趋于一个平衡状态，即系统的输出应收敛于与输入信号相对应的期望值(或期望的曲线上)。暂态过程结束后，暂态影响逐渐消除，系统输出进入了复现输入信号的阶段，称为稳态过程(或稳态响应)。对控制系统性能的基本要求即体现在这两个过程之中。在工程应用中，常常从稳、快、准 3 个方面来评价控制系统的总体性能。

1.4.1　稳

“稳”包括控制系统的稳定性与平稳性。

稳定性是自动控制系统首先要考虑的问题，只有稳定的系统才能完成自动控制的任务。由于关于稳定的定义及分析比较复杂，因此将在后续第 3 章的 3.3 节中对它进行详细的讨论。一般认为，系统在受到外作用后，如果控制装置能操纵被控对象，使输出 $c(t)$ 随时间的增长最终反映给定输入 $r(t)$ 的变化规律，则称系统是稳定的。图 1-4 中，期望输出为恒值，曲线①单调收敛至恒值，曲线②振荡收敛至恒值，二者对应的系统都是稳定的。如果输出随时间的增长等幅振荡或越来越偏离期望值，则称系统是不稳定的。图 1-5 中，3 条曲线均不能趋于恒值，对应的系统都是不稳定的。

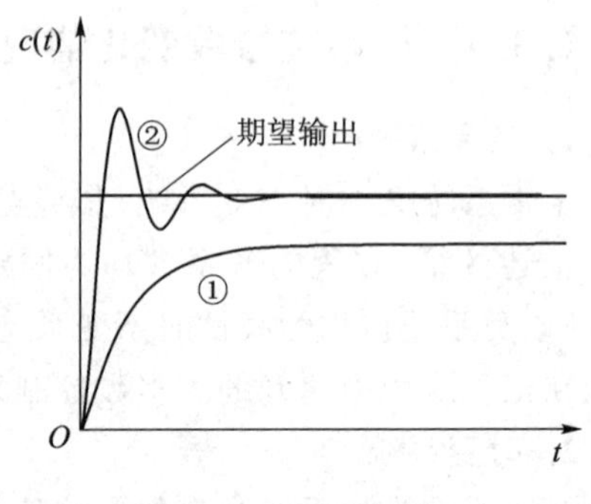

图 1-4　稳定系统

平稳性是指暂态过程振荡的剧烈程度，通常用输出信号或偏差信号的振幅与频率描述。好的暂态过程摆动幅度小，摆动次数少。图1-6中，系统①的平稳性优于系统②。

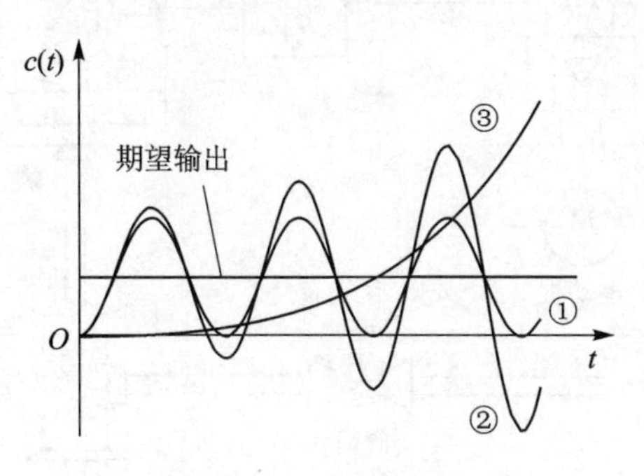

图1-5　不稳定系统

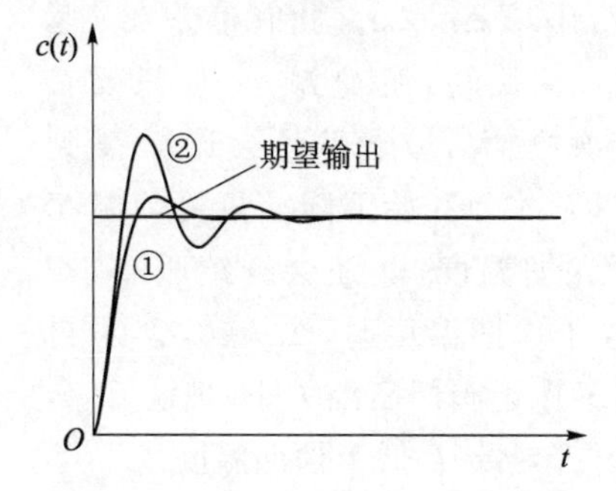

图1-6　平稳性和快速性不同的系统

1.4.2　快

"快"指暂态过程的时间长短。如果暂态过程持续的时间很长，那么将使系统长时间处于大偏差的工况，进而降低了系统的工作效率；同时也说明系统受控响应很迟钝，难以跟踪复现快速变化的信号。图1-6中系统①明显快于系统②。平稳性与快速性的程度反映了系统暂态过程中的性能，属于暂态（动态）性能。

1.4.3　准

"准"指准确性。系统在暂态过程结束进入稳态过程后，系统的输出值与期望值的差值称为稳态误差。它是衡量系统控制精度的指标。在保持必要的系统动态性能的同时，系统的稳态误差要尽可能小，甚至实现无差控制系统，此时对应的输出趋近于期望输出。图1-4中系统②的准确性明显优于系统①。

不同的控制系统对稳、快、准的指标要求是不同的。恒值控制系统对稳与准的要求较高，随动控制系统则对快的要求较高。

对于同一系统，稳、准、快指标往往是相互制约的。提高快速性，可能会影响系统的稳定性；改善平稳性，可能会导致快速性下降；而提高稳态精度，又可能会导致系统稳定性下降。如何通过系统参数的合理调整、选择合适的控制方式以平衡各个性能的要求，是控制系统设计要考虑的问题。

1.5　自动控制系统实例

1.5.1　烘烤炉温度控制系统

某工厂烘烤炉温度控制系统的工作原理如图1-7所示。

假设系统起始处于静止状态，在$t=0$时刻给定输入信号u_g，于是出现偏差大于0的情况，即$\Delta u=u_g-u_r>0$。偏差Δu驱动电机转动，使阀门开度Q增大，炉温T升高。只要炉温T低于预期温度，就有$\Delta u>0$，Q会持续增大，T会持续升高，直到T等于预期温度时，$\Delta u=0$，

Q 不再增大。但由于此时阀门已经开大，炉温 T 会继续升高，导致 T 超过预期温度，出现 $\Delta u<0$。此时偏差 Δu 驱动电机反向旋转，使 Q 减小，但只要 Q 比预期值 Q_0 大，炉温 T 还会升高，直到 $Q<Q_0$，T 才会开始下降。只要炉温 T 还高于预期温度，Q 还会继续减小，直到 T 等于预期温度时，$\Delta u=0$，Q 不再减小。又由于阀门已经关小，炉温 T 会继续降低，导致 T 低于预期温度。

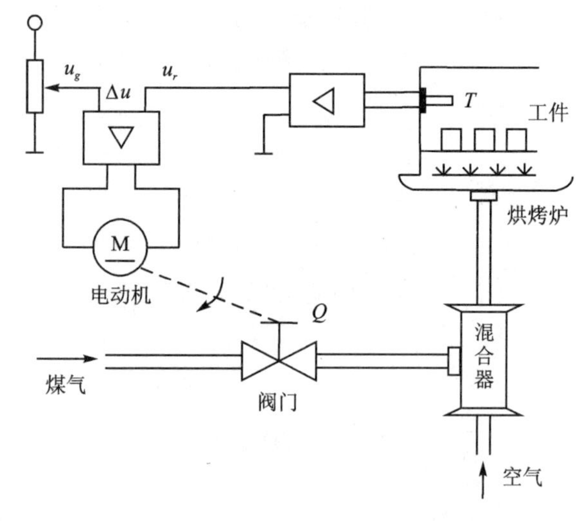

图 1-7　烘烤炉温度控制系统原理图

之后重复上述的运动过程，但每次的调节幅度会越来越小，经过几次振荡后，烘烤炉的温度才会逐渐趋于平衡状态(假定系统是稳定的)。在扰动信号作用下，烘烤炉温度偏离平衡点后的自动调节过程与给定输入信号作用下类似。

图 1-8 为烘烤炉温度控制系统的方框图。该系统中，烘烤炉为被控对象，炉温(T)为被控量或输出信号，与预期温度对应的电压(u_g)为输入信号，煤气压力波动和环境温度变化等是作用于烘烤炉上的扰动；温度传感器采用热电偶，用来测量烘烤炉温度，并转化为一定的电压信号(u_r)送给比较元件；由运算放大器作比较器，将偏差信号(Δu)按比例放大，进而产生相应的控制信号(u_d)驱动执行元件。执行元件由电机、传动装置及阀门等构件组成。

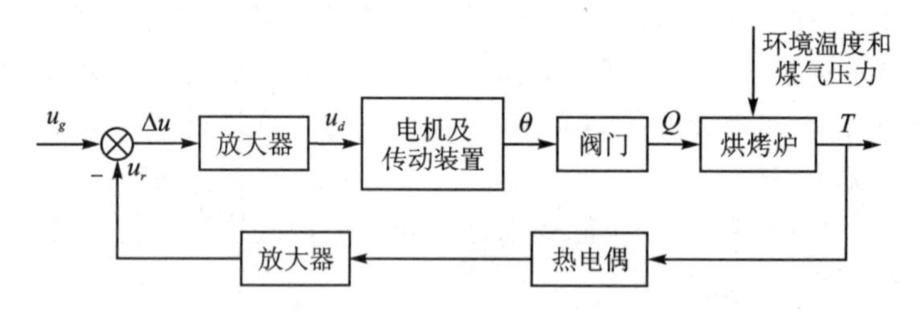

图 1-8　烘烤炉温度控制系统方框图

1.5.2　直流电机转速控制系统

图 1-9 为直流电机转速闭环控制系统的原理图。该系统中，直流电机为被控对象；电机转速为被控量或输出量，与期望转速对应的电压为输入信号，作用于电机上的扰动是负载变化等；测速发电机为测量变送元件，测量电机转速并将其转化为对应的电压信号，并将其送给比较元件产生偏差信号；比例积分器(由运算放大器及阻容网络组成)为控制器，触发整流电路为执行元件。控制器根据偏差信号调节控制电压 U_c，进而改变触发整流电路的输出电压，以实现直流电机的转速控制。

图 1-10 为直流电机转速闭环控制系统的方框图。下面重点分析比例积分器在控制系统中的作用。

比例积分器的输出为电压 U_c，输入为电压偏差 ΔU，$\Delta U=U_0-U_n$。其中，U_0 为给定电压，代表期望转速；U_n 为测速发电机输出电压，与电机转速 n 对应。为简单化，不考虑输入/输

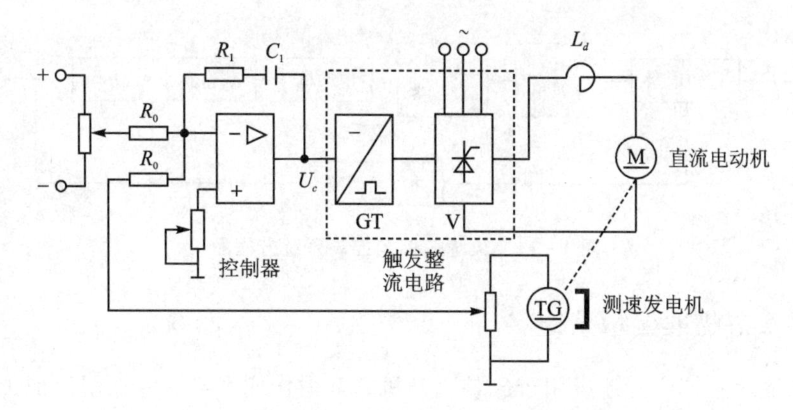

图 1-9　直流电机转速闭环控制系统原理图

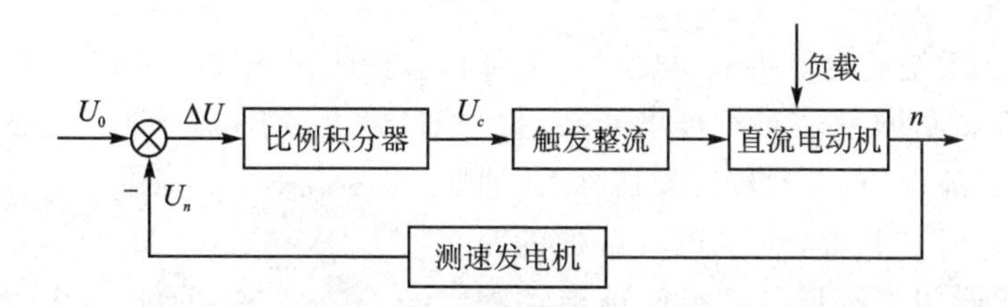

图 1-10　直流电机转速闭环控制系统方框图

出的反相关系，则有

$$U_c = \frac{R_1}{R_0}\Delta U + \frac{1}{R_0 C_1}\int \Delta U \mathrm{d}t$$

如果系统受到扰动影响，引起电机转速 n 下降，则使偏差 $\Delta U > 0$。由于积分的作用，电压 U_c 正向增长，从而使电机转速 n 上升，偏差 ΔU 减小。反之，如果扰动引起电机转速 n 上升，则偏差 $\Delta U < 0$。同样在积分作用下，电压 U_c 负向增长，从而使电机转速 n 下降，偏差随之减小。可见，只要偏差 ΔU 不为零，比例积分器的输出 U_c 就会产生相应的变化，控制系统向偏差减小的方向运动。只有当偏差 $\Delta U = 0$ 时，U_c 才维持某一恒定值不变，即电机转速维持恒定的期望值。

通过此例可以看出，当系统前向通道中存在积分环节时，系统的稳态误差可以减小。

1.5.3　火炮随动控制系统

火炮射击过程如下：当火炮打击远距离目标时，由目标探测设备（如卫星、无人机等）获得目标的信息，经计算得到火炮的射击诸元（即射击参数，如高低、方向等）。高低机和方向机根据射击诸元信息调节火炮的俯仰角和方位角进行间接瞄准，然后进行射击。

图 1-11 为火炮俯仰角控制系统的方框图。角度传感器测量火炮的俯仰角；比较电路将火炮俯仰角与目标角度相对比；火控计算机根据两者的偏差发出控制信号；通过功率放大器放大，驱动电动机和减速器带动炮管旋转，最终控制火炮的指向。

该系统中，火炮为被控对象，火炮身管的俯仰角为被控量，角度传感器为测量元件，火控计算机为控制器，电动机和减速器为执行元件。

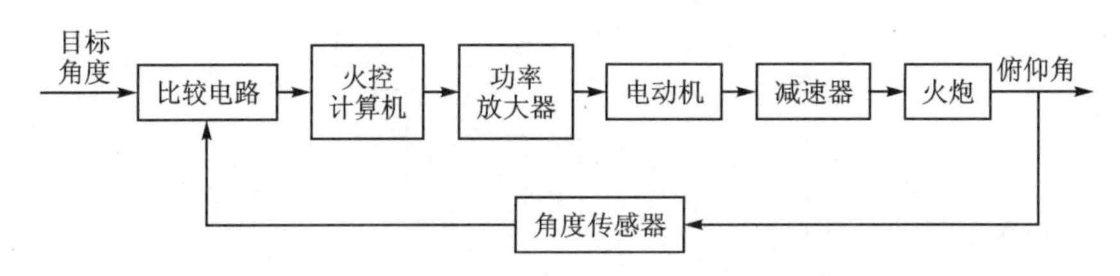

图 1-11 火炮俯仰角控制系统方框图

1.5.4 头盔瞄准显示系统

头盔瞄准显示系统广泛地应用于武装直升机和其他作战飞机。除保留保护头盔和语音通信功能外，头盔瞄准显示系统有两个主要功能：一是测量飞行员头位，提供瞄准线；二是显示飞行和目标瞄准信息。

头盔瞄准显示系统通常由头盔、显示器、头部位置探测器和计算机等组成。头盔起支架作用；显示器位于飞行员眼前的有机玻璃或头盔的护目镜上，用来观察目标、显示瞄准信息等。它随着飞行员的头部运动，飞行员发现目标后，通过显示器内的标志盯住目标，可实现对目标的跟踪；头部位置探测器用于测量飞行员头部转动的角度，由此可计算出目标相对于载机的角度，获得瞄准线的位置；计算机将目标位置信息转变为瞄准指令，控制导弹的导引头、炮塔、雷达或其他光电探测装置跟踪目标。图 1-12 为头盔瞄准显示系统。

图 1-12 头盔瞄准显示系统

头盔瞄准显示系统的方框图如图 1-13 所示。飞机进入近距攻击状态时，飞行员通过目视发现目标。飞行员发现目标后，首先通过显示器内的瞄准标志瞄准目标，然后观测判断瞄准误差，并根据误差的大小和方位转动头部，使瞄准误差趋于零。同时头部位置探测器测量飞行员头部转动的角度（即头盔瞄准线）并传给计算机，通过计算机对机载武器的指向进行控制。利用头盔瞄准显示系统实现了飞行员视线对着哪儿，机载武器就瞄准哪儿，大大减少了武器反应时间，提高了战机作战反应能力。

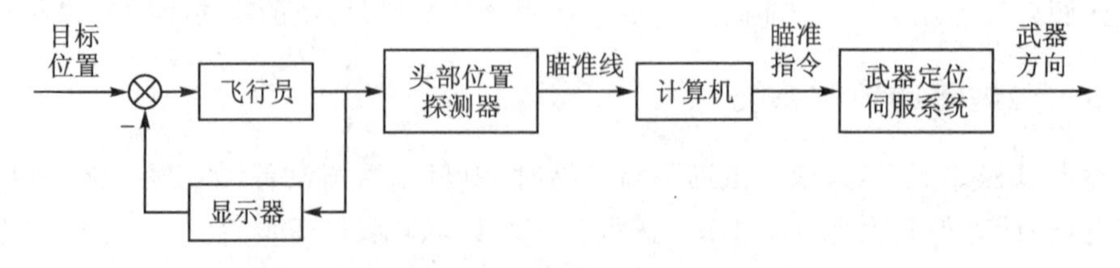

图 1-13 头盔瞄准显示系统方框图

1.5.5 导弹制导控制系统

导弹的主要任务是对目标实施精确打击，因此导弹必须要有能力准确地飞向目标，并与目标在有效的杀伤半径内相遇或相撞。导弹制导控制系统的任务就是引导导弹克服各种干扰因素，按照确定的规律和要求自主准确地飞向目标。是否具有制导控制系统是导弹与普通武器的根本区别。

导弹制导控制系统包括两部分:导引系统和稳定控制系统。导引系统由测量装置和制导计算装置组成,其功能是测量导弹相对目标的位置或速度,按预定导引规律加以计算形成制导指令,通过稳定控制系统使导弹沿适当的弹道飞行,直至命中目标;稳定控制系统也称自动驾驶仪,由敏感装置、计算装置和执行机构组成,其功能是控制导弹的姿态和飞行速度,改变导弹的飞行弹道,保证导弹能稳定地飞行并最终命中目标。

导弹制导控制系统的方框图如图 1-14 所示。该系统主要包括两个回路。由稳定控制系统和弹体组成的回路称为稳定控制回路,主要任务是控制弹体绕质心转动,保证导弹姿态稳定;由导引系统、稳定控制系统、弹体、弹上传感器组成的回路称为制导回路,主要任务是控制弹体质心运动,保证导弹命中精度。

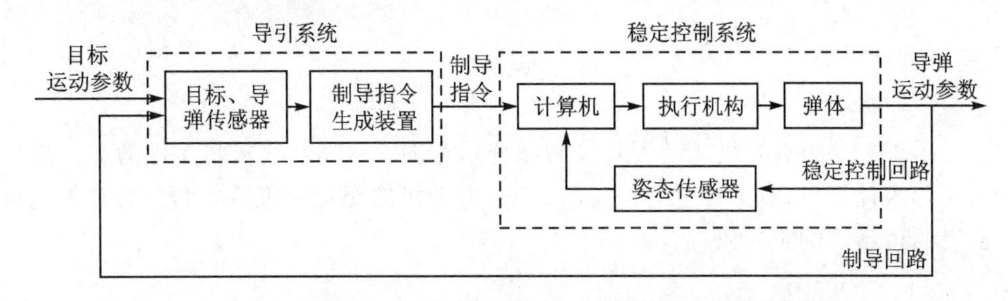

图 1-14　导弹制导控制系统方框图

1.5.6　导弹姿态控制系统

导弹姿态控制系统的主要功能是:在各种干扰情况下,稳定导弹姿态,保证导弹飞行姿态角偏差在允许范围内;根据制导指令,控制导弹姿态角,以调整导弹的飞行方向,修正飞行路线,使导弹准确命中目标。

飞行中导弹绕质心运动通常用 3 个飞行姿态角(滚动、偏航和俯仰)及其变化率来描述。导弹姿态控制系统一般由 3 个基本通道组成,各通道分别稳定和控制导弹的滚动、偏航和俯仰姿态。各通道组成基本相同,由敏感装置、变换放大装置和执行机构组成:敏感装置(如陀螺仪、加速度计等)测量弹体姿态的变化并输出信号;变换放大装置对各姿态信号和制导指令按一定控制规律进行运算、校正和放大并输出控制信号。在模拟式姿态控制系统中,变换放大装置主要由校正网络和放大器组成。在数字式姿态控制系统中,通常由弹上计算机兼顾;执行机构(例如舵机)根据控制信号驱动舵面,产生使导弹绕质心运动的控制力矩,以稳定或控制导弹的飞行姿态。

图 1-15 为导弹俯仰姿态控制系统的方框图。当导弹俯仰姿态发生变化时,垂直陀螺仪即俯仰姿态传感器将实际俯仰角测出并传给控制器,由控制器根据俯仰控制律计算出控制信

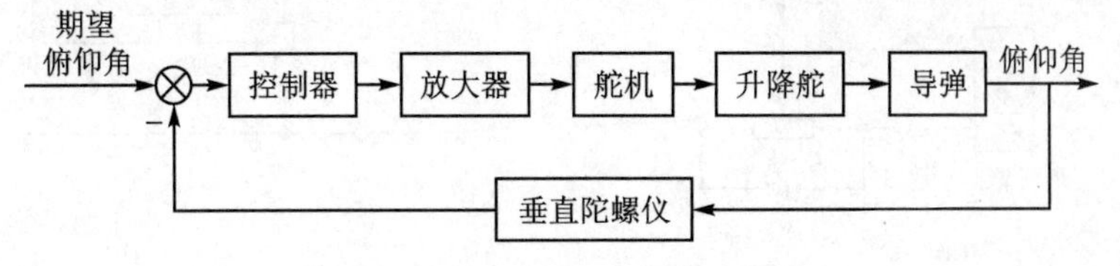

图 1-15　俯仰姿态控制系统方框图

号，控制信号经过放大器放大作用于舵机，舵机产生相应的控制力矩驱动升降舵产生期望的偏转，使导弹的俯仰角发生期望的变化。在该系统中，导弹为被控对象，俯仰角为被控量，垂直陀螺仪为测量元件，舵机和升降舵为执行元件。

本章要点

- 自动控制系统是闭环负反馈控制系统。
- 自动控制系统利用偏差消除偏差。
- 闭环控制的本质要求是输出能够实时准确地复现输入。
- 系统的控制目标是稳、快、准，但这 3 方面的性能指标往往是相互制约的。

习　题

1－1　图 1－16 为数控机床的刀具控制系统示意图。该系统要求将工件的加工流程编制成程序预先存入计算机，对工件进行加工时，步进电动机按照计算机给出的信息动作完成加工任务。试说明该系统的工作原理。

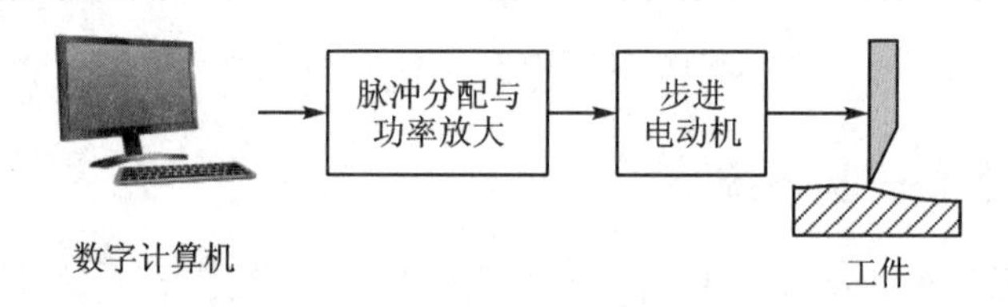

图 1－16　数控机床的刀具控制系统示意图

1－2　试画出人伸手取茶杯活动的动态系统方框图，并说明反馈系统中各环节对应的人体器官及其所起的作用。

1－3　图 1－17 中，图(a)和图(b)均为自动调压系统。设空载时，图(a)和图(b)的发电机端电压均为 110 V。试问带上负载后，图(a)和图(b)中哪个系统能保持 110 V 电压不变？哪个系统的电压会稍低于 110 V？为什么？

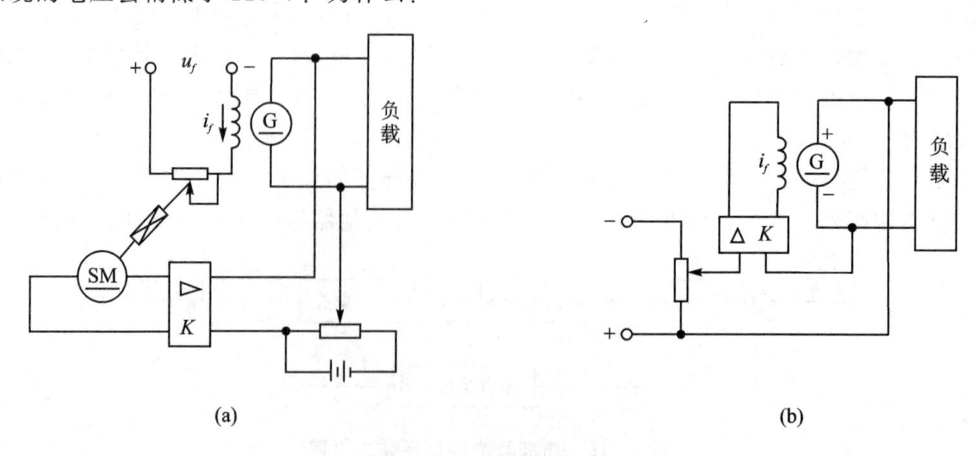

图 1－17　自动调压系统

1-4　图1-18是一个水箱液位控制系统的示意图，请说明该控制系统的元器件组成、工作原理，并绘制系统的方框图。

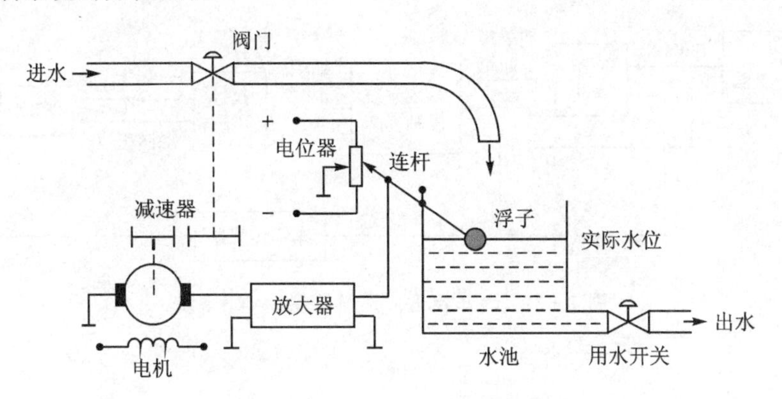

图1-18　水箱液位控制系统

1-5　图1-19为一个电炉炉温控制系统的示意图。试分析系统的工作原理，指出被控对象、被控量及反馈控制系统中各职能元件，并画出系统的方框图。

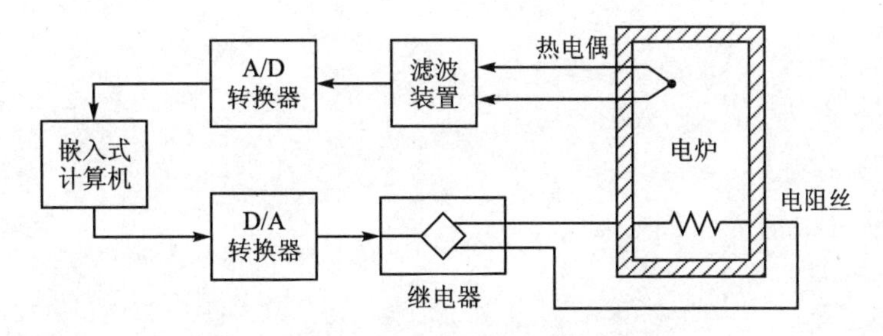

图1-19　电炉炉温控制系统示意图

1-6　图1-20是导弹发射架方位随动控制系统原理图。试分析系统的工作原理，指出被控对象和被控量，说明各部件的作用，并画出系统的方框图。

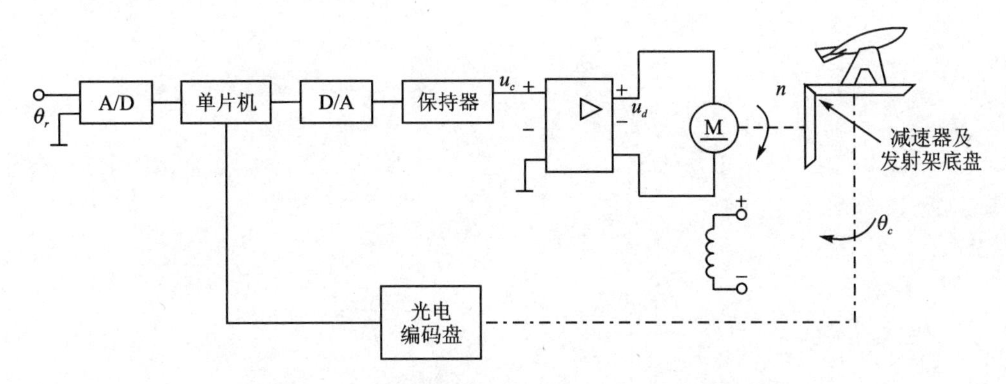

图1-20　导弹发射架方位随动控制系统原理图

1-7　汽车自适应巡航控制(ACC)系统的工作原理如图1-21所示。ACC系统激活后，雷达传感器开始检测前方车辆位置，如果前方没有车辆或者前方车辆很远且速度很快，则巡航控制模式被激活。ACC系统将根据驾驶员设定的速度和车辆传感器采集的本车速度自动调节节气门开度等，使汽车达到设定的巡航速度并保持匀速行驶；如果前方有车辆且距离较近或速度很慢，则跟车控制模式被激活，ACC 系统将使本车与前车保持安全间距。试根据图 1－21 分析跟车控制模式时 ACC 系统的工作原理，并指出系统的被控对象和被控量。

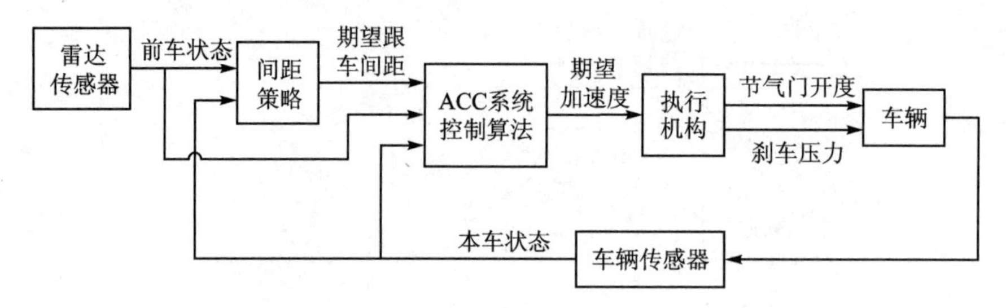

图 1－21　汽车自适应巡航控制(ACC)系统

第2章　控制系统的数学模型

若要对控制系统进行定性分析和定量计算，首先要从具体的物理系统中提炼出其数学表述，即建立系统的数学模型。系统的数学模型是描述系统输入量、输出变量及内部中间变量之间关系的数学表达式。在静态条件下(即变量的各阶导数为零)，各变量之间的关系用代数方程描述，这样的模型称为静态模型；如果变量处于动态变化过程条件下，就需要用微分方程来描述它们之间的关系，这样的模型称为动态模型。

由于系统的微分方程约束了输入、输出及其各阶导数之间的关系，因此求解微分方程可以得到关于系统输出的完整动态信息。但在实际的控制系统中，应用更为广泛的是与微分方程具有等价意义的其他形式的数学表述，如传递函数、脉冲响应、系统动态结构图、信号流图、频率特性等。这些形式的数学模型强调了系统在某些方面的本质特性，得到了一些更加直观的结论，有助于深入地了解系统的结构和实质。从工程应用的角度看，通过等价模型揭示出的系统特征，可能比微分方程的解析解更具有实用意义。本章重点介绍不同形式的系统数学模型，强调各种模型的特点和相互之间的关系，为进一步的系统分析和系统综合奠定基础。

2.1　控制系统时域数学模型

对于单变量连续系统，时域中基本的数学模型是微分方程。其中，线性时不变系统的线性常系数微分方程是研究和应用最成熟的一类数学模型。

2.1.1　数学模型的建立

建立系统的数学模型有两种方法，即分析法和实验法。分析法是对系统结构和运动机理进行分析，根据其中的物理规律或化学规律列写相应的运动方程；实验法是人为地给系统施加某种测试信号，然后根据其输出响应识别出某些特征量，最后构造适当的数学模型去逼近实际系统。实验法主要用于系统运动机理复杂而不便分析的情况，这种方法也称为系统辨识。本节主要讨论用分析法建立数学模型。

列写系统微分方程的一般步骤如下：

① 确定系统的输入量、输出量及内部中间变量。

② 从系统的输入端开始，沿着信号传递方向，按照元件或环节所遵循的物理规律，列写相应的动态关系式。

③ 消去中间变量，得到只包含系统输入量与输出量的微分方程。

④ 将微分方程化为标准形式，即将与输入量有关的各项放在方程的右边，与输出量有关的各项放在方程的左边，各导数项按降阶排列。

线性时不变系统的微分方程的一般形式为

$$a_0 \frac{d^n}{dt^n}c(t)+a_1 \frac{d^{n-1}}{dt^{n-1}}c(t)+\cdots+a_{n-1} \frac{d}{dt}c(t)+a_n c(t)$$
$$=b_0 \frac{d^m}{dt^m}r(t)+b_1 \frac{d^{m-1}}{dt^{m-1}}r(t)+\cdots+b_{m-1} \frac{d}{dt}r(t)+b_m r(t) \tag{2.1}$$

式中，$c(t)$为系统的输出，$r(t)$为系统的输入。系数 $a_0,a_1,\cdots a_n$ 及 $b_0,b_1,\cdots,b_m$ 与系统结构和元器件的参数有关。一般的物理可实现系统，总有 $n\geqslant m$。

【例 2-1】 图 2-1 为 RLC 串联电路，试列出系统以 $u_r(t)$为输入量，$u_c(t)$为输出量的微分方程。

解：设回路中电流为 $i(t)$，根据基尔霍夫定律得

$$u_r(t)=Ri(t)+L \frac{di(t)}{dt}+u_c(t) \tag{2.2}$$

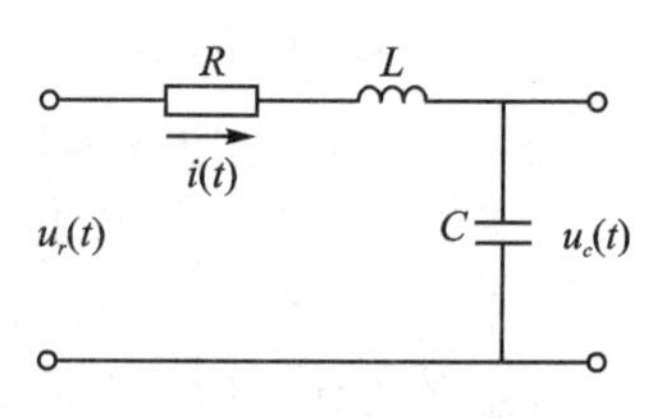

图 2-1　RLC 串联电路

又 $i(t)$与 $u_c(t)$的关系式为

$$u_c(t)=\frac{1}{C}\int i(t)dt \tag{2.3}$$

消去中间变量 $i(t)$可得

$$LC \frac{d^2 u_c(t)}{dt^2}+RC \frac{du_c(t)}{dt}+u_c(t)=u_r(t) \tag{2.4}$$

可见，式(2.4)是一个典型的二阶线性常系数微分方程，对应二阶线性定常系统。

【例 2-2】 图 2-2 是坦克的悬挂系统图。图 2-3 为悬挂系统的简化模型，即弹簧-质量-阻尼器串联的机械系统。其中，k 是弹簧的弹性系数；m 是质量块的质量；f 是阻尼器的黏性摩擦系数。试列出系统以外力 $F(t)$为输入量，以质量块的位移 $y(t)$为输出量的微分方程。

图 2-2　坦克悬挂系统

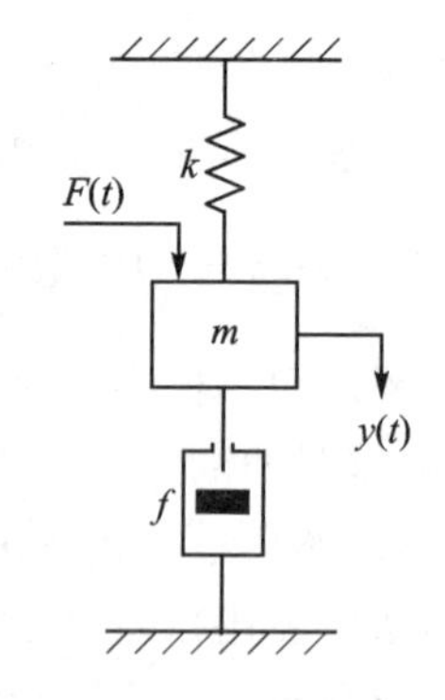

图 2-3　悬挂系统原理图

解：在机械平衡系统中，根据牛顿第二定律得

$$F(t)-F_b(t)-F_k(t)=m \frac{d^2 y}{dt^2} \tag{2.5}$$

其中，$F_b(t)$为阻尼器的黏性摩擦力，与质量块的速度成正比，即

$$F_b(t)=f \frac{dy(t)}{dt} \tag{2.6}$$

$F_k(t)$为弹簧的弹力，与质量块的位移成正比，即

$$F_k(t)=ky(t) \tag{2.7}$$

将式(2.6)和式(2.7)代入式(2.5)，消去中间变量得

$$F(t)-f\frac{\mathrm{d}y(t)}{\mathrm{d}t}-ky(t)=m\frac{\mathrm{d}^2y(t)}{\mathrm{d}t^2}$$

整理后得

$$m\frac{\mathrm{d}^2y(t)}{\mathrm{d}t^2}+f\frac{\mathrm{d}y(t)}{dt}+ky(t)=F(t) \tag{2.8}$$

式(2.8)为所求微分方程。它也是一个典型的二阶线性常系数微分方程，与式(2.4)有一致的形式，不同的只是各系数的物理意义。

【例 2-3】 图 2-4 为车床的机械旋转系统，转动惯量为 J 的圆柱体，在转矩 T 的作用下产生角位移 θ，试求系统的输入 T 与输出 θ 之间的微分方程。

图 2-4　车床旋转结构

解：假定圆柱体的质量分布均匀，质心位于旋转轴线上，而且惯性主轴和旋转主轴线相重合，得到简化结构如图 2-5(a)所示，根据其力学原理，得到机械旋转原理图如图 2-5(b)所示，则其运动方程可写成

$$J\frac{\mathrm{d}^2\theta}{\mathrm{d}t^2}=T-T_f-T_s$$

其中，

$$T_f=f\omega=f\frac{\mathrm{d}\theta}{\mathrm{d}t},\quad T_s=k\theta$$

式中，f 为黏滞摩擦系数，在一定条件下可视为常数；ω 为角速度，是角位移 θ 对时间 t 的导数；k 为弹性扭转变形系数，在一定条件下可视为常数。

经消去中间变量并整理后，可得微分方程为

$$J\frac{\mathrm{d}^2\theta}{\mathrm{d}t^2}+f\frac{\mathrm{d}\theta}{\mathrm{d}t}+k\theta=T \tag{2.9}$$

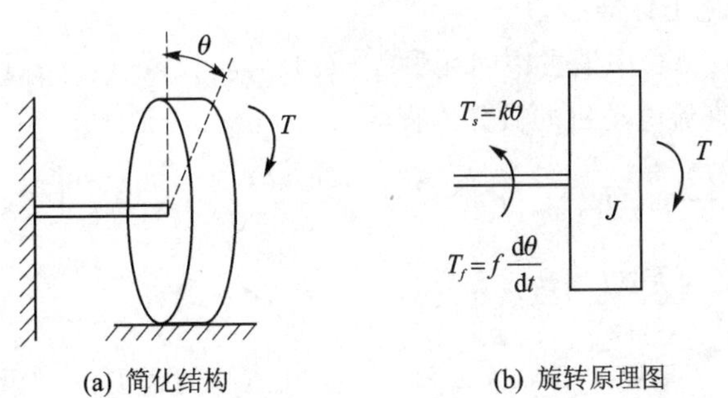

图 2-5　车床旋转系统原理

【例 2-4】 直流电动机的原理图如图 2-6 所示。工作原理如下：当激磁绕组流过电流 i_f 时，则产生磁场。当电枢绕组中有电流 i_a 流过时，处在磁场中的转子绕组则会产生一个电磁转矩 T_m，驱动转子旋转。转子切割磁力线的运动又产生一个与转子外加电压方向相反的

反电势 e_b。因为转子转速与空隙磁场强度及电枢电压 e_a 的大小有关，所以通过控制电枢电压或激磁电流的大小，就能控制电机的转速 ω_m。试推导电枢电压 e_a 与电机转速 ω_m 之间的微分方程。

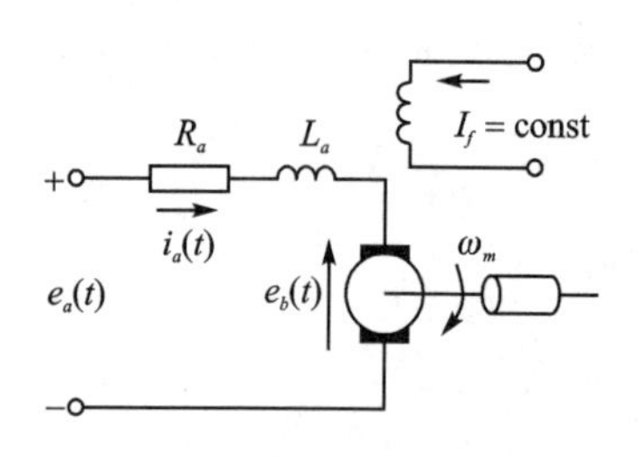

图 2-6　直流电动机原理图

解：① 假设激磁绕组中激磁电流 $i_f = I_f = \text{const}$。

② 假设电机补偿良好，电枢反应、涡流效应、磁滞影响可忽略，则激磁电流产生的磁通为

$$\varphi(t) = k_f i_f = k_f I_f = k_f \text{const} \tag{2.10}$$

式中，k_f 为激磁绕组常数。

③ 列写原始方程。

电枢回路的电压平衡方程为

$$e_a(t) = R_a i_a(t) + L_a \frac{\mathrm{d}i_a(t)}{\mathrm{d}t} + e_b(t) \tag{2.11}$$

式中，R_a 为电枢电阻；L_a 为电枢电感。

电枢反电势为

$$e_b(t) = K_b \frac{\mathrm{d}\theta_m(t)}{\mathrm{d}t} = K_b \omega_m(t) \tag{2.12}$$

式中，K_b 为反电势系数；θ_m 为电机的转角。

电磁转矩为

$$T_m(t) = k'_m i_a(t) \varphi(t) = k'_m k_f I_f i_a(t) = K_i i_a(t) \tag{2.13}$$

式中，k'_m 为电枢结构常数；$K_i = k'_m k_f I_f$ 为电动机转矩系数。

电动机轴上的转矩平衡方程为

$$J_{em} \frac{\mathrm{d}^2\theta_m(t)}{\mathrm{d}t^2} = T_m(t) - B_{em} \frac{\mathrm{d}\theta_m(t)}{\mathrm{d}t} - T_L(t) \tag{2.14}$$

式中，J_{em} 为电机转轴(包括负载端折算过来的)等效转动惯量；B_{em} 为电机转轴的等效阻尼；$T_L(t)$ 为负载转矩。

④ 消去中间变量化为标准形。

由式(2.11)～式(2.14)中消去中间变量 $T_m(t)$、$\theta_m(t)$、$e_b(t)$ 及 $i_a(t)$，可得到以 $e_a(t)$ 为输入，$\omega_m(t)$ 为输出的直流电动机的微分方程为

$$L_a J_{em} \frac{\mathrm{d}^2\omega_m(t)}{\mathrm{d}t^2} + (R_a J_{em} + L_a B_{em}) \frac{\mathrm{d}\omega_m(t)}{\mathrm{d}t} + (R_a B_{em} + K_b K_i)\omega_m(t) =$$

$$K_i e_a(t) - L_a \frac{\mathrm{d}T_L(t)}{\mathrm{d}t} - R_a T_L(t) \tag{2.15}$$

【例 2-5】 图 2-7 是战斗机雷达舱图。雷达在工作时需要通过风冷系统对雷达进行降温，使其探测单元保持在有效工作温度，其风冷原理如图 2-8 所示。假定存在比较理想的条件，即

① 由于进气压力大，因此可将雷达舱中各处气体温度视为相等，即等于流出气体温度 T_1。

② 雷达舱周围环境温度与雷达舱进气温度相等，且为常值 T_2。

③ 单位时间内流出的空气流量 Q 为常值。

④ 单位时间内送进雷达舱的空气量与流出的空气量相等。

要求写出以雷达功率 W 为输入，以流出空气的温度 T_1 为输出的热动力学方程式。

图 2-7　战斗机雷达舱

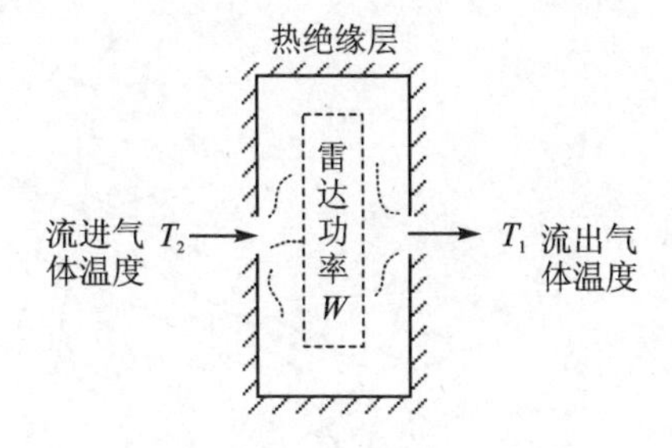

图 2-8　战斗机雷达风冷系统原理图

解：根据能量守恒定律，写出系统热流量平衡方程式

$$W_1 + W_3 + W_4 = W + W_2 \tag{2.16}$$

式中，W 为雷达发热功率，即雷达舱需要风冷带走的热流量；W_1 为流出空气带走的热流量；W_2 为雷达舱进气带入的热流量；W_3 为雷达舱中空气的热流量；W_4 为雷达舱通过外壳向周围环境散发的热流量。

根据热力学原理可知

$$\left.\begin{aligned} W_1 &= Qc_p T_1 \\ W_2 &= Qc_p T_2 \\ W_3 &= C\frac{\mathrm{d}T_1}{\mathrm{d}t} \\ W_4 &= \frac{T_1 - T_2}{R} \end{aligned}\right\} \tag{2.17}$$

式中，c_p 为雷达舱中空气的比热容；R 为雷达舱散发到周围环境的等效热值，该值与雷达舱的结构及材料有关；C 为雷达舱中空气的热容。

将式(2.17)代入式(2.16)，可得雷达舱热力系统的微分方程为

$$RC\frac{\mathrm{d}T_1}{\mathrm{d}t} + (RQc_p + 1)T_1 = RW + (RQc_p + 1)T_2$$

如果以温升 $T = T_1 - T_2$ 为系统的输出量，且考虑到 T_2 为常值，$\mathrm{d}T_2/\mathrm{d}t = 0$，则上式可改写为

$$\tau\frac{\mathrm{d}T}{\mathrm{d}t} + (RQc_p + 1)T = RW \tag{2.18}$$

式中，$\tau = RC$。

【例 2-6】　导弹所受的空气动力可沿速度坐标系分解成 X 轴对应的阻力、Y 轴对应的升力、Z 轴对应的侧向力，其中升力和侧向力是垂直于飞行速度方向的，升力在导弹纵向对称平面内，侧向力在导弹侧向对称平面内。所以，利用空气动力来改变控制力，是通过改变升力和侧向力来实现的。轴对称导弹具有两对弹翼和舵面，在纵向对称面和侧向对称面内都能产生较大的空气动力。作用在导弹纵向对称平面内的外力如图 2-9 所示。如果要使导弹在纵向对称平面内向上或向下改变飞行方向，就须改变导弹的迎角 α，迎角改变以后，导弹的升力就随之改变。试求导弹弹道倾角 θ 与迎角 α 的关系。

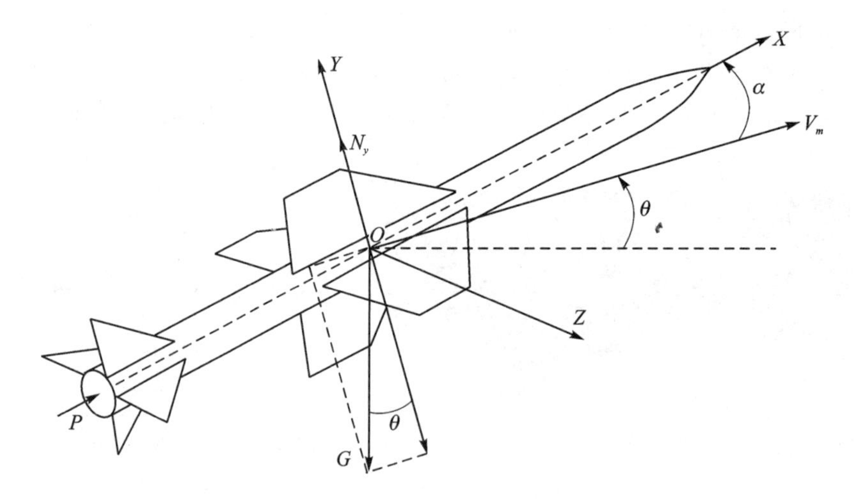

Y:升力;P:发动机的推力;G:导弹的重力;θ:弹道倾角;α 导弹的迎角

图 2-9　轴对称导弹在纵对称平面内的控制力

解:由图 2-9 可见,升力、推力和重力在弹道法线方向的投影可表示为

$$F_y = Y + P\sin\alpha - G\cos\theta \tag{2.19}$$

式中,Y 为升力;P 为发动机的推力;G 为导弹的重力;θ 为弹道倾角;α 为导弹的迎角。

导弹所受的可改变的法向力为

$$N_y = Y + P\sin\alpha \tag{2.20}$$

由牛顿第二定律,有

$$F_y = m\frac{V_m^2}{\rho} \tag{2.21}$$

式中,m 为导弹的质量;V_m 为导弹的飞行速度;ρ 为弹道的曲率半径,可表示为

$$\rho = \frac{\mathrm{d}S}{\mathrm{d}\theta} = \frac{\mathrm{d}S/\mathrm{d}t}{\mathrm{d}\theta/\mathrm{d}t} = \frac{V_m}{\dot{\theta}} \tag{2.22}$$

式中,S 为导弹运动轨迹。

由式(2.19)、式(2.21)和式(2.22),消去中间变量 F_y 和 ρ,可得导弹弹道倾角 θ 与迎角 α 之间的微分方程为

$$mV_m\frac{\mathrm{d}\theta}{\mathrm{d}t} + G\cos\theta = Y + P\sin\alpha \tag{2.23}$$

由此可以看出,要使导弹在纵向对称平面内向上或向下改变飞行方向,就需要利用操纵机构产生操纵力矩使导弹绕质心转动,来改变导弹的迎角 α。迎角 α 改变后,导弹的法向力 N_y 也随之改变。而且,当导弹的飞行速度一定时,法向力 N_y 越大,弹道倾角的变化率 $\mathrm{d}\theta/\mathrm{d}t$ 就越大。

➢ 讨论:

① 不同的物理系统,如果能够提取出形式上一致的微分方程,可称为相似系统。上述机电相似是最常见的相似关系。

② 相似系统之间,一些概念和特性有时也可以互相借鉴,这对于深入理解系统结构和性能具有一定的意义。比如可以用机械系统的运动类比电路系统的电流(电子流动);用机械阻

尼可以类比对电流作用的电阻尼(电阻);机械系统的惯性质量块 m 体现了质量块平动的惯性,电机系统用转动惯量体现转动的惯性,电路系统的电感 L 体现电路维持电流惯性的能力;同样,可以用运动系统的动能 $mv^2/2$ 类比电感能量 $Li^2/2$;也可以用势能 $kx^2/2$ 类比电容 $Cu^2/2$ 等。

③ 利用系统相似性特点,一方面可以将一个系统的结论推广到另外一个系统;另一方面,也正因为系统之间具备相似特性和本质联系,才有可能从各种不同的物理系统中总结提炼出一般性的运动规律和控制方法,形成今天应用广泛的自动控制理论。

2.1.2 非线性处理

在推导实际系统的微分方程时,几乎所有系统都不同程度地包含非线性的元件或因素,因此一般高阶、精密的数学模型一定是非线性微分方程。考虑到工程实际特点,常常在合理的条件下将非线性方程近似处理为线性方程,即所谓的线性化。

控制系统都有一个额定的工作状态和与之对应的工作点。由级数理论可知,若函数在给定点的邻域内各阶导数存在,便可以在该邻域将非线性函数展开为泰勒级数,当偏差范围很小时,可以忽略展开式中偏差的高次项,从而得到只包含偏差一次项的线性化方程式,这种线性化方法称为小偏差线性化方法。

小偏差近似是符合实际系统的工作特点的。对于稳定的闭环系统,偏差一定是收敛的,而且许多情况下偏差会趋于零。当小偏差或以小偏差为基础形成的控制量作用于非线性受控对象,只要求对象在稳定点附近小范围满足近似线性条件即可。这种线性化方法可使问题大为简化,有很强的实用意义。

但对于本质非线性的对象和系统,这种线性化处理是不科学的,应采用专门针对非线性系统的理论和方法处理。

2.2 控制系统复域数学模型

时域微分方程是描述线性系统运动的一种基本的数学模型。通过微分方程求解,可以得到系统在给定输入信号作用下输出响应的解析形式。由于在控制工程中,不仅需要得到系统的输出响应,还要了解系统的稳定范围,判别某些参数的改变或校正装置的加入对系统性能的影响趋势。因此,这种解析解并不能直观揭示系统的结构、参数与其性能间的关系。而利用拉普拉斯变换方法求解微分方程的过程中,可以引申出一种等价数学模型——传递函数,这种数学模型较为方便地满足了上述要求。

2.2.1 传递函数

在零初始条件下,系统输出量的拉氏变换与输入量的拉氏变换之比称为系统的传递函数,通常用 $G(s)$ 表示。设系统微分方程的一般形式为

$$\begin{aligned}&a_0\frac{\mathrm{d}^n}{\mathrm{d}t^n}c(t)+a_1\frac{\mathrm{d}^{n-1}}{\mathrm{d}t^{n-1}}c(t)+\cdots+a_{n-1}\frac{d}{\mathrm{d}t}c(t)+a_nc(t)\\&=b_0\frac{\mathrm{d}^m}{\mathrm{d}t^m}r(t)+b_1\frac{\mathrm{d}^{m-1}}{\mathrm{d}t^{m-1}}r(t)+\cdots+b_{m-1}\frac{d}{\mathrm{d}t}r(t)+b_mr(t)\end{aligned}\tag{2.24}$$

式中，$r(t)$和$c(t)$分别为系统的输入量和输出量。

在零初始条件下，对式(2.24)的两边进行拉氏变换，得

$$(a_0 s^n + a_1 s^{n-1} + \cdots + a_{n-1} s + a_n)C(s) = (b_0 s^m + b_1 s^{m-1} + \cdots + b_{m-1} s + b_m)R(s)$$

由此可得系统的传递函数为

$$G(s) = \frac{C(s)}{R(s)} = \frac{b_0 s^m + b_1 s^{m-1} + \cdots + b_{m-1} s + b_m}{a_0 s^n + a_1 s^{n-1} + \cdots + a_{n-1} s + a_n} \tag{2.25}$$

对应系统输出的拉氏函数为

$$C(s) = G(s)R(s) \tag{2.26}$$

即输入量$R(s)$经函数$G(s)$传递后，得到了输出量$C(s)$。这一关系可以用图2-10所示的传递函数框图直观地表示。其中框内是传递函数，箭头表示信号的传递方向。

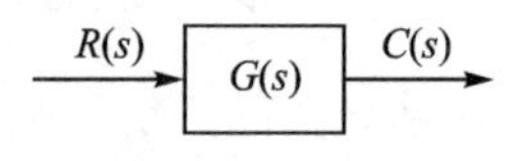

图2-10　传递函数

【例2-7】　试求例2-1中RLC串联电路的传递函数。

解：设初始条件为零，对例2-1中RLC串联电路的微分方程即式(2.4)进行拉氏变换，可得

$$LCs^2U_c(s) + RCsU_c(s) + U_c(s) = U_r(s)$$

于是传递函数为

$$G(s) = \frac{U_c(s)}{U_r(s)} = \frac{1}{LCs^2 + RCs + 1}$$

【例2-8】　试求例2-4中直流电动机的传递函数$\Theta_m(s)/E_a(s)$。

解：对例2-4中式(2.11)～式(2.14)进行拉氏变换，有

$$E_a(s) = R_a I_a(s) + L_a s I_a(s) + E_b(s)$$

$$E_b(s) = K_b \Omega_m(s) = K_b s \Theta_m(s)$$

$$T_m(s) = K_i I_a(s)$$

$$J_{em} s^2 \Theta_m(s) = T_m(s) - B_{em} s \Theta_m(s) - T_L(s)$$

在上述式子中，令$T_L(s)=0$，并消去中间变量，可得传递函数

$$\frac{\Theta_m(s)}{E_a(s)} = \frac{K_i}{L_a J_{em} s^3 + (R_a J_{em} + B_{em} L_a)s^2 + (K_b K_i + R_a B_{em})s}$$

由于$L_a \approx 0$，因此有

$$\frac{\Theta_m(s)}{E_a(s)} = \frac{K_m}{s(T_m s + 1)}$$

式中，$K_m = K_i/(R_a B_{em} + K_b K_i)$称为电机增益常数；$T_m = R_a J_{em}/(R_a B_{em} + K_b K_i)$称为电机电枢时间常数。

➢ 讨论：

① 传递函数要求在零初始状态下定义。非零状态是系统储能元件有剩余能量的一种情形，对应的系统则处于非松弛状态，具有一定的“紧张性”。零时刻以后，系统的这种紧张性都会独立释放出来，激励系统产生输出(零输入响应)。

② 在s域，信号与系统都表达为s的函数，具有统一的形式。但在一些场合，是需要区分信号和系统的物理概念的。例如，同样的拉氏函数$1/s$，表达信号时为单位阶跃信号，表达系统则对应一个积分器。

③ 传递函数一般为有理分式，它的分母多项式的阶次不低于分子多项式的阶次，即 $n \geqslant m$。若 $n < m$，则会出现输出信号先于输入的结果，数学上称为非因果系统，这有悖于人们的常识。另外，因为传递函数系数由构成系统的实物元件参量形成，所以传递函数所有的系数均为实数。

2.2.2　脉冲响应函数

脉冲响应 $g(t)$，是系统在单位脉冲信号 $\delta(t)$ 激励后的输出响应，它也是反映系统结构特征的重要响应信号。

下面讨论系统脉冲响应 $g(t)$ 和传递函数 $G(s)$ 的关系。

由于单位脉冲函数 $\delta(t)$ 的拉氏变换为

$$R(s) = L[\delta(t)] = 1 \tag{2.27}$$

当系统的输入为 $\delta(t)$ 时，系统的输出为

$$C(s) = G(s)R(s) = G(s) \tag{2.28}$$

考虑此时 $C(s)$ 的意义是拉氏域的脉冲响应，它与时域脉冲响应 $g(t)$ 是一对拉普拉斯变换对。由式(2.28)的等价关系可得

$$g(t) = L^{-1}[G(s)] \tag{2.29}$$

可见，在形式上，$g(t)$ 和 $G(s)$ 构成了一对拉普拉斯变换对，二者包含了同样的系统信息。需要说明的是，脉冲响应 $g(t)$ 的意义是一个信号，由于可以等于系统 $G(s)$ 的拉普拉斯反变换函数，因此许多场合也用脉冲响应来说明系统，并将它作为系统数学模型的一种形式。

在实际应用中，可以通过测试一个未知系统的脉冲响应函数 $g(t)$，然后经过频率变换法得到系统的近似频率特性 $G(\mathrm{j}\omega)$，甚至得出传递函数 $G(s)$。这是常见的一种系统建模方法。

2.2.3　传递函数的常用表达形式

为了应用方便，传递函数除了常规的分子、分母多项式的表达式(2.25)外还可以表达为其他的形式。

1. 零极点表达式

$$G(s) = \frac{b_0 s^m + b_1 s^{m-1} + \cdots + b_{m-1} s + b_m}{a_0 s^n + a_1 s^{n-1} + \cdots + a_{n-1} s + a_n} = K_g \frac{(s - z_1)(s - z_2)\cdots(s - z_m)}{(s - p_1)(s - p_2)\cdots(s - p_n)} \tag{2.30}$$

式中，$z_1, z_2, \cdots, z_m$ 是分子多项式等于零时的根，可以使 $G(s) = 0$，故称为传递函数的零点；$p_1, p_2, \cdots, p_n$ 是分母多项式等于零时的根，同时使 $G(s) = \infty$，故称为传递函数的极点。由于传递函数的分母对应微分方程的特征多项式，因此传递函数的极点就是微分方程的特征方程的根(特征根)。其中 $K_g = b_0/a_0$ 称为传递系数或根轨迹增益。K_g 与根轨迹的关系在第 4 章中详细讨论。

2. 时间常数表达式

$$G(s) = \frac{b_0 s^m + b_1 s^{m-1} + \cdots + b_{m-1} s + b_m}{a_0 s^n + a_1 s^{n-1} + \cdots + a_{n-1} s + a_n} = K \frac{(\tau_1 s + 1)(\tau_2^2 s^2 + 2\zeta\tau_2 s + 1)\cdots(\tau_i s + 1)}{(T_1 s + 1)(T_2^2 s^2 + 2\xi T_2 s + 1)\cdots(T_j s + 1)} \tag{2.31}$$

式中，分子和分母中的一次因子对应于实数零点和极点；分子和分母中的二次因子对应于共轭复数零点和极点；τ_i，T_j 称为时间常数；$K = b_m/a_n$ 称为传递系数或静态增益。

➢ 讨论：

① 由拉氏变换的终值定理可知，当 $s \to 0$ 时，描述时域中 $t \to \infty$ 时的系统性能，此时系统的传递函数就转换为静态增益放大倍数，即

$$G(s)\big|_{s \to 0} = \frac{b_m}{a_n} = K \tag{2.32}$$

② 两种形式的表达式中，K 与 K_g 的关系：

$$K = K_g \frac{(-z_1)(-z_2)\cdots(-z_m)}{(-p_1)(-p_2)\cdots(-p_n)} = G(0) \tag{2.33}$$

③ 式(2.31)是 $G(s)$ 在实数意义下最为彻底的分解，τ_i、T_j、ζ、ξ 均为实数。如果有三阶的代数因式，在实数意义下又可以分解为 3 个一次因式的乘积(因式方程具有 3 个实数根时)，或者一个一次因式和一个二次因式的乘积(因式方程具有一个实数根和一对共轭复数根时)。所以式(2.31)中不会出现三阶及三阶以上的因式。比较式(2.30)，则是在复数意义下的因式分解表达，零、极点可以是实数，也可以是一般复数。

3. 零极点图表示

把传递函数的零点和极点同时表示在复平面上称为传递函数的零极点分布图。例如，传递函数

$$G(s) = \frac{s+2}{(s+3)(s^2+2s+2)}$$

的零极点分布图如图 2-11 所示。图中，零点用“∘”表示，极点用“×”表示。

利用零极点图及其传递系数 K_g，即可完整表述系统的传递函数。

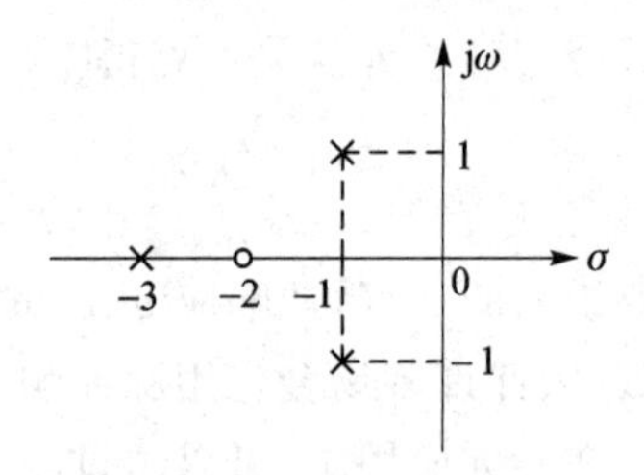

图 2-11　零极点分布图

2.2.4　传递函数与系统特性

用传递函数来描述系统：可以根据 $G(s)$ 的极点、零点和传递系数，直接认识分析系统的特征属性。

1. 极点决定系统的固有运动属性

在系统微分方程的齐次通解中，与特征根 λ_i 对应的解分量 $e^{\lambda_i t}$ 称为系统的基本模态。不论是外部激励还是系统内部初始能量的释放，也不论激励信号的大小、激励点以及信号输出的位置，只要系统结构不变，输出中包含的该类型模态形式都是相同的，不同的只是各种模态比重的大小而已。

以上模态只是与系统特征结构有关的模态，考虑到输入信号本身也引入一部分输入模态，结构模态和输入模态不做严格区分时，一般统称为模态。如果利用这些模态作为线性空间的一组基底，系统每时刻的输出，对应空间中的一个点，时间连续的输出就会在该空间中形成一条运动轨线，这就是经常把系统中状态变化、系统输出都称为系统运动的原因。

用传递函数表达系统时，传递函数分母对应系统特征式，传递函数极点对应系统特征值。参照微分方程解的结构，可有以下结论：

如果传递函数的极点是 $p_1, p_2, \cdots, p_n$，其中没有重根，则对应结构模态的数学表达为 $e^{p_1 t}, e^{p_2 t}, \cdots, e^{p_n t}$；如果有 k 重极点 p_i，则模态会有 $e^{p_i t}, te^{p_i t}, \cdots, t^{k-1}e^{p_i t}$ 的形式；如果有共轭复

数极点 $\sigma \pm \mathrm{j}\omega$，根据欧拉定理，共轭复数模态 $\mathrm{e}^{(\sigma+\mathrm{j}\omega)t}$ 和 $\mathrm{e}^{(\sigma-\mathrm{j}\omega)t}$ 可对应一对实函数 $\mathrm{e}^{\sigma t}\sin\omega t$ 和 $\mathrm{e}^{\sigma t}\cos\omega t$ 形式，在实数域用后者表达一对模态。

➢ 讨论：

可以将系统对照一个箱铃模型来认识，每个模态对应一个确定频率的铃，箱体中有多少铃，每个铃的频率多大，由系统结构决定。箱体受到任意位置、任意形式的激励，所有的受激铃音混叠在一起输出。再假设箱体有一个输入/输出的直接通道，该通道将输入信号成分的幅值和相位加工以后输出。两种输出线性合成为总的输出结果。对于稳定的系统，激励停止后，受激铃音也终归沉寂，剩余在直接通道中的信号即是系统稳态输出。第 5 章系统频率响应法讨论的就是这部分稳态输出。

【例 2-9】 设系统的传递函数为

$$G(s)=\frac{2.5(s+2)}{(s+1)(s+2+\mathrm{j})(s+2-\mathrm{j})}$$

求初始状态为零，输入为 $r(t)=u_0\cdot 1(t)$ 时系统的输出响应。

解：输入为 $R(s)=u_0/s$，可得输出的拉氏变换为

$$C(s)=\frac{2.5(s+2)}{(s+1)(s+2+\mathrm{j})(s+2-\mathrm{j})}\cdot\frac{u_0}{s}=\frac{2.5(s+2)}{(s+1)(s^2+4s+5)}\cdot\frac{u_0}{s}$$

$$=\frac{u_0}{s}-\frac{5}{4}u_0\frac{1}{s+1}+\frac{u_0}{4}\cdot\frac{s+2}{(s+2)^2+1}-\frac{u_0}{4}\frac{3}{(s+2)^2+1}$$

经拉氏反变换得

$$c(t)=u_0-\frac{5}{4}u_0\mathrm{e}^{-t}+\frac{u_0}{4}\mathrm{e}^{-2t}\cos t-\frac{3}{4}u_0\mathrm{e}^{-2t}\sin t$$

可以看出，$c(t)$ 的第一项与 $r(t)$ 所含的模态相同，后 3 项是由 $G(s)$ 的极点所形成的固有运动模态。各模态比重均与输入量比例相关。

对于非零状态，首先可以分别处理零状态下的所谓输入强迫响应，和零输入时由非零初始条件引起的自由响应，然后根据线性叠加的原则，合成为总的输出。讨论初始条件激发的自由运动过程，只能返回到相应的微分方程，再用拉氏变换法代入初始条件，求齐次微分方程的解。

【例 2-10】 对于例 2-9 中的系统，给定初始条件为 $c(0)=0, \dot{c}(0)=1, \ddot{c}(0)=1$，求零输入时系统的自由响应。

解：由系统的传递函数可得代数方程

$$(2s^3+10s^2+18s+10)C(s)=(5s+10)R(s)$$

用微分算符 d/dt 置换 s，可得系统的微分方程

$$2\frac{\mathrm{d}^3c(t)}{\mathrm{d}t^3}+10\frac{\mathrm{d}^2c(t)}{\mathrm{d}t^2}+18\frac{\mathrm{d}c(t)}{\mathrm{d}t}+10c(t)=5\frac{\mathrm{d}r(t)}{\mathrm{d}t}+10r(t)$$

令输入等于 0，方程变为齐次方程。对齐次方程进行拉氏变换，并代入初始条件，可得

$$C(s)=\frac{2s+12}{2s^3+10s^2+18s+10}=\frac{(s+6)}{(s+1)(s^2+4s+5)}$$

$$=\frac{5}{2}\frac{1}{s+1}-\frac{5}{2}\frac{s+2}{(s+2)^2+1}-\frac{3}{2}\frac{1}{(s+2)^2+1}$$

再经拉氏反变换得

$$c(t)=\frac{5}{2}e^{-t}-\frac{5}{2}e^{-2t}\cos t-\frac{3}{2}e^{-2t}\sin t$$

由此例可知，自由运动的 3 项模态，直接取决于 3 个特征根，且这 3 项模态与强迫运动中传递函数的 3 个极点所决定的 3 项模态完全一致。

对于非零状态下的输入响应，可以叠加例 2-9 和例 2-10 的结果，也可以直接利用带初值的拉氏变换求得输出。两者具有相同的计算结果。

2. 极点的位置决定模态的敛散性

当极点是负实数或具有负实部的共轭复数时，所对应的模态响应信号呈指数衰减，称为收敛模态信号，当 $t\to\infty$时，对应的模态 $e^{p_i t}\to 0$。

反映在零极点分布图上，极点在 s 左半平面，对应的模态信号收敛；极点在右半平面，对应的模态信号发散；极点在虚轴上，对应的模态为恒值或正弦输出，称为临界模态。当系统所有模态都具有收敛特性时，系统是稳定的。只要有一个模态发散，任何激励都会引起系统总的输出发散，这样的系统是不稳定的。这里，用敛散性说明信号，用稳定性说明系统。

由指数函数的特点可知，同样是负极点(包括负实数极点和具有负实部的复数极点)，大小不同，其响应特点也是不一样的。负极点在偏离虚轴越远的位置，对应的模态衰减越快。

3. 零点决定运动模态的比重

系统总的输出，是各种模态的线性组合。传递函数的零点，影响的是各模态的组分比重大小。在求解输出信号时，可以对输出 $C(s)$进行部分分式分解，各个求和项的系数与 $C(s)$的零点、极点均有关。

【例 2-11】 已知系统的传递函数为

$$G_1(s)=\frac{3(2s+1)}{(s+1)(s+3)}$$

有两个极点：$p_1=-1$，$p_2=-3$；一个零点：$z_1=-0.5$，求其单位阶跃响应。

解：计算可得系统的单位阶跃响应为

$$c_1(t)=L^{-1}\left[\frac{3(2s+1)}{(s+1)(s+3)}\cdot\frac{1}{s}\right]=1+1.5e^{-t}-2.5e^{-3t}$$

若将零点调整为 $z_2=-0.83$，接近了极点 $p_1=-1$，如图 2-12 所示，此时系统的传递函数为

$$G_2(s)=\frac{3(1.2s+1)}{(s+1)(s+3)}$$

其单位阶跃响应为

$$c_2(t)=L^{-1}\left[\frac{3(1.2s+1)}{(s+1)(s+3)}\cdot\frac{1}{s}\right]=1+0.3e^{-t}-1.3e^{-3t}$$

由于极点不变，因此运动模态也不变。但零点的改变，使两个模态 e^{-t} 和 e^{-3t} 在响应中的大小和比重发生变化，响应曲线如图 2-13 所示。当一个零点靠近某极点时，该极点对应的模态会被削弱。零点影响两个以上极点时，接近的程度不同，影响的程度也不同，离零点很近的极点对应的模态削弱的程度相对严重。当零点、极点重合时，产生了零极点对消，相应极点对应的模态消失。工程中常用这种方法“挖”去一些有缺陷的极点。

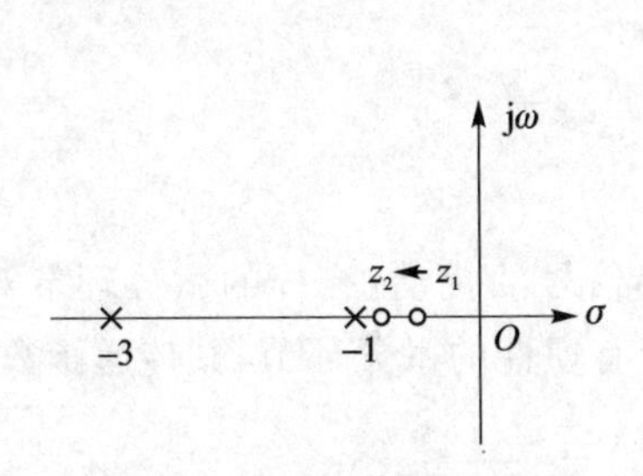

图 2-12　零极点分布图

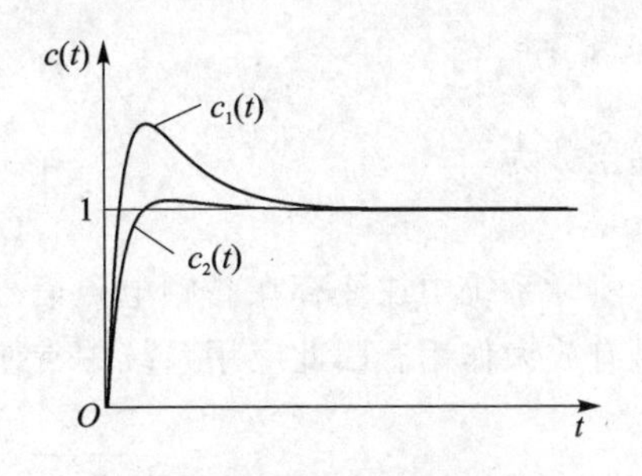

图 2-13　单位阶跃响应

4. 传递系数决定静态增益

若时间足够长，系统动态过程结束以后，进入稳态过程。由拉氏变换终值定理，即

$$\lim_{t\to\infty}c(t)=\lim_{s\to 0}sC(s)=\lim_{s\to 0}sG(s)R(s) \tag{2.34}$$

在满足极限意义的条件下，可以认为有

$$\lim_{s\to 0}sC(s)=G(0)\cdot\lim_{s\to 0}sR(s)=G(0)\cdot\lim_{t\to\infty}r(t)$$

又由传递函数的时间常数表达式(2.31)，可知

$$G(0)=\lim_{s\to 0}G(s)=K$$

即

$$\lim_{t\to\infty}c(t)=K\lim_{t\to\infty}r(t) \tag{2.35}$$

由此可知，传递系数 K 具有输入/输出之间静态增益的意义。

2.2.5　典型环节的传递函数

实际的控制系统是由各种元部件组成的，如放大元件、执行元件、测量元件等。对于不同类型的控制系统，其元件最基本的结构都可以分解为以下几种。

1. 比例环节

比例环节的运动方程为

$$c(t)=K\cdot r(t)$$

传递函数为

$$G(s)=K$$

式中，K 为常数，称为放大系数或增益。

在一定的条件下，放大器、减速器、调制器和解调器都可以看成比例环节。

2. 积分环节

积分环节的运动方程为

$$c(t)=\int r(t)\mathrm{d}t \quad 或 \quad \frac{\mathrm{d}c(t)}{\mathrm{d}t}=r(t)$$

传递函数为

$$G(s)=\frac{1}{s}$$

模拟积分器以及伺服系统中角加速度、角速度和转角间的传递函数是常见积分环节。

3. 微分环节

纯粹的微分环节，其微分方程为

$$c(t)=\frac{\mathrm{d}r(t)}{\mathrm{d}t}$$

传递函数为

$$G(s)=s$$

由于实际系统中往往存在高频电磁信号等尖锐小信号的扰动，纯粹的微分环节对这一类干扰信号有放大作用。因此应用系统中常使用一种带有惯性的微分环节，其传递函数为

$$G(s)=\frac{s}{Ts+1} \quad 或 \quad G(s)=\frac{T_1 s}{T_2 s+1}$$

惯性的存在，削弱了干扰信号的微分放大作用，但也影响了有用信号的微分效果。实践中，通过调整参量 T、T_1、T_2 来改变惯性作用和微分作用的相对大小。

4. 惯性环节

惯性环节的微分方程为

$$T\frac{\mathrm{d}c(t)}{\mathrm{d}t}+c(t)=r(t)$$

传递函数为

$$G(s)=\frac{1}{Ts+1}$$

式中，T 为时间常数。

惯性环节是形成高阶系统的基本环节，大部分实际系统会包含多个惯性环节。

5. 一阶微分环节

一阶微分环节的微分方程为

$$c(t)=\tau\frac{\mathrm{d}r(t)}{\mathrm{d}t}+r(t)$$

传递函数为

$$G(s)=\tau s+1$$

式中，τ 为时间常数。一阶微分环节是比例和微分的组合。

6. 振荡环节

振荡环节的微分方程为

$$T^2\frac{\mathrm{d}^2c(t)}{\mathrm{d}t^2}+2\xi T\frac{\mathrm{d}c(t)}{\mathrm{d}t}+c(t)=r(t)$$

式中，T 为时间常数，ξ 为阻尼比，$0\leqslant\xi<1$。

振荡环节的传递函数为

$$G(s)=\frac{1}{T^2s^2+2\xi Ts+1}=\frac{\omega_n^2}{s^2+2\xi\omega_n s+\omega_n^2}$$

式中，$\omega_n=1/T$，ω_n 为系统的固有振荡角频率。

7. 二阶比例微分环节

二阶微分环节的微分方程为

$$c(t)=\tau^2\frac{\mathrm{d}^2r(t)}{\mathrm{d}t^2}+2\zeta\tau\frac{\mathrm{d}r(t)}{\mathrm{d}t}+r(t)$$

传递函数为

$$G(s)=\tau^2 s^2+2\zeta\tau s+1$$

式中，τ 为时间常数，ζ 为阻尼比。

8. 延迟环节

当输入信号加入系统后，其输出端要延后一定时间后才会复现输入信号，这种环节叫作延迟环节。延迟是常见的工程现象，特别是过程控制系统，会有很大的时滞时间。

方程的标准形式为

$$c(t)=r(t-\tau)$$

传递函数为

$$G(s)=\mathrm{e}^{-\tau s}$$

式中，τ 为延迟时间。

应该指出的是，一个系统中的元部件的传递函数可以是一个典型环节，也可以是几个典型环节的组合。在实际的系统分析中，可以将若干典型环节组成一个局部结构，再由各个结构组成复杂的系统。

2.3　系统结构图

控制系统的结构图是描述系统各元部件结构和信号传递关系的数学图形，它表示了系统中各变量之间的因果关系以及对变量所进行的运算。系统结构图是图形化的数学模型表达，是原理图和数学方程的综合，既可以进行定性分析也可以完成定量计算。在工程技术人员之间交流时普遍采用结构图来描述系统。

系统结构图中，当 $s=0$ 时，表示各变量之间的静特性关系，称为静态结构图；当 $s\neq0$ 时，称为动态结构图。

2.3.1　结构图的组成

控制系统的结构图，包含 4 种基本元素。

方框：表示一个结构，是结构图的核心元素。该结构实现了对方框输入的数学运算，如图 2－14(a)所示。

信号线：是带有箭头的线段，箭头表示信号的流向。箭头指向方框表示输入，从方框出来的箭头表示输出，如图 2－14(a)所示。

分支点：信号在传递过程中由一路分成了两路或多路，也叫引出点，如图 2－14(b)所示。

相加点：信号在此进行加减，用符号“⊗”表示，相加点也叫比较点。相加点的输入信号有正负之分。“＋”表示相加，“－”表示相减，“＋”号也可以不画，如图 2－14(c)所示。

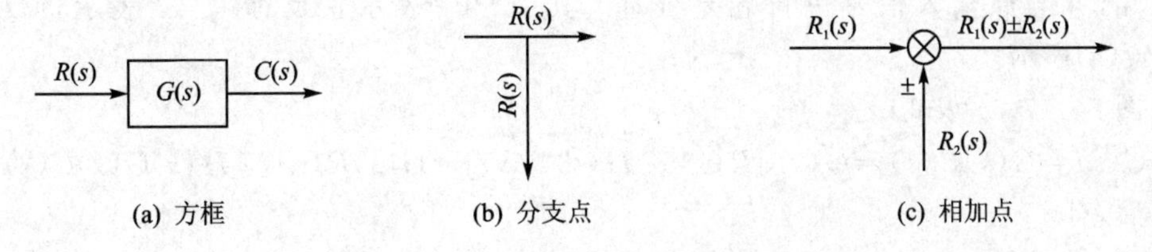

图 2－14　系统结构图的基本元素

2.3.2　结构图的基本连接形式

系统结构图中方框之间的基本连接方式有串联、并联和反馈 3 种，直接对应各自的代数运算。方框的基本连接可以形成一个新的综合结构，用新的传递函数和方框代替。从这个角度来说，串联、并联和反馈也是结构图等价变换的一种方式。

1. 串联连接

传递函数分别为 $G_1(s)$ 和 $G_2(s)$ 的两个结构方框，若 $G_1(s)$ 的输出量作为 $G_2(s)$ 的输入量，则称 $G_1(s)$ 和 $G_2(s)$ 为串联连接，如图 2-15(a)所示。

图 2-15　方框的串联连接和等效变换

总的传递函数为

$$G(s)=\frac{C(s)}{R(s)}=\frac{C(s)}{U(s)}\cdot\frac{U(s)}{R(s)}=G_1(s)G_2(s) \tag{2.36}$$

故串联后等效的传递函数等于各串联方框传递函数的乘积，如图 2-15(b)所示。

2. 并联连接

传递函数分别为 $G_1(s)$ 和 $G_2(s)$ 的两个结构方框，如果它们有相同的输入量，而输出量等于 2 个结构输出的代数和，则称 $G_1(s)$ 和 $G_2(s)$ 为并联连接，如图 2-16(a)所示。

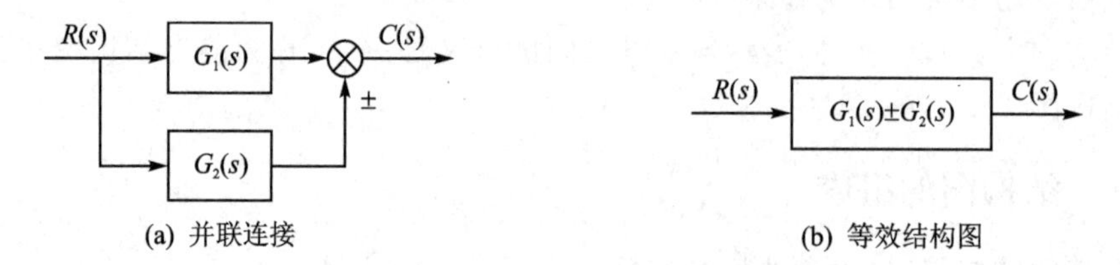

图 2-16　方框的并联连接和等效变换

总的传递函数为

$$G(s)=\frac{C(s)}{R(s)}=\frac{C_1(s)}{R(s)}\pm\frac{C_2(s)}{R(s)}=G_1(s)\pm G_2(s) \tag{2.37}$$

故并联后等效的传递函数等于各并联方框传递函数的代数和，如图 2-16(b)所示。

3. 反馈连接

传递函数分别为 $G_1(s)$ 和 $G_2(s)$ 和 $G_2(s)$ 的两个结构方框，将系统或环节的输出信号反馈到输入端，并与原输入信号进行和差处理。其中“+”表示正反馈，“−”表示负反馈，如图 2-17(a)所示。

由图 2-17(a)可知

$$C(s)=G(s)E(s)=G(s)\left[R(s)\mp H(s)C(s)\right]=G(s)R(s)\mp H(s)G(s)C(s)$$

合并以后，有

$$\left[1\pm G(s)H(s)\right]C(s)=G(s)R(s)$$

可得传递函数为

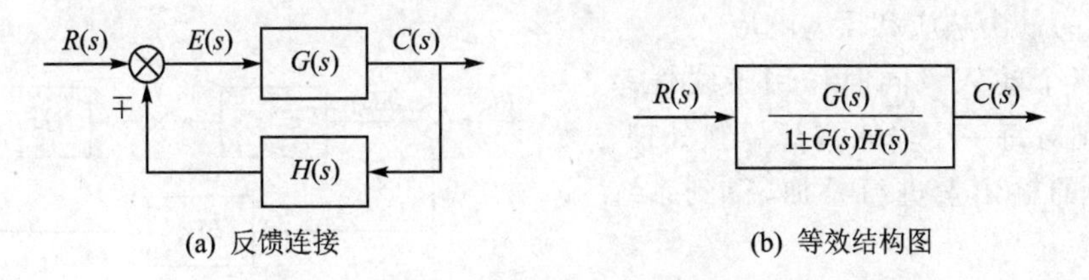

图 2-17　方框的反馈连接和等效变换

$$\Phi(s)=\frac{C(s)}{R(s)}=\frac{G(s)}{1\pm G(s)H(s)} \tag{2.38}$$

式中，称 $\Phi(s)$ 为系统的闭环传递函数；$G(s)$ 为前向通道传递函数；$H(s)$ 为反馈通道传递函数；$G(s)H(s)$ 为开环传递函数，一般用 $G_k(s)$ 表示。开环传递函数表示假设环路从相加点处断开，信号 $E(s)$ 经过 $G(s)$ 和 $H(s)$ 后，整个环路的传递关系。

至此，可以给出单回路自动控制系统传递函数的一般形式：

$$\Phi(s)=\frac{G(s)}{1+G_k(s)} \tag{2.39}$$

当反馈环节 $H(s)=1$ 时，称为单位负反馈系统，此时开环传递函数等同于前向传递函数。任何 $H(s)\neq 0$ 的系统，经过等价变换，都可以转换为一个单位负反馈系统。如图 2-18 所示。

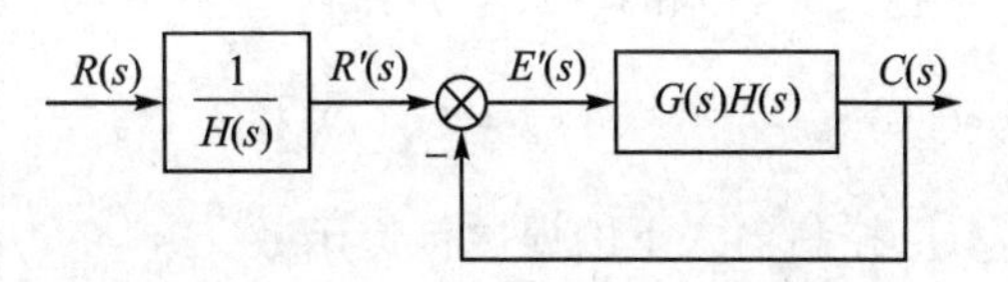

图 2-18　单位反馈化等效结构图

图 2-18 对应的传递函数为

$$\frac{C(s)}{R(s)}=\frac{1}{H(s)}\cdot\frac{G(s)H(s)}{1+G(s)H(s)}=\frac{G(s)}{1+G(s)H(s)} \tag{2.40}$$

完全等同于原有系统的传递函数。由于存在这种等效变换关系，因此本书分析问题一般以单位负反馈结构为例。

➢ 讨论：

① 单位负反馈系统是最常见的一类闭环系统，它符合多数实际控制系统的结构特点，其反馈回路只有检测功能，检测到的输出信号直接用于反馈比较。

② 单位负反馈体现了自动控制系统最为本质的特性：输出等量复现输入，期望被控对象 $G(s)$ 有什么样的输出，就给定什么样的输入，由负反馈结构自动实现输出对给定输入的跟踪复现；$H(s)=1$ 意味着对输出的测量值直接反馈回去，不需要运算处理，具有结构简单、概念明确的特点。在 1.2 节中，就是使用这样的概念来描述自动控制系统的。

③ 当然，也有系统要求期望输出和给定输入之间并不完全一致的情况，可能有增益、相移或者其他复杂传递关系。实际上，这样的系统与单位负反馈串联一个调整环节是等价的。单位负反馈保证系统的自动调节和信号的跟踪复现，调整环节则用于实现其他复杂关系。

④ 单位负反馈系统被控对象（实际中可以是包括执行元件、校正元件的广义对象）的 $G(s)$ 即开环传递函数，由此被控对象也被称为开环对象。以后的分析中经常提到由开环到闭环的分析方法，实际上就是由对象到系统的过程，即通过深入分析被控对象的特点，预计闭环以后系统的性能。

【例 2-12】　图 2-19 表示有扰动作用的闭环控制系统，求给定控制输入和扰动输入同时存在时系统的输出响应和误差响应。

解:当两个输入量同时作用于线性系统,可以分别对每一个输入进行单独处理,然后将各自的输出量进行叠加,得到系统总的输出。

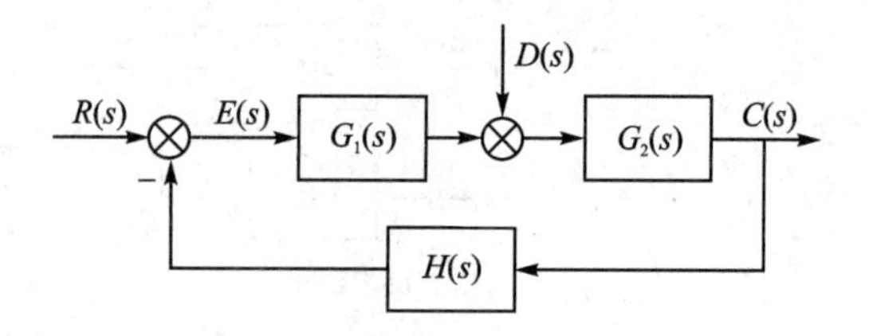

图 2-19 有扰动作用的闭环控制系统

① 控制输入下的闭环传递函数

令 $D(s)=0$,则有

$$\frac{C_r(s)}{R(s)}=\frac{G_1(s)G_2(s)}{1+G_1(s)G_2(s)H(s)} \tag{2.41}$$

② 扰动输入下的闭环传递函数

令 $R(s)=0$,则有

$$\frac{C_d(s)}{D(s)}=\frac{G_2(s)}{1+G_1(s)G_2(s)H(s)} \tag{2.42}$$

③ 两个输入量同时作用于系统时的输出响应

由式(2.41)和式(2.42)可得

$$C(s)=C_r(s)+C_d(s)=\frac{G_2(s)\left[G_1(s)R(s)+D(s)\right]}{1+G_1(s)G_2(s)H(s)} \tag{2.43}$$

④ 控制输入下的误差传递函数

令 $D(s)=0$,则有

$$\frac{E_r(s)}{R(s)}=\frac{1}{1+G_1(s)G_2(s)H(s)} \tag{2.44}$$

⑤ 扰动输入下的误差传递函数

令 $R(s)=0$,则有

$$\frac{E_d(s)}{D(s)}=\frac{-G_2(s)H(s)}{1+G_1(s)G_2(s)H(s)} \tag{2.45}$$

⑥ 两个输入量同时作用于系统时的误差响应

由式(2.44)和式(2.45)可得

$$E(s)=E_r(s)+E_d(s)=\frac{R(s)-G_2(s)H(s)D(s)}{1+G_1(s)G_2(s)H(s)} \tag{2.46}$$

➢ 讨论:

① 由式(2.42)可知,当 $|G_1(s)G_2(s)H(s)|\gg 1$ 时,$\dfrac{C_d(s)}{D(s)}\approx\dfrac{1}{G_1(s)H(s)}$,若还有 $|G_1(s)H(s)|\gg 1$,则 $\dfrac{C_d(s)}{D(s)}\to 0$。这种情况下,外部扰动信号的通过能力大为衰减。实际的闭环系统大多有低通高阻滤波器的特性,闭环系统本身有一定的抗干扰能力。

② 由式(2.41)可知,当 $|G_1(s)G_2(s)H(s)|\gg 1$ 时,则 $\dfrac{C_r(s)}{R(s)}\approx\dfrac{1}{H(s)}$。这种情况表明,闭环系统的传递特性仅取决于反馈通道 $H(s)$,基本与前向通道环节无关,即使前向通道中执行机构及受控对象的结构参数精度较差,对系统影响也不大。只要保证反馈环节的精度,就可以实现整个系统的精度要求。

③ 例 2－12 中,所有传递函数具有相同的分母特征式。这进一步表明,闭环结构一旦确定,系统特征值(极点)就唯一地确定下来。无论外部输入信号是何种形式,作用于系统的什么位置,也不论输出信号从哪里引出,只要系统结构不变,系统特征式是一定的。对于一个单变量闭环控制系统,微分方程的特征值、传递函数的极点描述是统一的。

2.3.3　结构图的等效变换

对于一般系统的动态结构图,可能是几种基本连接方式相互交叉在一起,无法直接利用上述方法求出整体的传递函数,而必须经过相加点及分支点的移动以解除交联结构。在移动和变换的过程中,必须遵循的原则是被变换部分的输入/输出端口信号,在结构变换前、后应保持不变。

1. 分支点前移

将位于方框后端的分支点移到方框前端,称为分支点前移。其等效变换如图 2－20 所示,为保持输出端口信号不变,被移动的分支应串入传递函数 $G(s)$。

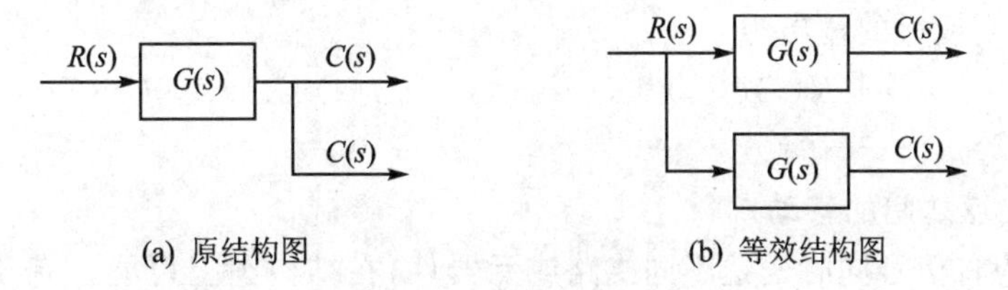

图 2－20　分支点前移

2. 分支点后移

将位于方框前端的分支点移到方框后端,称为分支点后移。其等效变换如图 2－21 所示,为保输出信号 $C(s)$不变,被移动的分支应串入传递函数 $1/G(s)$。

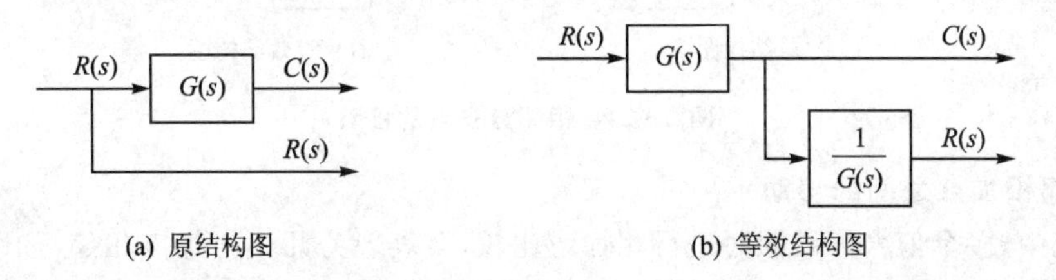

图 2－21　分支点后移

3. 相加点前移

相加点从方框的输出端移到方框的输入端,称为相加点前移。其等效变换如图 2－22 所示。

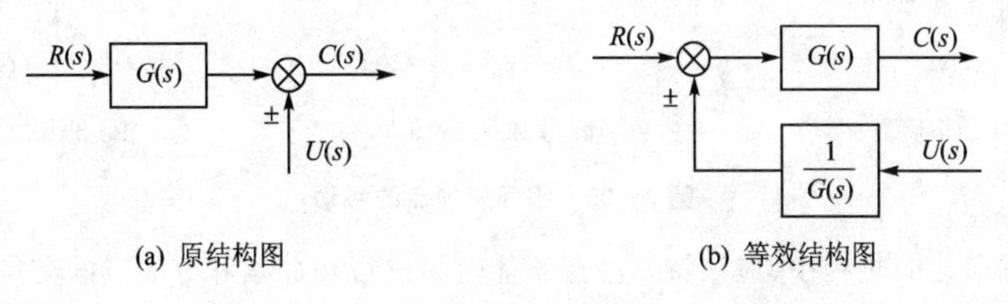

图 2－22　相加点前移

相加点前移变换后的输出为

$$C(s)=\left[R(s)\pm\frac{1}{G(s)}U(s)\right]G(s)=G(s)\cdot R(s)\pm U(s)$$

与变换前完全相等。

4. 相加点后移

相加点从方框的输入端移到方框的输出端，称为相加的后移。其等效变换如图 2－23 所示。

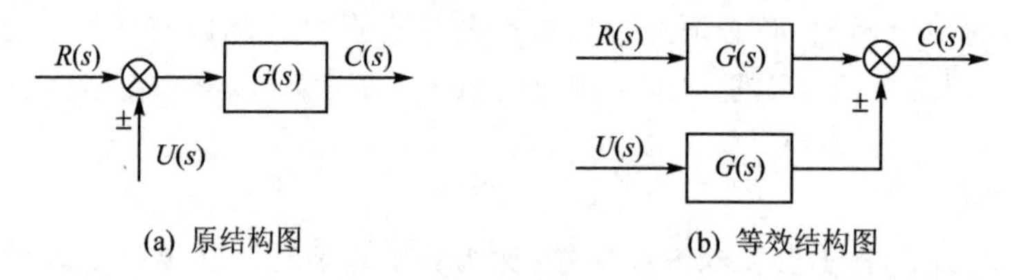

(a) 原结构图　　(b) 等效结构图

图 2－23　相加点后移

相加点后移变换后的输出为

$$C(s)=R(s)G(s)\pm U(s)G(s)=G(s)[R(s)\pm U(s)]$$

与变换前完全相等。

5. 相邻分支点之间的移动

在系统中，为将信号同时送达不同支路或元器件，在结构图上可能会有几个分支点相邻。这些分支点引出的信号相同，可以互换位置，如图 2－24 所示。

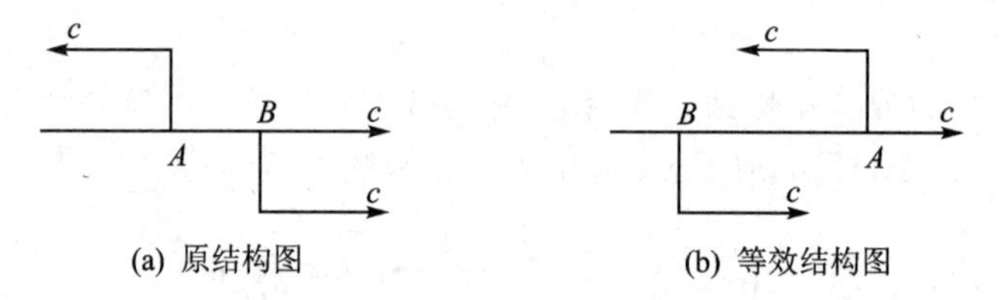

(a) 原结构图　　(b) 等效结构图

图 2－24　相邻分支点的移动

6. 相邻相加点之间的移动

在系统中，多个信号需要同时进行相加或比较，会表现为几个相加点相邻，如图 2－25(a)所示。有时为了结构图变换需要而交换它们的位置，甚至把它们简化为一个相加点，其总的输出是不变的，如图 2－25(b)和(c)所示。

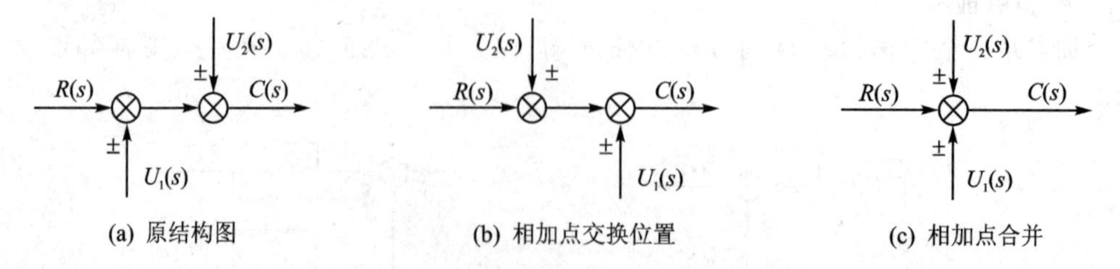

(a) 原结构图　　(b) 相加点交换位置　　(c) 相加点合并

图 2－25　相邻相加点的移动

在结构图简化的过程中，应该特别注意不能轻易进行相加点和分支点的交换，因为这种变换涉及的信号关系比较复杂，完全按照输入/输出对应过来，化简为繁。

【例 2-13】 简化图 2-26 所示系统结构图，求出系统的闭环传递函数 $\Phi(s)$。

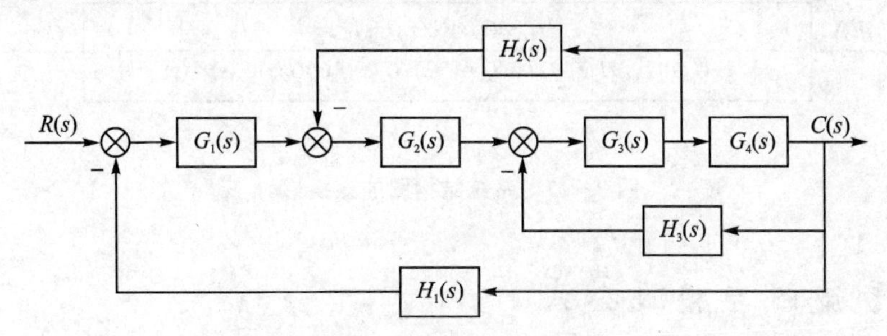

图 2-26　多回路系统结构图

解：由图 2-26 可知，这是一个比较复杂的系统，原则上首先要解除交叉回路，由内回路到外回路逐步简化。

第一步：将比较点向后移动，再交换比较点的位置，即将图 2-26 简化为图 2-27(a)。

第二步：对图 2-27(a)中 $G_2(s)$、$G_3(s)$、$H_2(s)$组成的回路进行串联和反馈变换，进而化简为图 2-27(*b*)。

第三步：对图 2-27(b)的内回路再进行串联和反馈变换，只剩下一个主反馈回路，如图 2-27(c)。

最后变换为一个框，如图 2-27(d)所示。

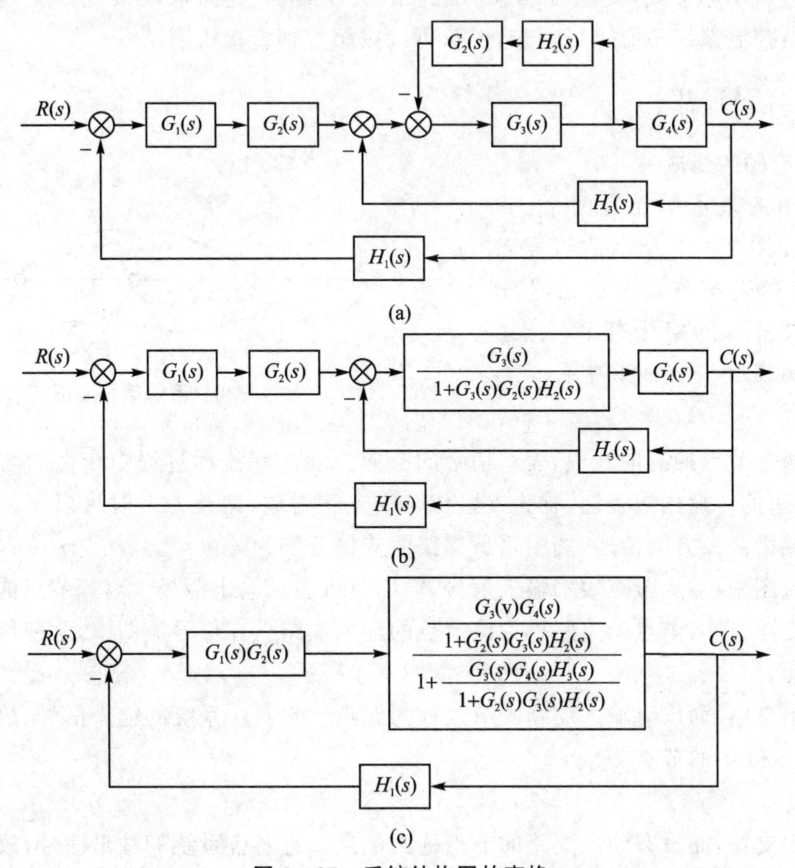

图 2-27　系统结构图的变换

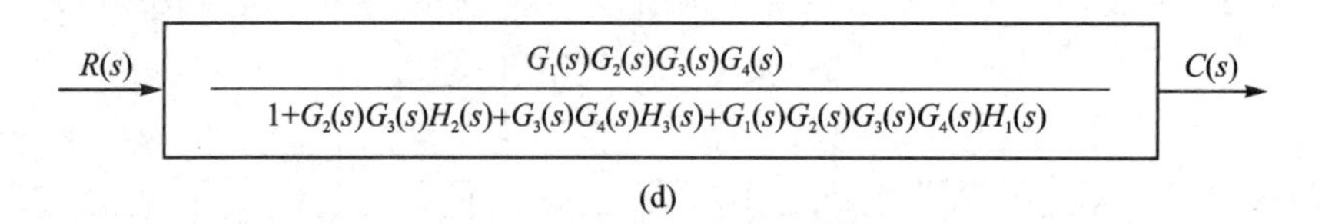

图 2-27　系统结构图的变换(续)

2.4　信号流图与梅逊公式

系统结构图突出的概念是用方框表达结构,通过信号线将一个个结构连接起来。如果用现代图论的观点看待系统,则更强调节点间信息流的状态和方式。就如同看待一个复杂电路,前者关注的是一个个连接着的元器件、模块;后者则淡化模块和节点结构,关注的是整个电路网络,及各处电流大小或信号时序等。

虽然系统结构图和信号流图可以相互转换,但信号流图更方便地对应到一个线性方程组。当利用信号流图将高阶的微分方程,等价到一个线性代数方程组以后,就可以利用线性代数、线性空间的方法,来解决系统的分析和设计问题。信号流图在系统的状态空间法中,还有更多的应用。

借助信号流图的形式,美国数学家梅逊(S. M. Mason)提出求取系统传递函数的直观方法。对于复杂控制系统不必进行逐步化简,可以按照规则直接得到结果。

2.4.1　信号流图

1. 信号流图的组成

信号流图的基本单元有两个:节点和支路。在图 2-28 所示的信号流图中,节点可以表示系统中的信号分合处,也可以表示网络中任意一点。节点用小圆圈表示,图 2-28 中有 6 个节点,分别为 x_0、x_1、x_2、x_3、x_4、x_5。

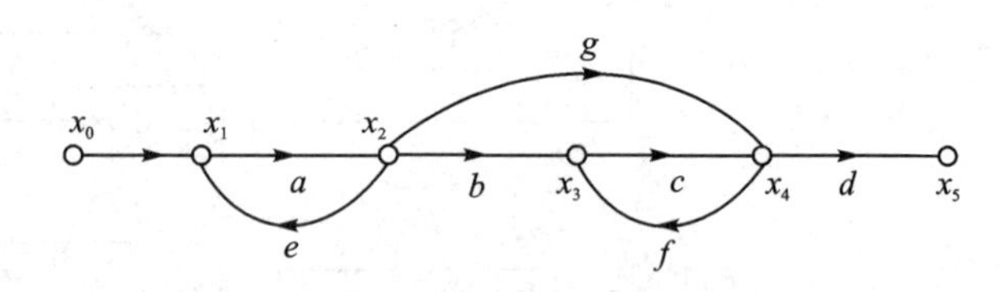

图 2-28　系统信号流图

支路是连接两个节点的有向线段,表示信号的有向流动。在流动过程中产生的增益和传递结果,用支路旁边的传递函数表达,称为支路传输或支路增益,增益为 1 时可以不标出来。信号只能在支路上沿箭头方向传递,图中每条支路的传输分别为 a、b、c、d、e、f、g。

在信号流图中,输入节点表示输入信号,输出节点表示输出信号。离开节点的支路称为该节点的输出支路,进入节点的支路称为该节点的输入支路。在信号流图中,常使用以下术语。

(1) 源点

只有输出支路,而没有输入支路的节点称为源点。它对应系统的输入信号,故也称为输入节点,如图 2-28 中的节点 x_0。

(2) 汇点

只有输入支路,而没有输出支路的节点称为汇点。它对应系统的输出信号,故也称为输出节点,如图 2-28 中的节点 x_5。

（3）混合节点

既有输入支路又有输出支路的节点称为混合节点，如图 2－28 中的节点 x_2、x_3、x_4。

（4）前向通道

信号从输入节点到输出节点传递时，顺着流向每个支路只通过一次的通道，称为前向通道。前向通道上各支路增益的乘积，称为前向通道增益。在图 2－28 中，从源点到汇点共有两条前向通道，一条是 $x_0 \to x_1 \to x_2 \to x_3 \to x_4 \to x_5$，其前向通道增益为 $P_1 = abcd$；另一条是 $x_0 \to x_1 \to x_2 \to x_4 \to x_5$，其前向通道增益 $P_2 = agd$。而 $x_0 \to x_1 \to x_2 \to x_4 \to x_3 \to x_4 \to x_5$，由于重复了节点 x_4，所以不是合理的前向通道。

（5）回路

起点和终点在同一节点，而且信号通过每一个节点不多于一次的闭合通道称为单独回路，简称回路。回路中所有支路增益的乘积，称为回路增益。在图 2－28 中，有 2 个回路，一个是 $x_1 \to x_2 \to x_1$，其回路增益为 $L_1 = ae$；另一个是 $x_3 \to x_4 \to x_3$，其回路增益 $L_2 = cf$。

（6）不接触回路

回路之间没有公共节点时，称为不接触回路。在图 2－28 中，两个回路是不接触回路。

2. 信号流图的绘制

由于系统的微分方程、传递函数、系统结构图、信号流图都是一一对应的，因此信号流图可以根据系统的微分方程绘制，也可以根据系统结构图绘制。

（1）由系统微分方程绘制信号流图

由 2.1.1 节系统建模过程可知，一般在建立模型时，首先会得到一些线性方程组，可以利用拉氏变换将微分方程转换为 s 域的代数方程；然后对系统的每个变量指定一个节点，根据系统中的因果关系，将对应的节点按从左到右顺序排列，绘制出有关的支路，并标出各支路的增益；最后将各节点正确连接就可以得到系统的信号流图。

【例 2－14】 画出图 2－1 中 RLC 串联电路的信号流图。

解： 列写原始方程

$$u_r = L\frac{\mathrm{d}i}{\mathrm{d}t} + Ri + u_c$$

$$i = C\frac{\mathrm{d}u_c}{\mathrm{d}t}$$

取拉氏变换，并考虑初始条件 $i(0^+)$、$u_c(0^+)$，有

$$U_r(s) = LsI(s) - Li(0^+) + RI(s) + U_c(s)$$
$$I(s) = CsU_c(s) - CU_c(0^+)$$

整理成因果关系，有

$$I(s) = \frac{1}{Ls+R}U_r(s) - \frac{1}{Ls+R}U_c(s) + \frac{L}{Ls+R}i(0^+)$$

$$U_c(s) = \frac{1}{Cs}I(s) + \frac{1}{s}u_c(0^+)$$

由此画出信号流图，如图 2－29 所示。

如果已经得到高阶微分方程，或给定传递函数的形式，也可以定义若干中间状态变量，用级联法画出其信号流图。取系统传递函数的一般形式为

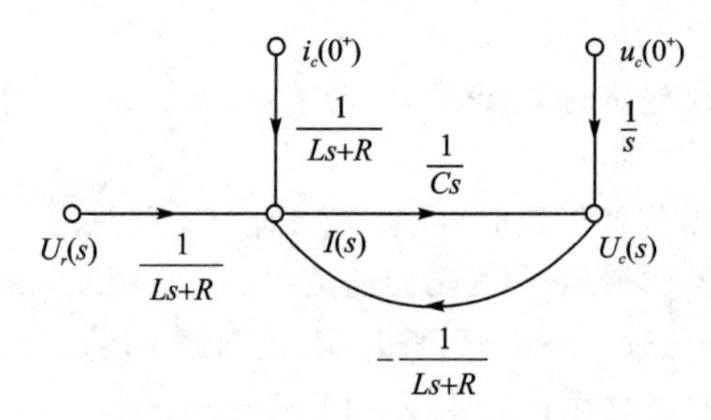

图 2-29　RLC 电路信号流图

$$G(s)=\frac{C(s)}{R(s)}=\frac{b_1s^{n-1}+b_2s^{n-2}+\cdots+b_{n-1}s+b_n}{s^n+a_1s^{n-1}+\cdots+a_{n-1}s+a_n} \tag{2.47}$$

将式(2.47)改写为

$$G(s)=\frac{b_1s^{-1}+b_2s^{-2}+\cdots+b_{n-1}s^{-(n-1)}+b_ns^{-n}}{1+a_1s^{-1}+a_2s^{-2}+\cdots+a_{n-1}s^{-(n-1)}+a_ns^{-n}} \tag{2.48}$$

对应信号流图如图 2-30 所示。这种由传递函数画信号流图的方法，表示了系统的串联积分结构。

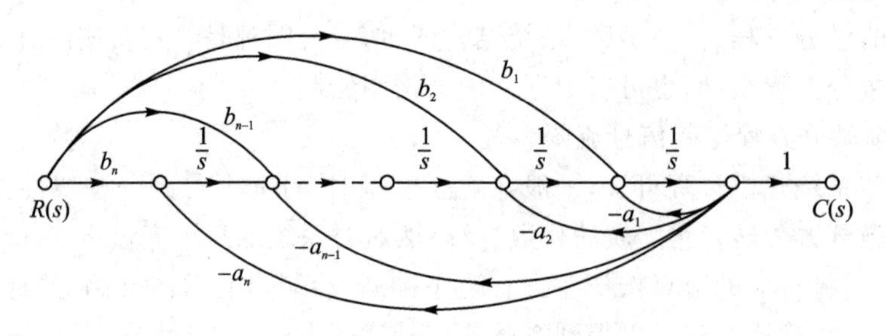

图 2-30　高阶系统信号流图

(2) 由系统动态结构图绘制信号流图

在系统结构图中绘制信号流图时，只需在结构图的信号线上用小圆圈标示出传递的信号，便可得到节点；用标有传递函数的线段代替结构图中的方框，便可得到支路。于是，结构图也就变换为相应的信号流图了。由结构图绘制信号流图，是最常见的图式数学模型转换过程。

【例 2-15】 试绘制图 2-31 所对应的信号流图。

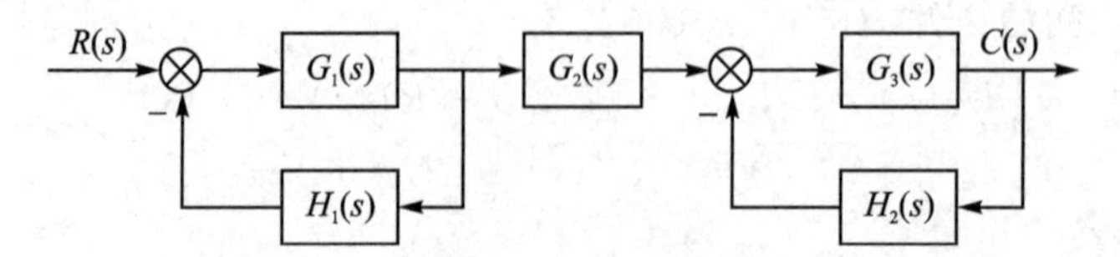

图 2-31　系统结构图

解:图 2-31 对应的信号流图如图 2-32 所示。

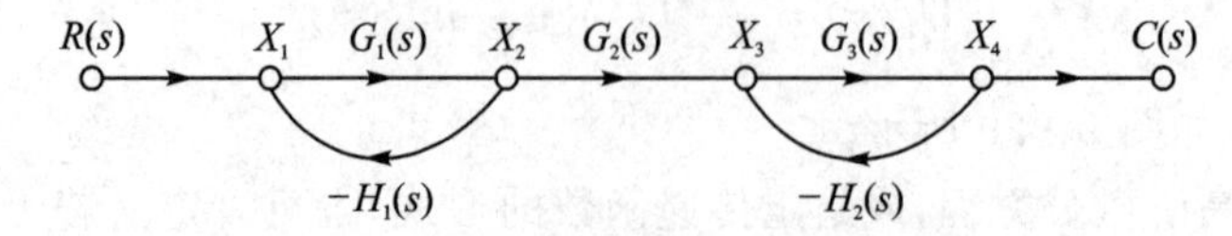

图 2-32　系统对应信号流图

该信号流图所对应的方程组为

$$\begin{cases} X_1 = R(s) - H_1(s)X_2 \\ X_2 = G_1(s)X_1 \\ X_3 = G_2(s)X_2 - H_2(s)X_4 \\ X_4 = G_3(s)X_3 \\ C(s) = X_4 \end{cases}$$

由于信号流图对应一组代数方程，因此描述系统的数学模型，也可以采用方程组形式。在数学上，n 阶微分方程可以等价为 n 个一阶微分方程的方程组。这 n 个方程经过线性变换，可有不同的表达形式；也可以将若干个方程整合在一起，形成各种高次的微积分方程组。这些方程组对应的信号流图也具有多种形式。因此同样一个控制系统，可以用多种不同的流图表示，互相具有等价的意义。

2.4.2　梅逊公式

求解信号流图对应的方程组，不仅可以得到输入与输出之间的传递关系，也可以得到所有节点之间的传递关系。

【例 2-16】 某控制系统的信号流图如图 2-33 所示，试求其对应的传递函数 $C(s)/R(s)$。

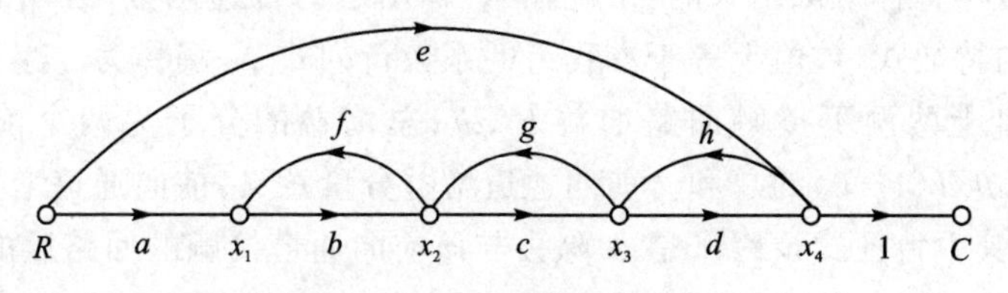

图 2-33　控制系统信号流图

解：根据信号流图可得对应的方程组为

$$\begin{cases} x_1 = aR + fx_2 \\ x_2 = bx_1 + gx_3 \\ x_3 = cx_2 + hx_4 \\ x_4 = eR + dx_3 \end{cases}$$

将方程组写成如下标准形式：

$$\begin{cases} x_1 - fx_2 = aR \\ bx_1 - x_2 + gx_3 = 0 \\ cx_2 - x_3 + hx_4 = 0 \\ -dx_3 + x_4 = eR \end{cases}$$

利用克莱姆法则，求解方程组。

$$\Delta = \begin{vmatrix} 1 & -f & 0 & 0 \\ b & -1 & g & 0 \\ 0 & c & -1 & h \\ 0 & 0 & -d & 1 \end{vmatrix} = 1 - dh - gc - fb + fbdh$$

$$\Delta_4=\begin{vmatrix}1 & -f & 0 & aR\\ b & -1 & g & 0\\ 0 & c & -1 & 0\\ 0 & 0 & -d & eR\end{vmatrix}=abcdR+eR(1-gc-bf)$$

于是有

$$x_4=\frac{\Delta_4}{\Delta}=\frac{abcdR+eR(1-gc-bf)}{1-dh-gc-fb+fbdh}$$

因此，传递函数为

$$\frac{C(s)}{R(s)}=\frac{x_4}{R}=\frac{abcd+e(1-gc-bf)}{1-dh-gc-fb+fbdh}$$

由例 2－16 可知，对于用信号流图描述的系统，利用线性方程组求解任意两个节点间的传递函数，是一样容易的。信号流图模型，揭示了系统内部、外部各种变量之间的关系。该模型在需要了解各种状态变量变化情况的多变量状态空间方法中，得到了十分广泛的应用。

克莱姆方法求解系统输入/输出传递关系，已经可以得到很好的结果。但克莱姆方法在工程中的应用并不直观。梅逊参照系统结构，将克莱姆方法的结果做了一个合理解释，使得不再需要中间线性方程组及其求解的过渡过程，可直接由信号流图得到输入/输出的传递关系，这就是梅逊方法。

梅逊方法是这样解释上例结果的：系统输入/输出总的传递函数，也叫总增益。总增益的分母为信号流图的特征式，数值上等于方程组的系数行列式 Δ，解释为 1 减去 3 个独立回路增益 dh、gc、bf，再加上两两不接触回路增益 $bfdh$；总增益的分子为两个前向通道增益分量 $e(1-bf-gc)$ 和 $abcd(1-0)$ 的总和。前向通道增益分量意义：前向通道增益与其对应的特征式余因子的乘积，其中特征式余因子是 Δ 除去与该前向通道接触的回路后的剩余部分。

推而广之，从任意输入节点到任意输出节点之间传递函数的梅逊公式为

$$P=\frac{1}{\Delta}\sum_{k=1}^{n}P_k\Delta_k \tag{2.49}$$

式中，P 为输入到输出的总增益；n 为输入节点到输出节点的前向通道总数；P_k 为从输入节点到输出节点的第 k 条前向通道的增益；Δ 为信号流图的特征式，其表达式为

$$\Delta=1-\sum L_a+\sum L_bL_c-\sum L_dL_eL_f+\cdots \tag{2.50}$$

式中，$\sum L_a$ 为所有单独回路增益之和；$\sum L_bL_c$ 为每两个互不接触回路增益乘积之和；$\sum L_dL_eL_f$ 为每三个互不接触回路增益乘积之和；Δ_k 为第 k 条前向通道特征式的余因子，其值为 Δ 中除去与第 k 条前向通道相接触回路的特征式。

【例 2－17】 系统的信号流图如图 2－34 所示，试利用梅逊增益公式求系统的传递函数 $C(s)/R(s)$。

解：系统有 9 个回路分别为

$$L_1=G_2(-H_1),\quad L_2=G_4(-H_2),\quad L_3=G_6(-H_3),$$
$$L_4=G_3G_4G_5(-H_4),\quad L_5=G_1G_2G_3G_4G_5G_6(-H_5),$$
$$L_6=G_7G_3G_4G_5G_6(-H_5),\quad L_7=G_7(-H_1)G_8G_6(-H_5),$$
$$L_8=G_1G_8G_6(-H_5),\quad L_9=G_8(-H_4)(-H_1)$$

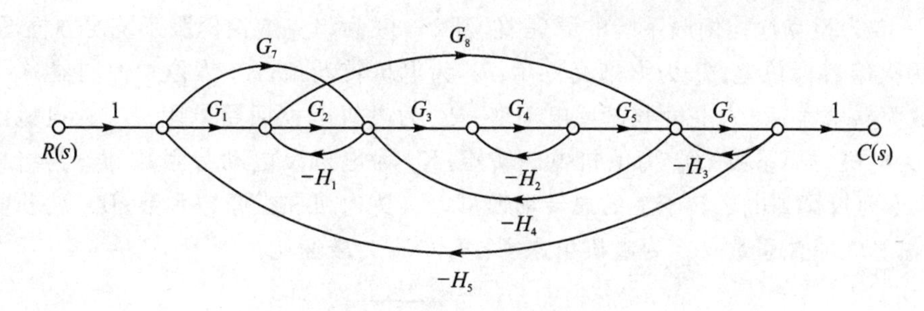

图 2-34 系统信号流图

故有

$$\begin{aligned}\sum L_a &= L_1 + L_2 + L_3 + L_4 + L_5 + L_6 + L_7 + L_8 + L_9 \\ &= -G_2H_1 - G_4H_2 - G_6H_3 - G_3G_4G_5H_4 - G_1G_2G_3G_4G5G_6H_5 - \\ &\quad G_7G_3G_4G_5G_6H_5 + G_7H_1G_8G_6H_5 - G_1G_8G_6H_5 + G_8H_4H_1\end{aligned}$$

回路中,两两互不接触回路有:L_1 和 L_2、L_1 和 L_3、L_2 和 L_3、L_2 和 L_7、L_2 和 L_8、L_2 和 L_9,故有

$$\begin{aligned}\sum L_bL_c &= L_1L_2 + L_1L_3 + L_2L_3 + L_2L_7 + L_2L_8 + L_2L_9 \\ &= G_2H_1G_4H_2 + G_2H_1G_6H_3 + G_4H_2G_6H_3 - G_4H_2G_7H_1G_8G_6H_5 + \\ &\quad G_4H_2G_1G_8G_6H_5 - G_4H_2G_8H_4H_1\end{aligned}$$

3 个互不接触回路有:L_1、L_2 和 L_3,故有

$$\sum L_dL_eL_f = -G_2H_1G_4H_2G_6H_3$$

因此,信号流图的特征式为

$$\begin{aligned}\Delta &= 1 - \sum L_a + \sum L_bL_c - \sum L_dL_eL_f \\ &= 1 - (-G_2H_1 - G_4H_2 - G_6H_3 - G_3G_4G_5H_4 - G_1G_2G_3G_4G_5G_6H_5 - \\ &\quad G_7G_3G_4G_5G_6H_5 + G_7H_1G_8G_6H_5 - G_1G_8G_6H_5 + G_8H_4H_1) + \\ &\quad G_2H_1G_4H_2 + G_2H_1G_6H_3 + G_4H_2G_6H_3 - G_4H_2G_7H_1G_8G_6H_5 + \\ &\quad G_4H_2G_1G_8G_6H_5 - G_4H_2G_8H_4H_1 + G_2H_1G_4H_2G_6H_3\end{aligned}$$

系统有 4 条前向通路:$P_1 = G_1G_2G_3G_4G_5G_6$,$P_2 = G_7G_3G_4G_5G_6$,$P_3 = G_1G_8G_6$,$P_4 = G_7(-H_1)G_8G_6$

因为 P_1、P_2 与所有回路都接触,所以 $\Delta_1 = \Delta_2 = 1$;P_3、P_4 都与 L_2 回路不接触,与其他回路都接触,因此 $\Delta_3 = \Delta_4 = 1 + G_4H_2$,

综上可得,系统的传递函数为

$$\begin{aligned}\frac{C(s)}{R(s)} &= \frac{\sum P_k\Delta_k}{\Delta} \\ &= \frac{G_1G_2G_3G_4G_5G_6 + G_3G_4G_5G_6G_7 + G_1G_8G_6(1+G_4H_2) + G_7(-H_1)G_8G_6(1+G_4H_2)}{\Delta}\end{aligned}$$

2.5 坦克炮控伺服系统的数学模型

【例 2-18】 建立坦克炮控伺服系统(高低向)的数学模型。

图 2－35 为坦克炮控伺服系统的原理图，图 2－36 为坦克炮控伺服系统的方框图。图 2－35 中，θ_r 为火炮目标位置；θ_c 为火炮高低角；θ_m 为电机转动角；K_s 为位置控制器，e 为控制电压；A 为放大器增益；e_b 为电机电枢反电动势；R_a 为电机电枢回路电阻；L_a 为电机电枢回路电感；K_i 为电机力矩系数；T_m 为电机电磁转矩；K_b 为电机反电动势系数；J_m 为电机转子转动惯量；J_{em} 为折算到电机转子上的总转动惯量；B_m 为电机黏性摩擦系数；B_{em} 为折算到电机转子上的总黏性摩擦系数；ω_m 为电机角速度；N_1/N_2 为减速比。

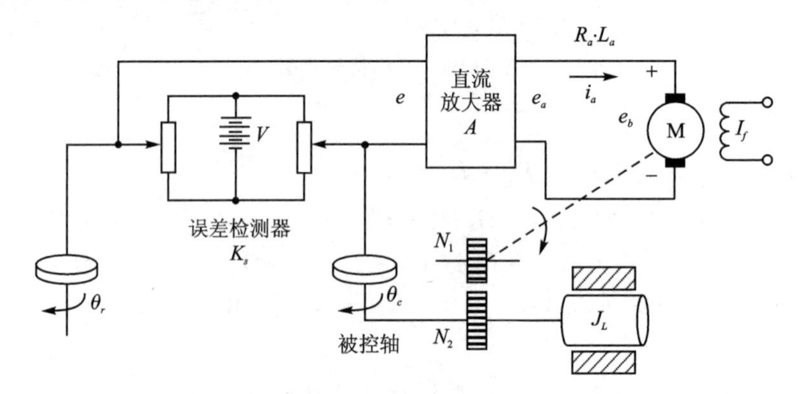

图 2－35　坦克炮控伺服系统的原理图

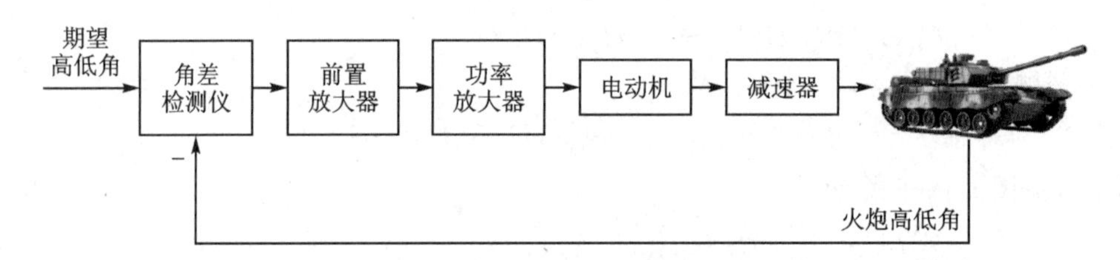

图 2－36　坦克炮控伺服系统的方框图

由坦克炮控伺服系统的原理图可知，描述各变量之间关系的微分方程为

$$\theta_e(t)=\theta_r(t)-\theta_c(t) \tag{2.51}$$

$$e(t)=K_s\theta_c(t) \tag{2.52}$$

$$e_a(t)=Ae(t) \tag{2.53}$$

$$e_a(t)=L_a\frac{\mathrm{d}i_a(t)}{\mathrm{d}t}+R_a i_a(t)+K_b\frac{\mathrm{d}\theta_m(t)}{\mathrm{d}t} \tag{2.54}$$

$$T_m(t)=K_i i_a(t) \tag{2.55}$$

$$T_m(t)=J_{em}\frac{\mathrm{d}^2\theta_a(t)}{\mathrm{d}t^2}+B_{em}\frac{\mathrm{d}\theta_m(t)}{\mathrm{d}t} \tag{2.56}$$

$$\theta_c(t)=\frac{N_1}{N_2}\theta_m(t) \tag{2.57}$$

其中，折算到电机转子上的总转动惯量和黏性摩擦系数分别为

$$J_{em}=J_m+\left(\frac{N_1}{N_2}\right)^2 J_L \tag{2.58}$$

$$B_{em}=B_m+\left(\frac{N_1}{N_2}\right)^2 B_L \tag{2.59}$$

由式(2.51)～式(2.57),可画出如图 2-37 所示的系统方框图,并可画出如图 2-38 所示的坦克炮控伺服系统信号流图。

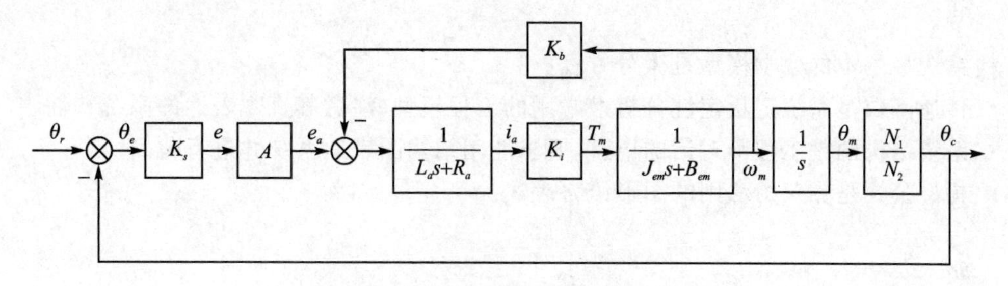

图 2-37　坦克炮控伺服系统的方框图

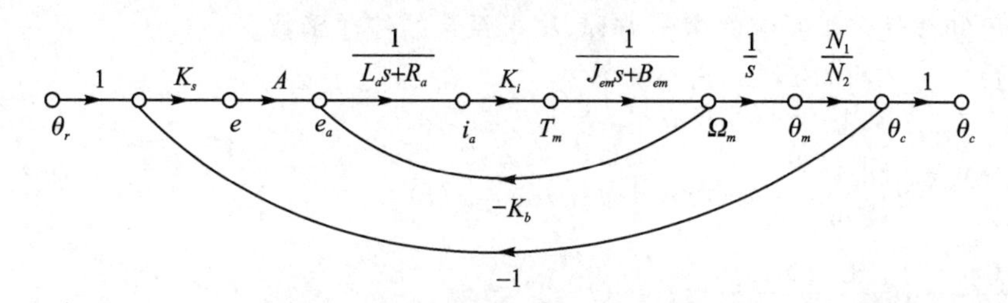

图 2-38　坦克炮控伺服系统的信号流图

系统的信号流图中有一个前向通道,即

$$P_1=\frac{K_sAK_iN_1}{s(L_as+R_a)(J_{em}s+B_{em})N_2}$$

信号流图有 2 个回环,且不接触,即

$$L_1=-\frac{K_iK_b}{(L_as+R_a)(J_{em}s+B_{em})},\quad L_2=-\frac{K_sAK_iN_1}{s(L_as+R_a)(J_{em}s+B_{em})N_2}$$

信号流图的特征式为

$$\Delta=1-(L_1+L_2)=1+\frac{K_iK_b}{(L_as+R_a)(J_{em}s+B_{em})}+\frac{K_sAK_iN_1}{s(L_as+R_a)(J_{em}s+B_{em})N_2}$$

其前向通道与所有节点接触,故 $\Delta_1=1$。

由梅逊公式可得系统的闭环传递函数为

$$\Phi(s)=\frac{\Theta_c(s)}{\Theta_r(s)}=\frac{K_sAK_i\dfrac{N_1}{N_2}}{R_aB_{em}s(1+T_as)(1+T_{em}s)+K_bK_is+K_sAK_i\dfrac{N_1}{N_2}} \tag{2.60}$$

式中,$T_a=L_a/R_a$,$T_{em}=J_{em}/B_{em}$。

若取各参数为 $R_a=0.4\ \Omega$,$L_a=0.04\ \mathrm{H}$,$K_i=0.2\ \mathrm{N\cdot m/A}$,$J_{em}=6\times10^{-3}\ \mathrm{kg\cdot m^2}$,$B_{em}=1.43\times10^{-4}\ \mathrm{N\cdot m(rad\cdot s^{-1})}$,$N_1/N_2=1/1\,250$,$K_b=0.2\ \mathrm{V/(rad\cdot s^{-1})}$,且把 $K_s\cdot A$ 看成一个比例放大器,放大倍数为 K,则系统的闭环传递函数为

$$\Phi(s)=\frac{\Theta_c(s)}{\Theta_r(s)}=\frac{0.2K}{0.3s^3+3.007s^2+50.071\,5\,s+0.2K} \tag{2.61}$$

本章要点

- 系统最基本的数学模型是微分方程。
- 传递函数是系统定量定性分析最常用的工程模型，注意其直观表达的系统特性。
- 系统结构图是工程师对话的语言，要求能用结构图表达系统并进行化简。
- 梅逊公式是克莱姆法则的图形语言表述。

习　题

2-1　已知线性定常系统的微分方程，试求系统的传递函数。

① $\frac{d^3c(t)}{dt^3}+5\frac{d^2c(t)}{dt^2}+4\frac{dc(t)}{dt}+c(t)=2\frac{dr(t)}{dt}+3r(t)$

② $\frac{d^2c(t)}{dt^2}+2\frac{dc(t)}{dt}+c(t)+\int_0^t c(\tau)d\tau=r(t)$

③ $\frac{d^2c(t)}{dt^2}+10\frac{dc(t)}{dt}+5c(t)=r(t-1)$

2-2　已知系统的传递函数，试绘制系统的零极点分布图，并求初始状态为零，$r(t)=\delta(t)$和$r(t)=1(t)$时系统的输出响应$c(t)$，使用MATLAB绘制相应的响应曲线。

① $G(s)=\frac{s+2}{s^2+4s+3}$　　　② $G(s)=\frac{1}{s^2+2s+2}$

2-3　试求图2-39(a)和(b)所示无源网络的微分方程。

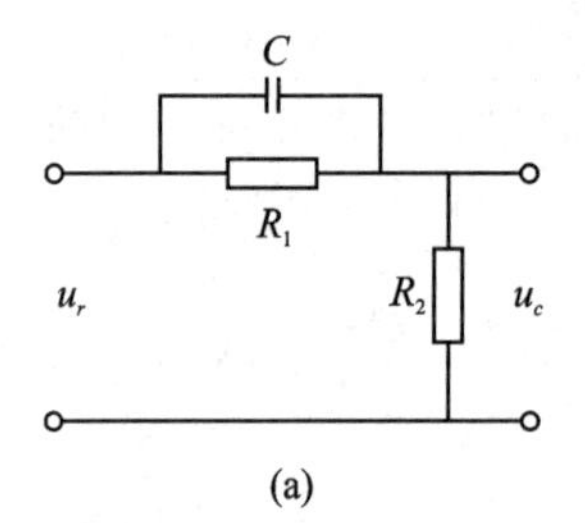

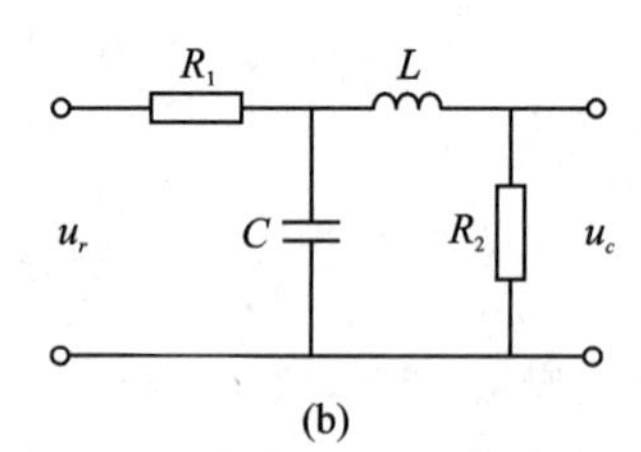

图2-39　无源网络

2-4　已知机械旋转系统如图2-40所示，试列出系统的运动方程。

2-5　装甲车辆的减震系统简化为弹簧、阻尼器串并联系统，如图2-41所示，系统为无质量模型，试建立系统的运动方程。

2-6　RC无源网络电路图如图2-42所示，试采用复数阻抗法画出系统结构图，并求传递函数$U_{c2}(s)/U_r(s)$。

2-7　已知系统在零初始条件下的单位阶跃响应为$c(t)=1(t)-2e^{-2t}+e^{-t}$，试求系统的传递函数。

2-8　假设图2-43中的运算放大器均为理想运算放大器，试写出以u_i为输入，以u_0为输出的传递函数，将结果按照典型环节的形式列出。

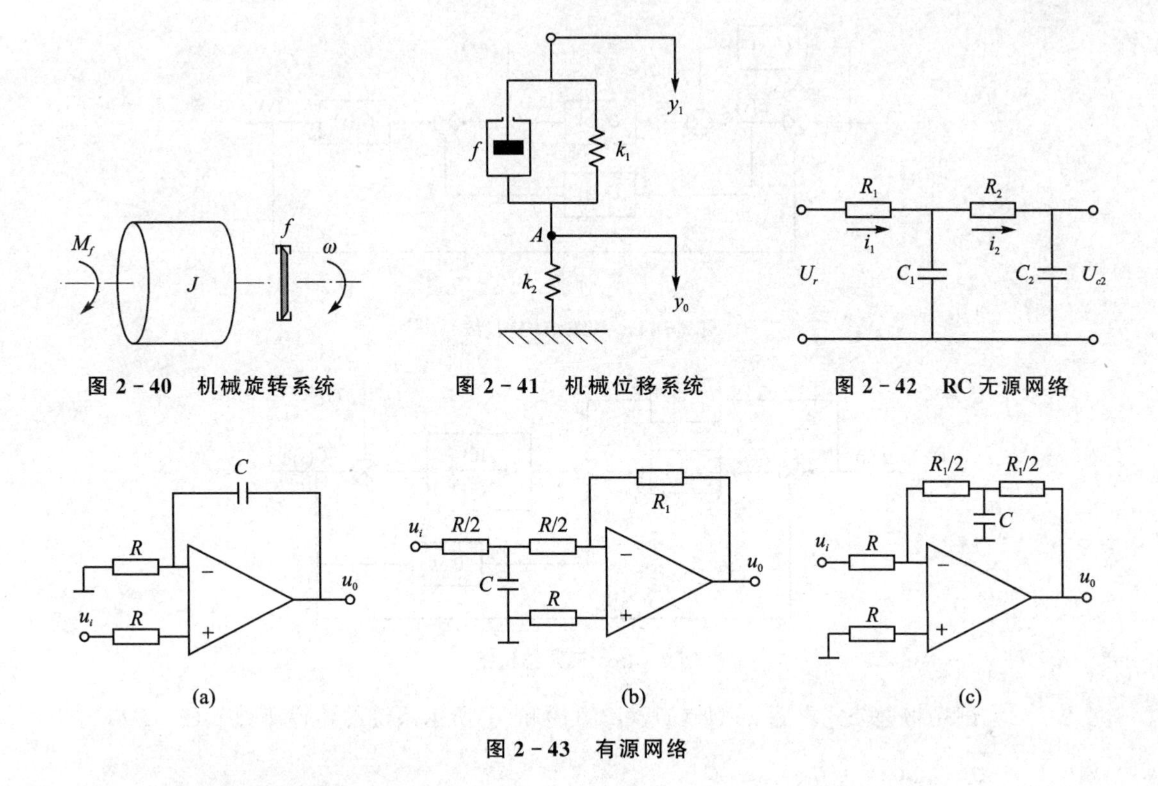

图 2-40　机械旋转系统　　**图 2-41　机械位移系统**　　**图 2-42　RC 无源网络**

图 2-43　有源网络

2-9　已知某系统满足微分方程组

$$
\begin{cases}
e(t)=10r(t)-b(t)\\
6\dfrac{\mathrm{d}c(t)}{\mathrm{d}t}+10c(t)=20e(t)\\
20\dfrac{\mathrm{d}b(t)}{\mathrm{d}t}+5b(t)=10c(t)
\end{cases}
$$

试画出系统的结构图,并求传递函数 $C(s)/R(s)$ 及 $E(s)/R(s)$。

2-10　试求图 2-44(a)和图(b)所示系统的传递函数 $C(s)/R(s)$,$C(s)/D(s)$,$E(s)/R(s)$ 及 $E(s)/D(s)$。

2-11　某反馈控制系统的结构图如图 2-45 所示,分别求:(1) 当扰动信号 $n(t)=0$ 时,输入和输出之间的传递函数 $C(s)/R(s)$;(2) 当输入 $r(t)=0$ 时,扰动和输出之间的传递函数 $C(s)/N(s)$;(3) 当扰动信号 $n(t)=0$ 时,输入和偏差信号之间的传递函数 $E(s)/R(s)$。

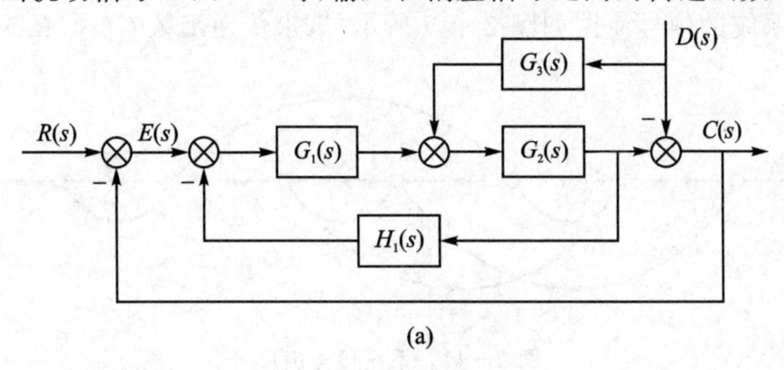

图 2-44　系统结构图

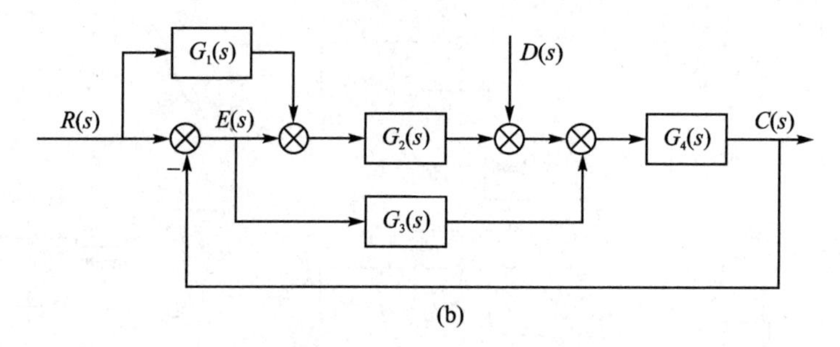

(b)

图 2-44　系统结构图(续)

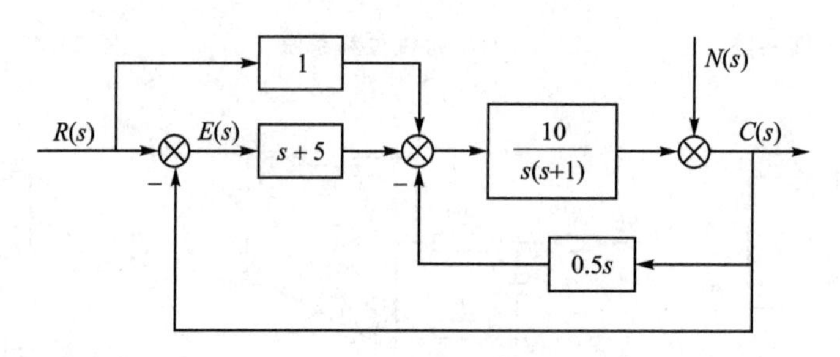

图 2-45　系统结构图

2-12　试用梅逊公式求图 2-46(a)、(b)、(c)和(d)所示系统的传递函数 $C(s)/R(s)$。

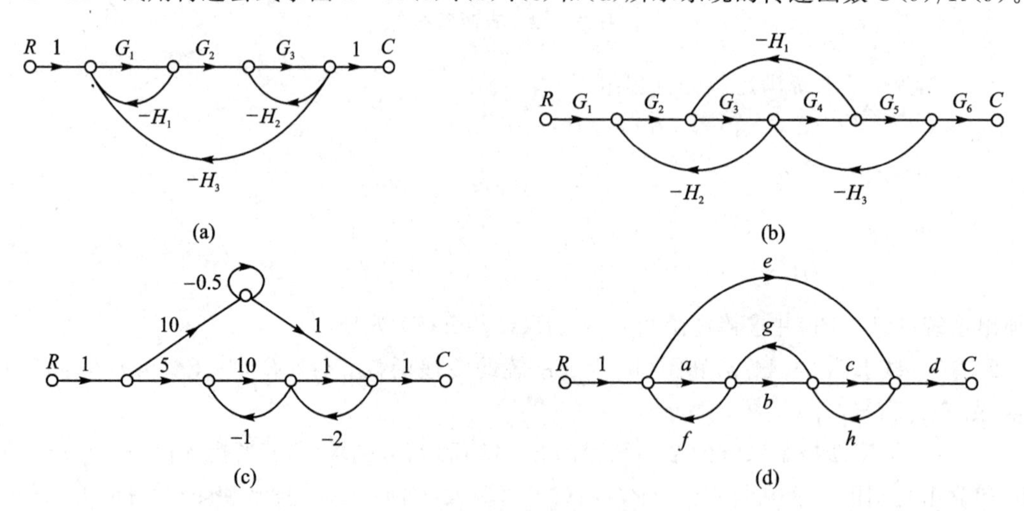

图 2-46　系统信号流图

2-13　已知系统的信号流图如图 2-47 所示,试求传递函数 $C(s)/R(s)$。

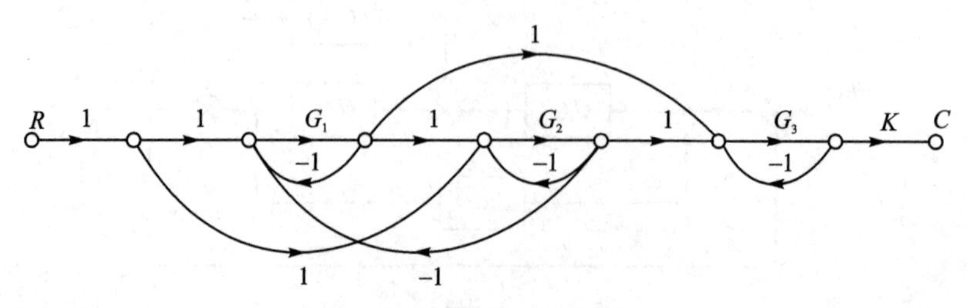

图 2-47　系统信号流图

第 3 章　控制系统时域分析

受控对象构成闭环负反馈控制系统以后，人们最关心的是这个自动装置能否按照预期的方式工作。系统是否足够稳定，系统受到激励后响应的剧烈程度和动态过程的时间长短，以及稳态后的误差大小，都是人们十分关注的问题。由已知系统确定其性能及指标的过程，称为系统分析。经典控制理论中，常用的系统分析方法包括时域分析法、根轨迹法和频域分析法。不同的分析方法具有各自的特点和适用范围，接下来的三章将分别用以上 3 种方法来分析系统。

时域分析法是一种最基本的系统分析方法，它直接在时间域中对系统进行分析和评价，可以提供系统时间响应的全部信息，符合人们对信号的直观认识。时域分析分为动态性能、稳定性和稳态误差三个内容模块，即所谓的时域快、稳、准性能。

3.1　典型输入信号与时域性能指标

要对系统进行时域定量分析，首先要确定一些性能指标，并利用这些性能指标说明系统的时域特性。这些性能指标多是由输出信号来说明的，而对于控制系统因为其输出信号与给定输入信号相关，所以有必要先对输入信号给予限定，即规定一些典型输入信号，在它们激发的系统输出上讨论性能。以相同的输入信号作为基准，便于不同系统之间性能的比较。

3.1.1　典型输入信号

典型输入信号的选取，首先应是一些实际中常用的信号或者是其近似形式，具备一般工程应用背景；其次其数学描述应简单，便于计算处理；再就是便于在实验条件下发生和复现。常用的典型输入信号见表 3-1，其对应图形如图 3-1 所示。

表 3-1　典型输入信号

名　称	时域表达式	复域表达式
单位阶跃函数	$1(t)\ (t \geqslant 0)$	$\frac{1}{s}$
单位斜坡函数	$t\ (t \geqslant 0)$	$\frac{1}{s^2}$
单位加速度函数	$\frac{1}{2}t^2 (t \geqslant 0)$	$\frac{1}{s^3}$
理想脉冲函数	$\delta(t)\ (t = 0)$	1
正弦函数	$A\sin \omega t\ (t \geqslant 0)$	$\frac{A\omega}{s^2+\omega^2}$

阶跃信号模拟一类跃变性的输入，对应的稳态输出为恒定值，可以方便地考察系统的快速性和准确性。另外，由于阶跃输入有很陡的上升沿，因此其在工程中对应一种比较严峻的工作状态，其极端性仅次于脉冲信号。如果系统在阶跃信号作用下的动态性能满足要求，那么在其

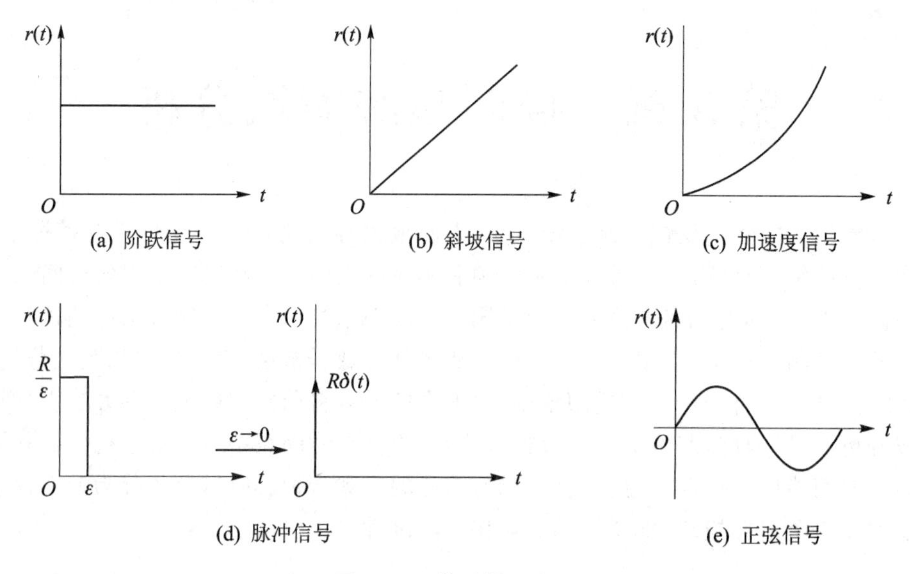

(a) 阶跃信号　(b) 斜坡信号　(c) 加速度信号

(d) 脉冲信号　(e) 正弦信号

图 3-1　典型输入信号

他形式的输入信号作用下，动态性能也能满足要求。阶跃信号在工程上应用最为广泛。

斜坡信号对应恒速变化的输入，可以用来检验一般随动系统的跟随能力，包括跟踪误差和动态响应能力。

加速度信号，一般用于考察系统对速度变化的跟踪能力。此外加速度信号和斜坡信号、阶跃信号还可以组合起来作为一般工程信号的近似，其原理基于时域函数的泰勒展开形式。

理想脉冲信号只有数学上的意义，工程上可用足够窄的方波信号或抽样函数逼近。由于脉冲信号实质上是极短时间内的能量传送，因此脉冲信号的精确形状已不是十分重要，其脉冲宽度和代表能量的脉冲面积的大小会更被注重。常见的脉冲信号如电磁扰动等。高能量的脉冲信号是一种极端的信号，许多系统结构容易被它损坏。

正弦信号在频域分析中非常重要。可以对一个系统分别输入频率足够密集的正弦信号，取得系统的幅频特性和相频特性，从而建立系统的频域实验数学模型；一组充分的正弦信号也用于模拟任意周期或非周期的时域信号，其原理是傅里叶级数或傅里叶积分变换。和泰勒展开相比，傅里叶展开有统一的正弦形式，便于数学上的分析处理。当然自然界也存在许多本身就具有圆周运动特性的信号，比如机械振动、海浪对舰船系统的扰动等。

需要特别说明的是，阶跃函数的微分为脉冲函数，积分为斜坡函数，二次积分为加速度函数。对于零初始状态的线性时不变系统来说，以一个信号的微分、积分作为输入时，系统输出一定对应该信号响应的微分、积分变换。这一点在以后的系统分析中将得到进一步验证。因此大多数情况下只要讨论阶跃输入或脉冲输入即可。

3.1.2　控制系统的时域性能指标

控制系统的响应，从时间上可以划分为两个阶段：动态过程和稳态过程。在这两个阶段，系统响应的特点不同，动态过程反映了系统受到激励后响应的剧烈程度；稳态过程反映了系统输出最终复现输入的精准程度。不同的阶段，须用不同性能指标来衡量。

下面以系统在单位阶跃信号作用下的响应曲线为例，说明其性能指标，如图 3-2 所示。

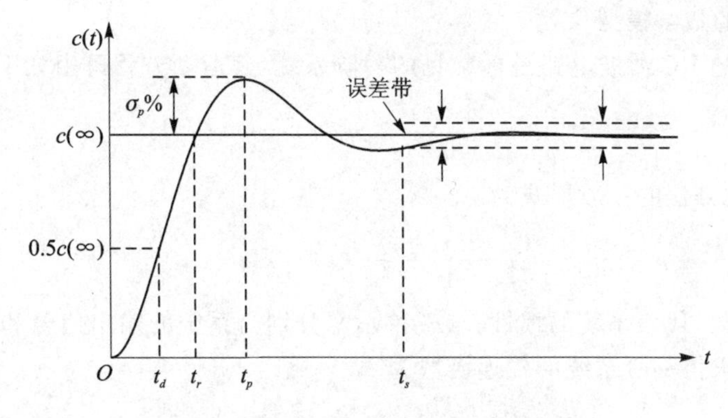

图 3－2　系统的单位阶跃响应性能指标

(1) 动态性能指标

最重要的动态性能指标是反映输出信号变动幅度的指标——超调量,和动态过程持续时间的指标——调节时间。当然,进一步的细化指标还包括上升时间、延迟时间、峰值时间等。具体指标定义如下:

延迟时间 t_d:系统输出第一次达到稳态值的一半所需的时间。

上升时间 t_r:系统输出首次从稳态值的 10%上升到 90%所需的时间。对于有振荡的系统,也可定义为系统输出从 0 到首次达到稳态值所需的时间。上升时间是系统响应速度的一种度量。上升时间越短,初始响应速度越快。

峰值时间 t_p:系统输出越过稳态值达到第一个峰值所需的时间。

超调量 $\sigma_p\%$:系统输出的最大值超出稳态值的最大偏离量与稳态值之比,用百分比表示,即

$$\sigma_p\% = \left|\frac{c(t_p)-c(\infty)}{c(\infty)}\right| \times 100\% \tag{3.1}$$

调节时间 t_s:系统输出完成动态调节过程所需的时间,是动态过程和稳态过程的分界点。一般应用中,会取定一个误差带 $c(\infty) \pm \Delta c(\infty)$,当系统输出到达并保持在误差带内,就认为系统输出进入了稳态。系统输出落入误差带的入口时间为 t_s。Δ 通常取为 2%或 5% 。

(2) 稳态性能指标

稳态性能指标是说明系统控制准确性的性能指标,一般用稳态误差或误差系数来描述。该内容将在 3.4 节讨论。

3.2　系统暂态性能分析

本节将利用典型输入信号作为激励信号,分别作用于一阶、二阶和高阶系统,得到系统的响应过程、时域动态性能指标及其与系统参数的重要关系。

3.2.1　一阶系统

以一阶微分方程描述的系统,称为一阶系统。一阶系统是工程中最基本、最简单的系统,一些高阶系统常降阶为一阶系统来估算其性能。

1. 一阶系统的数学模型

图 3-3 所示的 RC 滤波电路是最常见的一阶系统，其运动方程可由如下微分方程描述：

$$RC\frac{\mathrm{d}u_c(t)}{\mathrm{d}t}+u_c(t)=u_i(t)$$

一阶系统运动方程的一般形式为

$$T\frac{\mathrm{d}c(t)}{\mathrm{d}t}+c(t)=r(t) \tag{3.2}$$

式中，T 为时间常数，代表系统的惯性；$c(t)$和 $r(t)$分别为系统的输出信号和输入信号。

由式(3.2)可求得一阶系统的传递函数为

$$\Phi(s)=\frac{C(s)}{R(s)}=\frac{1}{Ts+1} \tag{3.3}$$

显然，系统的极点为 $s=-1/T$，在 s 平面的分布如图 3-4 所示。

一阶系统的结构图如图 3-5 所示。

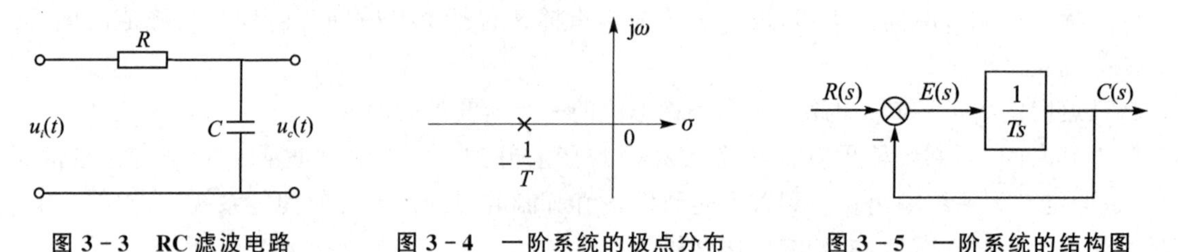

图 3-3　RC 滤波电路　　图 3-4　一阶系统的极点分布　　图 3-5　一阶系统的结构图

下面分析一阶系统在典型输入信号作用下的响应，设系统的初始条件为零。

2. 一阶系统的单位阶跃响应

当输入信号为 $r(t)=1(t)$时，系统的输出 $c(t)$称为单位阶跃响应。由于 $R(s)=1/s$，因此输出的拉氏变换为

$$C(s)=\Phi(s)R(s)=\frac{1}{Ts+1}\cdot\frac{1}{s}=\frac{1}{s}-\frac{T}{Ts+1}$$

取 $C(s)$的拉氏反变换，得一阶系统的单位阶跃响应为

$$c(t)=1-\mathrm{e}^{-\frac{t}{T}}=c_s(t)-c_t(t),\quad (t\geqslant 0) \tag{3.4}$$

式中，$c_s(t)=1$ 为稳态分量，由输入信号决定。$c_t(t)=\mathrm{e}^{-t/T}$ 为暂态分量(或瞬态分量)，其变化规律由系统的极点 $s=-1/T$ 决定。当 $t\to\infty$时，暂态分量按指数规律衰减到零。一阶系统的单位阶跃响应曲线如图 3-6 所示。

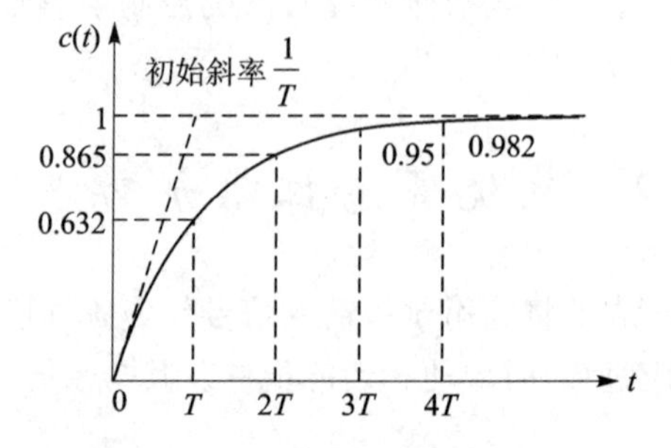

图 3-6　一阶系统的单位阶跃响应

根据动态性能指标的定义，可得一阶系统的动态性能指标如下：

$$t_d=0.69T$$

$$t_r=2.20T$$

$$t_s=3T(\Delta=5\%)\sim 4T(\Delta=2\%)$$

显然，峰值时间 t_p 和超调量 $\sigma_p\%$都不存在。

一阶系统只有一个参变量，即时间常数 T。它反映了系统的惯性，T 越小，一阶系统的惯性越小，响应越快；反之，T 越大，惯性越大，响应越迟缓。

一阶系统时间常数 T 的确定，有多种方式。可以直接利用输出信号的特点，即

$$c(T)=1-e^{-1}=0.632=63.2\%c(\infty)$$
$$c(2T)=1-e^{-2}=0.865=86.5\%c(\infty)$$
$$c(3T)=1-e^{-3}=0.95=95\%c(\infty)$$
$$\vdots$$

当输出取稳态值的63.2%时，对应的时间即为 T；或取输出的其他比例以确定 $2T$、$3T$…也可以利用输出曲线的初始斜率来确定 T。输出的变化率为

$$\frac{dc(t)}{dt}=\frac{1}{T}e^{-\frac{1}{T}t},\quad (t\geqslant 0)$$

响应曲线在 $t=0$ 处的斜率为 $1/T$，故在初始点的切线与期望输出 $c(t)=1$ 的交点处有 $t=T$。上式还表明，响应曲线的斜率随时间的推移单调下降。

3. 一阶系统的单位脉冲响应

当输入信号为 $r(t)=\delta(t)$ 时，系统的输出称为单位脉冲响应。由于 $R(s)=1$，因此输出的拉氏变换为

$$C(s)=\frac{1}{Ts+1}$$

对上式取拉氏反变换，得一阶系统的单位脉冲响应为

$$c(t)=\frac{1}{T}e^{-\frac{t}{T}},\quad (t\geqslant 0) \tag{3.5}$$

由式(3.5)可计算出响应曲线在各处的取值和斜率为

$$c(0)=\frac{1}{T},\quad \left.\frac{dc(t)}{dt}\right|_{t=0}=-\frac{1}{T^2}$$

$$c(T)=0.368\frac{1}{T},\quad \left.\frac{dc(t)}{dt}\right|_{t=T}=-0.368\frac{1}{T^2}$$

$$c(\infty)=0,\quad \left.\frac{dc(t)}{dt}\right|_{t\to\infty}=0$$

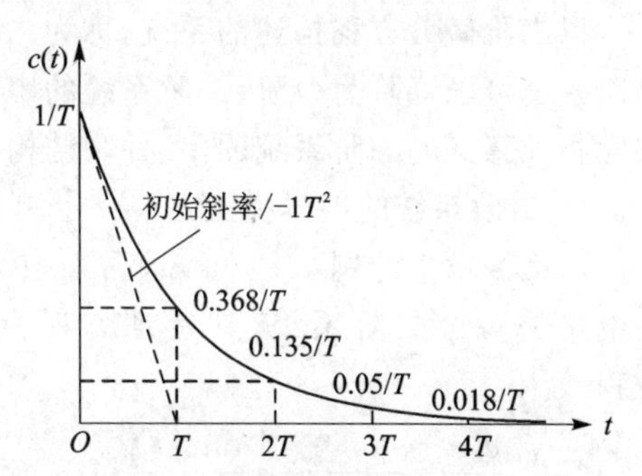

图 3-7　一阶系统的单位脉冲响应

一阶系统的单位脉冲响应曲线如图 3-7 所示。

由图 3-7 可见，一阶系统的单位脉冲响应是一单调下降的指数曲线。若定义该指数曲线衰减到其初始值的5%所需时间为调节时间，则有 $t_s=3T$。这一点与阶跃响应是一致的。

4. 一阶系统的单位斜坡响应

当输入信号为 $r(t)=t$ 时，系统的输出称为单位斜坡响应。由于 $R(s)=1/s^2$，因此输出的拉氏变换为

$$C(s)=\Phi(s)R(s)=\frac{1}{Ts+1}\cdot\frac{1}{s^2}=\frac{1}{s^2}-\frac{T}{s}+\frac{T^2}{Ts+1}$$

对上式取拉氏反变换，得一阶系统的单位斜坡响应为

$$c(t)=t-T+Te^{-\frac{t}{T}},\quad (t\geqslant 0) \tag{3.6}$$

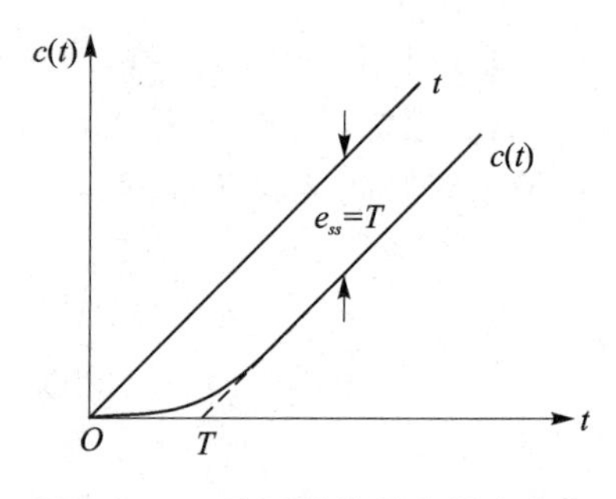

图 3-8　一阶系统的单位斜坡响应

式中，$(t-T)$为稳态分量，$Te^{-t/T}$ 为暂态分量。

由此可知，一阶系统单位斜坡响应的稳态分量，是一个与输入斜率相同但时间滞后 T 的斜坡函数，因此在位置上存在稳态跟踪误差，其值正好等于时间常数 T；一阶系统单位斜坡响应的暂态分量为衰减的非周期函数。一阶系统的单位斜坡响应曲线如图 3-8 所示。在 $t=0$ 时，初始位置和初始斜率均为零。

根据式(3.6)求得一阶系统单位斜坡响应的误差为

$$e(t)=r(t)-c(t)=T-Te^{-\frac{t}{T}}$$

可见，当时间 t 趋于无穷时，误差趋于常值 T，即 $e(\infty)=T$。这说明，一阶系统在跟踪单位斜坡输入时有跟踪误差存在，当跟踪时间足够长时，误差等于时间常数 T。显然，系统的惯性越小，跟踪的准确度越高。

比较式(3.4)、(3.5)和(3.6)可以看出，一阶系统的单位斜坡响应、单位阶跃响应和单位脉冲响应之间存在微分关系，正如它们对应的输入信号 $t\cdot 1(t)$、$1(t)$和 $\delta(t)$之间的微分关系一样。系统输入的微分、积分，一定对应系统输出的微分、积分，这正是线性时不变系统在零初始状态下响应的特点。因此，在研究这一类系统的时间响应时，不必对每种输入信号都进行测定和计算，一般取阶跃信号作为输入，其他情况都可以推算出来。

3.2.2　二阶系统

以二阶微分方程描述的系统，称为二阶系统。二阶系统是最具典型意义的系统。工程中，高阶系统可以降阶为一阶、二阶系统的串、并联结构。但典型的二阶系统，是不能再降阶为有实际物理意义的一阶系统的串、并联结构的。

1. 二阶系统的数学模型

由第 2 章中的例 2-1 可知，图 3-9 所示的 RLC 振荡电路是一个二阶系统，其运动方程为如下二阶微分方程。

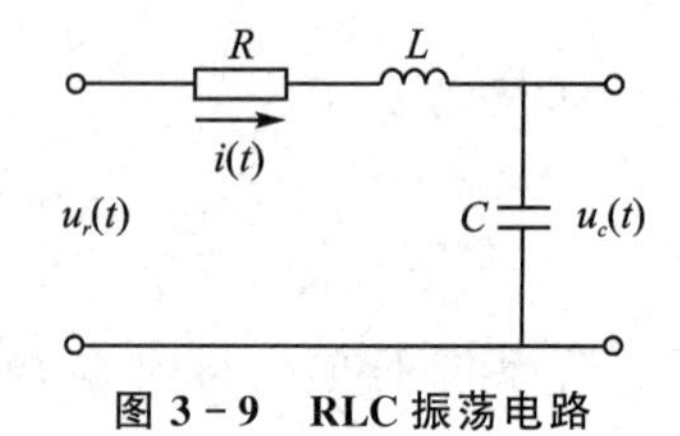

图 3-9　RLC 振荡电路

$$LC\frac{d^2u_c(t)}{dt^2}+RC\frac{du_c(t)}{dt}+u_c(t)=u_r(t)$$

二阶系统微分方程的一般形式为

$$T^2\frac{d^2c(t)}{dt^2}+2\xi T\frac{dc(t)}{dt}+c(t)=r(t) \tag{3.7}$$

式中，T 为时间常数；ξ 为阻尼比。

对于 RLC 振荡电路，有 $T=\sqrt{LC}$，$\xi=\frac{R}{2}\sqrt{\frac{C}{L}}$。

与式(3.7)对应，二阶系统闭环传递函数的一般形式为

$$\Phi(s)=\frac{C(s)}{R(s)}=\frac{1}{T^2s^2+2\xi Ts+1} \tag{3.8}$$

引入参数 $\omega_n=1/T$，称 ω_n 为二阶系统的自然频率或无阻尼振荡频率，单位为 rad/s，则有

$$\Phi(s)=\frac{\omega_n^2}{s^2+2\xi\omega_n s+\omega_n^2} \tag{3.9}$$

二阶系统的结构图如图3-10所示。其对应的开环传递函数为

$$G(s)=\frac{\omega_n^2}{s(s+2\xi\omega_n)} \tag{3.10}$$

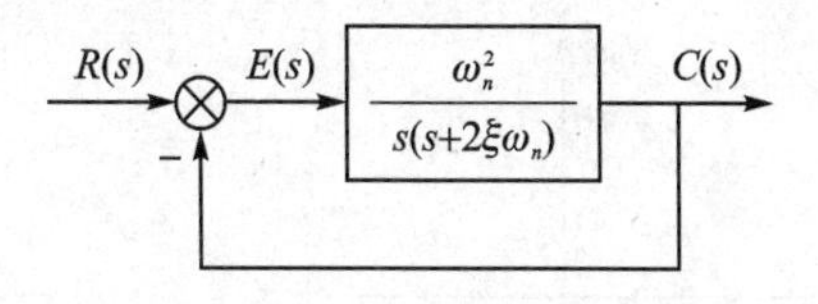

图3-10　二阶系统的结构图

二阶系统有两个结构参数，即ξ和ω_n（或T）。

2. 二阶系统闭环极点

讨论二阶系统的闭环极点是为将二阶系统进行一个细分。可以降阶为两个一阶系统串联形式的二阶系统归于一阶系统进行讨论。本节只保留不可降阶的所谓典型二阶系统，进行时域分析。

令式(3.9)的分母多项式为零，得二阶系统的特征方程为

$$D(s)=s^2+2\xi\omega_n s+\omega_n^2=0 \tag{3.11}$$

其特征根（闭环极点）为

$$s_{1,2}=-\xi\omega_n\pm\omega_n\sqrt{\xi^2-1} \tag{3.12}$$

① 当$\xi>1$时，特征方程具有两个不相等的实数根s_1、s_2，如图3-11(a)所示，闭环传递函数为$\Phi(s)=\dfrac{\omega_n^2}{(s-s_1)(s-s_2)}$。系统可以降阶为两个不同时间常数的一阶系统串联形式。又因为$\xi>\sqrt{\xi^2-1}$，两个实数根均为负值，所以两个一阶子系统均为稳定结构。$\xi>1$时，由于阻尼系数过大，二阶系统失去了振荡特点，因此表现为过阻尼状态。

② 当$\xi=1$时，特征方程有两个相等的实数根$s_1=s_2=-\omega_n$，如图3-11(b)所示，闭环传递函数为$\Phi(s)=\dfrac{\omega_n^2}{(s+\omega_n)^2}$。系统可以降阶为两个相同时间常数的一阶系统串联形式。又因为s_1、s_2为负值，所以一阶子系统为稳定结构。$\xi=1$时，二阶系统处于振荡临界状态。

③ 当$1>\xi>0$时，特征方程有两个不相等的共轭复数根s_1、s_2，如图3-11(c)所示，系统不可以降阶为有实际物理意义的两个一阶系统，这就是所谓的典型二阶系统结构。又因为两个共轭复数根具有负实部$-\xi\omega_n$，所以二阶系统也是稳定的。当$1>\xi>0$时，系统处于欠阻尼状态，输出为衰减的振荡状态。本节关于二阶系统的时域分析，主要是针对这种典型结构来讨论的。

④ 当$\xi=0$时，特征方程有两个共轭纯虚数根$s_{1,2}=\pm j\omega_n$，如图3-11(d)所示，系统也不可以降阶为有实际物理意义的一阶系统，从这个特点来说，有时也把它归于第(3)类型。$\xi=0$时，系统处于稳定临界状态，输出为等幅振荡状态。

⑤ 当$\xi<0$时，两个极点具有正实部，这里分两种情况，如图3-11(e)、(f)所示，系统不再稳定，本节不做详细讨论。

3. 二阶系统的单位阶跃响应

下面只对典型二阶系统的单位阶跃响应进行分析。

当输入信号为单位阶跃函数，即$r(t)=1(t)$时，$R(s)=1/s$，则二阶系统的单位阶跃响应的拉氏变换式为

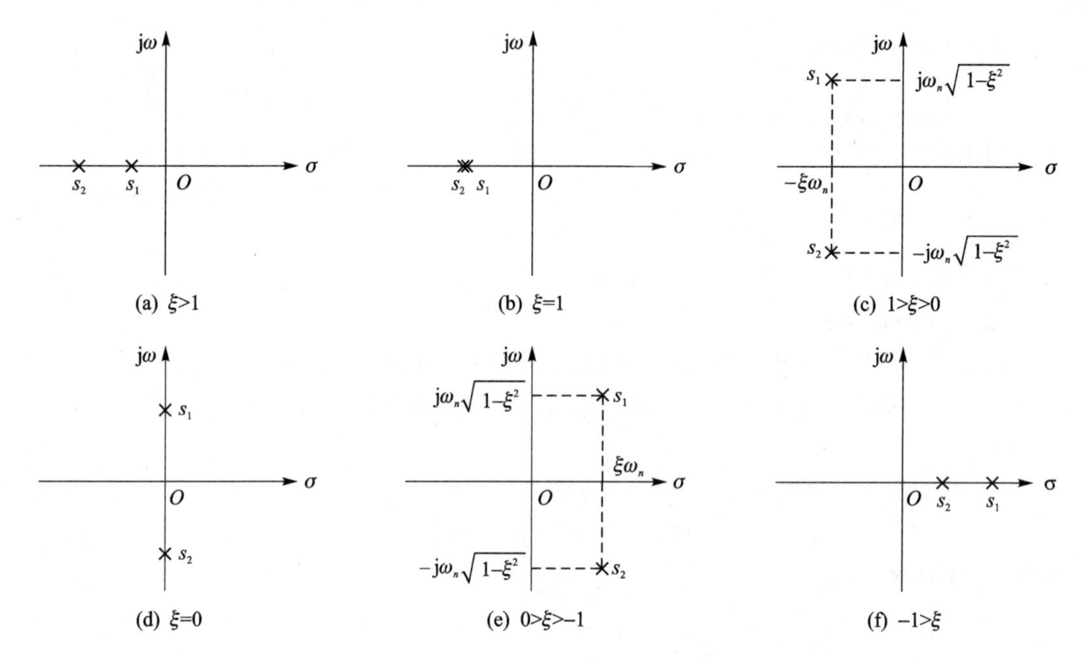

图 3-11　二阶系统的闭环极点分布

$$
\begin{aligned}
C(s) &= \frac{\omega_n^2}{s^2+2\xi\omega_n s+\omega_n^2}\frac{1}{s} \\
&= \frac{1}{s}-\frac{s+2\xi\omega_n}{(s+\xi\omega_n)^2+\omega_d^2} \\
&= \frac{1}{s}-\frac{s+\xi\omega_n}{(s+\xi\omega_n)^2+\omega_d^2}-\frac{\xi\omega_n}{(s+\xi\omega_n)^2+{\omega_d}^2}
\end{aligned} \tag{3.13}
$$

对式(3.13)取拉氏反变换,得单位阶跃响应为

$$
\begin{aligned}
c(t) &= 1-\mathrm{e}^{-\xi\omega_n t}\cos\omega_d t-\frac{\xi\omega_n}{\omega_d}\mathrm{e}^{-\xi\omega_n t}\sin\omega_d t \\
&= 1-\mathrm{e}^{-\xi\omega_n t}\left(\cos\omega_d t+\frac{\xi}{\sqrt{1-\xi^2}}\sin\omega_d t\right) \\
&= 1-\frac{1}{\sqrt{1-\xi^2}}\mathrm{e}^{-\xi\omega_n t}\sin(\omega_d t+\beta),\quad t\geqslant 0
\end{aligned} \tag{3.14}
$$

式中,$\omega_d=\omega_n\sqrt{1-\xi^2}$,$\beta=\arccos\xi$。

各变量的几何关系如图 3-12 所示。

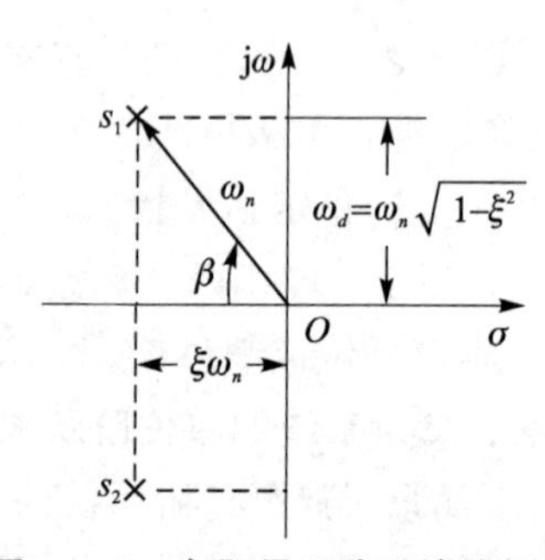

图 3-12　欠阻尼二阶系统特征根在 s 平面的分布

➢ 讨论:

① ω_d 为阻尼振荡频率,表示当阻尼比为 ξ 时,系统的工作振荡频率。其中 ω_n 可以认为是无阻尼即 $\xi=0$ 时系统的振荡频率,即自由振荡频率或自然频率。考察前面提到的 RLC 振荡电路,其中,R 为电性阻尼元件。$R=0$ 时,电路可以存在一个自振荡信号,频率完全由两个储能环节 L 和 C 决定,即 $\omega_n=1/\sqrt{LC}$。当加入阻尼元件 R 以后,产生了一

定的阻尼系数 $\xi(R)$，使得阻尼环路振荡频率降为 $\omega_d=\omega_n\sqrt{1-\xi^2}$。由于 $\xi\propto R$，因此在满足欠阻尼条件下，阻尼越大，ω_d 下降越严重。

② β 为阻尼角，是极点向量与负实轴的夹角，是阻尼比 ξ 的单变量函数。在欠阻尼状态下，ξ 的变化影响到复数极点虚部、实部成分比例。虚部表达系统动态响应振荡频率的快慢，实部表达动态响应的衰减快慢，阻尼角表示振荡性能和衰减性能的分配关系。

③ 接下来的讨论可以看出，阻尼角本身的意义就是阻尼作用对相位角的影响量。

4. 动态性能指标与系统参数关系

在定义系统动态性能指标的时候，已经参考了二阶系统的输出响应，它相对于一阶系统响应更具有典型意义。

下面说明在欠阻尼情况下，二阶系统主要性能指标与系统模型参数的关系。

仍以单位阶跃响应为例，其表达式为

$$c(t)=1-\frac{1}{\sqrt{1-\xi^2}}\mathrm{e}^{-\xi\omega_n t}\sin(\omega_d t+\beta) \tag{3.15}$$

响应曲线如图 3－13 所示。

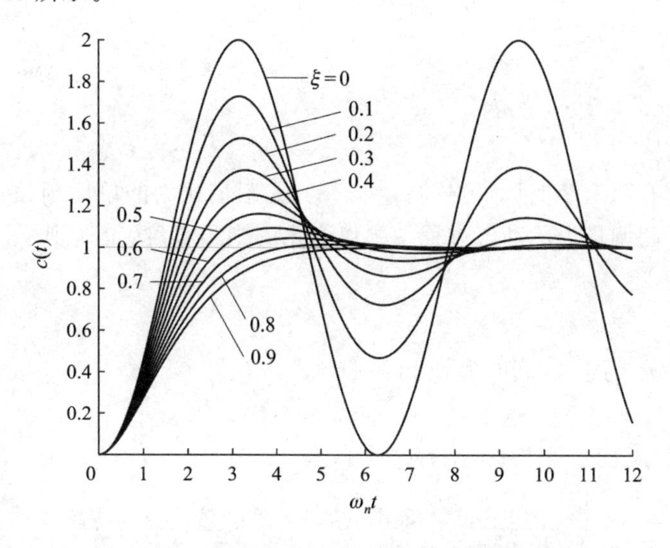

图 3－13　欠阻尼二阶系统的单位阶跃响应曲线

(1) 峰值时间 t_p 与参数的关系

将式(3.15)对时间 t 求导，根据定义 $\left.\frac{\mathrm{d}c(t)}{\mathrm{d}t}\right|_{t=t_p}=0$，求得

$$-\frac{1}{\sqrt{1-\xi^2}}\left[-\xi\omega_n\mathrm{e}^{-\xi\omega_n t_p}\sin(\omega_d t_p+\beta)+\omega_d\mathrm{e}^{-\xi\omega_n t_p}\cos(\omega_d t_p+\beta)\right]=0$$

由此可得

$$\tan(\omega_d t_p+\beta)=\frac{\sqrt{1-\xi^2}}{\xi}$$

又因为

$$\tan\beta=\frac{\sqrt{1-\xi^2}}{\xi}$$

所以
$$\omega_d t_p=k\pi,\quad k=0,1,2,\cdots$$

因为峰值时间 t_p 定义为 $c(t)$ 第一次达到峰值所需的时间，所以

$$t_p=\frac{\pi}{\omega_d}=\frac{\pi}{\omega_n\sqrt{1-\xi^2}} \tag{3.16}$$

需要强调的是，t_p 为阻尼振荡周期的一半，衰减正弦分量初始相位正是阻尼角 β。

(2) 超调量 $\sigma_p\%$ 与参数的关系

将 $t=t_p$ 代入式(3.15)求出 $c(t_p)$，再代入超调量的定义式(3.1)中，并由 $c(\infty)=1$，得

$$\begin{aligned}\sigma_p\%&=\frac{c(t_p)-c(\infty)}{c(\infty)}\times100\%\\&=-\frac{1}{\sqrt{1-\xi^2}}e^{-\xi\omega_n t_p}\sin(\pi+\beta)\times100\%\\&=e^{-\xi\omega_n t_p}\frac{\sin\beta}{\sqrt{1-\xi^2}}\times100\%\\&=e^{-\frac{\xi\pi}{\sqrt{1-\xi^2}}}\times100\%\end{aligned} \tag{3.17}$$

➢ 讨论：

虽然二阶系统有两个参变量，但超调量 $\sigma_p\%$ 只是阻尼比 ξ 的单值函数。欠阻尼状态下，ξ 越大超调量越小。超调量表示动态过程中幅值变化的剧烈程度，也体现了阻尼对幅值变化的阻碍作用大小。

(3) 调节时间 t_s 与参数的关系

根据调节时间 t_s 的定义，可以写出如下不等式：

$$|c(t)-c(\infty)|\leqslant\Delta c(\infty),\quad t\geqslant t_s \tag{3.18}$$

将式(3.15)代入式(3.18)，并考虑到 $c(\infty)=1$，得

$$\left|\frac{1}{\sqrt{1-\xi^2}}e^{-\xi\omega_n t}\sin(\omega_d t+\beta)\right|\leqslant\Delta,\quad t\geqslant t_s$$

由于 $e^{-\xi\omega_n t}/\sqrt{1-\xi^2}$ 是式(3.15)所描述的衰减正弦振荡函数的包络线，因此可将上述不等式所表达的条件近似改写为

$$\left|\frac{e^{-\xi\omega_n t}}{\sqrt{1-\xi^2}}\right|\leqslant\Delta,\quad t\geqslant t_s$$

由上式求得调节时间 t_s 的计算式为

$$t_s\geqslant\frac{1}{\xi\omega_n}\ln\frac{1}{\Delta\sqrt{1-\xi^2}} \tag{3.19}$$

若取 $\Delta=5\%$，则得

$$t_s\geqslant\frac{3+\ln\frac{1}{\sqrt{1-\xi^2}}}{\xi\omega_n}$$

当 $0<\xi<0.9$ 时，调节时间 t_s 的计算式可近似为

$$t_s=\frac{3}{\xi\omega_n} \tag{3.20}$$

若取 $\Delta=2\%$，得调节时间 t_s 的近似计算式为

$$t_s=\frac{4}{\xi\omega_n} \tag{3.21}$$

➢ 讨论：

① 式(3.20)和式(3.21)也可以这样理解：当 ξ 较小时，$1/\sqrt{1-\xi^2}\approx 1$，由于包络线 $e^{-\xi\omega_n t}$ 为一完全指数曲线，因此其时间常数为 $T'=1/\xi\omega_n$。比照一阶系统指数曲线，可以直接近似得出 $t_s=3T'(\Delta=5\%)$ 和 $t_s=4T'(\Delta=2\%)$。

② $-\xi\omega_n$ 为欠阻尼二阶系统共轭极点的实部，对应包络线的衰减指数，$\xi\omega_n$ 越大衰减越快，t_s 越小。如果系统固有频率 ω_n 不变，给系统增加阻尼的话，调节时间会缩短。这一点体现了阻尼对振荡能量的消耗作用。

③ 当 $\xi=1$ 时，二阶系统等价于两个相同一阶系统串联。作代换：$\omega_n=1/T$，此时，$t_s=3T(\Delta=5\%)$，$t_s=4T(\Delta=2\%)$，也正是一阶系统调节时间的形式。有兴趣的同学可以参考 RLC 电路的参数关系，进行推算。（注意：此时 $T_2=1/2T_1$，T_1、T_2 分别为一、二阶系统的时间常数。）

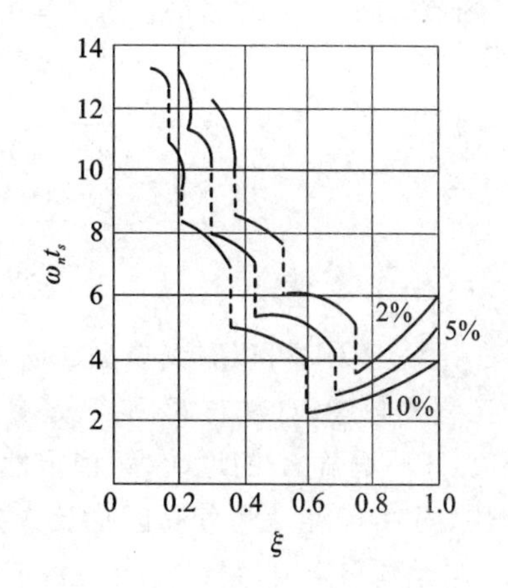

图 3-14　不同 Δ 时 ξ 与 $\omega_n t_s$ 的关系

④ 由式(3.19)，可以求出 t_s 的最小值，能使 t_s 取得最小值的 ξ 为最优阻尼比。ξ 与 $\omega_n t_s$ 的关系如图 3-14 所示。可以看出，不同的 Δ 取值，最优阻尼比会有一定的差异。工程中取最优阻尼比为 $\xi=0.707$。

⑤ 由图 3-14 可知，ξ 一定，时间变量 $\omega_n t_s$ 也被确定。所以系统自由振荡频率的增大，意味着调节时间的缩小，即系统快速性提高。

在一阶系统分析中，已经得到结论：系统输入的微分、积分，一定对应系统输出的微分、积分，这正是线性时不变系统在零初始状态下的响应特点。因此，在研究二阶类系统的时间响应时，不必对每种输入信号的响应都进行测定和计算，只取单位阶跃响应作为典型形式进行研究。

【例 3-1】 已知单位负反馈随动系统如图 3-15 所示。要求：

(1) 确定系统特征参数与其实际参数的关系；

(2) 若 $K=16$，$T=0.25$ s，计算系统的各动态性能指标。

解：(1) 系统的闭环传递函数为

$$\Phi(s)=\frac{K}{Ts^2+s+K}=\frac{K/T}{s^2+s/T+K/T}$$

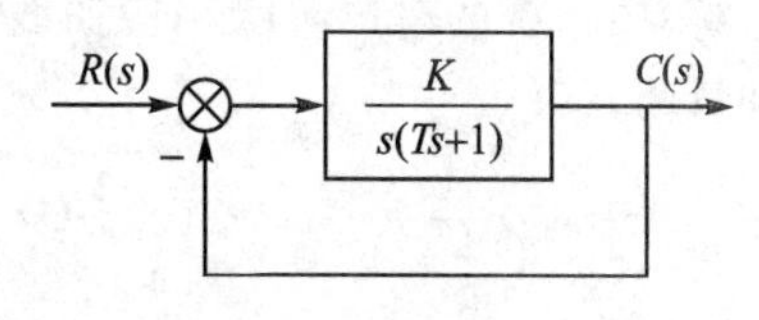

图 3-15　系统结构图

与典型二阶系统比较可得

$$K/T=\omega_n^2,\quad 1/T=2\xi\omega_n$$

于是系统特征参数与其实际参数的关系为

$$\omega_n = \sqrt{K/T}$$

$$\xi = \frac{1}{2\sqrt{KT}}$$

(2) $K=16, T=0.25$ s 时

$$\omega_n = \sqrt{K/T} = 8(\text{rad/s})$$

$$\xi = \frac{1}{2\sqrt{KT}} = 0.25$$

把 $\xi=0.25$ 和 $\omega_n=8$ 代入各动态性能指标的计算式，有

超调量：$$\sigma_p\% = e^{-\frac{0.25}{\sqrt{1-0.25^2}}\pi} \times 100\% = 47\%$$

上升时间：$$t_r = \frac{\pi - \arccos 0.25}{8\sqrt{1-0.25^2}} = 0.24(\text{s})$$

峰值时间：$$t_p = \frac{\pi}{8\sqrt{1-0.25^2}} = 0.41(\text{s})$$

调节时间：$$t_s = \frac{4}{\xi\omega_n} = \frac{4}{0.25\times 8} = 2.0(\text{s}),\quad (\Delta = 2\%)$$

$$t_s = \frac{3}{\xi\omega_n} = \frac{3}{0.25\times 8} = 1.5(\text{s}),\quad (\Delta = 5\%)$$

➢ 讨论：

① 通过上例，可以看到典型二阶开环对象的参数 K 和 T，决定了闭环系统中 ω_n 和 ξ 的数值。工程实际中，对象的 K 和 T 是更直观的参量。

② 开环增益 K 的增大，对稳定性不利。K 增大，系统固有频率以及阻尼频率均增大，振荡加快，同时 K 增大也使得阻尼比 ξ 减小，超调量加大。二阶系统动态响应的总趋势是加剧的，K 增大到一定值，系统将突破稳定约束，响应呈发散状态。

③ 对于稳定的二阶系统，K 增大时 $\xi\omega_n$ 不变，所以 K 对调节时间 t_s 影响不大。K 增大导致的超调增量通过快速的振荡衰减抵消了。但对于一阶系统，K 增加 t_s 减小，系统动态过程会加快。

④ 二阶系统惯性 T 增大也不利于稳定。T 增大时 ξ 减小，振荡加剧，达到一定的值时，会破坏系统稳定性。T 增大引起 ξ 和 ω_n 减小，超调量增加振荡衰减缓慢，必然导致调节时间延长，系统动态变缓。

【例 3-2】 已知单位负反馈系统的单位阶跃响应曲线如图 3-16 所示，试求系统的开环传递函数。

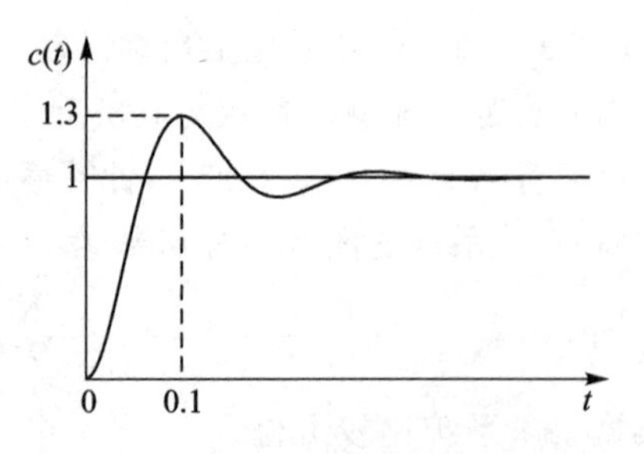

图 3-16　系统的单位阶跃响应曲线

解：由系统的单位阶跃响应曲线，可直接求出超调量为

$$\sigma_p\% = \frac{1.3-1}{1} \times 100\% = 30\%$$

峰值时间为

$$t_p = 0.1(\text{s})$$

由超调量和峰值时间的计算式(3.16)和式(3.17),可得

$$\sigma_p\% = e^{-\frac{\xi}{\sqrt{1-\xi^2}}\pi} \times 100\% = 30\%$$

$$t_p = \frac{\pi}{\omega_n\sqrt{1-\xi^2}} = 0.1(\mathrm{s})$$

求解上述二式可得

$$\xi = 0.357,\quad \omega_n = 33.6$$

于是二阶系统的开环传递函数为

$$G(s) = \frac{\omega_n^2}{s(s+2\xi\omega_n)} = \frac{33.6^2}{s(s+2\times 0.357\times 33.6)} = \frac{1128.96}{s(s+23.99)}$$

➢ 讨论:

例3-2实际上给出了二阶系统时域模式识别的一种重要方法。首先,对未知模型的二阶系统加入阶跃激励,由于超调量是阻尼比ξ的单值变量,因此测量超调量可以换算得到ξ;然后再测量一个时间变量,峰值时间、调节时间、上升时间均可,利用已知的ξ就可以解算出ω_n。至此二阶系统的模型完全可得。这也是应用非常广泛的一种近似二阶模型实测方法。

【例3-3】 设某火箭武器位置随动系统如图3-17(a)所示,其结构图如图3-17(b)所示。图中,$r(t)$为输入轴转角;$c(t)$为输出轴转角;$K_1=500$;$K_2=0.1$;$K_3=1$;$T=0.04$。要求:

① 求系统的闭环传递函数;

② 确定系统的阻尼比ξ和无阻尼振荡频率ω_n;

③ 计算输入信号为$r(t)=u_0\cdot 1(t)$时系统的稳态值$c(\infty)$、超调量$\sigma_p\%$和调节时间$t_s(\Delta=2\%)$。

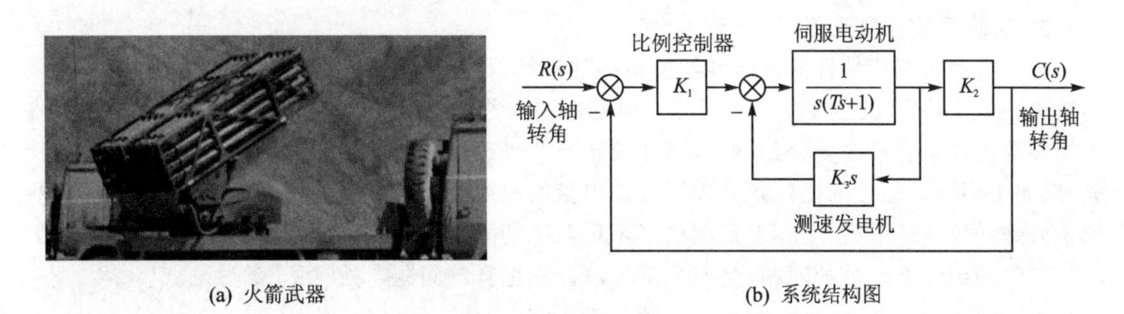

(a) 火箭武器　　(b) 系统结构图

图3-17　某火箭武器位置随动系统

解:① 图3-17(b)中内回路的传递函数为

$$\frac{\dfrac{1}{s(Ts+1)}}{1+\dfrac{K_3 s}{s(Ts+1)}} = \frac{1}{Ts^2+(1+K_3)s}$$

系统的闭环传递函数为

$$\Phi(s)=\frac{K_1K_2\dfrac{1}{Ts^2+(1+K_3)s}}{1+K_1K_2\dfrac{1}{Ts^2+(1+K_3)s}}=\frac{K_1K_2}{Ts^2+(1+K_3)s+K_1K_2}$$

$$=\frac{50}{0.04s^2+2s+50}=\frac{1\ 250}{s^2+50s+1\ 250}$$

② 与典型二阶系统的闭环传递函数比较,可得

$$\begin{cases}\omega_n^2=1\ 250\\2\xi\omega_n=50\end{cases}$$

解上述方程组得

$$\begin{cases}\omega_n=25\sqrt{2}=35.4(\text{rad/s})\\\xi=0.707\end{cases}$$

③ 系统输入的拉氏变换为 $R(s)=\dfrac{u_0}{s}$,故输出的拉氏变换为

$$C(s)=\Phi(s)R(s)=\frac{1\ 250}{s^2+50s+1\ 250}\cdot\frac{u_0}{s}$$

利用终值定理可得输出的终值为

$$c(\infty)=\lim_{s\to\infty}sC(s)=\lim_{s\to\infty}s\frac{1\ 250}{s^2+50s+1\ 250}\cdot\frac{u_0}{s}=u_0$$

超调量为
$$\sigma_p\%=\mathrm{e}^{-\frac{\xi\pi}{\sqrt{1-\zeta^2}}}\times100\%=4.3\%$$

调节时间为
$$t_s=\frac{4}{\xi\omega_n}=\frac{4}{25}=0.16(\text{s})$$

5. 二阶系统性能改善

由二阶系统响应特性的分析和性能指标的计算,可以看出,通过调整二阶系统的 2 个特征参数 ξ 和 ω_n,可以改善系统的动态性能,但是这种改善是有限的。在实际控制中,受控对象本身的参数往往不容易改变,需要通过增加校正环节来改变系统的结构参数,进而影响系统的性能,例如采用误差信号的比例微分控制和输出量的速度反馈控制等。可以证明,增加这样一些校正回路和校正环节后,实际上是调整了闭环系统的阻尼比 ξ。

二阶系统性能改善的问题,是一个系统设计和综合的问题,将在第 6 章讨论。

3.2.3 高阶系统

以三阶或三阶以上的微分方程描述的系统,称为高阶系统。实际控制系统中,大多是高阶系统。由于系统的特征值(极点)或为实数,或为成对出现的共轭复数,实数特征值对应一阶模态,共轭复数特征值对应二阶模态,因此这样任意高阶系统的输出,就被认为是若干一阶模态和二阶模态的组合。

下面以单位阶跃输入为例讨论高阶系统。求解过程参看二阶系统的单位阶跃响应求解过程。

1. 高阶系统的单位阶跃响应

高阶系统的单位阶跃响应为

$$c(t)=A_0+\sum_{i=1}^{q}A_i\mathrm{e}^{-p_it}+\sum_{k=1}^{r}B_k\mathrm{e}^{-\xi_k\omega_kt}\sin(\omega_{dk}t+\beta_k),\quad t\geqslant 0 \tag{3.22}$$

式中，$\omega_{dk}=\omega_k\sqrt{1-\xi_k{}^2}$；$\beta_k=\arccos\xi_k$；$A_i$、$B_k$ 是 $C(s)$ 在对应闭环极点处的留数。

在 $c(t)$ 的表达式(3.22)中，第一项是阶跃响应的稳态分量，该分量也是阶跃信号，幅值为 A_0；第二项是与系统的实极点对应的 q 个暂态分量之和，各分量均具有与一阶系统类似的动态过程，按指数规律单调变化；第三项是与系统的共轭复数极点对应的 r 个暂态分量之和，各分量均具有与二阶系统类似的动态过程，即幅值按指数规律变化的正弦函数振荡形式。

2. 闭环主导极点

由上述高阶系统单位阶跃响应的分析可知，对实际的高阶系统来说，闭环极点离虚轴越近，单位阶跃响应中其对应的模态分量衰减得越缓慢。另外，闭环零点越靠近极点，由该极点决定的模态分量便越小；若闭环零点与闭环极点相互抵消，则该闭环极点对应的响应分量就等于零。因此，在所有的闭环极点中，附近无闭环零点且距虚轴最近的极点在单位阶跃响应中对应的分量比重最大，衰减最慢，从而在系统的时间响应过程中起主导作用，故称这样的极点为闭环主导极点。除闭环主导极点外，所有其他闭环极点统称为非主导极点。

在满足主导极点的条件下，忽略非主导极点，可以将高阶系统近似为一阶或二阶系统，以实现对高阶系统性能的大致评估。实际应用中，受控对象经常取两个实数主导极点，通过调节开环增益，使闭环极点成为一对共轭复数的形式，然后按照典型二阶系统评估性能。这样使闭环系统既具有较快的反应速度，又有一定的阻尼效果。

【例 3-4】 图 3-18(a)为某喷气式战斗机自动驾驶仪中横滚角控制系统示意图，横滚是让飞机在以机头和机尾所成的轴线上做陀螺运动，其控制系统结构图如图 3-18(b)所示，要求：

(1) 确定闭环传递函数 $\Theta_c(s)/\Theta_d(s)$；

(2) 应用闭环主导极点概念，确定二阶近似系统，估算原系统的超调量和峰值时间；

(3) 绘制出原系统实际单位阶跃响应曲线，并与(2)中近似结果进行比较。

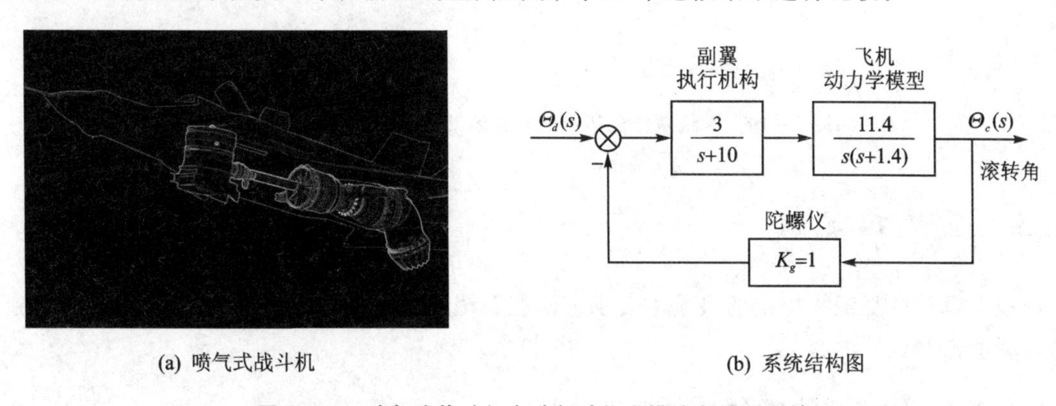

(a) 喷气式战斗机　　(b) 系统结构图

图 3-18　喷气式战斗机自动驾驶仪中横滚角控制系统

解：(1) 系统的闭环传递函数为

$$\frac{\Theta_c(s)}{\Theta_d(s)}=\frac{34.2}{s(s+1.4)(s+10)+34.2}=\frac{34.2}{s^3+11.4s^2+14s+34.2}$$

(2) 闭环传递函数写成零极点形式为

$$\frac{\Theta_c(s)}{\Theta_d(s)}=\frac{34.2}{s^3+11.4s^2+14s+34.2}=\frac{34.2}{[(s+0.52)^2+1.74^2](s+10.36)}$$

$$=\frac{34.2}{(s+0.52+\mathrm{j}1.74)(s+0.52-\mathrm{j}1.74)(s+10.36)}$$

$$=\frac{3.3}{(s+0.52+\mathrm{j}1.74)(s+0.52-\mathrm{j}1.74)(0.097s+1)}$$

可知极点 $p_3=-10.36$ 是非主导极点，将其忽略掉，即可得二阶近似系统为

$$\frac{\Theta_c(s)}{\Theta_d(s)}=\frac{3.3}{(s+0.52+\mathrm{j}1.74)(s+0.52-\mathrm{j}1.74)}=\frac{3.3}{s^2+1.04s+3.3}$$

与典型二阶系统比较，可得 $\omega_n{}^2=3.3$，$2\xi\omega_n=1.04$，从而有 $\omega_n=1.817$，$\xi=0.286$，计算得 $\sigma_p\%=39.2\%$，$t_p=1.8\ \mathrm{s}$。

(3) 利用 MATLAB 仿真，原系统和二阶近似系统的单位阶跃响应曲线及相应的 MATLAB 代码如图 3-19 所示。由图可见，两者十分接近，故可根据二阶近似系统估算原系统的性能指标。

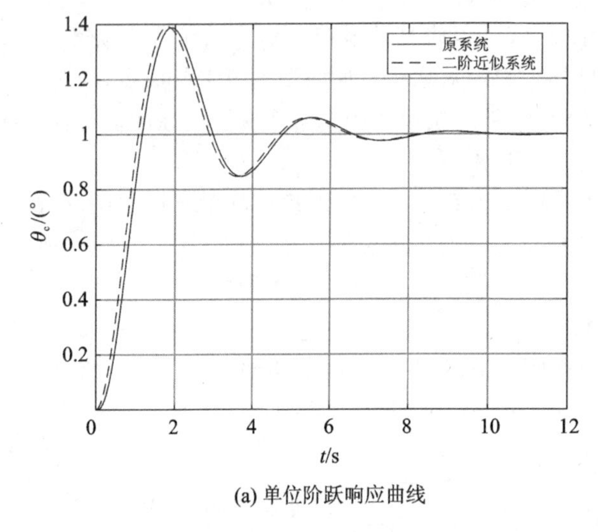

(a) 单位阶跃响应曲线

```
G1 = tf([0,0,34.2], [1,11.4,14,34.2]);
G2 = tf([0,0,3.3], [1,1.04,3.3]);
t = 0:0.01:12;
c1 = step(G1,t);
c2 = step(G2,t);
plot(t,c1,'k-',t,c2,'k--')
```

(b) MATLAB代码

图 3-19　横滚角控制系统的单位阶跃响应曲线及绘图代码

3.3　系统稳定性

稳定是对控制系统提出的最基本要求。研究系统的稳定条件，提出保证系统稳定的措施，是控制理论的重要内容。

3.3.1　稳定性的概念

所谓稳定性，是系统恢复平衡状态的能力。为建立稳定性的概念，首先来看一个直观的例子。

图 3-20 是一个小球运动平衡点示意图。小球开始停留在平衡点 A 处，当受到外扰时，小球偏离平衡点。外扰消失后，由于摩擦力的存在，经过一段时间后，小球依然回到 A 点，称

A 为稳定平衡点。而对于平衡点 B,只要外扰使得小球偏离,就不能自主回到该平衡点,称 B 为不稳定平衡点。

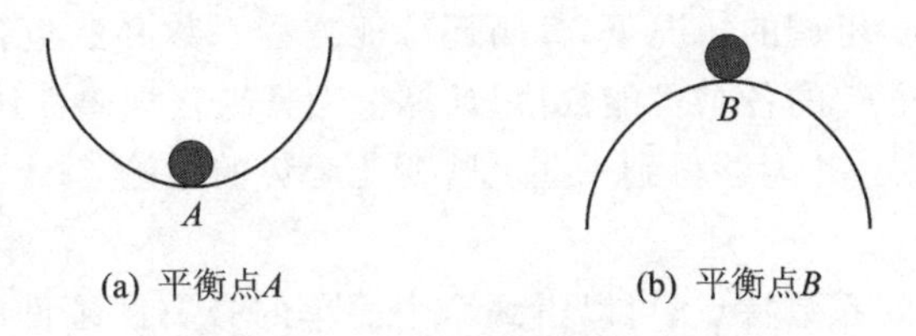

(a) 平衡点A　　(b) 平衡点B

图 3-20　小球运动平衡点示意图

将小球的稳定性概念推广到控制系统:系统受到扰动,偏离原来平衡状态,产生偏差。当扰动消失后,系统能够逐渐恢复到原来的平衡状态,则称系统是稳定的。若扰动消失后,系统不能够恢复到原来的平衡状态,甚至偏差越来越大,则称系统是不稳定的。稳定性是系统的固有特性。对于线性时不变系统来讲,这种固有的稳定性只取决于系统的结构、参数而与初始条件及外作用无关。

完整的运动稳定性理论由俄国学者李雅普诺夫于 1892 年建立,他给出了关于运动稳定性的严格定义,同时还提出了利用微分方程判别运动稳定与否的 2 种方法,通常称为李雅普诺夫第一方法和李雅普诺夫第二方法。李雅普诺夫稳定性理论将在现代控制理论中详细讨论。

在分析线性系统稳定性时,通常关心的是系统的运动稳定性,即系统在不受任何外界输入作用下,其运动方程的解在 $t\to\infty$ 时的渐近行为。按照李雅普诺夫稳定性的定义,平衡状态稳定性是指系统受到扰动后的运动稳定性,严格地讲平衡状态稳定性与运动稳定性并不是一回事。但是可以证明,对于线性系统它们是等价的。

李雅普诺夫稳定包括临界稳定(对应图 3-20 中轨道无摩擦的情况),扰动结束后,系统状态不能精确回到原平衡点,而是在原平衡点附近有限区域内运动。与此对应,在时间无穷大后,能重新停留到原平衡点的情况,称为渐近稳定。在实际系统中,临界稳定是没有工程意义的,本书涉及的稳定性均指渐近稳定。

3.3.2　稳定性条件

1. 稳定性的充要条件

由第 2 章系统传递函数分析可知,系统特征方程的每一个极点对应一种输出模态。具有负实部的极点,其模态是衰减的,反之亦然。只有所有极点对应模态都是衰减的,扰动消失后的系统总输出才是衰减的,对应的系统是稳定的。

由此可知,线性时不变系统稳定的充分必要条件:系统的特征根(极点)全部分布在 s 左半平面,或都具有负实部。如果系统的特征根没有在 s 右半平面,但有根在虚轴上,则该线性系统是临界稳定的。

2. 稳定性的代数判据

由系统稳定的充分必要条件可知,稳定性判别的问题实际上转化成了系统特征方程求解的问题。由于对高阶特征方程求解,曾经是比较困难的事情。因此产生了许多不通过求解特征方程,而利用特征方程系数进行简单代数计算来判别系统稳定性的所谓代数判据。比较有代表性的有劳斯判据、赫尔维茨判据及林纳德-奇帕特判据等,这些判据的原理是等价的。本书主要介绍劳斯判据。

计算机的出现,使得求解高阶代数方程成为一个非常容易的事情。传统的特征方程系数已确定的系统,使用各种代数判据的意义已经不大。但在实践中,人们发现一类带有参变量的系统,比如在开环增益 K 可调的情况下,其闭环特征方程系数必然包含参变量 K。如果利用计算机处理,就需要遍历 K 的各个可能数值,计算量大且缺乏规律性认识,而代数判据在解决这类问题时非常方便直观,并能够得到一些反映变化趋势的结论。

(1) 必要性判据

根据系统特征方程的系数特点,可以得到一个简单的必要性条件的判据。判定系统稳定性时,可以利用这个必要条件先行筛除一些不稳定系统。

闭环系统的特征方程为

$$D(s)=a_0s^n+a_1s^{n-1}+a_2s^{n-2}+\cdots+a_{n-1}s+a_n=a_0\prod_{i=1}^{n}(s-s_i)=0,\quad a_0>0 \tag{3.23}$$

式中,$s_i(i=1,2,\cdots,n)$是系统的 n 个闭环极点。

根据代数方程的基本理论,有下列关系式成立:

$$\sum_{i=1}^{n}s_i=-\frac{a_1}{a_0}$$

$$\sum_{\substack{i,j=1\\ i\neq j}}^{n}s_is_j=\frac{a_2}{a_0}$$

$$\vdots$$

$$\prod_{i=1}^{n}s_i=(-1)^n\frac{a_n}{a_0}$$

从上述关系式可以导出,系统特征根都具有负实部的必要条件为

$$a_ia_j>0,\quad (i,j=1,2,\cdots,n) \tag{3.24}$$

即闭环特征方程各项系数同号且不缺项。

如果特征方程不满足式(3.24)的条件,则系统必然非渐近稳定;如果特征方程满足式(3.24)的条件,也不能确定系统一定是稳定的,因为该式仅是系统稳定的必要条件,系统稳定的充分必要条件由劳斯判据给出。

(2) 劳斯稳定判据

利用特征方程(3.23)中的各项系数列写劳斯表,如表 3-2 所列。

表 3-2 劳斯表及其列写规律

s^n	a_0	a_2	a_4	$\cdots$
s^{n-1}	a_1	a_3	a_5	$\cdots$
s^{n-2}	$b_1=\dfrac{a_1a_2-a_0a_3}{a_1}$	$b_2=\dfrac{a_1a_4-a_0a_5}{a_1}$	b_3	$\cdots$
s^{n-3}	$c_1=\dfrac{b_1a_3-b_2a_1}{b_1}$	$c_2=\dfrac{b_1a_5-b_3a_1}{b_1}$	c_3	$\cdots$
$\vdots$	$\vdots$	$\vdots$	$\vdots$	$\vdots$
s^0	a_n			

按照劳斯稳定判据,由特征方程(3.23)所表征的线性系统稳定的充分必要条件是:劳斯表

中第一列元素全部为正。如果劳斯表第一列中出现负值，则系统不稳定，且第一列各系数符号的改变次数，代表特征方程(3.23)的正实部根的个数。

【例3-5】 设系统的特征方程为

$$s^4+2s^3+3s^2+4s+5=0$$

试用劳斯稳定判据判别系统的稳定性。

解：列写系统的劳斯表

$$\begin{array}{llll}
s^4 & 1 & 3 & 5 \\
s^3 & 2 & 4 & 0 \\
s^2 & \dfrac{(2\times 3)-(1\times 4)}{2}=1 & 5 & \\
s^1 & \dfrac{(1\times 4)-(2\times 5)}{1}=-6 & & \\
s^0 & 5 & &
\end{array}$$

由此可以看出，劳斯表中第一列系数符号改变两次，故系统不稳定，且特征方程有两个正实部根。

3. 劳斯稳定判据的特殊情况

当应用劳斯稳定判据分析线性系统的稳定性时，有时会遇到两种特殊情况，使得劳斯表中的计算无法进行到底，因此需要进行相应的数学处理，处理的原则是不影响劳斯稳定判据的判别结果。

(1) 劳斯表中某行的第一列元素为零，其他元素不全为零

此时，计算劳斯表下一行的第一列元素时，将出现无穷大，使得劳斯表无法继续进行下去。

【例3-6】 设系统的特征方程为

$$s^3-3s+2=0$$

试用劳斯稳定判据判别系统的稳定性。

解：列劳斯表：

$$\begin{array}{lll}
s^3 & 1 & -3 \\
s^2 & 0 & 2 \\
s^1 & \infty &
\end{array}$$

为了克服这种困难，可以用因子$(s+a)$乘以原特征方程，其中a可以是任意正数，再对新的特征方程应用劳斯稳定判据，可以防止上述特殊情况的出现。例如，以$(s+3)$乘以原特征方程，得新特征方程为

$$s^4+3s^3-3s^2-7s+6=0$$

列新劳斯表：

$$\begin{array}{llll}
s^4 & 1 & -3 & 6 \\
s^3 & 3 & -7 & 0 \\
s^2 & -2/3 & 6 & \\
s^1 & 20 & 0 & \\
s^0 & 6 & &
\end{array}$$

由新劳斯表可知，第一列元素符号变化两次，故系统不稳定，且系统特征方程有两个正实部根。

(2) 劳斯表中出现全 0 行

这种情况表明特征方程存在一些绝对值相同但符号相异的特征根。例如，两个大小相等但符号相反的实根或一对共轭纯虚根，或者是对称于实轴的两对共轭复根。

当劳斯表中出现全 0 行时，可用全 0 行上面一行的系数构造一个辅助方程 $F(s)=0$，并将 $F(s)$ 对 s 求导，用导数方程的系数代替全零行，继续把劳斯表进行下去。

【例 3-7】 设系统的特征方程为

$$s^5+2s^4+24s^3+48s^2-25s-50=0$$

试用劳斯稳定判据判别系统的稳定性。

解：列劳斯表：

s^5	1	24	−25
s^4	2	48	0
s^3	0	0	

此时劳斯表中出现全 0 行，使劳斯表无法继续进行下去。

构造辅助方程 $F(s)=2s^4+48s^2=0$，对 s 求导可得 $F'(s)=8s^3+96s=0$。利用 $F'(s)$ 的系数代替全 0 行，重新列写劳斯表：

s^5	1	24	−25
s^4	2	48	−50
s^3	8	96	
s^2	24	−50	
s^1	112.7	0	
s^0	−50		

可以看出，第一列符号改变一次，故系统不稳定，且有一个正实部的根。求解辅助方程 $F(s)$，可以得到等值反号的两对根：$s=\pm1$，$s=\pm j\sqrt{5}$。显然，系统不稳定的主要原因是有一个正根，其次是有一对虚根。

需要说明的是，上述例 3-6 和例 3-7 可以直接利用稳定性必要条件判定系统为不稳定。

4. 劳斯稳定判据的应用

应用劳斯稳定判据，确定系统可调参数对系统稳定性的影响用下例说明。

【例 3-8】 设单位负反馈系统的开环传递函数为

$$G(s)=\frac{K}{s(s+1)(s+5)}$$

(1) 试确定系统稳定时 K 的取值范围；

(2) 若要求系统的闭环特征根均位于 $s=-0.1$ 垂线的左侧，试确定 K 的取值范围。

解：(1) 由系统的开环传递函数，可得系统的闭环特征方程为

$$D(s)=1+G(s)=s^3+6s^2+5s+K=0$$

列劳斯表：

s^3	1	5
s^2	6	K
s^1	$(30-K)/6$	
s^0	K	

欲使系统稳定，劳斯表中第一列元素应均大于零，故有 $0<K<30$。

(2) 要使系统的闭环特征根均位于 $s=-0.1$ 垂线的左侧，可作线性变换 $z=s+0.1$。此时系统的闭环特征方程为

$$D(s)\big|_{s=z-0.1}=z^3+5.7z^2+3.83z+(K-0.441)=0$$

列劳斯表：

$$\begin{array}{lll} z^3 & 1 & 3.83 \\ z^2 & 5.7 & K-0.441 \\ z^1 & (22.27-K)/5.7 & \\ z^0 & K-0.441 & \end{array}$$

欲使系统的特征根均位于 $s=-0.1$ 垂线的左侧，劳斯表中第一列元素应均大于零，可得 $0.441<K<22.27$。

例 3-8 利用代数判别方法，给出了带参变量系统的稳定性要求。对于此类系统的稳定性判别，利用劳斯稳定判据可以得到直观的判断结论，包括参变量的取值范围等。如果利用计算机的数值分析方法处理此类问题，反而会显得较为复杂。

➢ 讨论：

利用限制极点在某垂线左侧的方法，实际上解决了系统时域的稳定裕度问题。由于实际的对象和系统中，存在元件参数不够精确，老化、局部损坏等不利因素，因此设计实际控制系统时，应留有一定的稳定裕度。限制闭环系统极点离开虚轴一定距离，可以避免元件参数摄动时，导致系统极点蜕变成正实部的极点，影响整个系统稳定性。同时，限制极点在某垂线左侧，也就是限制了主导极点的实部取值，这样就可保证闭环系统中不会出现衰减较慢的模态，提高了系统的动态性能。因为系统有进一步的限制，所以 K 的取值范围也有所缩小。

3.4　系统稳态误差分析

对于一个性能良好的控制系统，除了满足稳定性和动态性能以外，还要有令人满意的稳态性能。稳态性能是用稳态误差来衡量的。系统稳定性只取决于系统的结构参数，与系统的输入信号无关，而系统的稳态误差既与系统的结构参数有关，又与系统输入信号密切相关。

由于一个不稳定的系统误差趋于无穷大。因此讨论稳态误差的前提是系统必须是稳定的。

3.4.1　稳态误差概念

稳态误差的直观意义是，系统进入稳态后，实际输出与期望输出的差别。

对于图 3-21 所示的典型反馈控制系统，误差可以定义为

$$e'(t)=c_0(t)-c(t),\quad E'(s)=C_0(s)-C(s) \tag{3.25}$$

式中，$c_0(t)$、$C_0(s)$为控制系统的理想(期望)输出量。但在实际系统中，由于理想输出不是直接可测的，因此这种在输出端定义的误差信号，经常也是不可直接量测的。另外一种通用的误差定义方法，是将输入信号和反馈信号之差定义为系统误差，即

$$e(t)=r(t)-b(t),\quad E(s)=R(s)-B(s) \tag{3.26}$$

这种方法定义的误差，其信号可以在系统相加点后(也称为误差端)直接测量。系统的物

理意义是，误差驱动对象使输出趋向理想输出。

可以看出，在单位负反馈即 $H(s)=1$ 时，二者是完全等价的，即 $E(s)=E'(s)$。此时，反馈信号 $B(s)$ 是实际输出信号 $C(s)$，给定输入 $R(s)$ 即理想输出 $C_0(s)$。在理想情况下，输出等于输入，误差为零，这就是工程上经常提到的输出完全复现输入的理想情形。因此给定输入也经常被称为期望输出。

在非单位负反馈即 $H(s)\neq 1$ 时，可进行非单位反馈单位化，如图 3-22 所示。与图 3-21 比较，有 $U(s)=1/H(s)$，可推出两种误差之间的关系为

$$E(s)=E'(s)H(s) \tag{3.27}$$

即 $E(s)$ 与 $E'(s)$ 仅相差一个系数 $H(s)$。在实际中，更多用到前者作为系统误差的标度值。

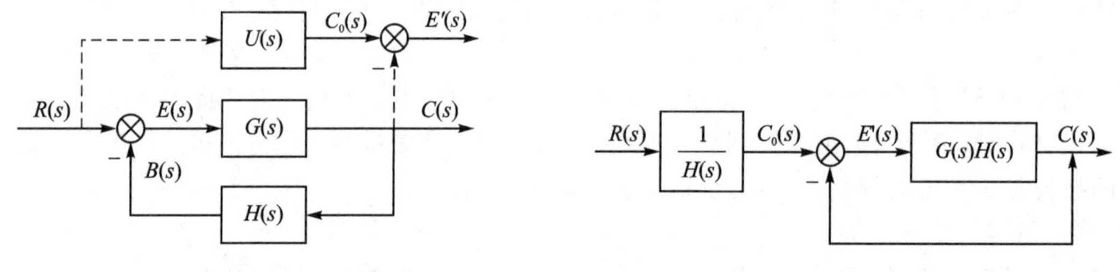

图 3-21　典型反馈控制系统　　　　**图 3-22　单位化反馈系统**

在时域误差信号 $e(t)$ 中，一般包括动态分量 $e_r(t)$ 和稳态分量 $e_s(t)$ 两个部分。动态分量 $e_r(t)$ 是与系统极点（模态）对应的误差分量，体现了系统进入稳态之前误差信号的变化规律。稳态分量 $e_s(t)$ 的终值称为系统的稳态误差，也称为静态误差或终值误差，记作：

$$e_{ss}=\lim_{t\to\infty}e_s(t) \tag{3.28}$$

由于系统是稳定的，因此当时间 t 趋于无穷大时，误差的动态分量必然趋于零，于是有

$$e_{ss}=\lim_{t\to\infty}e_s(t)=\lim_{t\to\infty}e(t) \tag{3.29}$$

如果 $sE(s)$ 的极点均位于左半 s 平面（包括坐标原点），利用拉氏变换的终值定理，系统的稳态误差可由下式求出

$$e_{ss}=\lim_{s\to 0}sE(s) \tag{3.30}$$

在给定信号和扰动信号同时作用下，如图 2-19 所示，系统输出 $C(s)$ 和误差 $E(s)$ 的拉氏变换为（具体步骤见例 2-12）

$$C(s)=\frac{G_1(s)G_2(s)}{1+G_k(s)}R(s)+\frac{G_2(s)}{1+G_k(s)}D(s) \tag{3.31}$$

$$E(s)=\frac{1}{1+G_k(s)}R(s)-\frac{G_2(s)H(s)}{1+G_k(s)}D(s) \tag{3.32}$$

式中，$G_k(s)=G_1(s)G_2(s)H(s)$ 为系统的开环传递函数。

式(3.32)表明，在给定信号和扰动信号同时作用下，系统的问题误差包括给定稳态误差 e_{ssr}（等号右边第一项）和扰动稳态误差 e_{ssd}（等号右边第二项），下面分别进行讨论。

3.4.2　给定信号作用下的稳态误差

不考虑扰动信号作用时，$D(s)=0$。由式(3.32)可得，系统误差的拉氏变换为

$$E(s)=\Phi_e(s)R(s)=\frac{1}{1+G_k(s)}R(s) \tag{3.33}$$

式中，$\Phi_e(s)$是系统误差与给定信号之间的传递函数。

对于稳定的系统，由式(3.30)，给定输入单独作用下的稳态误差为

$$e_{ss}=\lim_{s\to 0}sE(s)=\lim_{s\to 0}s\cdot\frac{1}{1+G_k(s)}R(s) \tag{3.34}$$

当输入信号一定时，系统的稳态误差就取决于开环传递函数。为此，先按照系统跟踪不同输入信号的能力，对系统进行分类。

不失一般性，分子阶次为 m，分母阶次为 n 的开环传递函数可表示为

$$G_k(s)=\frac{M(s)}{N(s)}=\frac{K}{s^v}\frac{\prod_{j=1}^{m}(\tau_j s+1)}{\prod_{i=1}^{n-v}(T_i s+1)} \tag{3.35}$$

式中，K 为系统的开环比例系数(开环增益)；v 是系统开环传递函数中串联积分环节的个数，称为系统的型数(误差度)。按 v 的取值不同，系统可分为：$v=0$ 时，称为 0 型系统；$v=1$ 时，称为Ⅰ型系统；$v=2$ 时，称为Ⅱ型系统；$v>2$ 时，系统动态性能较差，难以稳定工作，故不做详细讨论。

1. 阶跃输入作用下的稳态误差

在单位阶跃输入下，系统的稳态误差为

$$e_{ss}=\lim_{s\to 0}s\cdot\frac{1}{1+G_k(s)}\cdot\frac{1}{s}=\frac{1}{1+G_k(0)} \tag{3.36}$$

令

$$K_p=\lim_{s\to 0}G_k(s)=G_k(0) \tag{3.37}$$

称为静态位置误差系数，于是 e_{ssr} 可表示为

$$e_{ss}=\frac{1}{1+K_p} \tag{3.38}$$

对于 0 型系统

$$K_p=\lim_{s\to 0}K\frac{\prod_{j=1}^{m}(\tau_j s+1)}{\prod_{i=1}^{n}(T_i s+1)}=K$$

对于Ⅰ型或高于Ⅰ型的系统

$$K_p=\lim_{s\to 0}\frac{K}{s^v}\frac{\prod_{j=1}^{m}(\tau_j s+1)}{\prod_{i=1}^{n-v}(T_i s+1)}=\infty,\quad (v\geqslant 1)$$

故对于 0 型系统，静态位置误差系数 K_p 是一个有限值；而对于Ⅰ型或高于Ⅰ型的系统，K_p 为无穷大。

因此，对于单位阶跃输入，系统的稳态误差为

$$e_{ss}=\begin{cases}\dfrac{1}{1+K}, & v=0\\ 0, & v\geqslant 1\end{cases} \tag{3.39}$$

由上述分析可以看出，如果反馈控制系统的前向通路中没有积分环节，则系统对阶跃输入信号的响应是包含稳态误差的，这时可称系统为位置有差系统。如果要求系统在阶跃输入作用下稳态误差等于零，则系统应是Ⅰ型或Ⅰ型以上的系统，这种结构可称为位置无差系统。

2. 斜坡输入作用下的稳态误差

在单位斜坡输入下，系统的稳态误差为

$$e_{ss}=\lim_{s\to 0}\frac{s}{1+G_k(s)}\cdot\frac{1}{s^2}=\lim_{s\to 0}\frac{1}{sG_k(s)} \tag{3.40}$$

令

$$K_v=\lim_{s\to 0}sG_k(s) \tag{3.41}$$

K_v 是位置误差系数的导数，称为静态速度误差系数，于是 e_{ssr} 可表示为

$$e_{ss}=\frac{1}{K_v} \tag{3.42}$$

对于0型系统

$$K_v=\lim_{s\to 0}s\frac{K\prod_{j=1}^{m}(\tau_j s+1)}{\prod_{i=1}^{n}(T_i s+1)}=0$$

对于Ⅰ型系统

$$K_v=\lim_{s\to 0}s\frac{K\prod_{j=1}^{m}(\tau_j s+1)}{s\prod_{i=1}^{n-1}(T_i s+1)}=K$$

对于Ⅱ或高于Ⅱ型的系统

$$K_v=\lim_{s\to 0}s\frac{K\prod_{j=1}^{m}(\tau_j s+1)}{s^v\prod_{i=1}^{n-v}(T_i s+1)}=\lim_{s\to 0}\frac{K}{s^{v-1}}=\infty$$

因此，对于单位斜坡输入，系统的稳态误差为

$$e_{ss}=\frac{1}{K_v}=\begin{cases}\infty, & v=0\\ 1/K, & v=1\\ 0, & v\geqslant 2\end{cases} \tag{3.43}$$

上述分析表明，0型系统不能跟踪斜坡输入信号；Ⅰ型系统能够跟踪斜坡输入信号，但是具有一定的误差，即在稳态工作时，输出速度可与输入速度相同(斜率相同)，但是存在一定的位置误差。误差的大小与开环增益 K 成反比，且在非单位斜坡输入时正比于输入量的速度。

3. 匀加速输入作用下的稳态误差

在单位匀加速输入下，系统的稳态误差为

$$e_{ss}=\lim_{s\to 0}\frac{s}{1+G_k(s)}\cdot\frac{1}{s^3}=\lim_{s\to 0}\frac{1}{s^2G_k(s)} \tag{3.44}$$

令

$$K_a=\lim_{s\to 0}s^2G_k(s) \tag{3.45}$$

K_a 是位置误差系数的二阶导数,称为静态加速度误差系数,于是 e_{ssr} 可表示为

$$e_{ss}=\frac{1}{K_a} \tag{3.46}$$

对于 0 型系统

$$K_a=\lim_{s\to 0}s^2\frac{K\prod_{j=1}^{m}(\tau_j s+1)}{\prod_{i=1}^{n}(T_i s+1)}=0$$

对于Ⅰ型系统

$$K_a=\lim_{s\to 0}s^2\frac{K\prod_{j=1}^{m}(\tau_j s+1)}{s\prod_{i=1}^{n-1}(T_i s+1)}=0$$

对于Ⅱ系统

$$K_a=\lim_{s\to 0}s^2\frac{K\prod_{j=1}^{m}(\tau_j s+1)}{s^2\prod_{i=1}^{n-2}(T_i s+1)}=K$$

对于Ⅲ型或高于Ⅲ型的系统

$$K_a=\lim_{s\to 0}s^2\frac{K\prod_{j=1}^{m}(\tau_j s+1)}{s^v\prod_{i=1}^{n-v}(T_i s+1)}=\infty$$

因此,对于单位加速度输入,系统的稳态误差为

$$e_{ss}=\frac{1}{K_a}=\begin{cases}\infty, & v=0,1\\ 1/K, & v=2\\ 0, & v\geqslant 3\end{cases} \tag{3.47}$$

可见,0 型和Ⅰ型系统都不能跟踪加速度输入信号。Ⅱ型系统能跟踪加速度输入,但具有一定的误差。Ⅲ型或高于Ⅲ型的系统,当系统稳定时能跟踪加速度输入信号,且在稳态时跟踪误差为 0。

总结以上的讨论,列于表 3 - 3。

➢ 讨论:

① 在 3.4.1 节讨论误差时,假定理想状态下误差端信号 $E(s)=0$,经过 $G(s)$ 的传递,达到期望输出 $c_0(t)$。对于 $G(s)$ 来说,这种零输入而非零输出的现象,是与它的型数有密切关系的。

② 从误差端来看,受控对象及执行元件、校正元件可以看作广义受控对象 $G(s)$。对于一

般的单位反馈系统来说，所谓的开环系统型数即广义受控对象中串联积分环节的个数。具体到电路中，对象中的积分环节可以看作是电容器。研究一个单位负反馈系统的阶跃响应，误差可以看成对电容器上电荷量的修正量，理想状态下误差为零，即电荷修正量为零，由电容器的不变电荷量（或电压值）维持着系统的输出。

③ 0 型系统无积分环节，只能依靠误差量来维持非零的输出，所以 0 型系统必然为有差系统。

④ 斜坡输入时，输出要复现输入也为斜坡信号，理想误差信号为零。零输入作用于受控对象，如受控对象包含一阶积分则输出为恒值，包含二级积分则输出为斜坡，所以要实现无差，最少需要两级积分环节。换一种角度理解，可以认为斜坡输入是对阶跃输入的积分，所以对象中增加了一阶积分器后，才能平衡输入信号的积分影响。Ⅰ型系统对斜坡输入的响应，Ⅱ型系统对加速度输入的响应，均相当于 0 型对阶跃输入响应时的有差表现。

表 3-3　系统的型数、静态误差系数、稳态误差和典型输入信号之间的关系

系统型数	静态误差系数			阶跃输入 $r(t)=R\cdot 1(t)$	斜坡输入 $r(t)=R\cdot t$	加速度输入 $r(t)=R\cdot \frac{1}{2}t^2$
	K_p	K_v	K_a	位置误差 $e_{ss}=\frac{R}{1+K_p}$	速度误差 $e_{ss}=\frac{R}{K_v}$	加速度误差 $e_{ss}=\frac{R}{K_a}$
0	K	0	0	$\frac{R}{1+K}$	∞	∞
Ⅰ	∞	K	0	0	$\frac{R}{K}$	∞
Ⅱ	∞	∞	K	0	0	$\frac{R}{K}$

【例 3-9】　某型无人作战车的导向控制系统如图 3-23 所示。在无人车的前后部都装有一个导向轮，其反馈通道传递函数为 $H(s)=1+K_t s$，要求：

① 确定使系统稳定的 K_t 值范围；

② $s_1=-5$ 为系统的一个闭环特征根时，试计算另外两个闭环特征根；

③ 当 $r(t)=t^2/2$ 时，求系统由 $r(t)$ 产生的稳态误差 e_{ss}。

(a) 无人作战车

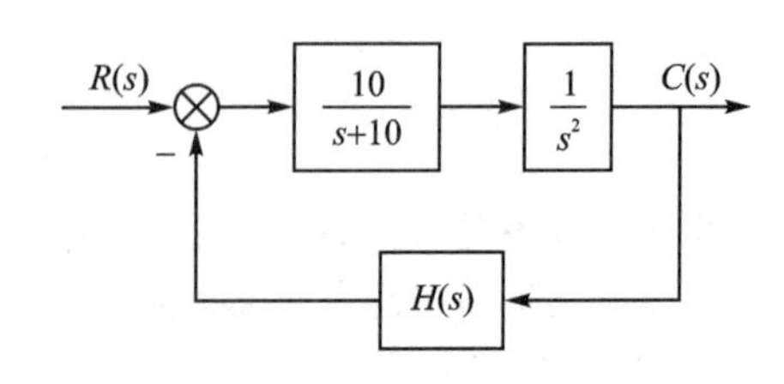

(b) 系统结构图

图 3-23　某型无人作战车的导向控制系统

解：① 由结构图可得，系统的开环传递函数为

$$G_k(s)=G(s)H(s)=\frac{10(1+K_t s)}{s^2(s+10)}$$

闭环特征方程为

$$D(s)=1+G_k(s)=s^3+10s^2+10K_ts+10=0$$

列劳斯表：

$$\begin{array}{lll} s^3 & 1 & 10K_t \\ s^2 & 10 & 10 \\ s^1 & 10K_t-1 & \\ s^0 & 10 & \end{array}$$

由劳斯判据知，使系统稳定的 K_t 值范围为 $K_t>0.1$。

② 由于 $s_1=-5$ 为系统的一个闭环特征根，因此系统的特征方程可表示为

$$(s+5)(s^2+as+b)=s^3+(a+5)s^2+(b+5a)s+5b=0$$

将上式与实际闭环特征方程对比，有

$$\begin{cases} a+5=10 \\ b+5a=10K_t \\ 5b=10 \end{cases}$$

解得

$$a=5,\quad b=2,\quad K_t=2.7$$

令

$$s^2+as+b=s^2+5s+2=0$$

可求得另外两个闭环特征根为

$$s_1=-0.439,\quad s_2=-4.56$$

③ 由系统的开环传递函数，可得静态加速度误差系数为

$$K_a=\lim_{s\to 0}s^2G_k(s)=1$$

当 $r(t)=t^2/2$ 时，稳态误差为

$$e_{ss}=\frac{1}{K_a}=1$$

【例 3-10】 设潜艇潜水深度控制系统的结构图如图 3-24 所示。要求：

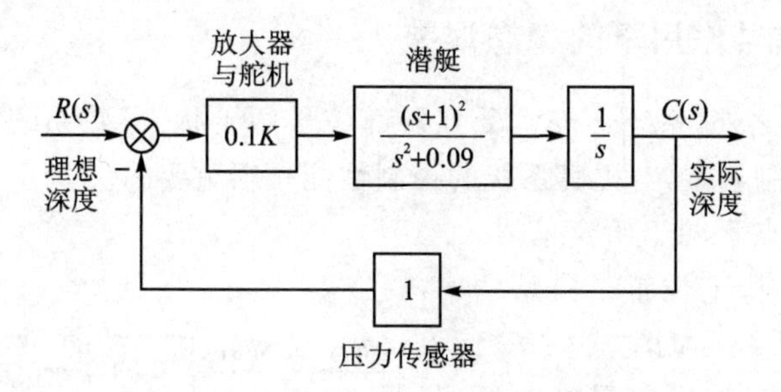

图 3-24　潜水艇深度控制系统结构图

① 确定使闭环系统稳定时 K 的取值范围；

② 若潜艇以 3 m/s 的速度下潜，试确定使稳态误差 $e_{ss}\leqslant 0.1$ 时 K 的取值范围。

解：① 由结构图，可得系统的开环传递函数为

$$G_k(s)=0.1K\cdot\frac{(s+1)^2}{s^2+0.09}\cdot\frac{1}{s}$$

闭环特征方程为

$$D(s)=1+G_k(s)=s^3+0.1Ks^2+(0.2K+0.09)s+0.1K=0$$

列劳斯表：

$$\begin{array}{lll} s^3 & 1 & 0.2K+0.09 \\ s^2 & 0.1K & 0.1K \\ s^1 & 0.2K-0.91 & \\ s^0 & 0.1K & \end{array}$$

要使闭环系统稳定需第一列元素不变号，即

$$\begin{cases} 0.1K>0 \\ 0.2K-0.91>0 \end{cases}$$

解得 $K>4.55$。故要使闭环系统稳定，需 $K>4.55$。

② 系统的开环传递函数可表示为

$$G_k(s)=0.1K\,\frac{(s+1)^2}{s^2+0.09}\,\frac{1}{s}=\frac{0.1K}{0.09}\,\frac{(s+1)^2}{s\left(\dfrac{1}{0.09}s^2+1\right)}$$

可见，该系统为Ⅰ型系统，开环增益为 $0.1K/0.09$，故静态速度误差系数为 $K_v=0.1K/0.09$，或利用式(3.41)计算，得

$$K_v=\lim_{s\to 0}s\cdot\frac{0.1K}{0.09}\,\frac{(s+1)^2}{s\left(\dfrac{1}{0.09}s^2+1\right)}=\frac{0.1K}{0.09}$$

由于输入为 $r(t)=3t$，因此系统的稳态误差为

$$e_{ss}=\frac{3}{K_v}=\frac{3}{\dfrac{0.1K}{0.09}}=\frac{2.7}{K}$$

若要使 $e_{ss}\leqslant 0.1$，需满足 $K\geqslant 27$。

3.4.3 扰动信号作用下的稳态误差

除给定输入 $r(t)$ 之外，系统还经常受到外部信号的干扰，导致系统的性能受到影响。研究扰动信号产生的控制偏差，对提高系统的控制性能是很重要的。

扰动信号的作用点不同于给定信号，一般作用在系统的不特定位置。典型的有扰动信号的控制系统（如图 3-25 所示），按是否受到扰动影响可将受控对象分为前后两个部分。

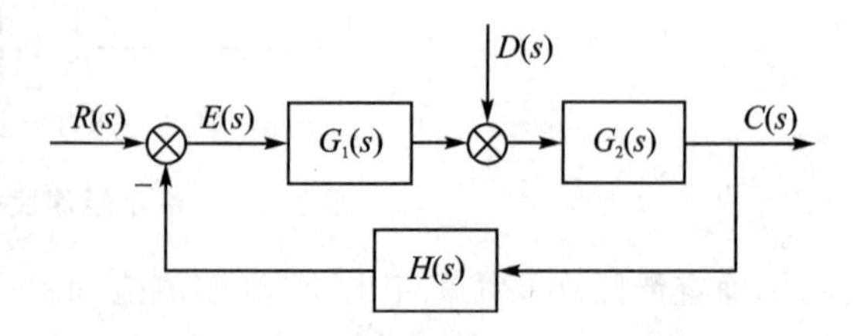

图 3-25 有扰动作用的闭环控制系统

研究扰动信号单独作用下系统的稳态误差，可令 $R(s)=0$，根据图 3-25 可以写出扰动作用下的闭环传递函数为

$$\Phi_{ed}(s)=\frac{E(s)}{D(s)}=\frac{-G_2(s)H(s)}{1+G_1(s)G_2(s)H(s)}$$

则有

$$E(s)=\frac{-G_2(s)H(s)}{1+G_1(s)G_2(s)H(s)}\cdot D(s)$$

由终值定理可得扰动作用下的稳态误差为

$$e_{ss}=\lim_{s\to 0}s\cdot E(s)=\lim_{s\to 0}s\cdot\frac{-G_2(s)H(s)}{1+G_1(s)G_2(s)H(s)}\cdot D(s)$$

一般情况下，$G_1(s)G_2(s)H(s)\gg 1$，故有

$$e_{ss}=\lim_{s\to 0}s\cdot\frac{-G_2(s)H(s)}{G_1(s)G_2(s)H(s)}\cdot D(s)=\lim_{s\to 0}\frac{-1}{G_1(s)}\cdot D(s)$$

可见，影响扰动误差的不是开环结构的全部，仅与扰动作用点之前的开环结构 $G_1(s)$ 有关。令

$$G_1(s)=\frac{K_1(T_a s+1)(T_b s+1)\cdots}{s^{v_1}(T_1 s+1)(T_2 s+1)\cdots}$$

当 $D(s)$ 为单位阶跃信号时，产生的稳态误差为

$$e_{ss}=\lim_{s\to 0}s\cdot\frac{-1}{G_1(s)}\cdot\frac{1}{s}=\frac{-1}{\lim\limits_{s\to 0}G_1(s)}=\frac{-1}{\lim\limits_{s\to 0}\frac{K_1}{s^{v_1}}}$$

若 $v_1=0$，即扰动作用点之前没有积分环节，则系统在扰动作用下的稳态误差为

$$e_{ss}=-\frac{1}{K_1}$$

若 $v_1\geqslant 1$，即扰动作用点之前含有积分环节，则系统在扰动作用下的稳态误差为

$$e_{ss}=0$$

可见，扰动信号产生的稳态误差与扰动信号作用点的位置有直接关系。在控制系统的前向通道中，扰动作用点之前环节的结构和参数决定了系统是否存在扰动稳态误差和误差的大小。扰动作用点之前的环节的放大系数 K_1 越大，扰动稳态误差越小。在扰动作用点之前的环节中增加积分环节可消除阶跃信号扰动的稳态误差。

虽然这里讨论的是阶跃信号扰动的情况，但对于斜坡信号扰动或等加速度信号扰动，也可以得出相应的结论。读者可自行推导。下面以一个例题给出进一步的解释和说明。

【例 3-11】 已知控制系统的结构如图 3-26 所示，图中扰动输入是幅值为 2 的阶跃函数。

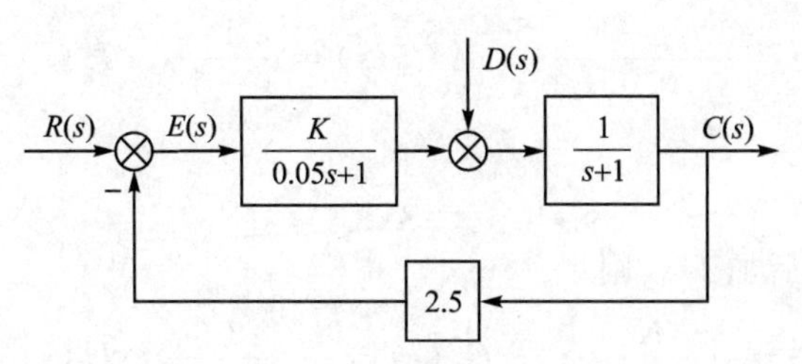

图 3-26　控制系统结构图

① 试求 $K=40$ 时，系统在扰动作用下的稳态输出和稳态误差；

② 若 $K=20$，其结果如何？

③ 在扰动作用点之前的前向通道中引入积分环节 $1/s$，对结果有何影响？在扰动作用点之后的前向通道中引入积分 $1/s$，结果如何？

解:由结构图可知

$$G_1(s)=\frac{K}{0.05s+1},\quad G_2(s)=\frac{1}{s+1},\quad H(s)=2.5$$

系统输出为

$$C(s)=G_2(s)D(s)+G_1(s)G_2(s)E(s)$$

将 $E(s)=R(s)-H(s)C(s)$ 代入，得

$$C(s)=\frac{G_2(s)}{1+G_1(s)G_2(s)H(s)}D(s)+\frac{G_1(s)G_2(s)}{1+G_1(s)G_2(s)H(s)}R(s)$$

令 $R(s)=0$，可得扰动作用下的输出表达式

$$C_d(s)=\frac{G_2(s)}{1+G_1(s)G_2(s)H(s)}D(s)$$

误差表达式为

$$E_d(s)=R(s)-HC_d(s)=-\frac{G_2(s)H(s)}{1+G_1(s)G_2(s)H(s)}D(s)$$

故扰动信号作用下的稳态输出为

$$c_d(\infty)=\lim_{s\to 0}sC_d(s)=\lim_{s\to 0}s\frac{G_2(s)}{1+G_1(s)G_2(s)H(s)}D(s)$$

稳态误差为

$$e_{ssd}=\lim_{s\to 0}sE_d(s)=-\lim_{s\to 0}s\frac{G_2(s)H(s)}{1+G_1(s)G_2(s)H(s)}D(s)$$

代入 $D(s)$、$G_1(s)$、$G_2(s)$ 和 $H(s)$ 的表达式，可得

$$c_d(\infty)=\frac{2}{1+0.5K},\quad e_{ssd}=-\frac{5}{1+2.5K}$$

① 当 $K=40$ 时，$c_d(\infty)=2/101$，$e_{ssd}=-5/101$。

② 当 $K=20$ 时，$c_d(\infty)=2/51$，$e_{ssd}=-5/51$。

可见，开环增益 K 的减小将导致扰动信号作用下系统的稳态输出的增大，且稳态误差的绝对值也增大。

③ 若在扰动作用点之前加 $1/s$，则

$$G_1(s)=\frac{1}{s}\frac{K}{0.05s+1},\quad G_2(s)=\frac{1}{s+1},\quad H(s)=2.5$$

不难求得，此时

$$c_d(\infty)=0,\quad e_{ssd}=0$$

若在扰动作用点之后加 $1/s$，则

$$G_1(s)=\frac{K}{0.05s+1},\quad G_2(s)=\frac{1}{s}\frac{1}{s+1},\quad H(s)=2.5$$

容易求出，此时

$$c_d(\infty)=\frac{2}{2.5K}=\begin{cases}2/100, & (K=40)\\ 2/50, & (K=20)\end{cases}$$

$$e_{ssd}=-\frac{5}{2.5K}=\begin{cases}-5/100, & (K=40)\\ -5/50, & (K=20)\end{cases}$$

可见，在扰动作用点之前的前向通道中加入积分环节，才可以消除阶跃扰动产生的稳态误差。

3.4.4　提高系统控制精度的措施

为提高系统的控制精度，可以增大系统的开环增益或在系统的前向通路中增加积分环节，提高系统的型数。但是，增加开环增益，会使系统的稳定性变差，甚至使控制系统变为不稳定；由于每个积分环节都使得相位滞后 90°，因此增加过多积分环节，会使得控制系统的动态性能大为下降。综合考虑各种影响，可以通过引入校正环节或补偿环节，来改善控制系统的稳态性能。

本节内容属于系统设计和综合的问题。关于引入补偿环节改善系统稳态性能的方法，就是绪论中提到的前馈控制。前馈控制与其他校正环节问题，将会在第 6 章控制系统校正中详细讨论。

3.5　坦克炮控伺服系统性能分析——时域法

【例 3-12】　基于 2.5 节例 2-18 中坦克炮控伺服系统的数学模型，利用时域法对坦克炮控伺服系统的性能进行分析。

根据 2.5 节例 2-18，取坦克炮控伺服系统的闭环传递函数为

$$\Phi(s)=\frac{\Theta_c(s)}{\Theta_r(s)}=\frac{0.2K}{0.3s^3+3s^2+50s+0.2K}=\frac{\frac{2}{3}K}{s^3+10s^2+\frac{500}{3}s+\frac{2}{3}K}$$

3.5.1　稳定性分析

系统的闭环特征方程为

$$D(s)=s^3+10s^2+\frac{500}{3}s+\frac{2}{3}K=0$$

列劳斯表：

$$\begin{array}{lll}
s^3 & 1 & \frac{500}{3}\\
s^2 & 10 & \frac{2}{3}K\\
s^1 & \frac{500}{3}-\frac{K}{15} & \\
s^0 & \frac{2}{3}K &
\end{array}$$

为了使系统稳定，劳斯表第一列中所有系数应均为正值，即

$$\frac{500}{3}-\frac{K}{15}>0,\quad \frac{2K}{3}>0$$

由此可得，使闭环系统稳定的 K 的取值范围为

$$0<K<2\ 500$$

3.5.2 暂态性能分析

当 $K=2\ 100$ 时，系统的闭环传递函数为

$$\Phi(s)=\frac{1\ 400}{s^3+10s^2+\frac{500}{3}s+1\ 400}$$

闭环特征方程为

$$D(s)=s^3+10s^2+\frac{500}{3}s+1\ 400=0$$

利用 MATLAB 可求得闭环极点为

$$s_1=-8.916\ 8,\quad s_{2,3}=-0.541\ 6\pm \mathrm{j}12.518\ 6$$

相应的 MATLAB 代码如图 3-27 所示。

```
K = 2100;
num = 0.2*K;
den = [0.3,3,50, 0.2*K];
G = tf(num,den);
pole(G)
```

图 3-27 确定闭环极点的 MATLAB 代码

利用 MATLAB 进行仿真，当 $K=2\ 100$ 时，闭环系统的单位阶跃响应曲线及相应的 MATLAB 代码如图 3-28 所示。由图可见，系统的超调量为 $\sigma_p\%=45.9\%$，调节时间为 $t_s=6.13$ s。

同理可得：

当 $K=1\ 500$ 时，闭环极点为 $s_1=-6.885\ 9$，$s_{2,3}=-1.557\ 0\pm \mathrm{j}11.949\ 9$；

当 $K=1\ 000$ 时，闭环极点为 $s_1=-4.703\ 0$，$s_{2,3}=-2.648\ 5\pm \mathrm{j}11.607\ 8$；

当 $K=600$ 时，闭环极点为 $s_1=-2.723\ 9$，$s_{2,3}=-3.638\ 0\pm \mathrm{j}11.559\ 1$。

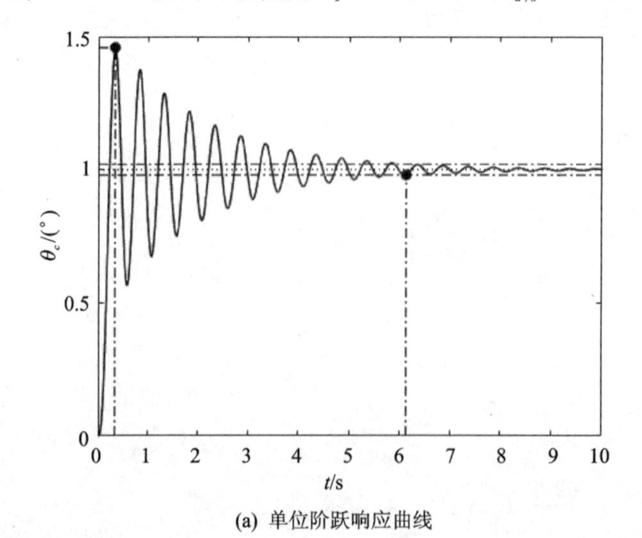

(a) 单位阶跃响应曲线

```
K = 2100;
num = 0.2*K;
den = [0.3,3,50, 0.2*K];
G = tf(num,den);
step(G)
```

(b) MATLAB代码

图 3-28 $K=2\ 100$ 时闭环系统的单位阶跃响应曲线及绘图代码

利用 MATLAB 进行仿真，当 $K=1\,500$、$1\,000$、600 时，闭环系统的单位阶跃响应曲线及相应 MATLAB 代码如图 3－29 所示

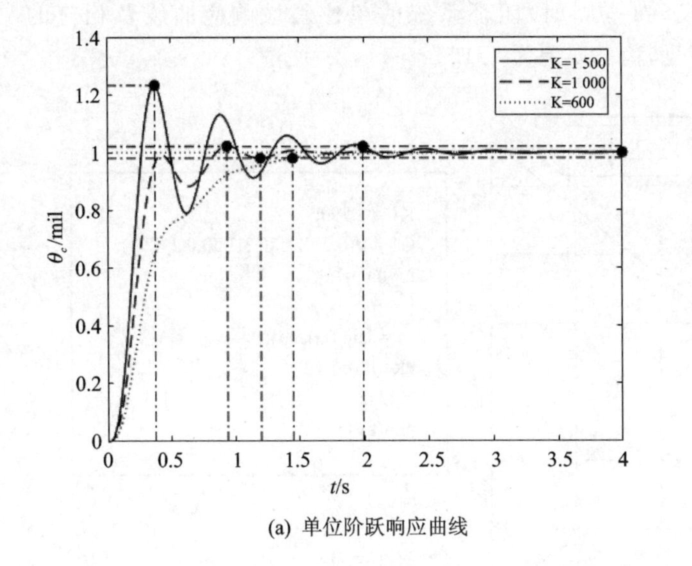

(a) 单位阶跃响应曲线

```
K1 = 1500;
G1 = tf(0.2*K1, [0.3,3,50,0.2*K1]);
K2 = 1000;
G2 = tf(0.2*K2, [0.3,3,50,0.2*K2]);
K3 = 600;
G3 = tf(0.2*K3, [0.3,3,50,0.2*K3]);
step(G1);hold on;
step(G2);step(G3)
```

(b) MATLAB代码

图 3－29　$K=1\,500$、$1\,000$、600 时闭环系统的单位阶跃响应曲线及绘图代码

由图可见：

当 $K=1\,500$ 时，$\sigma_p\%=23.1\%$，$t_s=2$ s；

当 $K=1\,000$ 时，$\sigma_p\%=2.13\%$，$t_s=1.2$ s；

当 $K=600$ 时，$\sigma_p\%=0\%$，$t_s=1.45$ s。

综上，随着 K 值的减小，超调量 $\sigma_p\%$ 逐渐减小，系统的平稳性变好，但调节时间 t_s 不随 K 值的减小而单调减小。

3.5.3　稳态误差分析

由坦克炮控伺服系统的结构图如图 2－37 所示，可得误差传递函数为

$$\Phi_e(s)=\frac{\Theta_e(s)}{\Theta_r(s)}=\frac{1}{1+G(s)H(s)}=\frac{s(15s+250)}{15s^2+250s+K}$$

根据终值定理，系统的稳态误差为

$$e_{ss}=\lim_{s\to 0}s\Theta_e(s)=\lim_{s\to 0}s\Phi_e(s)\cdot\Theta_r(s)$$

① 在单位阶跃信号作用下，即 $\Theta_r(s)=1/s$ 时，系统的稳态误差为

$$e_{ss}=\lim_{s\to 0}s\cdot\frac{s(15s+250)}{15s^2+250s+K}\cdot\frac{1}{s}=0$$

② 在单位斜波信号作用下，即当 $\Theta_r(s)=1/s^2$ 时，系统的稳态误差为

$$e_{ss}=\lim_{s\to 0}s\cdot\frac{s(15s+250)}{15s^2+250s+K}\cdot\frac{1}{s^2}=\frac{250}{K}$$

③ 在单位加速度信号作用下，即当 $\Theta_r(s)=1/s^3$ 时，系统的稳态误差为

$$e_{ss}=\lim_{s\to 0}s\cdot\frac{s(15s+250)}{15s^2+250s+K}\cdot\frac{1}{s^3}=\infty$$

可见，当输入信号为斜坡函数时，系统存在稳态误差，且稳态误差与 K 值成反比，K 越大，稳态误差越小。

利用 MATLAB 进行仿真，当 $K=1\ 500$ 时，闭环系统的单位斜坡响应曲线及相应的 MATLAB 代码如图 3－30 所示。可见，稳态误差为 0.17。

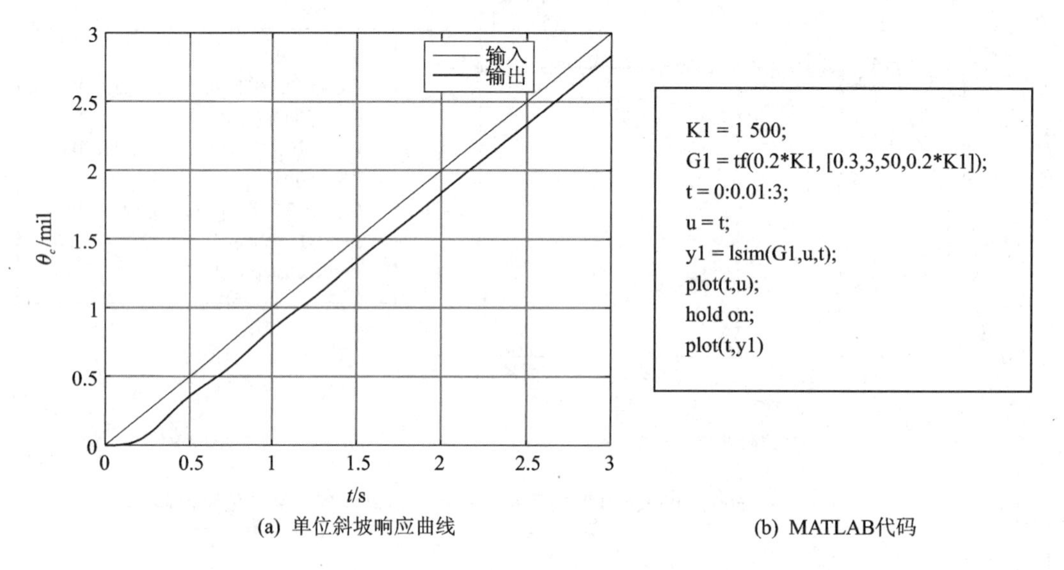

(a) 单位斜坡响应曲线　　(b) MATLAB代码

图 3－30　$K=1\ 500$ 时闭环系统的单位斜坡响应曲线及绘图代码

利用 MATLAB 进行仿真，当 $K=2\ 100$、1 000、600 时，闭环系统的单位阶跃响应曲线及相应 MATLAB 代码如图 3－31 所示。

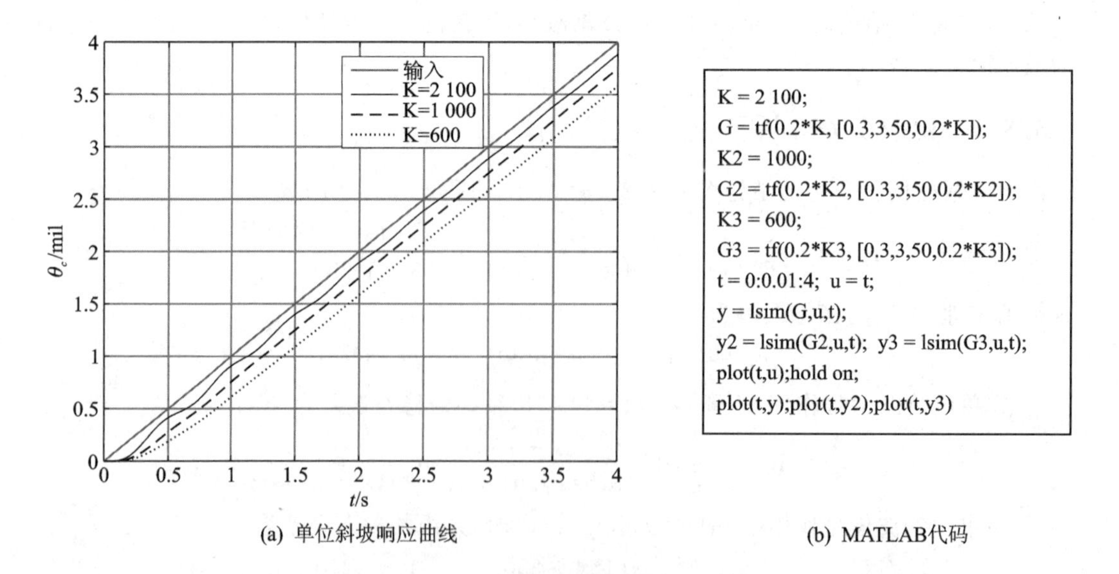

(a) 单位斜坡响应曲线　　(b) MATLAB代码

图 3－31　$K=2\ 100$、1 000、600 时闭环系统的单位斜坡响应曲线及绘图代码

由图可见，随着 K 值的减小，系统的稳态误差逐渐增大。

本章要点

- 控制系统经典分析方法包括时域、频域、根轨迹法，其中时域法是最基本的方法。
- 时域分析在稳、快、准3个性能方面进行。
- 稳定性是基础，系统所有极点具有负实部是稳定的充要条件；对于含变量的系统判定稳定性及其变化趋势时，使用劳斯判据便捷有效。
- 动态指标描述系统受到激励后，剧烈变化的程度和持续时间，其中最重要的指标是超调量和调节时间。动态性能指标的表述在不同的输入、不同的系统阶次下会稍有差别。
- 稳态性能指标为稳态误差，衡量系统的最终控制精度。稳态误差的形式与输入、系统的型数均有重要关系，应分别进行讨论。

习　题

3-1　已知系统的微分方程如下，且初始条件为零。试求系统的单位脉冲响应和单位阶跃响应。

① $0.2\dot{c}(t)=2r(t)$

② $0.04\ddot{c}(t)+0.24\dot{c}(t)+c(t)=r(t)$

3-2　已知系统在零初始条件下的单位阶跃响应为

$$c(t)=1+0.2\mathrm{e}^{-60t}-1.2\mathrm{e}^{-10t}$$

① 求系统的闭环传递函数；

② 求系统的阻尼比和自然振荡频率。

3-3　一阶系统的结构图如图3-32所示，试求该系统单位阶跃响应的调节时间 t_s。若要求调节时间 $t_s\leqslant 0.1s$，试确定系统的反馈系数的取值。

3-4　某位置随动系统的结构图如图3-33所示，其中：$K=4, T=1$。

① 试求系统的阻尼比、自然振荡频率和单位阶跃响应；

② 试求系统的峰值时间、调节时间和超调量；

③ 若要求阻尼比等于0.707，应怎样改变传递系数 K 的值。

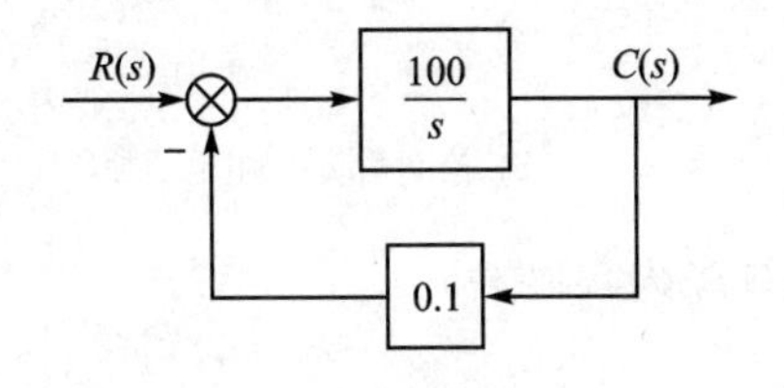

图3-32　系统结构图

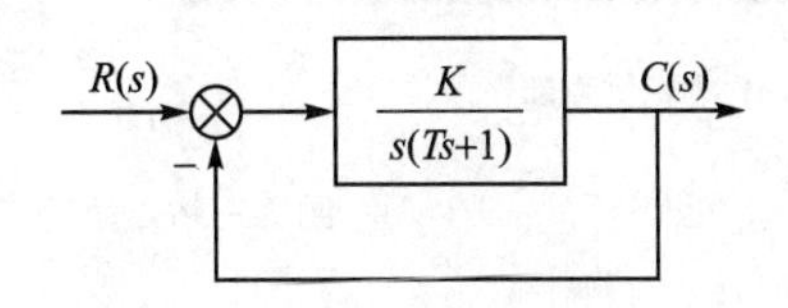

图3-33　位置随动系统的结构图

3-5　设单位反馈系统的开环传递函数为

$$G(s)=\frac{K}{s(s+a)}$$

若要求系统阶跃响应的动态性能指标为$\sigma_p=10\%$，$t_s=2s(\Delta=5\%)$，试确定参数K和a的值。

3-6　欠阻尼二阶系统的单位阶跃响应曲线如图3-34所示，试确定系统的闭环传递函数。

3-7　某导弹舵机控制系统的结构图如图3-35所示，图中$K=9$，试确定阻尼比$\xi=0.6$时K_f的取值，并求出此时系统阶跃响应的调节时间t_s和超调量$\sigma_p\%$。

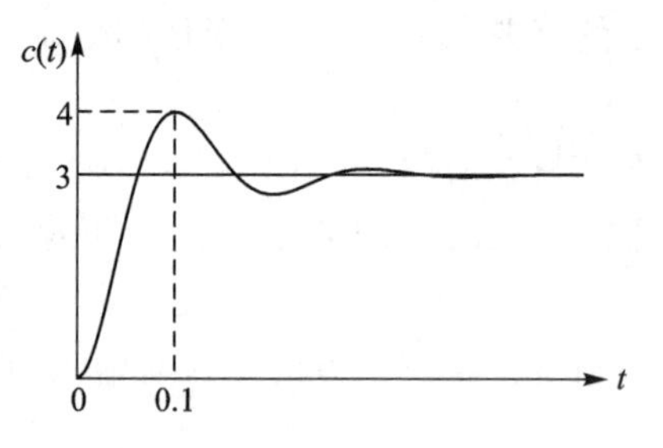

图3-34　单位阶跃响应曲线

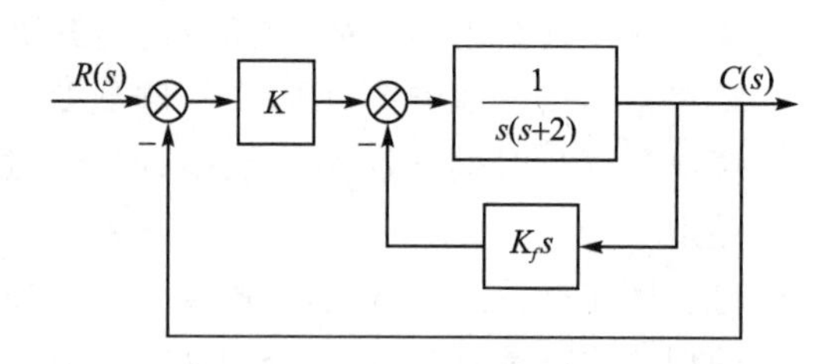

图3-35　导弹舵机控制系统的结构图

3-8　已知系统的闭环特征方程如下，试用劳斯判据判断系统的稳定性。若系统不稳定，确定位于s右半平面的特征根的个数。

① $3s^4+10s^3+5s^2+s+2=0$

② $s^4+2s^3+8s^2+4s+3=0$

③ $s^6+3s^5+5s^4+9s^3+8s^2+6s+4=0$

3-9　某垂直起飞飞机的示意图如图3-36(a)所示，起飞时飞机的四个发动机将同时工作。垂直起飞时飞机的高度控制系统如图3-36(b)所示。要求：

① 当$K_1=1$时，判断闭环系统是否稳定；

② 确定使闭环系统稳定时K_1的取值范围。

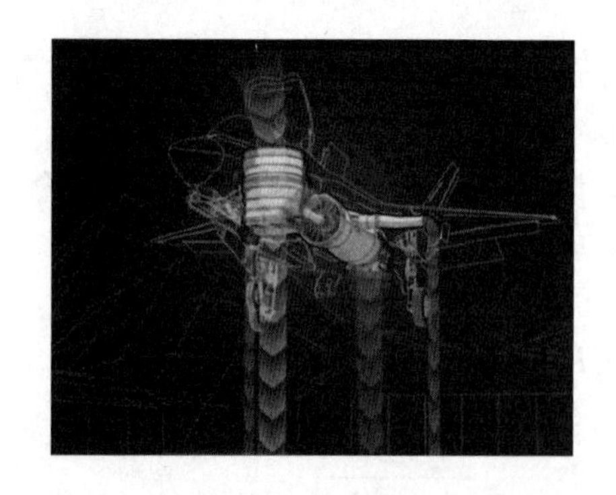

(a) 飞机垂直起飞示意图

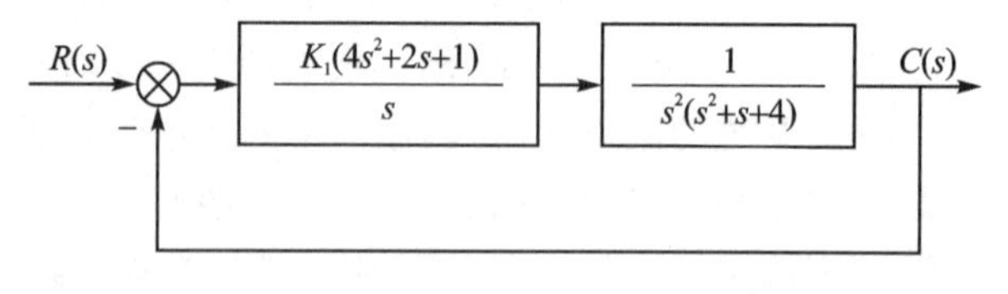

(b) 控制系统结构图

图3-36　垂直起飞飞机高度控制系统

3-10　已知单位负反馈系统的开环传递函数为

$$G(s)=\frac{K}{(s+2)(s+4)(s^2+6s+25)}$$

试用劳斯判据确定K为多大时使系统等幅振荡，此时振荡频率为多少？

3-11　已知单位反馈系统如图3-37所示。

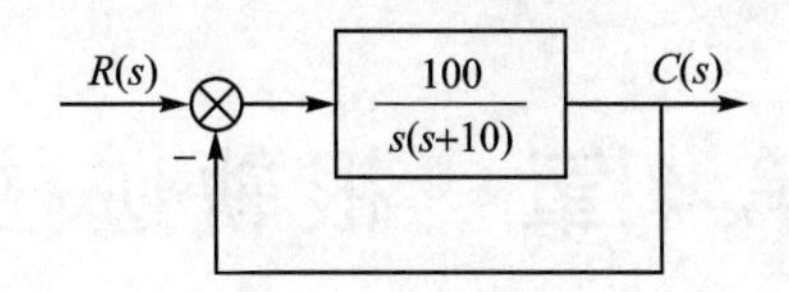

图 3-37　系统结构图

求系统在下列控制信号作用下的稳态误差。

① $r(t)=1(t)$

② $r(t)=10t$

③ $r(t)=4+6t+3t^2$

3-12　图 3-38 为电动舵机控制系统。要求：

① 选择参数 K_1 和 K_t，使系统 $\omega_n=1$、$\xi=1/2$；

② 计算闭环系统的动态性能指标 t_s 和值 $\sigma_p\%$；

③ 求当 $r(t)=1+t+t^2/2$ 时，系统的稳态误差；

④ 对系统在不同输入形式下具有不同稳态误差的现象进行物理说明。

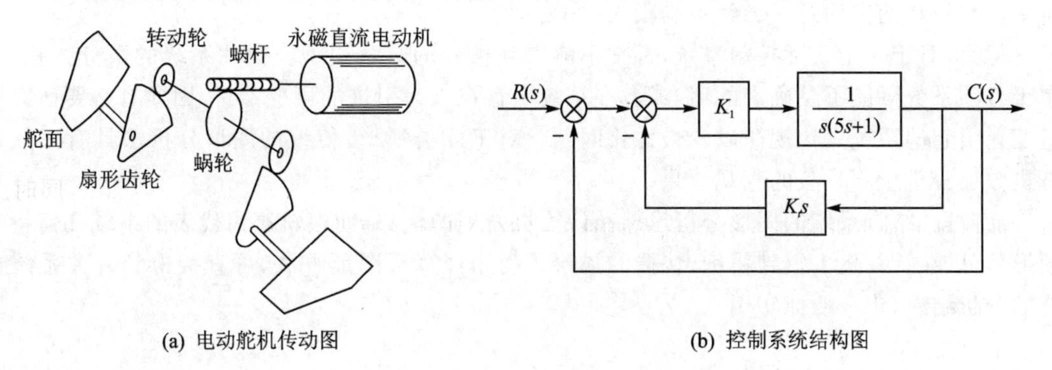

(a) 电动舵机传动图　　(b) 控制系统结构图

图 3-38　电动舵机控制系统

第4章　根轨迹法

根轨迹是关于系统的一种几何描述方式，根轨迹法所要解决的仍然是系统性能的分析和计算问题。在计算机辅助分析得到广泛应用之前，类似的几何图形描述方法在工程上被广泛采用。有经验的工程师并不需要像数学家一样每次都求取系统方程的解析解，而是针对系统画出一个草图，就可以对系统做出定性分析。如果能绘制一个精确的特性图，或加以简单的辅助计算，就可以得到工程上实用的定量分析值。根轨迹法、梅逊法以及后面5.3节中的奈奎斯特法等图形分析方法，在早期的工程实践中十分流行。

随着计算机应用的普及，闭环系统高次特征方程的数值求解已不再是很困难的事情。对于系数确定的微分方程，都可以利用计算机辅助工具进行精确的计算，从而对系统进行精确的时域分析，得到其主要性能指标。因此，对于确定微分方程所表达的系统，根轨迹这种图形分析手段和技巧的实用意义已经不是很大。

但是，对于一个实际控制系统，常常不能得到精确的数学模型。描述系统的微分方程中，由于各项系数可能不是确定的值，或者在系统中存在人为引进的可变参量，因此有必要研究参量变化引起的系统变化规律以及最优化问题。对于此类情形，传统的图形分析法具有一般计算机数值分析所不具备的直观效果。

现阶段，结合系统的图形分析思想和计算机处理的优势，使根轨迹为代表的系统几何特性图形，可以在计算机上得到精细、快捷的描绘。利用计算机图形方法，可直接得到有关系统性能的分析结果，十分便捷实用。

4.1　根轨迹概念和性质

4.1.1　概念引入

所谓根轨迹，就是系统开环传递函数的某一参数从零变化到无穷时，闭环特征根在s平面上变化的轨迹。在如下的单位反馈系统中，开环指的是受控对象，闭环以后则称为系统。根轨迹方法正是由已知受控对象的特点，来研判闭环系统的特性。

设二阶系统的结构图如图4-1所示。

其开环传递函数为

$$G_k(s)=\frac{K_g}{s(s+2)}$$

闭环传递函数为

$$\Phi(s)=\frac{K_g}{s^2+2s+K_g}$$

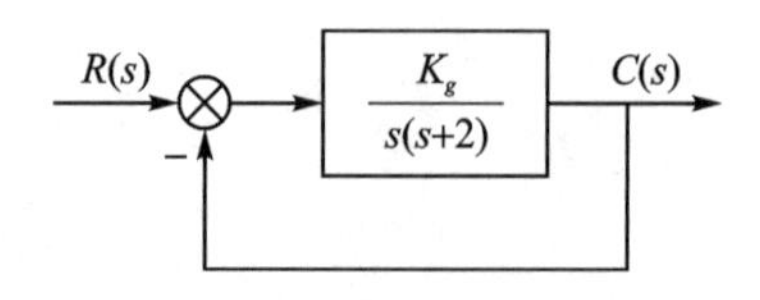

图4-1　闭环系统的结构图

式中，K_g为系统的根轨迹增益。

系统的闭环特征方程为

$$s^2+2s+K_g=0$$

对上式求解可得闭环特征根为

$$s_{1,2}=-1\pm\sqrt{1-K_g}$$

令根轨迹增益 K_g 从 0 变化到无穷，利用上式求出闭环特征根的全部数值，将这些值标注在 s 平面上，连成光滑的粗实线，如图 4-2 所示。该粗实线就称为系统的根轨迹。箭头表示随 K_g 值增加时闭环特征根的变化趋势。这种通过求解特征方程来绘制根轨迹的方法，称为解析法。

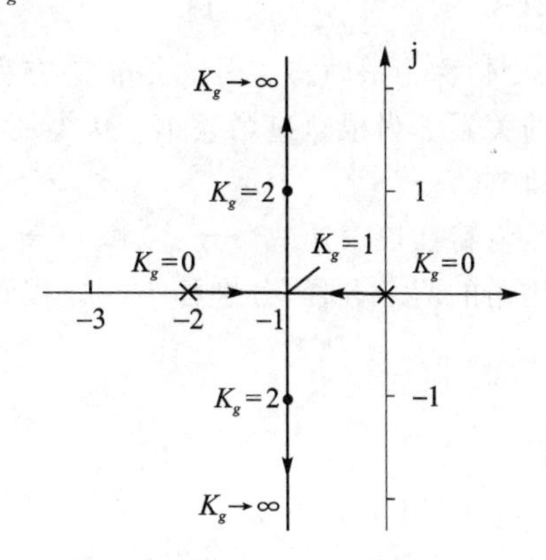

图 4-2　二阶系统的根轨迹图

画出根轨迹的目的是利用根轨迹分析系统的各项性能。通过第 3 章的学习得知，闭环系统特征根的分布与系统的稳定性、暂态性能密切相关，而根轨迹正是直观反映了特征根在复平面的位置以及变化情况，所以利用根轨迹很容易了解系统的稳定性和暂态性能。又因为根轨迹上的任何一点都有与之对应的开环增益值，而开环增益与稳态误差成反比，所以通过根轨迹也可以确定出系统的稳态精度。可以看出，根轨迹与系统性能之间有着密切的联系。

4.1.2　根轨迹方程

对于一个参量可变的开环系统，对应的闭环系统特征根能不能到达 s 平面的任意位置？闭环特征根究竟应该满足什么样的条件？

下面给出闭环特征根即根轨迹的约束方程。

设控制系统如图 4-3 所示，其闭环传递函数为

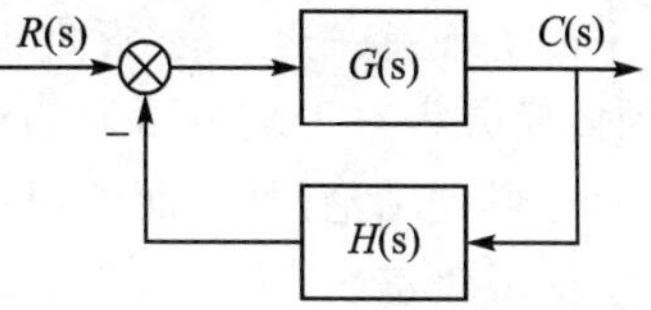

$$\Phi(s)=\frac{G(s)}{1+G(s)H(s)} \tag{4.1}$$

式中，$G(s)H(s)=G_k(s)$ 为系统的开环传递函数。

图 4-3　控制系统结构图

闭环特征方程为

$$1+G_k(s)=0 \tag{4.2}$$

开环传递函数可表示为

$$G_k(s)=K_g\frac{\prod_{i=1}^{m}(s-z_i)}{\prod_{j=1}^{n}(s-p_j)} \tag{4.3}$$

式中，z_i 为开环传递函数的零点，$i=1,2,\cdots,m$；p_j 为开环传递函数的极点，$j=1,2,\cdots,n$；K_g 为开环根轨迹增益。

由于根轨迹法讨论的是闭环极点变化的轨迹，所以受控对象和系统的传递函数采用零极点形式，其中传递增益系数是主要的可变参量，称为根轨迹增益或根轨迹放大倍数。

将式(4.3)代入式(4.2)，可得特征方程为

$$K_g \frac{\prod_{i=1}^{m}(s-z_i)}{\prod_{j=1}^{n}(s-p_j)} = -1 \quad 或 \quad \frac{\prod_{i=1}^{m}(s-z_i)}{\prod_{j=1}^{n}(s-p_j)} = -\frac{1}{K_g} \tag{4.4}$$

式(4.4)称为根轨迹方程。根轨迹方程约束了闭环特征根 s 和开环零点、极点及根轨迹增益之间的关系。当根轨迹增益 K_g 从零变化到无穷时，闭环特征根 s 在复平面上变化的轨迹就是根轨迹。

将特征根表达式 $(s-z_i)$ 和 $(s-p_j)$ 看作 s 域的矢量，可以将根轨迹方程分解成关于幅值和相角的两个方程，分别称为模方程和相方程，即

$$K_g \frac{\prod_{i=1}^{m}|s-z_i|}{\prod_{j=1}^{n}|s-p_j|} = 1 \tag{4.5}$$

$$\sum_{i=1}^{m}\angle(s-z_i) - \sum_{j=1}^{n}\angle(s-p_j) = (2k+1)\pi \tag{4.6}$$

式中，$k=0,\pm1,\pm2,\cdots$

由模方程可以得出 K_g 的表达式

$$K_g = \frac{\prod_{j=1}^{n}|s-p_j|}{\prod_{i=1}^{m}|s-z_i|} \tag{4.7}$$

由式(4.6)可知，对于复平面上任意一点 s，如果不满足相方程，自然不是根轨迹上的点。那会不会出现满足相方程而不满足模方程的情形呢？由于模方程可以变形为式(4.7)，所以对于复平面上任意一点 s，不管是否是根轨迹上的点，都有对应的 K_g 值，总可以保证满足模方程，因此模方程对于复平面上的点是否在根轨迹上是没有约束意义的。

由此得到结论：复平面上，只要满足相方程的点，就一定是根轨迹上的点。由相方程可以独立绘出根轨迹。

模方程的意义仅在于确定根轨迹上某一点对应的 K_g 值而已。

图 4-3 所示为负反馈系统，由于相方程基本相角为 π，因此其根轨迹称为 180°根轨迹。同样，如果系统采取正反馈，相方程基本相角为 0，则称为 0°根轨迹。需要说明的是，在有些非最小相位系统中，负反馈也会出现等效 0°根轨迹的情形(关于非最小相位系统的定义将在第 5 章介绍)。

如果针对根轨迹增益 K_g 以外的其他参变量绘制根轨迹，称为广义根轨迹。与此对照，一般以 K_g 为变量的根轨迹称为常规根轨迹。

本章主要讨论 180°的常规根轨迹问题。

➢ 讨论：

由相方程约束条件可知，根轨迹法无法通过调整根轨迹增益 K_g 实现闭环极点的任意配置。

4.1.3 根轨迹的特性

随着计算机辅助工具的普及应用，现在已很少手绘根轨迹，原有的关于绘制根轨迹的法则

中，更应注重的是有关根轨迹的特征点和特性描述。

1. 连续性

由于根轨迹增益 K_g 由 $0\to\infty$ 变化是连续的，所以闭环特征方程的根也是连续变化的，对应在 s 平面上的根轨迹也是连续的。

2. 对称性

闭环极点若为实数，则落在 s 平面实轴上；若为复数，则共轭出现，所以 s 平面上的根轨迹必然对称于实轴。

3. 条　数

n 阶系统闭环特征方程有 n 个特征根，当开环增益 K_g 由 $0\to\infty$ 变化时，n 个特征根随着变化，在 s 平面上出现 n 条根轨迹分支。

4. 起点和终点

根轨迹上，$K_g=0$ 时的根轨迹点为起点，$K_g\to\infty$ 时的根轨迹点为终点。

对于传递函数分母为 n 次多项式，分子为 m 次多项式的系统，本书简称$\{n,m\}$系统。

讨论$\{n,m\}$系统的 $\max(n,m)$ 条根轨迹，由式(4.4)可知：$K_g=0$ 对应着 $s=p_j$ 的点，$K_g\to\infty$ 对应着 $s=z_i$ 的点，这就意味着根轨迹起于开环极点，终于开环零点。由于 n 和 m 不可能总是相等，所以必然有 $|n-m|$ 条根轨迹，或起点或终点没有确定。

当 $n>m$ 时，由式(4.4)可知，$s\to\infty$ 也可对应 $K_g\to\infty$。该情况下，n 条根轨迹起于 n 个开环极点，m 条终于开环零点，$n-m$ 条终于 s 域的无穷远处。

当 $m>n$ 时，由式(4.4)可知，$s\to\infty$ 也可对应 $K_g\to 0$。该情况下，m 条根轨迹终于 m 个开环零点，n 条起于开环极点，$|n-m|$ 条起于 s 域的无穷远处。

5. 实轴上的根轨迹

由于实轴上点的特殊性，对于实轴上的某测试点 s_0，其左侧的开环实数零、极点，对应向量 (s_0-z_i) 及 (s_0-p_j) 的相角为 $0°$，对相方程没有贡献；其右侧的开环实数零、极点，对应向量 (s_0-z_i) 及 (s_0-p_j) 的相角为 π。对于一对开环共轭复数极点 p_r、p_{r+1}，向量 (s_0-p_r) 及 (s_0-p_{r+1}) 的相角和为 2π，对相方程没有影响；对于开环共轭复数零点也一样。根据相方程，实轴上的某一区域如果属于根轨迹，则必须满足其右侧开环实数零点、极点的数目总和为奇数的条件。

【例 4-1】　某负反馈系统的开环传递函数为

$$G(s)H(s)=\frac{K_g(s+1)}{s^2(s+2)(s+5)(s+10)}$$

试确定实轴上的根轨迹，并通过根轨迹图验证。

解：① 五阶系统有 5 条根轨迹分支。

② 根轨迹连续且对称于实轴。

③ 系统的开环极点：$p_1=p_2=0$，$p_3=-2$，$p_4=-5$，$p_5=-10$；开环零点：$z_1=-1$。5 条根轨迹分支分别起于 p_1、p_2、p_3、p_4、p_5，终于 z_1 及无穷远。

④ 实轴上，区间$[-2,-1]$右侧开环实数零、极点个数之和为 3，区间$[-10,-5]$右侧开环实数零、极点个数之和为 5，故上述两个区间为实轴上的根轨迹，如图 4-4 所示。

利用 MATLAB 绘制系统的根轨迹，如图 4-5 所示。图中，实轴上的根轨迹与分析结果相同。

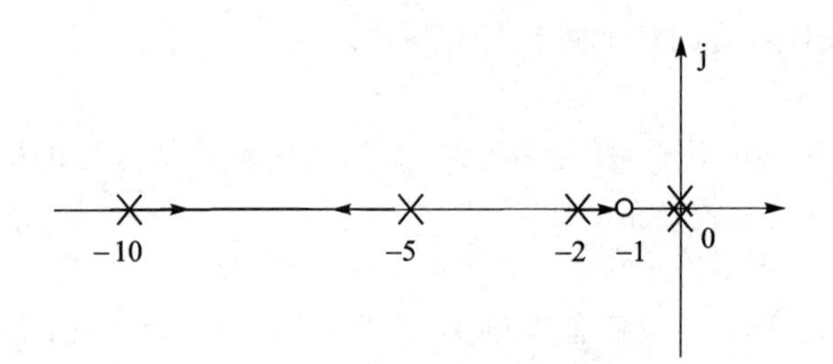

图 4-4　实轴上的根轨迹

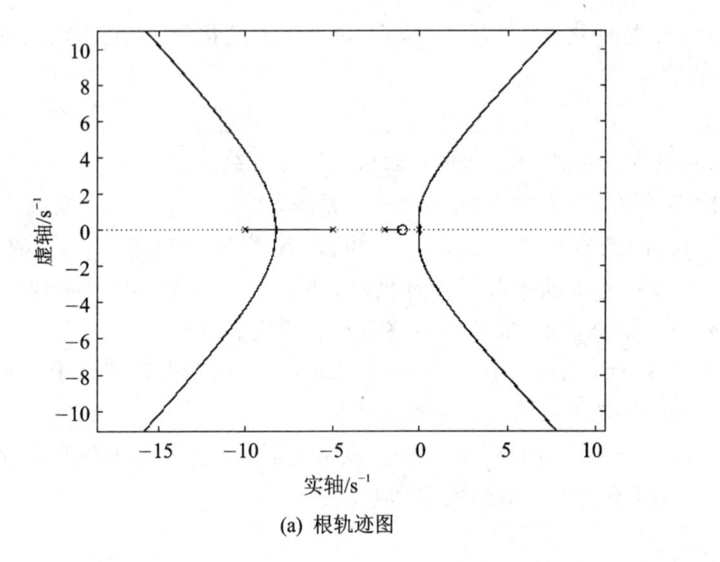

(a) 根轨迹图

```
z = -1;
p = [0, 0, -2, -5, -10];
k = 1;
G = zpk(z,p,k);
rlocus(G)
axis equal
```

(b) MATLAB代码

图 4-5　例 4-1 中系统的根轨迹图及绘图代码

6. 渐近线

根轨迹中有$|n-m|$条分支或来自无穷远或去向无穷远。根轨迹分支在无穷远趋近于$|n-m|$条渐近线。这些渐近线在实轴上有共同的交点

$$\sigma_a = \frac{\sum_{j=1}^{n} p_j - \sum_{i=1}^{m} z_i}{|n-m|} \tag{4.8}$$

$|n-m|$条渐近线平分 2π 平面角，其各自倾角（与正实轴交角）为

$$\varphi_a = \frac{(2k+1)\pi}{|n-m|}, \quad k = \pm 1, \pm 2, \cdots \tag{4.9}$$

【例 4-2】 某单位负反馈系统的开环传递函数为

$$G(s)H(s) = \frac{K_g}{s(s+1)(s+8)}$$

试确定实轴上的根轨迹和根轨迹的渐近线。

解：① 系统的开环极点为 $p_1=0, p_2=-1, p_3=-8$，无开环零点。3 条根轨迹分支分别起于 p_1、p_2、p_3，终于无穷远。

② 实轴上，区间$(-\infty,-8]$和$[-1,0]$为根轨迹。

③ 渐近线与实轴的交点为

$$\sigma_a = \frac{\sum_{j=1}^{n} p_j - \sum_{i=1}^{m} z_i}{n-m} = \frac{0+(-1)+(-8)}{3} = -3$$

渐近线与正实轴的夹角为

$$\varphi_a = \frac{(2k+1)\pi}{n-m} = \frac{(2k+1)\pi}{3} = \begin{cases} \pi/3, & k=0 \\ \pi, & k=1 \\ -\pi/3, & k=2 \end{cases}$$

实轴上的根轨迹和 3 条渐近线如图 4-6 所示，3 条渐近线将平面分成 3 等份。

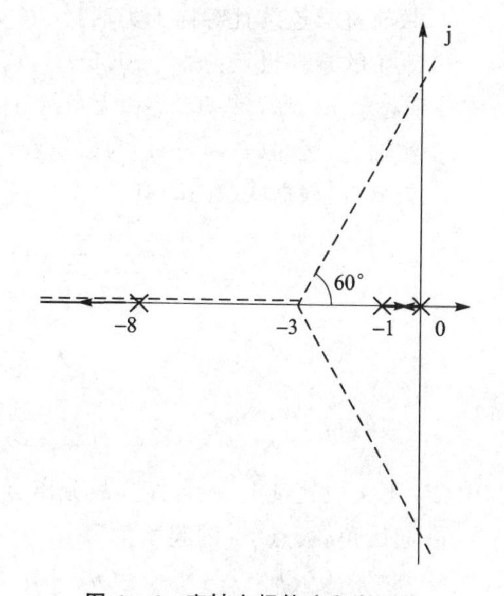

图 4-6　实轴上根轨迹和渐近线

7. 分离点和会合点

两条或两条以上的根轨迹分支在复平面上相遇后又立即分开的点称为根轨迹的会合点或分离点。分离点处，多个闭环特征根对应同一 K_g 值，即有重根出现，相交的根轨迹的条数，对应重根的重复数。

由于根轨迹是对称的，因此分离点或在实轴上或共轭出现在复平面内。一般情况下，分离点多位于实轴上。

实轴上的分离点 d 可由下式求得：

$$\sum_{j=1}^{n} \frac{1}{d-p_j} = \sum_{i=1}^{m} \frac{1}{d-z_i} \tag{4.10}$$

【例 4-3】 对例 4-2 中系统，试求系统根轨迹的分离点。

解：根据式(4.10)有

$$\frac{1}{d} + \frac{1}{d+1} + \frac{1}{d+8} = 0$$

即

$$3d^2 + 18d + 8 = 0$$

解得

$$d_1 = -0.48, \quad d_2 = -5.52$$

根据例 4-2 中实轴上根轨迹的分布，d_2 不在根轨迹上，属于不合理点，应舍掉。故根轨迹的分离点为 $d=d_1=-0.48$。

8. 起始角和终止角

根轨迹离开开环复数极点处的切线与正实轴的夹角，称为起始角；根轨迹进入开环复数零点处的切线与正实轴的夹角，称为终止角。对于复数极点 p_j，可在根轨迹上无限接近该复数极点处取一点 s_1，向量 (s_1-p_j) 的相角即为起始角，根据 s_1 符合相方程即可求出起始角，即

$$\theta_{p_j} = (2k+1)\pi + \sum_{i=1}^{m} \angle(p_j - z_i) - \sum_{k=1,k\neq j}^{n} \angle(p_j - p_k) \tag{4.11}$$

同理可得终止角，即

$$\varphi_{z_i}=(2k+1)\pi-\sum_{k=1,k\neq i}^{m}\angle(z_i-z_k)-\sum_{j=1}^{n}\angle(z_i-p_j) \tag{4.12}$$

【例 4-4】 某负反馈系统的开环传递函数为

$$G(s)H(s)=\frac{K_g(s+1)}{s^2+3s+3.25}$$

试绘制系统的根轨迹。

解:① 二阶系统有 2 条根轨迹分支。

② 根轨迹必连续且对称于实轴。

③ 系统的开环极点:$p_1=-1.5+j$,$p_2=-1.5-j$;开环零点:$z_1=-1$。根轨迹的两条分支分别起于 p_1、p_2,终于 z_1 和无穷远。

④ 实轴上,区间$(-\infty,-1]$为根轨迹。

⑤ 分离点:根据式(4.10)有

$$\frac{1}{d+1.5+\mathrm{j}}+\frac{1}{d+1.5-\mathrm{j}}=\frac{1}{d+1}$$

即

$$d^2+2d-0.25=0$$

解得

$$d_1=-2.12,\quad d_2=0.12$$

其中,d_2 不在根轨迹上,应舍掉。故分离点为 $d=d_1=-2.12$。

⑥ 起始角:极点 p_1 的起始角为

$$\begin{aligned}\theta_{p_1}&=180^\circ+\angle(p_1-z_1)-\angle(p_1-p_2)\\&=180^\circ+\angle[(-1.5+\mathrm{j})-(-1)](-1.5+\mathrm{j}-1)-\angle[(-1.5+\mathrm{j})-(-1.5-\mathrm{j})]\\&=206.6^\circ\end{aligned}$$

极点 p_2 的起始角与 p_1 的大小相同符号相反。

利用 MATLAB 绘制系统的根轨迹,如图 4-7 所示。图中,实轴上的根轨迹、分离点、起始角与分析结果相同。

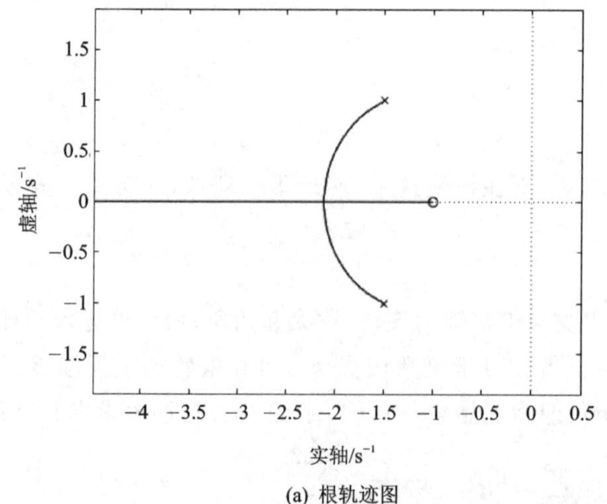

(a) 根轨迹图

```
num = [1,1];
den = [1,3,3.25];
G = tf(num,den);
rlocus(G)
axis equal
```

(b) MATLAB代码

图 4-7　例 4-4 中系统的根轨迹图及绘图代码

9. 与虚轴的交点

根轨迹与虚轴的交点具有重要的意义。虚轴是闭环系统稳定与否的分界线，通过求取根轨迹与虚轴的交点，可以求得闭环系统的临界稳定点。

【例 4-5】 对例 4-2 中的系统，试求根轨迹与虚轴的交点，并计算临界根轨迹增益。

解：系统闭环特征方程为

$$s(s+1)(s+8)+K_g=0$$

即

$$s^3+9s^2+8s+K_g=0$$

方法 1：

设 $s=\mathrm{j}\omega$，将其代入特征方程，有

$$(\mathrm{j}\omega)^3+9(\mathrm{j}\omega)^2+8(\mathrm{j}\omega)+K_g=0$$

$$-9\omega^2+K_g+\mathrm{j}(-\omega^3+8\omega)=0$$

分别令实部和虚部等于零，即

$$\begin{cases}K_g-9\omega^2=0\\8\omega-\omega^3=0\end{cases}$$

解得 $\omega=0$，$K_g=0$（根轨迹起点）；$\omega=\pm2\sqrt{2}$，$K_g=72$。故根轨迹与虚轴的交点为 $s=\pm\mathrm{j}2\sqrt{2}$。

方法 2：

由特征方程列劳斯表

$$\begin{array}{lll}s^3 & 1 & 8\\ s^2 & 9 & K_g\\ s^1 & (72-K_g)/9 & \\ s^0 & K_g & \end{array}$$

当劳斯表中 s^1 行等于 0 时，特征方程可能会出现共轭虚根。令 s^1 行等于 0，可得 $K_g=72$。

由 s^2 行的系数写出辅助方程

$$9s^2+K_g=0$$

将 $K_g=72$ 代入上式，可解得

$$s=\pm\mathrm{j}2\sqrt{2}$$

可见，两种方法的计算结果一致。

利用 MATLAB 绘制系统的根轨迹如图 4-8 所示。图中，实轴上的根轨迹、渐近线、分离点、根轨迹与虚轴的交点与例 4-2、例 4-3 以及本例题中的分析结果相同。

10. 特征根的和与积

设系统的开环传递函数为

$$G_k(s)=K_g\frac{\prod_{i=1}^{m}(s-z_i)}{\prod_{j=1}^{n}(s-p_j)}=K_g\frac{s^m+b_1s^{m-1}+\cdots+b_{m-1}s+b_m}{s^n+a_1s^{n-1}+\cdots+a_{n-1}s+a_n}\tag{4.13}$$

式中

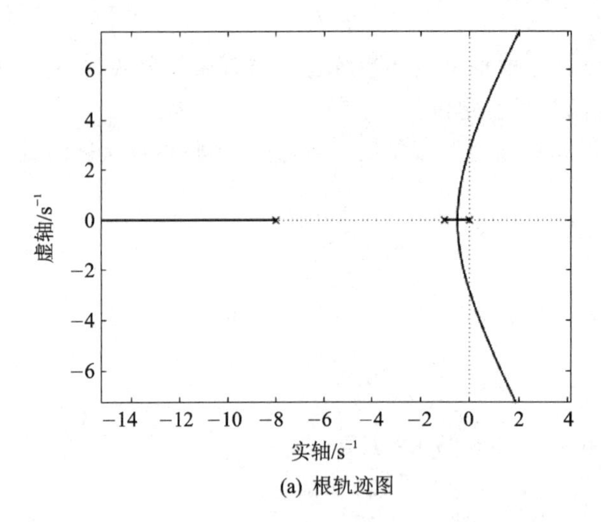

(a) 根轨迹图

```
z = [ ];
p = [0, -1, -8];
k = 1;
G = zpk(z,p,k);
rlocus(G)
axis equal
```

(b) MATLAB代码

图 4-8　例 4-3 中系统的根轨迹图及绘图代码

$$b_1=-\sum_{i=1}^{m}z_i,\quad b_m=\prod_{i=1}^{m}(-z_i),\quad a_1=-\sum_{j=1}^{n}p_j,\quad a_n=\prod_{j=1}^{n}(-p_j)$$

闭环特征方程为 $1+G_k(s)=0$,由式(4.13)有

$$\begin{aligned}&1+G_k(s)\\&=s^n+(-\sum_{j=1}^{n}p_j)s^{n-1}+\cdots+\prod_{j=1}^{n}(-p_j)+K_gs^m+K_g(-\sum_{i=1}^{m}z_i)s^{m-1}+\cdots+K_g\prod_{i=1}^{m}(-z_i)\\&=0\end{aligned}\tag{4.14}$$

设系统的闭环极点为 $s_1,s_2,\cdots,s_n$,则

$$1+G_k(s)=\prod_{j=1}^{n}(s-s_j)=s^n+(-\sum_{j=1}^{n}s_j)s^{n-1}+\cdots+\prod_{j=1}^{n}(-s_j)=0\tag{4.15}$$

比较式(4.14)和式(4.15),可得如下结论:

① 当 $n-m\geqslant 2$ 时,系统闭环极点之和等于系统开环极点之和,且为常数,即

$$\sum_{j=1}^{n}s_j=\sum_{j=1}^{n}p_j=-a_1$$

上式表明,随着 K_g 值的增大,有根轨迹分支左行时,必有其他根轨迹分支右行。当 K_g 变动使某些闭环极点在 s 平面上向左移动时,必然有另一些闭环极点向右移动,才能保持极点之和为常值,即根轨迹重心不变。

② 闭环极点之积和开环零、极点具有如下关系:

$$\prod_{j=1}^{n}(-s_j)=a_n+K_gb_m=\prod_{j=1}^{n}(-p_j)+K_g\prod_{i=1}^{m}(-z_i)$$

当开环系统具有零极点时,$\prod_{j=1}^{n}(-p_j)=0$,则有

$$\prod_{j=1}^{n}(-s_j)=K_g\prod_{i=1}^{m}(-z_i)$$

即闭环极点之积与根轨迹增益 K_g 成正比。

4.1.4　广义根轨迹

广义根轨迹是指，除 K_g 以外的其他参量变化时闭环特征根的变化轨迹。用于调整闭环特征根的参变量主要有 K_g、开环零点和开环极点。由于开环零、极点往往是受控对象和检测系统的固有特性，所以在调整中会受到一定的限制，不及常规根轨迹应用普遍。

广义根轨迹通过适当的变换，可以转换为常规根轨迹的形式，具体归纳如下：

① 写出系统的闭环特征方程。

② 以特征方程中不含参量的各项除特征方程，得到等效系统的根轨迹方程。该方程中原系统的参量即为等效系统的根轨迹增益。

③ 绘制等效系统的根轨迹，即为原系统的参数根轨迹。

【例 4-6】 已知控制系统的结构图如图 4-9 所示。当 $K_g=4$ 时，试绘制参数 p 变化时的根轨迹。

解：由图 4-9 可得系统的闭环传递函数：

$$\Phi(s)=\frac{4}{s^2+ps+4}$$

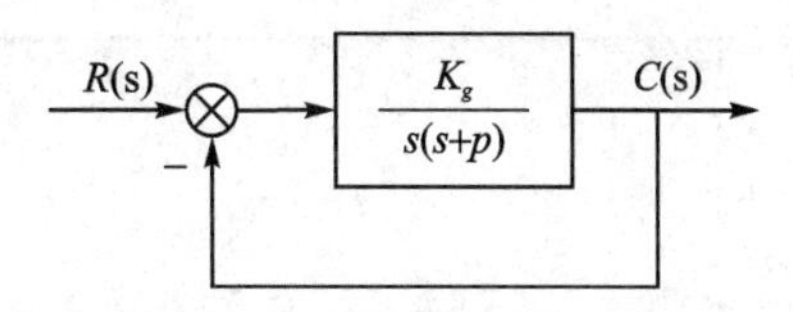

图 4-9　例 4-6 系统结构图

特征方程为

$$s^2+ps+4=0$$

可等效为

$$p\frac{s}{s^2+4}=-1$$

上式和根轨迹方程具有相同的形式，等式左边相当于某一系统的开环传递函数，称为等效系统的开环传递函数，参数 p 称为等效根轨迹增益。

根据前述根轨迹的特性，以 p 为参变量的根轨迹如图 4-10 所示。当 K_g 取不同值时，可以绘出以 p 为参变量的根轨迹簇。它是一组以原点为圆心，以 $\sqrt{K_g}$ 为半径的圆，终点分别为原点和无穷远的根轨迹，如图 4-11 所示。

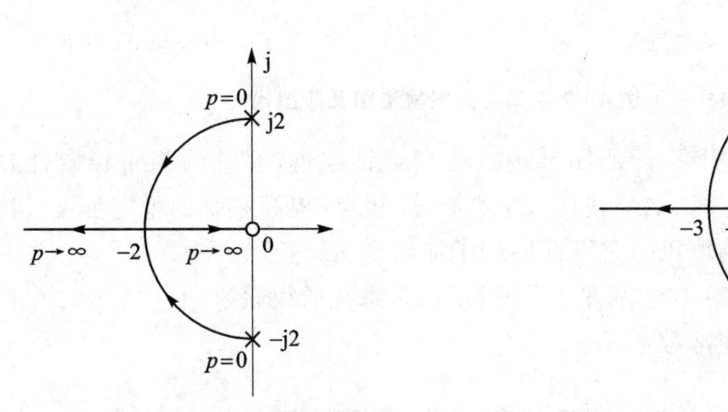

图 4-10　例 4-6 系统的参数根轨迹图

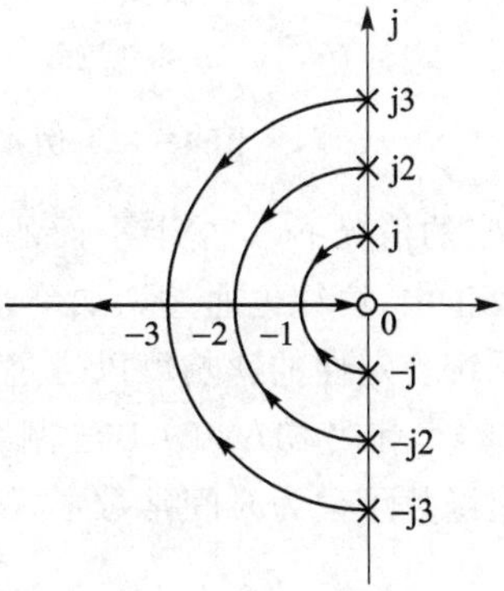

图 4-11　例 4-6 中 K_g 取不同值时的参数根轨迹簇

4.2　控制系统的根轨迹分析法

按照系统分析的要求，应用根轨迹图可以得到关于系统稳定性、暂态性能和稳态性能的一些直观结论。

4.2.1　稳定性分析

根轨迹法最直接的结果，是描述了闭环系统特征根的可能位置。按照对系统稳定性的认识，只要选定同一 K_g 值的所有特征根全部位于 s 左半平面，则系统一定稳定。由根轨迹也可以很容易地确定使系统稳定的参数变化范围。

【例 4－7】 设某负反馈系统的开环传递函数为

$$G_k(s)=\frac{K_g(s^2+2s+4)}{s(s+4)(s+6)(s^2+1.4s+1)}$$

试在根轨迹图上讨论使闭环系统稳定时 K_g 的取值范围。

解： 系统的根轨迹如图 4－12 所示。由图可知，当 $0<K_g<15.6$ 及 $67.5<K_g<164$ 时，闭环系统是稳定的，而当 $15.6<K_g<67.5$ 及 $K_g\geqslant 164$ 时，系统是不稳定的。

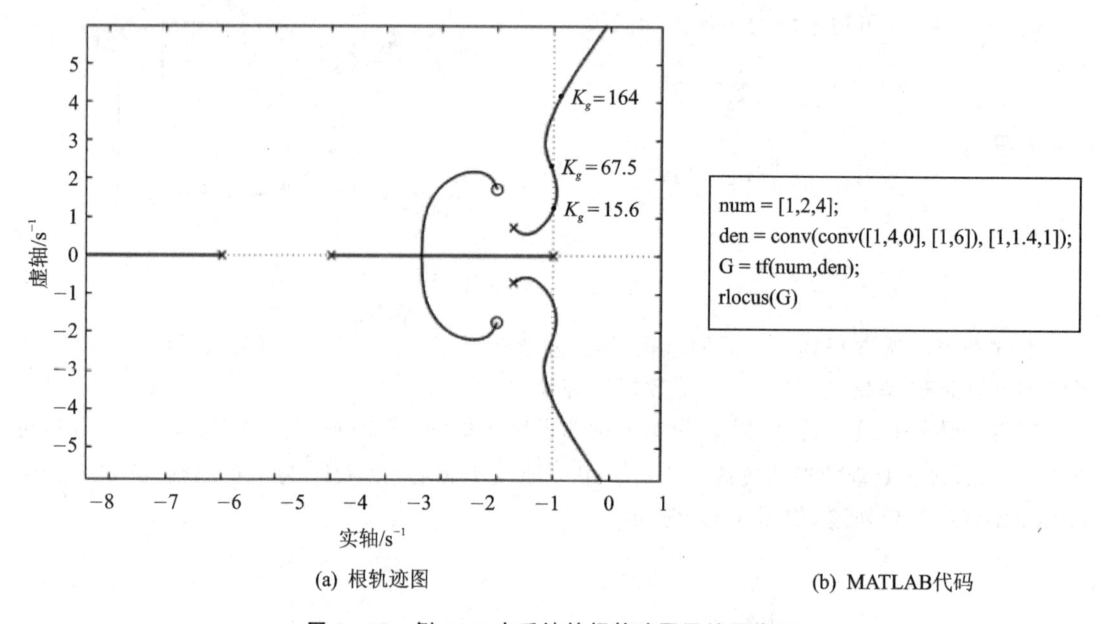

(a) 根轨迹图　　(b) MATLAB代码

图 4－12　例 4－7 中系统的根轨迹图及绘图代码

系统稳定的情况下，s 左半平面的闭环极点距离虚轴越远，系统的相对稳定性越好。因此，在系统校正中，往往也通过增加一些环节来影响零、极点，提高系统的稳定程度。增加开环零、极点对系统稳定性的影响可以通过下面的例子加以说明。

【例 4－8】 利用 MATLAB 绘制图 4－1 所示二阶系统的根轨迹。

解： 传递函数可记为时间常数形式

$$G_k(s)=\frac{K_g}{s(s+2)}=\frac{K}{s(0.5s+1)}$$

式中，$K=0.5K_g$。绘制系统的根轨迹，如图 4－13 所示。

【例 4－9】 具有开环零点的二阶系统的结构图如图 4－14 所示，试绘制系统的根轨迹。

解： 由图 4－14 可知系统的开环传递函数为

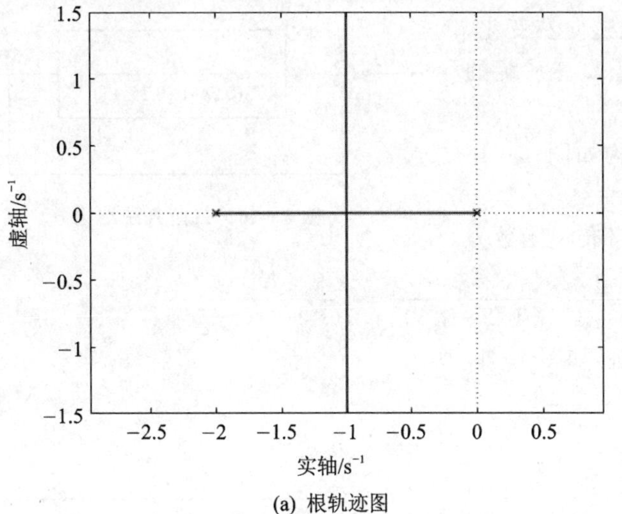


```
num = [1];
den = [1,2,0];
G = tf(num,den);
rlocus(G)
axis equal
```

(a) 根轨迹图　　(b) MATLAB代码

图 4-13　例 4-1 中二阶系统的根轨迹图及绘图代码

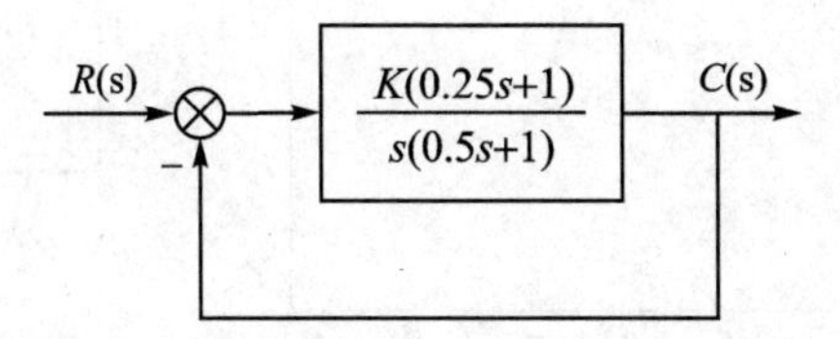

图 4-14　具有开环零点的二阶系统

$$G_k(s)=\frac{K(0.25s+1)}{s(0.5s+1)}=\frac{K_g(s+4)}{s(s+2)}$$

式中，$K_g=0.5K$。绘制系统的根轨迹，如图 4-15 所示。

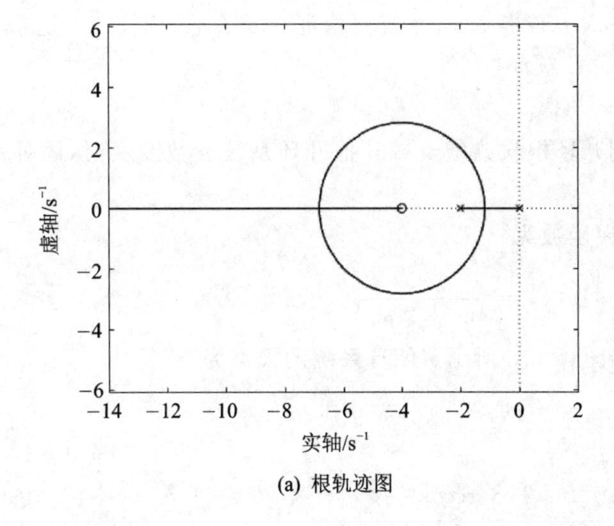


```
num = [1,4];
den = [1,2,0];
G = tf(num,den);
rlocus(G)
axis equal
```

(a) 根轨迹图　　(b) MATLAB代码

图 4-15　例 4-8 中二阶系统的根轨迹图及绘图代码

比较例 4-8 和例 4-9 中系统的根轨迹可以看出，如果在 s 左半平面内适当位置增加开环零点，则随着 K_g 值的增大，根轨迹向左变化，特征根距虚轴距离增大，可以显著改善系统的稳定性。

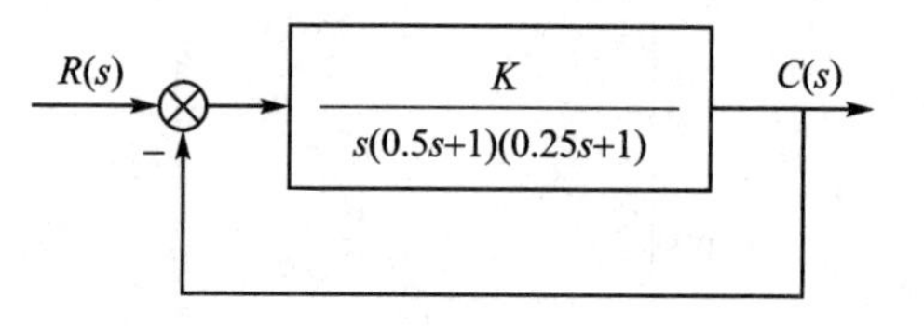

图 4-16　三阶系统结构

【**例 4-10**】　三阶系统的结构如图 4-16 所示，试绘制系统的根轨迹。

解：由图 4-16 可知系统的开环传递函数为

$$G_k(s)=\frac{K}{s(0.5s+1)(0.25s+1)}=\frac{K_g}{s(s+2)(s+4)}$$

式中，$K_g=8K$。绘制系统的根轨迹，如图 4-17 所示。

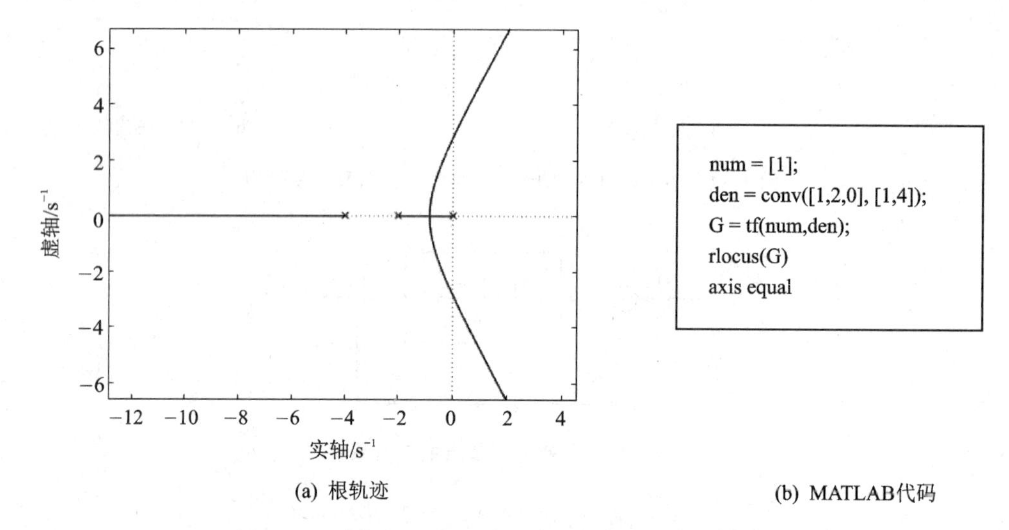

(a) 根轨迹　　　　(b) MATLAB代码

图 4-17　例 4-10 中三阶系统的根轨迹图及绘图代码

比较例 4-8 和例 4-10 中系统的根轨迹可以看出，如果增加开环极点，则随着 K_g 值的增大，根轨迹向右变化，穿过虚轴进入 s 右半平面，系统由稳定变成了不稳定。

4.2.2　暂态性能分析

利用根轨迹法可以清楚地看到开环根轨迹增益或其他开环系统参数改变时，闭环系统极点位置及其暂态性能的变化情况。

以典型二阶系统为例，开环传递函数为

$$G_k(s)=\frac{\omega_n^2}{s(s+2\xi\omega_n)}$$

当 ξ 变化时，作出系统的根轨迹，如图 4-18 所示。闭环系统的极点为

$$s_{1,2}=-\xi\omega_n\pm \mathrm{j}\omega_n\sqrt{\xi^2-1}$$

图中，阻尼角 β 与阻尼比 ξ 的关系为

$$\beta=\arccos\xi \tag{4.16}$$

根据根轨迹可以确定系统工作在根轨迹上任意一点时所对应的 ω_n 值，再根据暂态性能指标的计算公式：

$$\sigma_p\% = e^{-\frac{\xi\pi}{\sqrt{1-\xi^2}}} \times 100\%$$

$$t_s = \frac{3}{\xi\omega_n}, \quad (\Delta = 5\%)$$

可得系统工作在该点的暂态性能。反过来，也可以根据系统暂态性能指标的要求，确定系统特征根的位置，方法如下：

① 据超调量的要求先求出阻尼角 β，再从原点以阻尼角 β 引出二条射线。

② 据调节时间的要求，计算出 $\sigma = \xi\omega_n$，在 s 平面上画出 $s = -\sigma$ 的直线。由此确定满足系统暂态性能指标的闭环极点的区域，如图 4－19 所示。

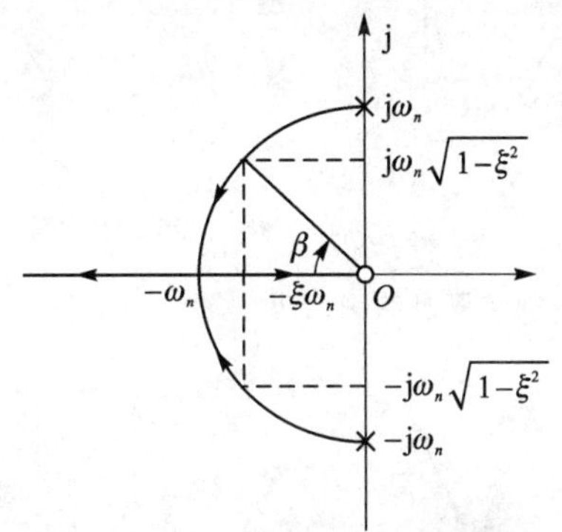

图 4－18　典型二阶系统的根轨迹

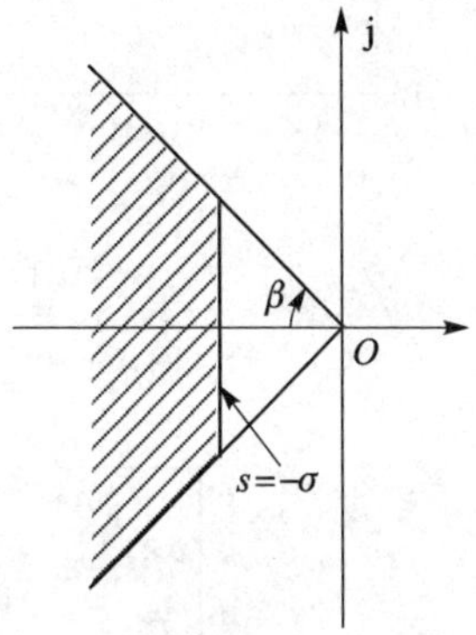

图 4－19　满足暂态性能的工作区域

若在该区域内没有合适的根轨迹，则应在系统中加入极点、零点合适的校正装置以改变根轨迹的形状，使根轨迹进入该区域，然后确定满足要求的闭环极点位置及相应的开环系统参数值。

在计算机辅助应用软件中，可以直接从根轨迹上得到主要的暂态性能指标。例如，MATLAB 给出根轨迹线上任一点的闭环极点坐标(Pole)、增益 K_g(Gain)、阻尼比 ξ(Damping)、超调量 $\sigma_p\%$(Overshoot)等信息，直接或经过简单换算就能得到系统的各项暂态性能指标。

特别是对于二阶系统，或者是高阶系统利用主导极点的特性降阶为二阶系统的情况，可以设置等阻尼比 ξ 线和等自然频率 ω_n 线为背景网格，使得二阶系统的两个性能参数直接反映到根轨迹图上，便于进行系统分析。

【例 4－11】 某单位负反馈控制系统的开环传递函数为

$$G_k(s) = \frac{K_g}{s(s+4)(s+6)}$$

若要求闭环系统单位阶跃响应的超调量 $\sigma_p\% \leqslant 15\%$，试确定根轨迹增益 K_g 的取值范围。

解：利用 MATLAB 绘制系统的根轨迹图，如图 4－20 所示。

由图 4－20 可知，当 $0 < K_g < 16.9$ 时，闭环特征根为 3 个负实数，系统响应是单调收敛的；当 $16.9 < K_g < 240$ 时，闭环特征根为一个负实数和一对实部为负的共轭复数，系统响应是振荡收敛的，单位阶跃响应的超调量大于零。

在图 4－20 中增加网格线，得到图 4－21。在图 4－21 中，根据 $\sigma_p\% \leqslant 15\%$ 的要求，可以得到闭环极点应在等阻尼线 $\xi \geqslant 0.517$ 内，满足条件的最大 K_g 值为 42。

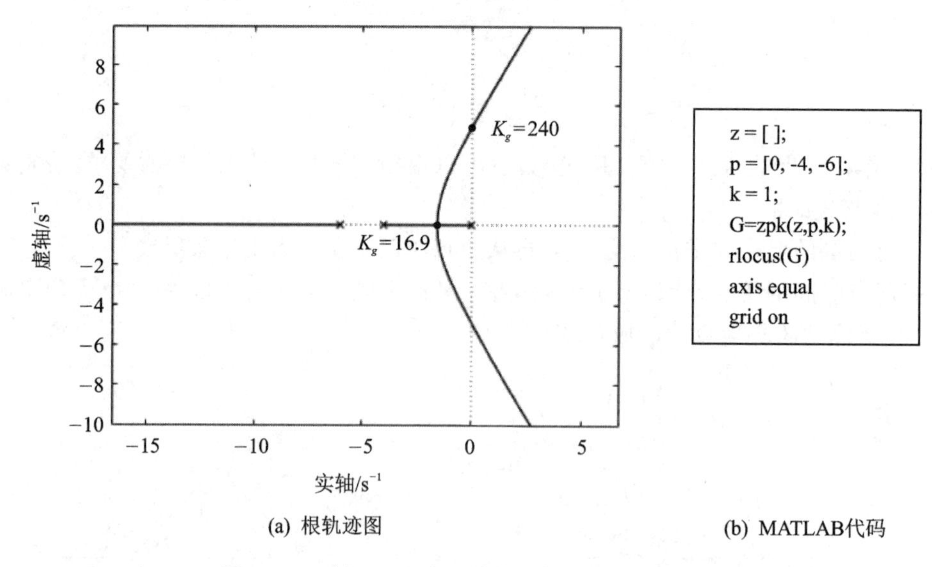

(a) 根轨迹图　　(b) MATLAB代码

图 4-20　例 4-11 中系统的根轨迹图及绘图代码

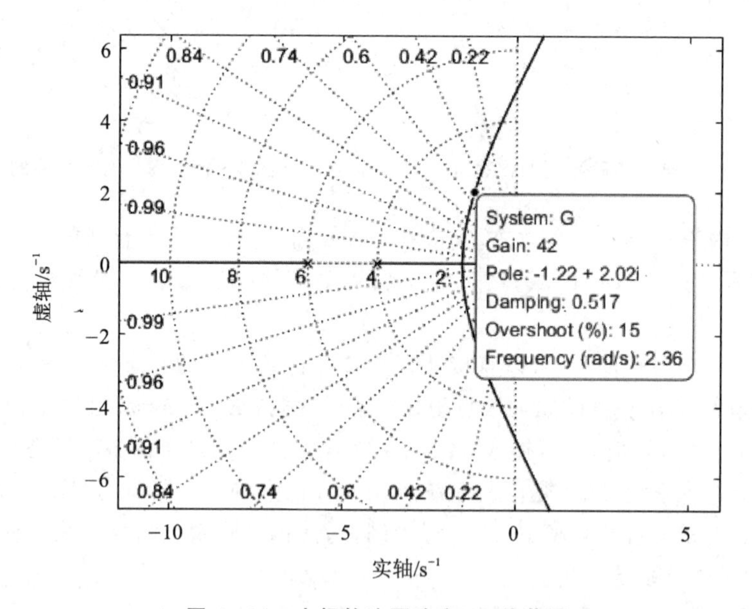

图 4-21　由根轨迹图确定 K_g 值范围

4.2.3　稳态性能分析

根据第 3 章的讨论，系统稳态误差的大小与系统的型数和开环增益 K 有关。系统的型数可以根据根轨迹图中原点处开环极点的个数确定，开环增益 K 与根轨迹增益 K_g 之间又有确定的比例关系，即式(2.33)。因此，只要能够确定根轨迹增益 K_g，系统的稳态性能就完全可以借助时域分析的结论得到。

例如，对于例 4-11 中的系统，由根轨迹图可见，系统为 Ⅰ 型。如果输入信号为 $r(t)=t$，要求稳态误差 $e_{ss}\leqslant 1$，可知 K_g 应满足 $K_g\geqslant 24$。

4.3　坦克炮控伺服系统性能分析——根轨迹法

【例 4-12】 基于 2.5 节例 2-18 中坦克炮控伺服系统的数学模型,利用根轨迹法对坦克炮控伺服系统的性能进行分析。

解: 由 2.5 节例 2-18 中坦克炮控伺服系统的结构图 2-37 可得,系统的开环传递函数为

$$G_k(s)=\frac{\frac{2}{3}K}{s^3+10s^2+\frac{500}{3}s}=\frac{\frac{2}{3}K}{s(s+5+\mathrm{j}11.9)(s+5-\mathrm{j}11.9)}$$

$$=\frac{K_g}{s(s+5+\mathrm{j}11.9)(s+5-\mathrm{j}11.9)}$$

根轨迹增益 K_g 与系统放大系数 K 之间的关系为 $K_g=2K/3$。

4.3.1　系统的根轨迹

绘制 K 由 0→∞变化时系统的根轨迹。可确定根轨迹的特征如下:

① 三阶系统有 3 条根轨迹分支。

② 根轨迹必连续且对称于实轴。

③ 系统的开环极点为 $p_1=0, p_{2,3}=-5\pm \mathrm{j}11.9$,无开环零点。故根轨迹起于 p_1、p_2、p_3,终于无穷远。

④ 实轴上,区间$(-\infty,0]$为根轨迹。

⑤ 渐近线有 3 条,且有

$$\varphi_a=\frac{(2k+1)\pi}{n-m}=\frac{\pi}{3},\quad \pi,\quad \frac{5\pi}{3}\quad (k=0,1,2)$$

$$\sigma_a=\frac{\sum_{j=1}^{n}p_j-\sum_{i=1}^{m}z_i}{n-m}=-\frac{10}{3}$$

⑥ 起始角:起点 p_2 的起始角为

$$\theta_{p_2}=180°-\angle(p_2-p_1)-\angle(p_2-p_3)=180°-[180°-\arctan(11.9/5)]-90°=-22.79°$$

⑦ 与虚轴的交点:系统的闭环特征方程为

$$s^3+10s^2+\frac{500}{3}s+\frac{2}{3}K=0$$

列劳斯表:

s^3	1	500/3
s^2	10	$2K/3$
s^1	$500/3-K/15$	
s^0	$2K/3$	

当 $K=2\ 500$ 时,劳斯表中 s^1 行元素全为零。此时,辅助方程为 $10s^2+5\ 000/3=0$,解之得 $s_{1,2}=\pm \mathrm{j}12.9$。因此,根轨迹与虚轴的交点为 $s_{1,2}=\pm \mathrm{j}12.9$。

系统的根轨迹如图 4－22 所示。

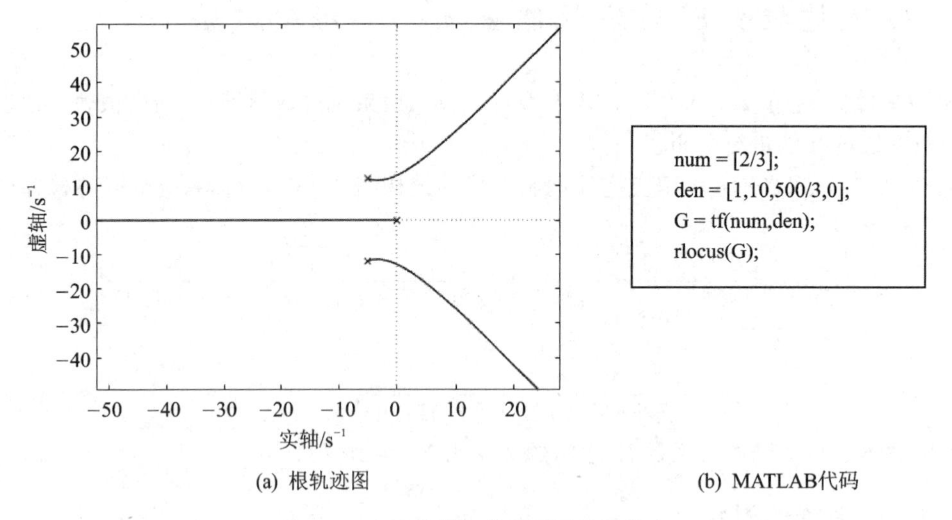

(a) 根轨迹图　　　　(b) MATLAB代码

图 4－22　系统的根轨迹图及绘图代码

4.3.2　系统性能分析

1. 稳定性分析

由系统的根轨迹即图 4－22 可知，当 $K=2\,500$ 时，系统处于等幅振荡状态，属于临界稳定情况。若要系统稳定，需放大系数 K 满足：$0<K<2\,500$。

2. 稳态误差分析

系统的开环传递函数写成时间常数形式为

$$G_k(s)=\frac{\frac{2}{3}K}{s^3+10s^2+\frac{500}{3}s}=\frac{\frac{1}{250}K}{s\left(\frac{3}{500}s^2+\frac{30}{500}s+1\right)}$$

显然系统为Ⅰ型，开环增益为 $K/250$。故静态速度误差系数为

$$K_v=\frac{1}{250}K$$

在单位斜坡信号 $r(t)=t$ 作用下，系统的稳态误差为

$$e_{ss}(\infty)=\frac{1}{K_v}=\frac{250}{K}$$

若要使稳态误差满足 $e_{ss}\leqslant 0.2$，则放大系数应满足 $K\geqslant 1\,250$。由图 4－23 可见，此时对应的闭环实极点小于等于－5.84，共轭复数极点的实部大于等于－2.07。

3. 暂态性能分析

当 $K=220$ 时，由图 4－24 中根轨迹可知，闭环极点为 $s_1=-0.929$，$s_{2,3}=-4.54\pm \mathrm{j}11.7$。比较可见，极点 s_1 为闭环主导极点。因此，三阶闭环系统可近似为一阶系统，近似系统的闭环传递函数为

$$\Phi_1(s)=\frac{1}{\frac{1}{0.929}s+1}$$

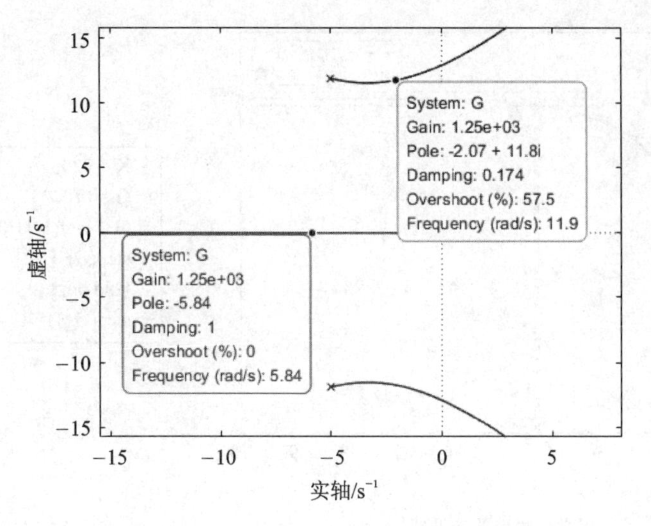

图 4-23　由根轨迹图确定闭环极点范围

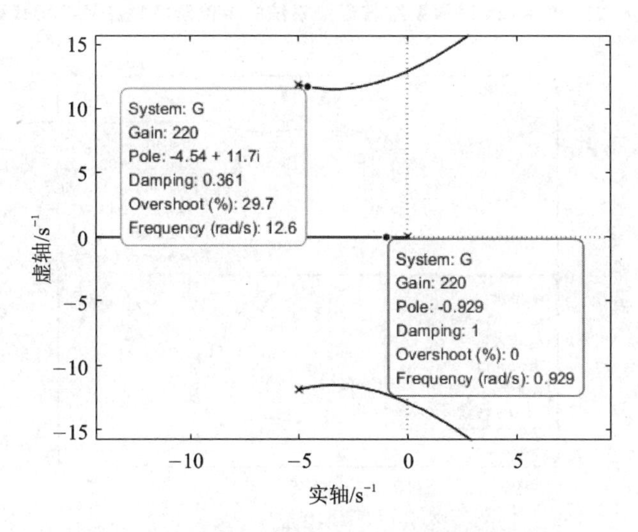

图 4-24　K=220 时闭环系统的极点

利用 MATLAB 进行仿真,原系统和近似一阶系统的单位阶跃响应曲线和相应的 MATLAB 代码如图 4-25 所示。

可见,此时原系统的单位阶跃响应为单调收敛情况,且近似一阶系统与原系统的单位阶跃响应曲线几乎重合,近似程度较好。超调量 $\sigma_p\%$均为零,原系统的调节时间为 $t_s=4.27$ s,近似一阶系统的调节时间为 $t_s=4.21$ s,也非常接近。

当 $K=2\ 100$ 时,由图 4-26 中根轨迹可知,闭环极点为 $s_1=-8.9$,$s_{2,3}=-0.548\pm j12.5$。比较可见,极点 s_2 和 s_3 为闭环主导极点。因此,三阶闭环系统可近似为二阶系统,近似系统的闭环传递函数为

$$\Phi_2(s)=\frac{156}{s^2+1.096s+156}$$

利用 MATLAB 进行仿真,原系统和近似二阶系统的单位阶跃响应曲线和相应的 MATLAB 代码如图 4-27 所示。

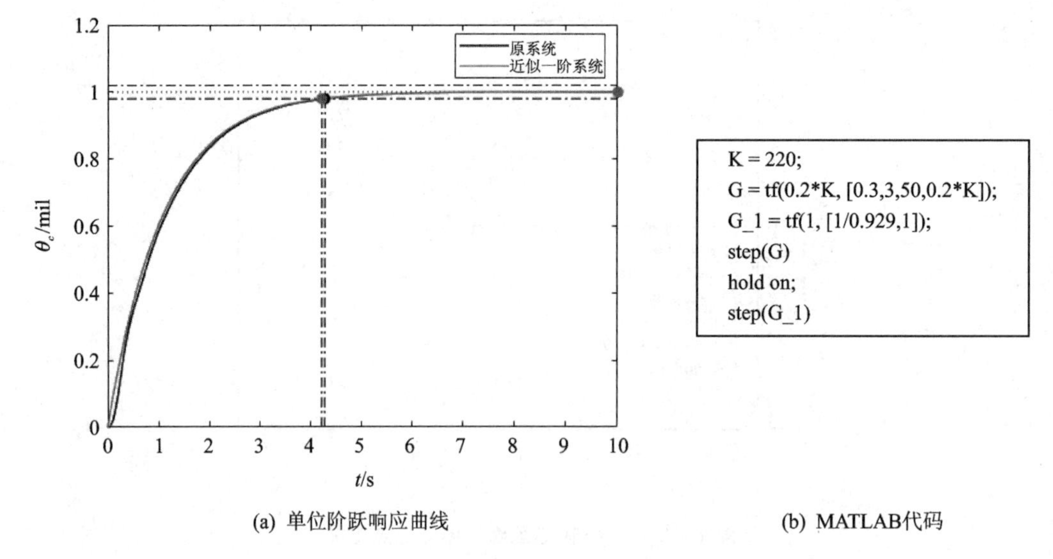

(a) 单位阶跃响应曲线　　(b) MATLAB代码

图 4-25　$K=220$ 时原系统与近似系统的单位阶跃响应及绘图代码

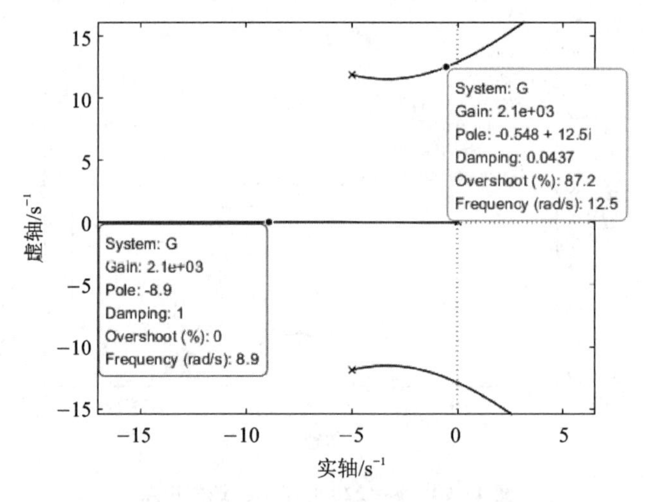

图 4-26　$K=2\ 100$ 时闭环系统的极点

可见，此时原系统与近似二阶系统的单位阶跃响应均为振荡收敛情况，但近似二阶系统的近似程度不够好。原系统的超调量为 $\sigma_p\%=45.9\%$，调节时间为 $t_s=6.13$ s；近似二阶系统的超调量为 $\sigma_p\%=87.1\%$，调节时间为 $t_s=7.07$ s。

4.3.3　简化系统性能分析

在电机中电流的响应时间远远小于机械响应时间，因此可以只考虑机械响应而对电流响应导致的延迟予以忽略，即对结构图 2-37 中 $\frac{1}{Ls+R}$ 进行如下近似处理：

$$\frac{1}{Ls+R}=\frac{1}{R}\,\frac{1}{Ls/R+1}\approx\frac{1}{R}$$

于是，简化后坦克炮控伺服系统的开环传递函数为

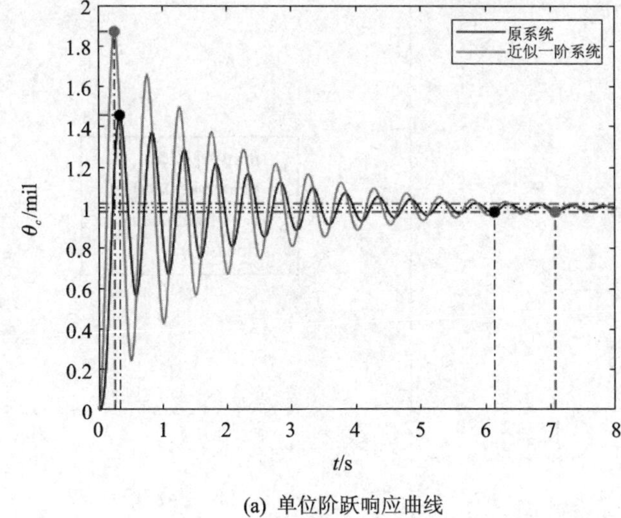

(a) 单位阶跃响应曲线

```
K = 2100;
G = tf(0.2*K, [0.3,3,50,0.2*K]);
G_2 = tf(156, [1,1.096,156]);
step(G)
hold on;
step(G_2)
```

(b) MATLAB代码

图 4-27　K=2 100 时原系统与近似系统的单位阶跃响应及绘图代码

$$G_k(s)=\frac{K}{s(15s+250)}=\frac{\dfrac{K}{15}}{s\left(s+\dfrac{50}{3}\right)}=\frac{\dfrac{K}{250}}{s\left(\dfrac{3}{50}s+1\right)}$$

闭环传递函数为

$$\Phi(s)=\frac{G'_k(s)}{1+G'_k(s)}=\frac{K}{15s^2+250s+K}=\frac{\dfrac{K}{15}}{s^2+\dfrac{50}{3}s+\dfrac{K}{15}}$$

可见，简化系统为二阶系统。

绘制 K 由 $0\to\infty$ 变化时简化系统的根轨迹，如图 4-28 所示。

1. 稳定性分析

由简化系统的根轨迹(图 4-28)可知，只要 $K>0$，系统就是稳定的。

2. 稳态误差分析

由系统的简化开环传递函数可见，简化系统为Ⅰ型，开环增益为 $K/250$。故静态速度误差系数为 $K/250$，在单位斜坡信号 $r(t)=t$ 作用下，系统的稳态误差为 $e_{ss}=250/K$。可根据对稳态误差的要求确定 K 值范围，从而确定相应闭环极点的范围。

3. 暂态性能分析

由根轨迹图 4-29 可知：

当 $K=1\ 041$ 时，闭环极点为两个相等的负实数，即 $s_1=s_2=-8.33$，系统为临界阻尼状态，阶跃响应单调收敛，稳态值为 1。

当 $K<1\ 041$ 时，闭环极点为两个不相等的负实数，$-8.33<s_1<0$，$s_2<-8.33$，系统为过阻尼状态，阶跃响应也单调收敛，稳态值为 1。

当 $K>1\ 041$ 时，闭环极点为一对共轭复数，s_1 和 s_2 的实部始终是 -8.33。系统为欠阻尼状态，阶跃响应振荡收敛，且 K 值越大，阻尼角越大，超调量越大，但调节时间不随 K 值改

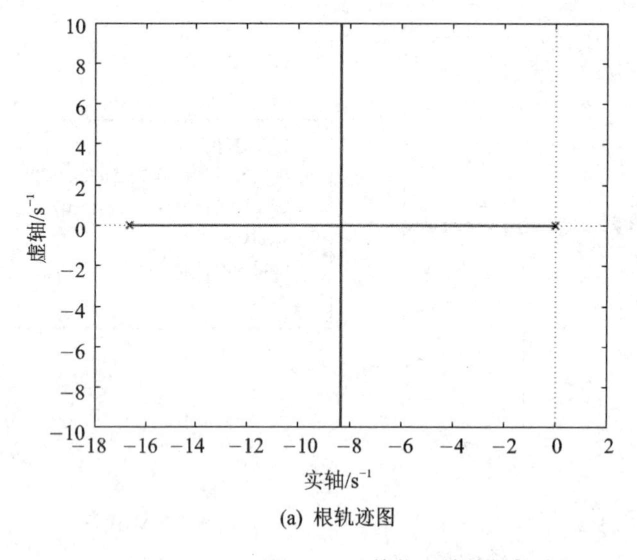

(a) 根轨迹图

```
num = [1/15];
den = [1,50/3,0];
G = tf(num,den);
rlocus(G)
```

(b) MATLAB代码

图 4-28　简化系统的根轨迹图及绘图代码

变。稳态值也为 1。

由图 4-30 可知，若希望阻尼比为 $\xi=0.707$ 时，则 $K=2\ 082$。此时闭环极点为 $s_1=-8.33+j8.33$，$s_2=-8.33-j8.33$。超调量为 $\sigma_p\%=4.31\%$，调节时间为 $t_s=0.48\ s(\Delta=2\%)$，稳态误差为 0。

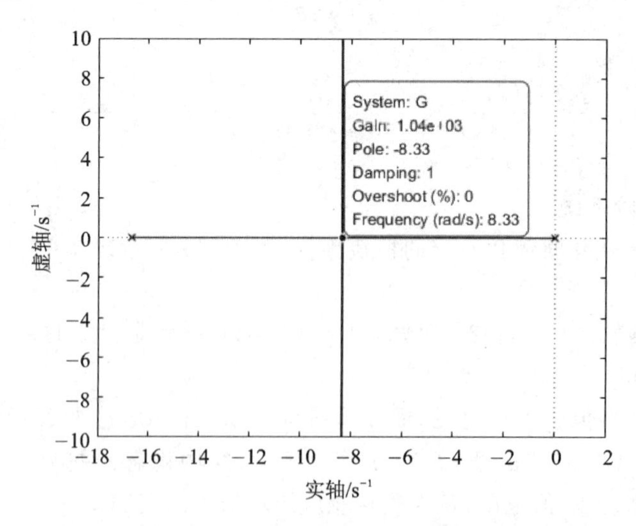

图 4-29　由根轨迹图确定系统阻尼情况

本章要点

- 根轨迹是系统参数变化时，系统的闭环极点在 s 平面上移动的轨迹。变化参数为 K_g 时的根轨迹称为常规根轨迹，为其他参数时称为广义根轨迹。
- 根轨迹表达了闭环特征根在 s 平面上的位置，可以直接得到闭环系统稳定条件。
- 在根轨迹图上借助时域分析的结论，可以分析系统的动态和稳态性能。

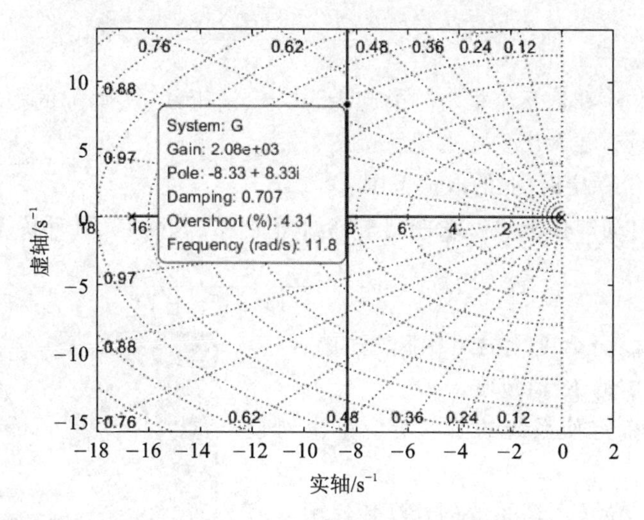

图 4-30　由根轨迹图确定系统极点及指标

- 借助 MATLAB 等辅助工具进行根轨迹分析，可以便捷地得到系统的各项性能指标。

习　题

4-1　设负反馈系统的开环传递函数为

$$G(s)H(s)=\frac{K_g(s+5)}{s(s^2+4s+8)}$$

试用相角条件检验下列 s 平面上的点是否为根轨迹上的点，若是则用幅值条件计算该点所对应的 K_g 值。

① 点(−1,j0)

② 点(−1.5,j2)

③ 点(−6,j0)

④ 点(−4,j3)

4-2　设单位负反馈控制系统的开环传递函数为 $G(s)H(s)=\frac{K(3s+1)}{s(2s+1)}$，试绘出开环增益 K 从 0 增加到∞时的闭环根轨迹图。

4-3　设负反馈控制系统的开环传递函数如下，试概略绘制相应的闭环根轨迹图。

① $G(s)H(s)=\frac{K_g(s+5)}{s(s+2)(s+3)}$

② $G(s)H(s)=\frac{K_g(s+20)}{s(s+10+\mathrm{j}10)(s+10-\mathrm{j}10)}$

③ $G(s)H(s)=\frac{2K}{s(s+1)(s+2)}$

④ $G(s)H(s)=\frac{K_g}{s(s+4)(s^2+2s+2)}$

4-4　已知某单位负反馈系统的开环传递函数为

$$G(s)=\frac{K(2s+1)}{(s+1)^2(s-3)}$$

① 试确定 K：0→∞时，系统根轨迹的起点、终点、渐近线、实轴上的根轨迹分布、分离点、出射角、与虚轴的交点，并画出系统的根轨迹图；

② 确定闭环系统稳定时 K 的取值范围。

4-5　已知某自动焊接头负反馈控制系统如图 4-31 所示，其开环传递函数为

$$G(s)H(s)=\frac{K}{s(s+1)(0.5s+1)}$$

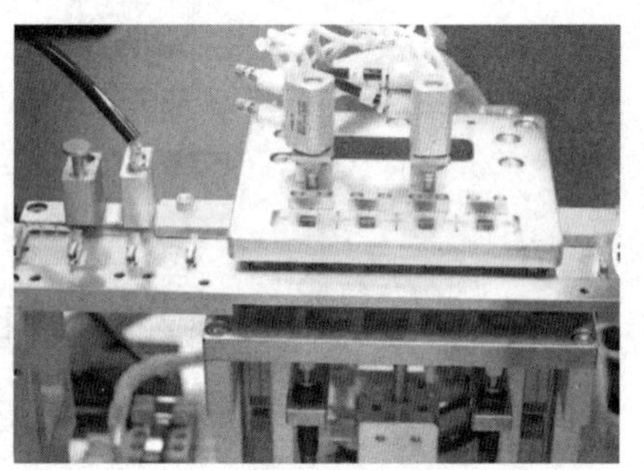

图 4-31　某自动焊接头控制系统

① 试绘制 K 由 0→∞变化的闭环根轨迹图；

② 求使系统稳定的 K 值范围；

③ 用根轨迹法确定使系统的阶跃响应不出现超调时的 K 值范围。

4-6　已知某单位负反馈系统的开环传递函数为

$$G(s)=\frac{K_r}{s(s+3)^2}$$

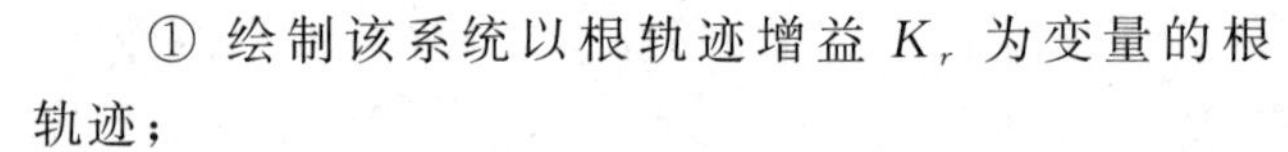

① 绘制该系统以根轨迹增益 K_r 为变量的根轨迹；

② 确定使系统满足 $0<\xi<1$ 的开环增益 K 的取值范围；

③ 求 $K_r=9, r(t)=t\cdot 1(t)$ 时系统的稳态误差 e_{ss}。

4-7　设单位负反馈控制系统的开环传递函数为

$$G(s)H(s)=\frac{K_1}{s(s^2+2s+2)}$$

① 计算开环传递函数的零极点；

② 计算根轨迹渐近线与实轴交点；

③ 渐近线相角；

④ 根轨迹与虚轴的交点，并求开环增益临界值；

⑤ 绘制 K_1 变化时系统特征方程的根轨迹略图。

4-8　设负反馈控制系统的开环传递函数为

$$G(s)H(s)=\frac{K}{s(s+a)}$$

① 当 $K=4$ 时，试绘制以 a 为参变量的参变量根轨迹，并说明 a 的变化对系统性能的影响；

② 试绘制 K 和 a 从 0→∞时的根轨迹簇。

4-9　试绘制下列多项式方程的根轨迹：

① $s^3+2s^2+3s+Ks+2K=0$

② $s^3+3s^2+(K+2)s+10K=0$

4-10　已知单位正反馈系统的开环传递函数为

$$G(s)=\frac{K_g}{(s+1)(s-1)(s+4)^2}$$

试绘制其根轨迹。

第5章 频域分析法

时域分析所给出的系统信息，简单明确且符合人的直观经验。但单纯的时域认识，隐藏了许多有关信号和系统的本质特性，不利于人们对系统进行更深入的研究。而利用傅里叶变换方法，可以在频率域重新认识系统，从另一个角度揭示系统的运动规律。

在频率域分析系统，能够得到反映系统稳定性和动态性能的频域特性指标，这些特征量在实际工程应用中往往更具有价值。进一步通过分析计算可知，这些频域指标与时域性能指标具有一定的内在关联性。

频率特性描述的是系统本身的内在特性。当线性系统结构和参数确定时，频率特性也完全确定，这种特性可以类比系统的传递函数。频域分析过程中，也经常采用图解分析法，根据图形的变化趋势，得到系统性能随某一参数变化的信息，指出改善系统性能的途径。这一点与根轨迹法又有相似之处。

频率特性可以由微分方程或传递函数求得，也可以由实验方法求得。对于某些难以直接建立时域和复数域数学模型的系统，输入幅值不变而频率渐变的正弦信号，记录各个频率对应输出的幅值和相位，即可得到系统的频率特性图。许多具有扫频功能的测试仪器，可以实现自动记录处理的功能。这种方法对于未知特性的系统，可以实现快速建模，这一点在工程上尤其具有实际意义。值得注意的是，实验方法只是得到系统的频率特性曲线，如果需要模型的解析结构，则还需其他方法辨识。

5.1 频率特性

按照对频率分析的认识，各种时域信号都可以看作不同频率正弦信号的合成。任意时域信号对系统的激励响应，是其中每个频率成分激励系统后，响应信号的线性合成。要进行频率分析，首先要讨论系统对各频率信号的加工处理能力。

5.1.1 频率特性的概念

正弦信号作用系统后，在系统响应中，会含有与系统结构相关的动态响应和与输入相关的稳态响应。如果系统是稳定的，在进入稳态后，与系统结构对应的动态响应逐渐趋于0，输出信号中只剩余与输入信号相关的稳态分量。通过后续的分析可以知道，该稳态分量与输入正弦信号具有同频、变幅、移相的关系，如图5-1所示。在频域分析中，用频率特性描述这种输入/输出信号之间的关系，它反映的是系统对频率信号最终的变换作用。

图5-1 系统输入/输出信号关系

需要说明的是,对于不同频率的激励信号,系统的处理变换结果是不同的,所以频率特性是 ω 的函数。由于又要同时表达幅值、相位两个参变量的变化特性,故将输入信号和输出信号表达为复指数形式:

$$\begin{aligned} R(\mathrm{j}\omega) &= R_m(\omega)\mathrm{e}^{\mathrm{j}0} \\ C(\mathrm{j}\omega) &= C_m(\omega)\mathrm{e}^{\mathrm{j}\varphi(\omega)} \end{aligned} \tag{5.1}$$

复函数 $R(\mathrm{j}\omega)$、$C(\mathrm{j}\omega)$包含了输入、输出信号的幅值和相位信息,由此可以给出频率特性 $G(\mathrm{j}\omega)$的定义:线性定常系统在正弦输入信号的作用下,稳态输出与输入的复函数比叫作系统的频率特性。

$$G(\mathrm{j}\omega) = \frac{C(\mathrm{j}\omega)}{R(\mathrm{j}\omega)} = \frac{C_m(\omega)}{R_m(\omega)}\mathrm{e}^{\mathrm{j}\varphi(\omega)} \tag{5.2}$$

分解开来,可以得到系统的幅频特性 $A(\omega)$和相频特性 $\varphi(\omega)$:

$$A(\omega) = \frac{C_m(\omega)}{R_m(\omega)} = \frac{|C(\mathrm{j}\omega)|}{|R(\mathrm{j}\omega)|} = |G(\mathrm{j}\omega)| \tag{5.3}$$

$$\varphi(\omega) = \angle\frac{C(\mathrm{j}\omega)}{R(\mathrm{j}\omega)} = \angle C(\mathrm{j}\omega) - \angle R(\mathrm{j}\omega) = \angle G(\mathrm{j}\omega) \tag{5.4}$$

幅频特性表达了系统幅值增益能力随频率 ω 的变化关系,相频特性表达了信号经过系统产生的相移量随频率 ω 的变化关系。

结合幅频、相频特性,频率特性也经常表示为

$$G(\mathrm{j}\omega) = A(\omega)\mathrm{e}^{\mathrm{j}\varphi(\omega)} \tag{5.5}$$

事实上,即使在系统响应的动态阶段,也始终存在与输入同频率的稳态分量。只不过它被混杂在复杂的动态响应信号中,不便分析和定义。只有系统进入稳态,动态分量消失以后,才能突显出输入引起的稳态输出。

【例 5-1】 通过对图 5-2 所示的 RC 滤波电路的分析,说明频率特性的基本概念。

解:RC 滤波电路的传递函数为

$$G(s) = \frac{C(s)}{R(s)} = \frac{1}{Ts+1} \tag{5.6}$$

式中,$T=RC$ 为电路的惯性时间常数。

设电路网络的输入为正弦信号,即

$$r(t) = R_{in}\sin\omega t$$

对应的拉氏变换为

$$R(s) = \frac{R_{in}\omega}{s^2+\omega^2}$$

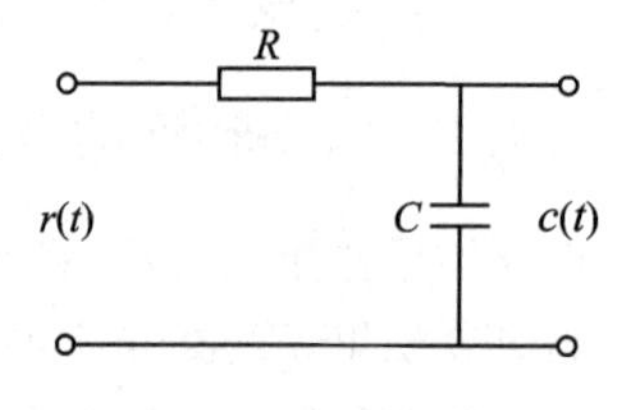

图 5-2 RC 滤波电路

所以有

$$C(s) = \frac{1}{Ts+1}\frac{R_{in}\omega}{s^2+\omega^2} \tag{5.7}$$

将式(5.7)进行拉氏反变换,可得到输出电压的时域表达式为

$$c(t) = \frac{R_{in}\omega T}{1+\omega^2T^2}\mathrm{e}^{-\frac{t}{T}} + \frac{R_{in}}{\sqrt{1+\omega^2T^2}}\sin(\omega t+\varphi) \tag{5.8}$$

式中,$\varphi = -\arctan\omega T$。

$c(t)$表达式中，第一项是暂态分量，随着时间的无限增长暂态分量衰减为 0；第二项是稳态分量。显然，RC 电路的稳态响应为

$$\begin{aligned} c(\infty) &= \lim_{t\to\infty} c(t) = \frac{R_{in}}{\sqrt{1+\omega^2 T^2}} \sin(\omega t + \varphi) \\ &= R_{in} \left| \frac{1}{1+\mathrm{j}\omega T} \right| \sin\left(\omega t + \angle \frac{1}{1+\mathrm{j}\omega T}\right) \end{aligned} \tag{5.9}$$

由以上分析可见，当电路输入为正弦信号时，输出电压的稳态响应仍是一个正弦信号，其频率和输入信号频率相同，但幅值和相角发生了变化，幅值衰减为原来 $1/\sqrt{1+\omega^2 T^2}$，相位滞后了 $\arctan \omega T$，且均为 ω 的函数。

可将输出的稳态响应和输入正弦信号用复数表示，则有

$$C(\mathrm{j}\omega) = \frac{R_{in}}{\sqrt{1+\omega^2 T^2}} \mathrm{e}^{-\mathrm{j}\arctan\omega T} = \left| \frac{R_{in}}{1+\mathrm{j}\omega T} \right| \mathrm{e}^{\mathrm{j}\angle\frac{1}{1+\mathrm{j}\omega T}} \tag{5.10}$$

$$R(\mathrm{j}\omega) = R_{in} \mathrm{e}^{\mathrm{j}0} \tag{5.11}$$

它们的比值为

$$G(\mathrm{j}\omega) = \frac{1}{1+\mathrm{j}\omega T} = A(\omega) \mathrm{e}^{\mathrm{j}\varphi(\omega)} \tag{5.12}$$

式中

$$A(\omega) = \left| \frac{1}{1+\mathrm{j}\omega T} \right| = \frac{1}{\sqrt{1+\omega^2 T^2}}, \quad \varphi(\omega) = \angle \frac{1}{1+\mathrm{j}\omega T} = -\arctan \omega T$$

当 ω 从 $0\to\infty$ 时，RC 网络的幅频特性和相频特性如图 5 - 3 所示。

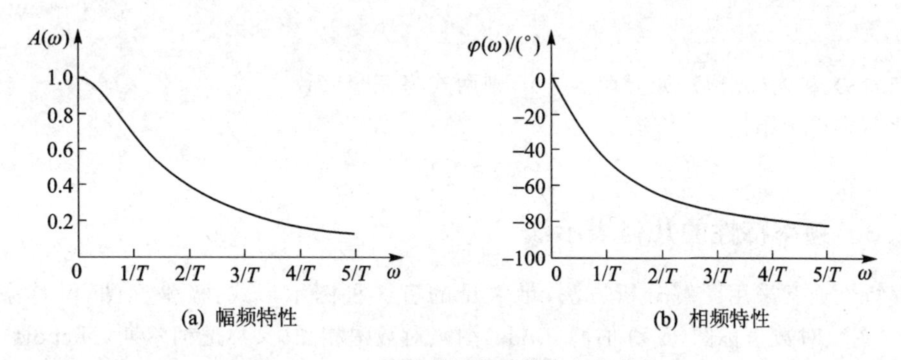

图 5 - 3　RC 网络的幅频特性和相频特性

5.1.2　频率特性与传递函数的关系

传递函数是通过零初始状态下输入、输出之间的关系，来表达系统的传递特性。频率特性也是通过输入/输出信号的比较，来表达系统传递特性。对于同一个系统，它们之间有什么关系呢？

需要指出的是，频率特性是系统进入稳态以后的输入/输出信号关系。对于稳定系统来说，即便有非零状态引起的暂态响应，到稳态阶段的影响已趋于零。所以分析频率特性时，不再区分系统是否零状态。

由例 5-1 的结果可知系统的传递函数为 $G(s)=\dfrac{1}{1+Ts}$，其频率特性为

$$G(\mathrm{j}\omega)=\left|\frac{1}{1+\mathrm{j}\omega T}\right|\mathrm{e}^{\angle\frac{1}{1+\mathrm{j}\omega T}}=\frac{1}{1+\mathrm{j}\omega T}$$

比较可知，系统的频率特性表达式，与该系统的传递函数形式非常相似。如果传递函数中取 $s=\mathrm{j}\omega$，则为系统的频率特性。

这样直观比较的结论得到以下数学推导的支持。

假设输入信号 $r(t)$ 满足傅里叶变换条件，则 $r(t)$ 的每一个频率成分 $R(\mathrm{j}\omega)$，经过系统 $G(\mathrm{j}\omega)$ 的传递，输出分量为 $C(\mathrm{j}\omega)=G(\mathrm{j}\omega)R(\mathrm{j}\omega)$

按照傅里叶变换的理论，系统总的输出为各频率分量输出的累积：

$$c(t)=\frac{1}{2\pi}\int_{-\infty}^{+\infty}G(\mathrm{j}\omega)R(\mathrm{j}\omega)\mathrm{e}^{\mathrm{j}\omega t}\mathrm{d}\omega$$

为方便对照，上式可进一步变换为

$$c(t)=\frac{1}{2\pi\mathrm{j}}\int_{-\mathrm{j}\infty}^{+\mathrm{j}\infty}G(\mathrm{j}\omega)R(\mathrm{j}\omega)\mathrm{e}^{\mathrm{j}\omega t}\mathrm{d}(\mathrm{j}\omega)\tag{5.13}$$

而系统在拉普拉斯域的响应为

$$C(s)=G(s)R(s)$$

其拉氏反变换为

$$c(t)=\frac{1}{2\pi\mathrm{j}}\int_{\sigma-\mathrm{j}\infty}^{\sigma+\mathrm{j}\infty}G(s)R(s)\mathrm{e}^{st}\mathrm{d}s$$

如果系统稳定，任取 σ 积分结果不变。不妨取 $\sigma=0$，则

$$c(t)=\frac{1}{2\pi\mathrm{j}}\int_{-\mathrm{j}\infty}^{\mathrm{j}\infty}G(s)R(s)\mathrm{e}^{st}\mathrm{d}s\tag{5.14}$$

对照式(5.13) 和式(5.14)，如果取 $s=\mathrm{j}\omega$，则两式将完全一致。

由此不难得出结论

$$G(\mathrm{j}\omega)=G(s)\big|_{s=\mathrm{j}\omega}\tag{5.15}$$

5.1.3　频率特性的几何表示法

频率特性通常采用图解分析方法，最常见的有 3 种图示形式：极坐标图（又称奈奎斯特(Nyquist)图）、对数坐标图（又称伯德(Bode)图）、对数幅相图（又称尼柯尔斯(Nichols)图）。

1. 极坐标图

对于系统的频率特性，每取一个频率 ω，就会有对应的幅频特性 $A(\omega)$ 值和相频特性 $\varphi(\omega)$ 值。在极坐标系中，以 ω 为参变量，当 ω 从 $0\to\infty$ 时，以 $A(\omega)$ 为模、$\varphi(\omega)$ 为相角的复向量端点连接成为一条曲线，称为频率特性的极坐标图，也称为奈氏曲线、幅相曲线。

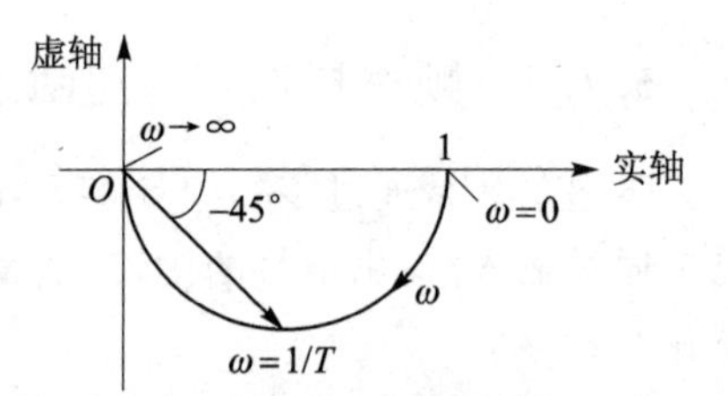

图 5-4　RC 网络的奈氏曲线

例如，RC 网络的频率特性为 $G(\mathrm{j}\omega)=\dfrac{1}{1+\mathrm{j}\omega T}$，逐点描绘得到其奈氏曲线如图 5-4 所示。

实际应用中，多用计算机辅助分析工具生成精确的奈氏曲线，或取起点、终点以及若干典

型点手绘其概略图。

2. 对数坐标图

在工程实际中，通常将频率特性绘成对数坐标图，这种对数频率特性曲线又称伯德(Bode)图，由对数幅频特性曲线和对数相频特性曲线两部分组成。

对数幅频特性曲线的横坐标为频率 ω，但按 ω 的对数 $\lg\omega$ 等间距分度，单位为弧度/秒(rad/s)。采用对数分度后，频率 ω 每增大10倍，横坐标就增加1个单位长度，这个单位长度代表了10倍频的距离，称为十倍频程，记作dec。对数坐标刻度图如图5-5所示。

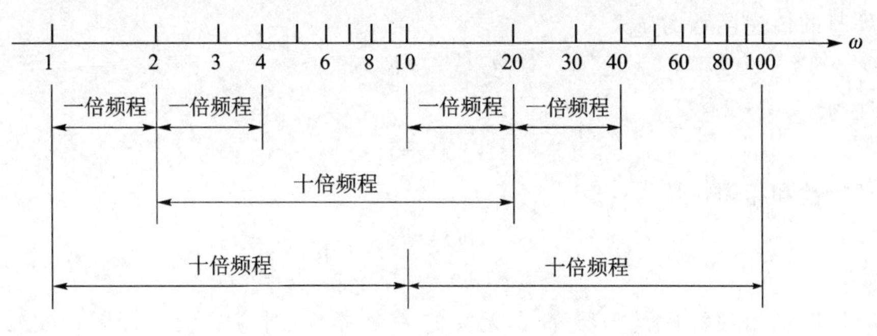

图5-5　对数坐标刻度图

对数幅频特性纵坐标表示幅频特性的对数值，记作 $L(\omega)$，单位为分贝(dB)。

$$L(\omega)=20\lg A(\omega) \tag{5.16}$$

对数相频特性曲线的横坐标也是按 ω 的对数分度，纵坐标表示 $\varphi(\omega)$，按线性分度，单位是度(°)。

在工程实际中之所以这样定义坐标，是由于大多数控制系统在中、低频段特性变化明显，而高频段特性变化较小。为了在一定的频率宽度内尽量详细地表达系统，伯德采用对数坐标分度方法，对 ω 轴进行了缩放处理，压缩高频段，放大低频段，使图形尽可能地反映大频率范围内的特性全貌。

同时，系统一般是由多个环节串联构成，每个环节的幅频特性形成总的系统特性时，幅值需要乘积运算，图形表达时比较复杂。若采用幅值的对数值 $L(\omega)$ 表达，则可以化乘积运算为加法运算，能在伯德图上直接表示环节的串联结果。同样，由于串联环节的相角之间本身就是和差运算，因此系统相频特性图中直接定义纵轴为角度即可，无须再取对数。

3. 对数幅相图

在直角坐标系中，以频率 ω 为参变量，表达系统对数幅频特性 $L(\omega)$ 和相频特性 $\varphi(\omega)$ 之间关系的曲线，称为对数幅相图或尼柯尔斯图。直角坐标中的横轴为相频特性，纵轴为对数幅频特性，单位为分贝。横、纵坐标采用线性分度。

5.2　开环频率特性

在自动控制系统中，将物理受控对象及其校正环节、执行机构、测量反馈环节统称为开环环节。通常整个开环环节输入/输出特性是容易明确的，但一旦闭环以后形成回路，会存在许多不可预知的情形。在控制系统各种分析方法中，经常要讨论由开环特性得到闭环特性，就是为解决这一问题的。

对于最简单的单位负反馈系统来说，开环就对应受控对象，此时由开环到闭环的过程，实质上就是利用已知对象分析闭环系统的研究过程。

5.2.1　典型环节的频率特性

频域分析法也是根据开环对象的频率特性分析闭环系统性能的。而系统的开环结构通常由若干典型环节组成，本节着重讨论典型环节的频率特性及其几何表示。

1. 比例环节

比例环节的传递函数为

$$G(s)=K$$

其频率特性为

$$G(\mathrm{j}\omega)=K \tag{5.17}$$

相应的幅频特性和相频特性为

$$\left.\begin{aligned}A(\omega)&=K\\ \varphi(\omega)&=0^\circ\end{aligned}\right\} \tag{5.18}$$

其幅频特性和相频特性是与频率 ω 无关的一个常数，对应的极坐标图是实轴上的一个点，如图 5-6 所示。

相应的对数幅频特性和对数相频特性为

$$\left.\begin{aligned}L(\omega)&=20\lg K\\ \varphi(\omega)&=0^\circ\end{aligned}\right\} \tag{5.19}$$

对数幅频特性是平行于横轴的一条水平线，对数相频特性是横坐标轴，如图 5-7 所示。当 $K>1$ 时，对数幅频特性在横轴的上方；当 $K<1$ 时，对数幅频特性在横轴的下方；当 $K=1$ 时，对数幅频特性是横坐标轴。改变传递函数中的增益 K 会导致对数幅频特性曲线上升或下降一个相应的常数，但不会影响曲线形状。

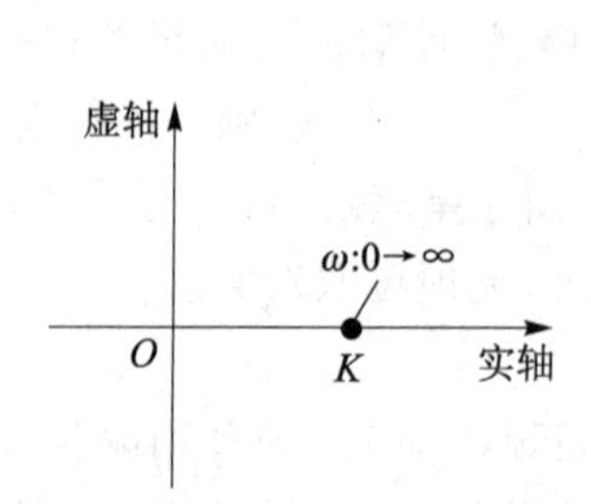

图 5-6　比例环节的极坐标图

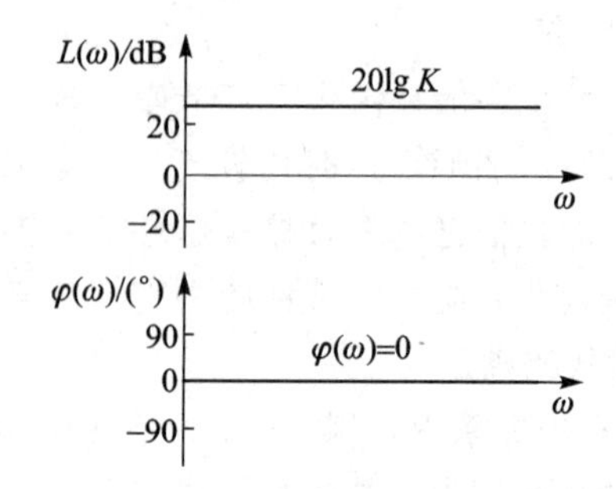

图 5-7　比例环节的伯德图

2. 积分环节

积分环节的传递函数为

$$G(s)=\frac{1}{s}$$

其频率特性为

$$G(\mathrm{j}\omega)=\frac{1}{\mathrm{j}\omega} \tag{5.20}$$

相应的幅频特性和相频特性为

$$\left.\begin{aligned}A(\omega)&=\frac{1}{\omega}\\ \varphi(\omega)&=-90^\circ\end{aligned}\right\}\tag{5.21}$$

当 ω 从 $0\to\infty$ 时，其相角恒为 -90°，幅值的大小与 ω 成反比。因此，极坐标图在负虚轴上，如图 5-8 所示。

相应的对数幅频特性和相频特性为

$$\left.\begin{aligned}L(\omega)&=20\lg A(\omega)=-20\lg\omega\\ \varphi(\omega)&=-90^\circ\end{aligned}\right\}\tag{5.22}$$

可见，对数幅频特性曲线为 ω 每增大十倍频程 $L(\omega)$ 衰减 20 dB 的一条直线，是等斜率变化的，斜率记作 -20 dB/dec（有时简写为 -1），并且当 $\omega=1$ 时过 0 dB 线。对数相频特性为 -90° 的一条水平线，积分环节的伯德图如图 5-9 所示。

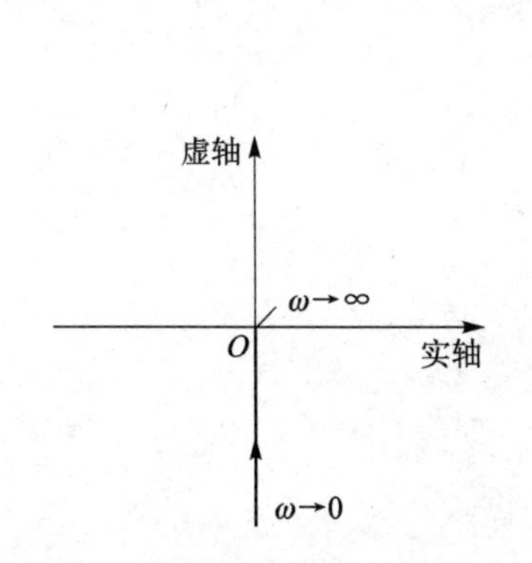

图 5-8　积分环节的极坐标图

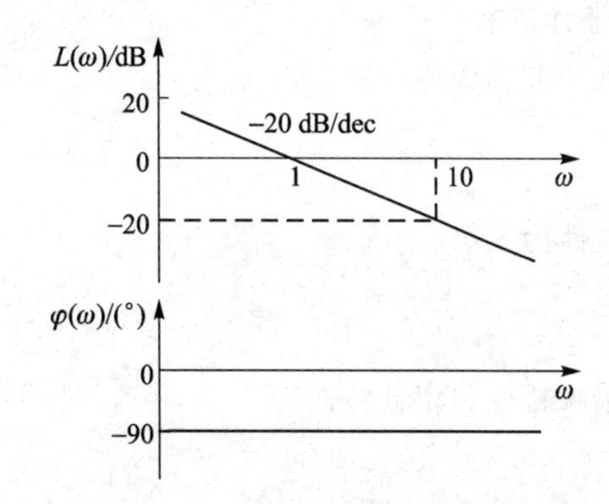

图 5-9　积分环节的伯德图

3. 微分环节

微分环节的传递函数为

$$G(s)=s$$

其频率特性为

$$G(\mathrm{j}\omega)=\omega\tag{5.23}$$

相应的幅频特性和相频特性为

$$\left.\begin{aligned}A(\omega)&=\omega\\ \varphi(\omega)&=90^\circ\end{aligned}\right\}\tag{5.24}$$

当 ω 从 $0\to\infty$ 时，其相角恒为 $+90^\circ$，幅值的大小与 ω 成正比。因此幅相曲线在正虚轴上。其极坐标图如图 5-10 所示。

相应的对数幅频特性和相频特性为

$$\left.\begin{aligned}L(\omega)&=20\lg A(\omega)=+20\lg\omega\\ \varphi(\omega)&=+90^\circ\end{aligned}\right\}\tag{5.25}$$

可见，与积分环节相反，对数幅频特性曲线为每十倍频程增加 20 dB 的一条直线，是等斜率变化的。相频特性是一条平行于 ω 轴的一条直线，相角恒等于 90°。微分环节的伯德图如图 5-11 所示。

微分环节的伯德图与积分环节的伯德图关于横轴对称。

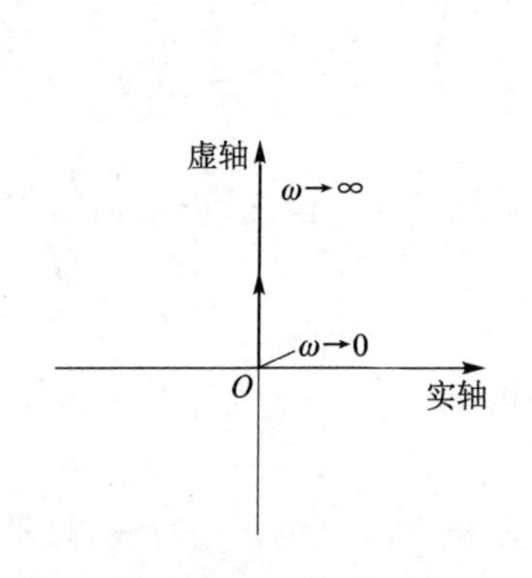

图 5-10　微分环节的极坐标图

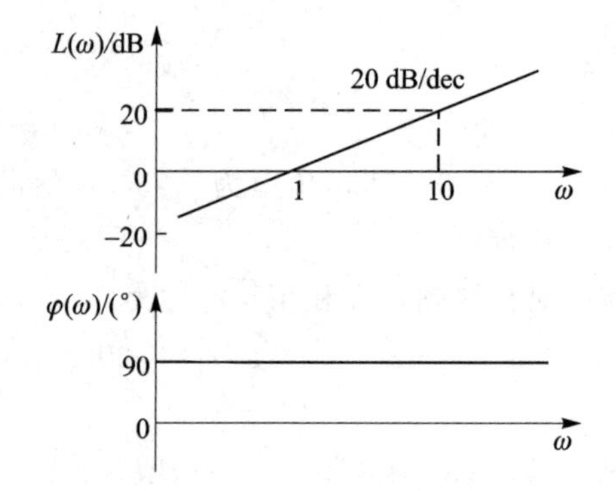

图 5-11　微分环节的伯德图

4. 惯性环节

惯性环节的传递函数为

$$G(s)=\frac{1}{1+Ts}$$

其频率特性为

$$G(\mathrm{j}\omega)=\frac{1}{1+\mathrm{j}\omega T} \tag{5.26}$$

相应的幅频特性和相频特性为

$$\left.\begin{aligned}A(\omega)&=\frac{1}{\sqrt{1+\omega^2T^2}}\\ \varphi(\omega)&=-\arctan\omega T\end{aligned}\right\} \tag{5.27}$$

可知

$$A(\omega)\big|_{\omega\to 0}=1,\quad \varphi(\omega)\big|_{\omega\to 0}=0^\circ$$
$$A(\omega)\big|_{\omega\to\infty}=0,\quad \varphi(\omega)\big|_{\omega\to\infty}=-90^\circ$$

惯性环节的极坐标图如图 5-12 所示。

惯性环节的对数幅频特性为

$$L(\omega)=20\lg\frac{1}{\sqrt{1+\omega^2T^2}}=-20\lg\sqrt{1+\omega^2T^2} \tag{5.28}$$

当 ω 从 $0\to\infty$ 时,计算出相应的对数幅值,即可绘制 $L(\omega)$ 曲线。但工程上还有以下简便的作图法。

① 当 $\omega\ll 1/T$ 时,对数幅频特性可近似表示为

$$L(\omega)\approx -20\lg 1=0$$

即频率很小时,可以用零分贝线近似。

② 当 $\omega\gg 1/T$ 时,对数幅频特性可近似表示为

$$L(\omega)\approx -20\lg\omega T$$

即频率很高时,$L(\omega)$ 曲线可以用一条直线近似,直线斜率为 -20 dB/dec,与零分贝线交于 $\omega T=1$。

因此，惯性环节的对数幅频曲线可用两条直线近似，低频部分为零分贝线，高频部分是斜率为 -20 dB/dec 的直线，两条直线相交于 $\omega T=1$ 或 $\omega=1/T$，如图 5-13 所示。频率 $1/T$ 称为惯性环节的转折频率或交接频率。

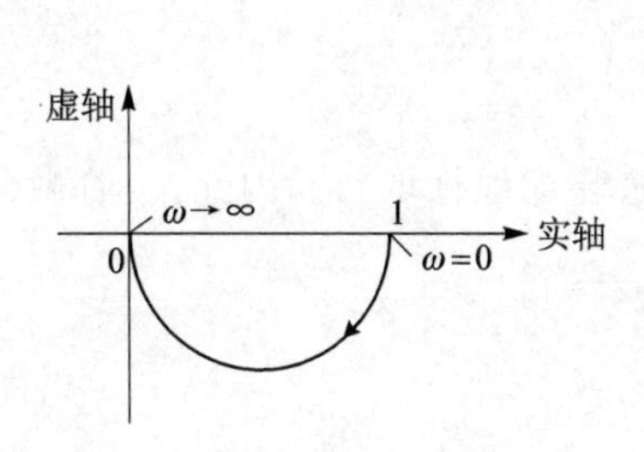

图 5-12 惯性环节的极坐标图

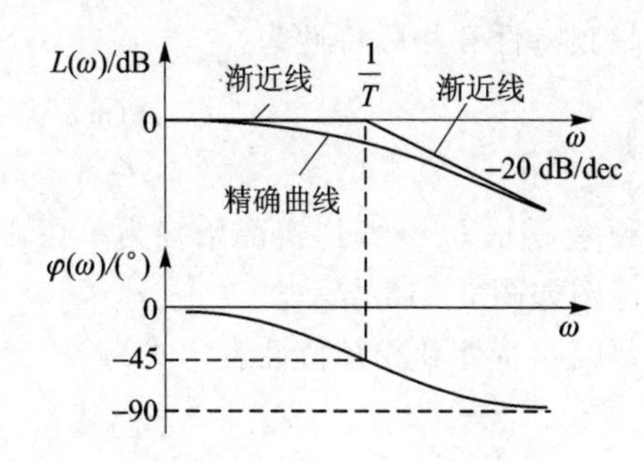

图 5-13 惯性环节的伯德图

用渐近线表示的近似曲线与精确曲线之间必然存在误差 $\Delta L(\omega)$，即

$$\Delta L(\omega)=L(\omega)-L_a(\omega) \tag{5.29}$$

式中，$L(\omega)$表示精确曲线，$L_a(\omega)$表示渐近线，于是

$$\Delta L(\omega)=\begin{cases}-20\lg\sqrt{1+\omega^2T^2}, & \omega\ll 1/T\\ -20\lg\sqrt{1+\omega^2T^2}+20\lg\omega T, & \omega\gg 1/T\end{cases} \tag{5.30}$$

根据式(5.30)，可得到惯性环节的误差曲线如图 5-14 所示。由图可知，在交接频率 $\omega=1/T$ 时误差最大，大约为 -3 dB，因此精确曲线可以根据渐近线经修正而得。

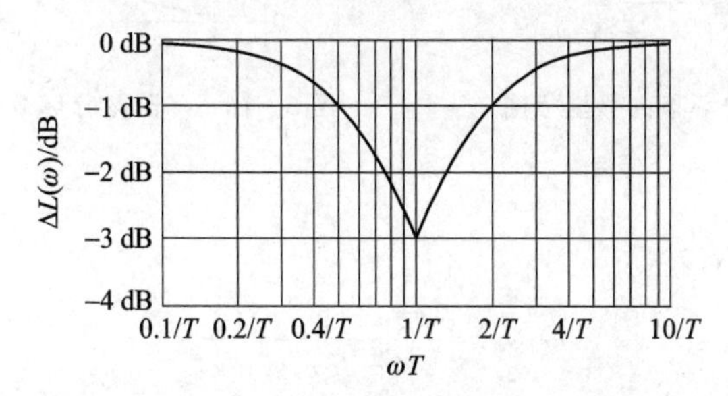

图 5-14 惯性环节的误差曲线

对数相频特性表达式为

$$\varphi(\omega)=-\arctan\omega T$$

当 ω 为 0 时，$\varphi(\omega)=0°$；在交接频率 $\omega=1/T$ 处，$\varphi(\omega)=-45°$；ω 趋于无穷时，$\varphi(\omega)=-90°$。$\varphi(\omega)$的计算见表 5-1。相频特性是单调递减的，而且以转折频率为中心，两边的角度是斜对称的，对数相频特性曲线见图 5-13。

表 5-1 惯性环节的相频特性数据

ωT	0.05	0.1	0.2	0.3	0.5	1.0	2	3	5	10	20	50	100
$\varphi(\omega)/(°)$	-2.9	-5.7	-11.3	-16.7	-26.6	-45	-63.4	-71.5	-78.7	-84.3	-87.1	-88.9	-89.4

5. 一阶微分环节

一阶微分环节的传递函数为

$$G(s)=1+Ts$$

其频率特性为

$$G(\mathrm{j}\omega)=1+\mathrm{j}T\omega \tag{5.31}$$

相应的幅频特性和相频特性为

$$\left.\begin{aligned}A(\omega)&=\sqrt{1+\omega^2T^2}\\ \varphi(\omega)&=\arctan\omega T\end{aligned}\right\} \tag{5.32}$$

当频率 ω 从 $0\to\infty$ 时，实部始终为单位1，虚部则随着 ω 线性增长。因此，一阶微分环节的极坐标图如图5-15所示。

对数幅频特性和相频特性表达式为

$$\left.\begin{aligned}L(\omega)&=20\lg\sqrt{1+\omega^2T^2}\\ \varphi(\omega)&=\arctan\omega T\end{aligned}\right\} \tag{5.33}$$

由以上的表达式可以看出，一阶微分环节与惯性环节的对数幅频特性和相频特性相差一个负号，因此它们的伯德图关于横轴对称。一阶微分环节的伯德图如图5-16所示。

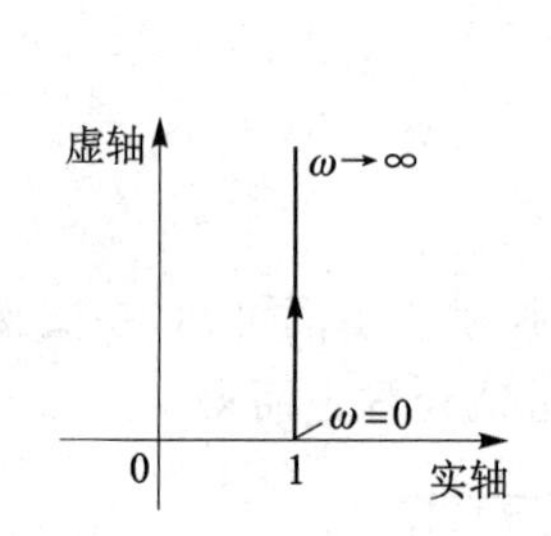

图5-15 一阶微分环节的极坐标图

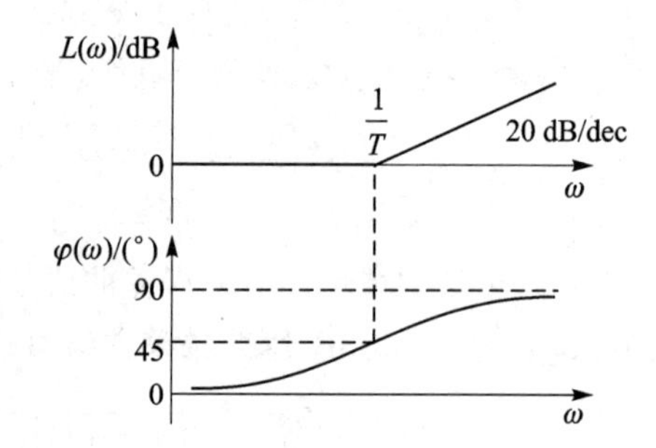

图5-16 一阶微分环节的伯德图

6. 振荡环节

振荡环节的传递函数为

$$G(s)=\frac{\omega_n^2}{s^2+2\xi\omega_n s+\omega_n^2}$$

其频率特性为

$$G(\mathrm{j}\omega)=\frac{\omega_n^2}{(\mathrm{j}\omega)^2+\mathrm{j}2\xi\omega_n\omega+\omega_n^2}=\frac{1}{\left(1-\frac{\omega^2}{\omega_n^2}\right)+\mathrm{j}2\xi\frac{\omega}{\omega_n}} \tag{5.34}$$

其幅频特性和相频特性为

$$\left.\begin{aligned}A(\omega)&=\frac{1}{\sqrt{\left(1-\frac{\omega^2}{\omega_n^2}\right)^2+4\xi^2\frac{\omega^2}{\omega_n^2}}}\\ \varphi(\omega)&=-\arctan\frac{2\xi\frac{\omega}{\omega_n}}{1-\frac{\omega^2}{\omega_n^2}}\end{aligned}\right\} \tag{5.35}$$

当 $\omega=0$ 时，$A(0)=1$，$\varphi(0)=0°$；当 $\omega=\omega_n$ 时，$A(\omega_n)=1/2\xi$，$\varphi(\omega_n)=-90°$；当 $\omega\to\infty$ 时，

$A(\infty)=0,\varphi(\infty)=-180°$。其坐标图如图 5-17 所示。

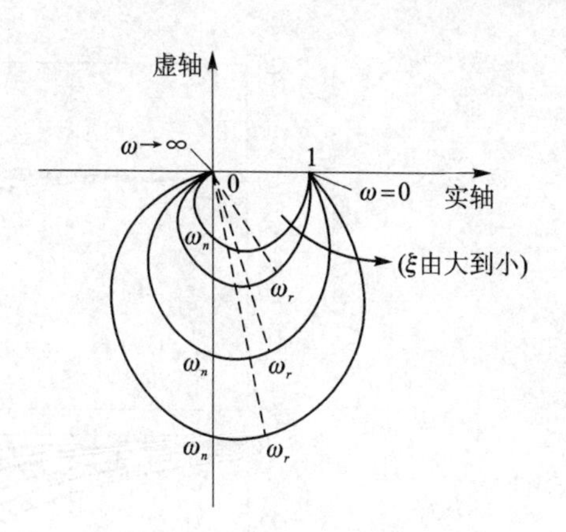

图 5-17　振荡环节的极坐标图

由图 5-17 可见，幅频特性的最大值随 ξ 的减小而增大，其值可能会大于 1。可以求得在系统参数所对应的条件下，在某一频率 $\omega=\omega_r$（谐振频率）处，振荡环节会产生谐振峰值 M_r。在产生谐振峰值处，必有

$$\frac{d}{d\omega}A(\omega)=0\bigg|_{\omega=\omega_r} \tag{5.36}$$

因此可以解出谐振频率为

$$\omega_r=\omega_n\sqrt{1-2\xi^2} \tag{5.37}$$

将其代入幅值表达式，求得谐振峰值：

$$M_r=A(\omega_r)=\frac{1}{2\xi\sqrt{1-\xi^2}} \tag{5.38}$$

由式(5.38)可以看出：

① 当 $\xi>0.707$ 时，没有峰值，$A(\omega)$ 单调衰减。

② 当 $\xi=0.707$ 时，$M_r=1,\omega_r=0$。

③ 当 $\xi<0.707$ 时，$M_r>1,\omega_r>0$，幅频 $A(\omega)$ 出现峰值，而且 ξ 越小，峰值 M_r 及谐振频率 ω_r 越高。

④ 当 $\xi=0$ 时，峰值 M_r 趋于无穷，谐振频率 ω_r 趋于 ω_n。这表明外加正弦信号的频率和自然振荡频率相同，引起环节的共振。环节处于临界稳定的状态。

峰值过高，会导致动态响应的超调量大，过程不平稳。对振荡环节或二阶系统来说，相当于 ξ 减小，这和时域分析得出的结论是一致的。

振荡环节的对数幅频特性为

$$L(\omega)=20\lg\frac{1}{\sqrt{\left(1-\frac{\omega^2}{\omega_n^2}\right)^2+4\xi^2\frac{\omega^2}{\omega_n^2}}} \tag{5.39}$$

可以采用近似方法作出简便图形。

当 $\omega\ll\omega_n$ 时，$L(\omega)=0$，即频率很低时，$L(\omega)$ 曲线可以近似为零分贝线。

当 $\omega\gg\omega_n$ 时，$L(\omega)\approx-20\lg\omega^2/\omega_n{}^2=-40\omega/\omega_n$，即频率很高时，$L(\omega)$ 曲线可用一条直线近似，直线的斜率为 -40 dB/dec，与零分贝线交于 $\omega=\omega_n$ 处。故振荡环节的转折频率或交接频率为 ω_n。其对数幅频特性曲线如图 5-18 所示，渐近线如图中直线所示。

以上得到的两条渐近线都与阻尼比 ξ 无关。实际上，幅频特性在谐振频率处有峰值，峰值大小取决于阻尼比，这一特点必然反映在对数幅频特性曲线上。因此，用渐近线表示振荡环节的对数幅频特性曲线会存在误差，误差大小不仅和 ω 有关，而且和 ξ 有关。误差的计算公式为

$$\Delta L(\omega,\xi)=\begin{cases}-20\lg\sqrt{(1-\omega^2/\omega_n^2)^2+(2\xi\omega/\omega_n)^2}, & \omega<\omega_n\\ -20\lg\sqrt{(1-\omega^2/\omega_n^2)^2+(2\xi\omega/\omega_n)^2}+20\lg\omega^2/\omega_n^2, & \omega>\omega_n\end{cases} \tag{5.40}$$

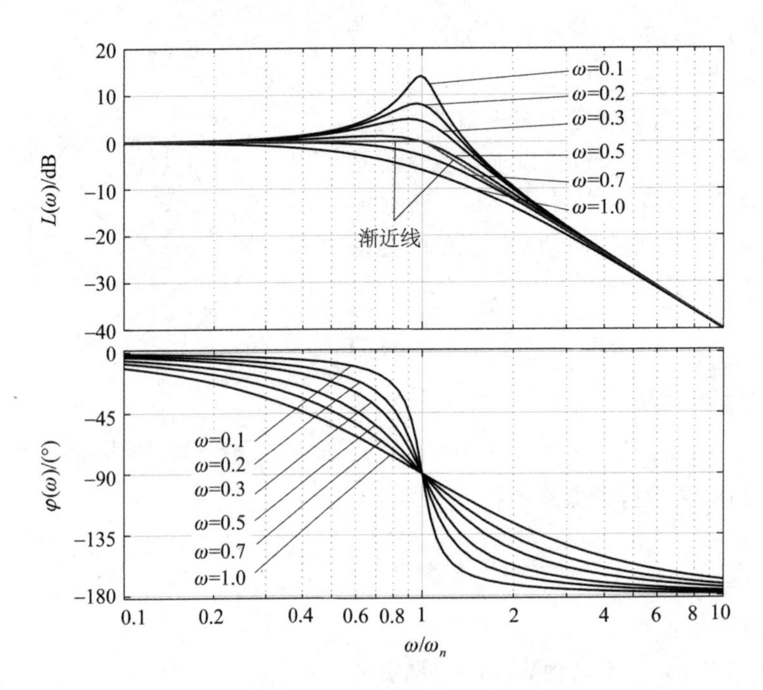

图 5-18　振荡环节的伯德图

根据误差公式可以绘制误差曲线如图 5-19 所示。此曲线可用来修正渐近特性曲线。

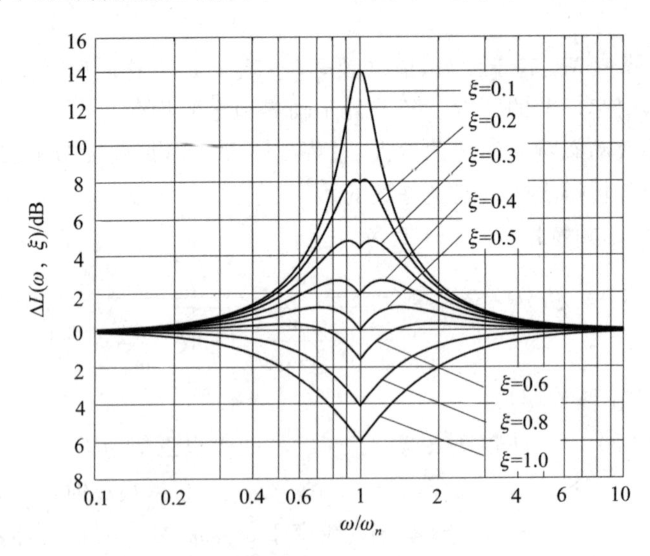

图 5-19　振荡环节的误差曲线

振荡环节的对数相频特性表达式为

$$\varphi(\omega) = -\arctan \frac{2\xi \dfrac{\omega}{\omega_n}}{1-\dfrac{\omega^2}{\omega_n^2}} \tag{5.41}$$

当 $\omega=0$ 时，$\varphi(0)=0°$；当 $\omega=\omega_n$ 时，$\varphi(\omega_n)=-90°$；当 $\omega\to\infty$ 时，$\varphi(\infty)=-180°$。

由于系统阻尼比 ξ 取值不同，$\varphi(\omega)$ 在 $\omega=\omega_n$ 邻域的角度变化率也不同，故阻尼比越小，变化率越大。

7. 二阶微分环节

二阶微分环节的传递函数为

$$G(s)=\frac{s^2+2\zeta\omega_n s+\omega_n^2}{\omega_n^2}$$

其频率特性为

$$G(\mathrm{j}\omega)=\frac{(\mathrm{j}\omega)^2+\mathrm{j}2\zeta\omega_n\omega+\omega_n^2}{\omega_n^2}=\left(1-\frac{\omega^2}{\omega_n^2}\right)+\mathrm{j}2\zeta\frac{\omega}{\omega_n} \tag{5.42}$$

其极坐标图如图5-20所示。由于二阶微分环节与振荡环节的传递函数互为倒数，因此它们的伯德图关于横轴对称。读者很容易画出二阶微分环节的伯德图。

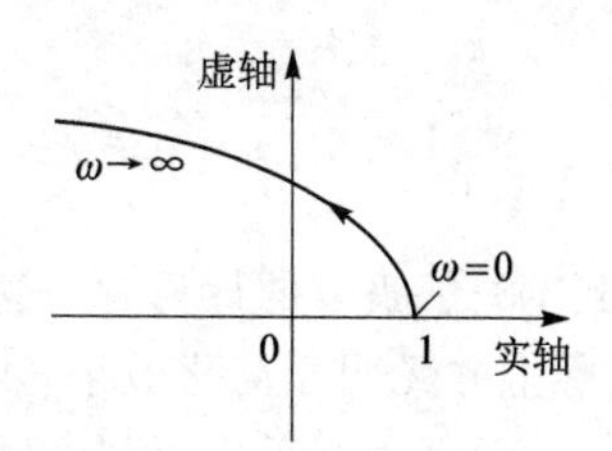

图5-20　二阶微分环节的极坐标图

8. 延迟环节

延迟环节的传递函数为

$$G(s)=\mathrm{e}^{-\tau s}$$

其频率特性为

$$G(\mathrm{j}\omega)=\mathrm{e}^{-\mathrm{j}\omega\tau} \tag{5.43}$$

幅频特性为

$$A(\omega)=|\mathrm{e}^{-\mathrm{j}\omega\tau}|=1 \tag{5.44}$$

相频特性为

$$\varphi(\omega)=-\omega\tau(\mathrm{rad})=-57.3\omega\tau(^\circ) \tag{5.45}$$

极坐标图如图5-21所示。由于幅值总是1，相角随频率而变化，故极坐标图为一单位圆。伯德图如图5-22所示。$\varphi(\omega)$ 随频率的增长而线性滞后，将严重影响系统的稳定性。

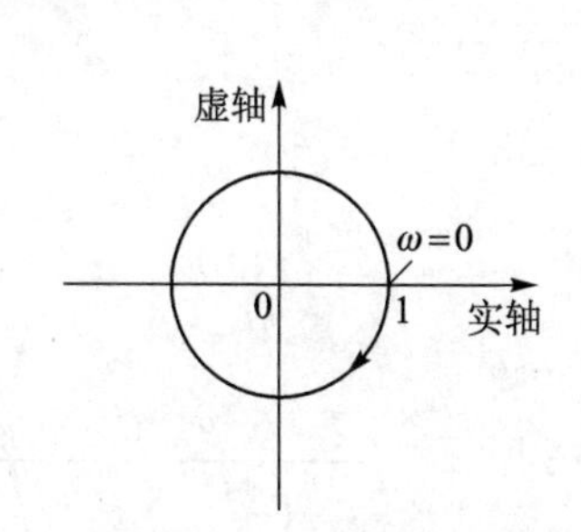

图5-21　延迟环节的极坐标图

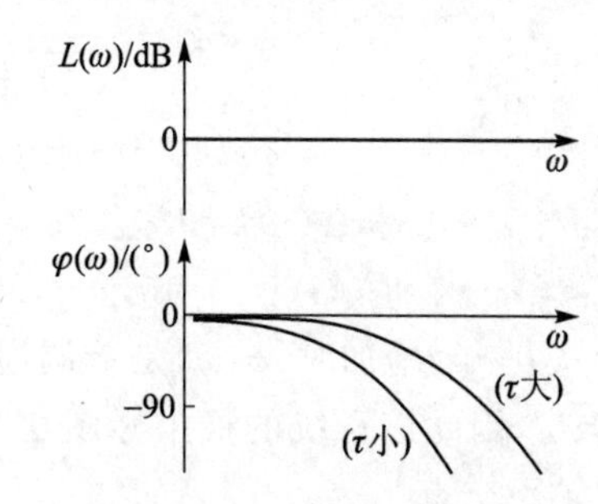

图5-22　延迟环节的伯德图

5.2.2　开环极坐标图

准确的开环频率特性极坐标图，大多通过计算机辅助软件绘制。但在定性分析过程中，往往只需要知道极坐标图的大致图形即可。概略绘制极坐标图时一般要体现以下几方面：

① 开环极坐标图的起点 $G(\mathrm{j}0)$ 和终点 $G(\mathrm{j}\infty)$；

② 开环极坐标图与实轴及单位圆的交点；

③ 开环幅相曲线的变化范围(象限、单调性)。

若开环系统为若干典型环节串联组成，则其传递函数为

$$G(s)=G_1(s)G_2(s)\cdots G_n(s)$$

可以参考各个典型环节的频率特性，绘制开环频率特性的极坐标图。

由于

$$G(\mathrm{j}\omega)=\prod_{i=1}^{n}G_i(\mathrm{j}\omega)=\left[\prod_{i=1}^{n}A_i(\omega)\right]\mathrm{e}^{\mathrm{j}\sum_{i=1}^{n}\varphi_i(\omega)} \tag{5.46}$$

故对应的幅频特性和相频特性为

$$\left.\begin{aligned}A(\omega)&=\prod_{i=1}^{n}A_i(\omega)\\ \varphi(\omega)&=\sum_{i=1}^{n}\varphi_i(\omega)\end{aligned}\right\} \tag{5.47}$$

上述关于幅值的计算存在大量的乘积运算。由各个环节的特性绘制开环系统的极坐标图，实际上并无明显简化效果。

下面举例说明采用近似方法绘制开环极坐标图。

【例 5-2】 某负反馈控制系统的开环传递函数为

$$G(s)=\frac{K}{(T_1s+1)(T_2s+1)}$$

试概略绘制系统开环幅相曲线。

解：系统开环频率特性为

$$G(\mathrm{j}\omega)=\frac{K}{(1+\mathrm{j}T_1\omega)(1+\mathrm{j}T_2\omega)}$$

相应的幅频特性和相频特性为

$$\begin{cases}A(\omega)=\dfrac{K}{\sqrt{(1+T_1^2\omega^2)(1+T_2^2\omega^2)}}\\ \varphi(\omega)=-\arctan T_1\omega-\arctan T_2\omega\end{cases}$$

① 起点：当 $\omega=0$ 时，$G(\mathrm{j}0)=K\angle 0°$；

② 终点：当 $\omega\to\infty$ 时，$G(\mathrm{j}\infty)=0\angle-180°$；

③ 当 ω 从 $0\to\infty$ 增加时，$\varphi(\omega)$ 是单调递减的，从 0°单调地衰减到 −180°，因此该系统的极坐标图在第Ⅲ象限和第Ⅳ象限，与负实轴无交点。

概略幅相曲线如图 5-23 所示。

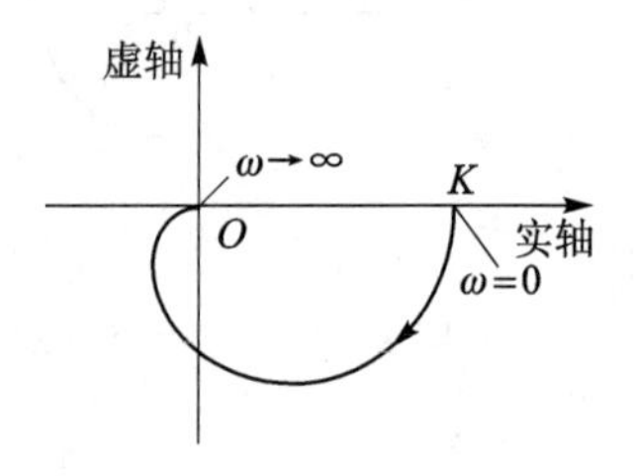

图 5-23　例 5-2 系统的开环极坐标图

【例 5-3】 某负反馈控制系统的开环传递函数为

$$G(s)=\frac{K}{s(T_1s+1)(T_2s+1)}$$

试概略绘制系统开环幅相曲线。

解：系统的频率特性为

$$G(\mathrm{j}\omega)=\frac{K}{\mathrm{j}\omega(1+\mathrm{j}T_1\omega)(1+\mathrm{j}T_2\omega)}$$

相应的幅频特性和相频特性为

$$\begin{cases} A(\omega)=\dfrac{K}{\omega^2\sqrt{(1+T_1^2\omega^2)(1+T_2^2\omega^2)}} \\ \varphi(\omega)=-90^\circ-\arctan T_1\omega-\arctan T_2\omega \end{cases}$$

① 起点：当 $\omega=0$ 时，$G(\mathrm{j}0)=\infty\angle-90^\circ$；

② 终点：当 $\omega\to\infty$ 时，$G(\mathrm{j}\infty)=0\angle-270^\circ$；

当 ω 从 $0\to\infty$ 增加时，$\varphi(\omega)$ 是单调递减的，从 -90° 单调地衰减到 -270°。

③ 与实轴的交点

$$G(\mathrm{j}\omega)=\frac{K}{\omega(1+T_1\omega^2)(1+T_2\omega^2)}\left[(T_1\omega+T_2\omega)+\mathrm{j}(1-T_1T_2\omega^2)\right]$$

当 $\omega_x=\sqrt{\dfrac{1}{T_1T_2}}$ 时，幅相曲线与实轴有一交点，交点坐标为

$$\mathrm{Re}(\omega_x)=-K\frac{T_1T_2}{T_1+T_2}$$

④ 当 $\omega<\omega_x$ 时，$Im(\omega)<0$；当 $\omega>\omega_x$ 时，$Im(\omega)>0$。因此极坐标图应在第Ⅲ象限和第Ⅱ象限。

开环概略极坐标图如图 5-24 所示。通常把极坐标图与负实轴交点处的频率 ω_x 称为相角穿越频率，记作 ωg，则 $\varphi(\omega_g)=-180^\circ$。

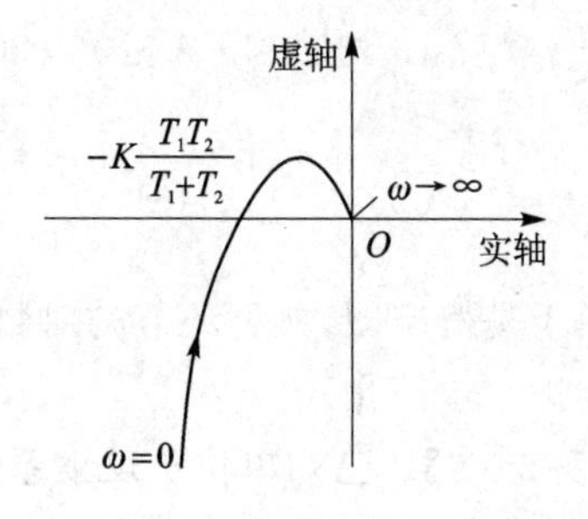

图 5-24　例 5-3 系统的开环极坐标图

【例 5-4】 已知系统的开环传递函数为

$$G(s)=\frac{K(\tau s+1)}{s^2(Ts+1)}$$

试分析并绘制 $\tau>T$ 和 $T>\tau$ 情况下的概略开环幅相曲线。

解：系统的开环频率特性为

$$G(\mathrm{j}\omega)=\frac{K(\mathrm{j}\tau\omega+1)}{-\omega^2(\mathrm{j}T\omega+1)}=-\frac{K(1+T\tau\omega^2)}{\omega^2(1+T^2\omega^2)}-\mathrm{j}\frac{K(\tau-T)\omega}{\omega^2(1+T^2\omega^2)}$$

相应的幅频特性和相频特性为

$$\begin{cases} A(\omega)=\dfrac{K\sqrt{\tau^2\omega^2+1}}{\omega^2\sqrt{T^2\omega^2+1}} \\ \varphi(\omega)=-180^\circ+\arctan\tau\omega-\arctan T\omega \end{cases}$$

① 起点：当 $\omega=0$ 时，$G(\mathrm{j}0)=\infty\angle-180^\circ$；

② 终点：当 $\omega\to\infty$ 时，$G(\mathrm{j}\infty)=0\angle-180^\circ$；

③ 幅相曲线与实轴无交点。

④ 当 $\tau>T$ 时，$\mathrm{Re}(\omega)<0$，$\mathrm{Im}(\omega)<0$，故开环幅相曲线位于第Ⅲ象限，如图 5-25 所示。当 $T>\tau$ 时，$\mathrm{Re}(\omega)<0$，$\mathrm{Im}(\omega)>0$，故开环幅相曲线位于第Ⅱ象限，如图 5-26 所示。

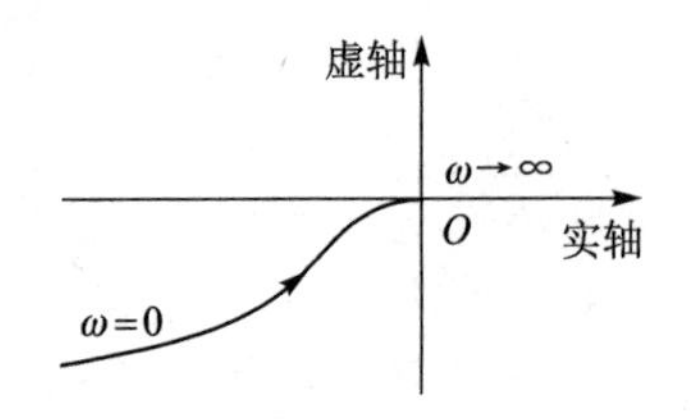

图 5-25　$\tau>T$ 时系统的幅相曲线

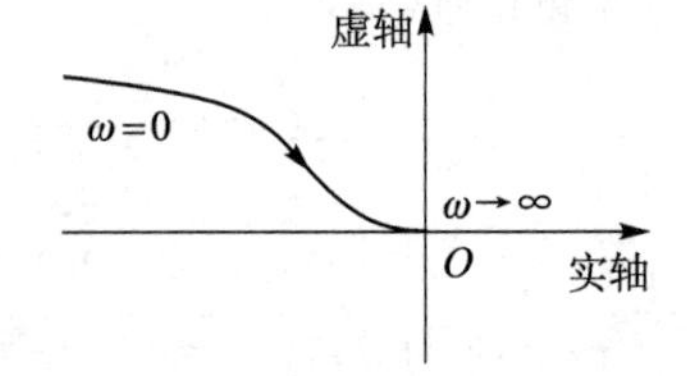

图 5-26　$T>\tau$ 时系统的幅相曲线

5.2.3　开环对数坐标图

开环频率特性对数坐标图,建议由计算机绘制。如果熟悉组成开环系统典型环节的对数频率特性,也可以经过求和简单处理,得到开环系统的概略对数坐标图。

由于

$$G(\mathrm{j}\omega)=\prod_{i=1}^{n}G_i(\mathrm{j}\omega)=\left[\prod_{i=1}^{n}A_i(\omega)\right]\mathrm{e}^{\mathrm{j}\sum_{i=1}^{n}\varphi_i(\omega)}$$

所以有

$$\left.\begin{aligned}L(\omega)&=20\lg A(\omega)=20\lg\prod_{i=1}^{n}A_i(\omega)=\sum_{i=1}^{n}20\lg A_i(\omega)=\sum_{i=1}^{n}L_i(\omega)\\\varphi(\omega)&=\sum_{i=1}^{n}\varphi_i(\omega)\end{aligned}\right\}\tag{5.48}$$

由于是概略图,典型环节的对数幅频特性曲线用折线代替曲线,因此使得开环的对数坐标图绘制进一步简化。

【例 5-5】 已知单位负反馈系统的开环传递函数为

$$G(s)=\frac{10}{s(0.2s+1)}$$

试绘制开环系统的伯德图。

解:开环系统传递函数由以下典型环节组成:比例环节 10,积分环节 $1/s$ 和惯性环节 $1/(0.2s+1)$。

图中,曲线(1)、曲线(2)和曲线(3)分别表示比例环节、积分环节和惯性环节的近似对数频率特性曲线。3 个典型环节的对数频率特性曲线如图 5-27 所示。将这些典型环节的对数幅频和对数相频曲线分别相加,即得开环伯德图,如图 5-27 所示。

分析图 5-27 中的开环对数幅频曲线可知,有如下特点:

① 最左端直线的斜率为-20 dB/dec,这一斜率完全由 $G(s)$的积分环节数决定;

② $\omega=1$ 时,曲线的分贝值等于 $20\lg K$;

③ 在惯性环节的交接频率 5 rad/s 处,斜率从-20 dB/dec 变为-40 dB/dec。

由例 5-5 可推知,一般的近似对数幅频曲线有如下特点:

① 最左端直线的斜率为-20v dB/dec,这里 v 是积分环节的个数;

② 在 $\omega=1$ 时,最左端直线或其延长线的分贝值等于 $20\lg K$;

③ 在交接频率处,曲线的斜率发生改变,改变多少取决于典型环节种类。例如,在惯性环

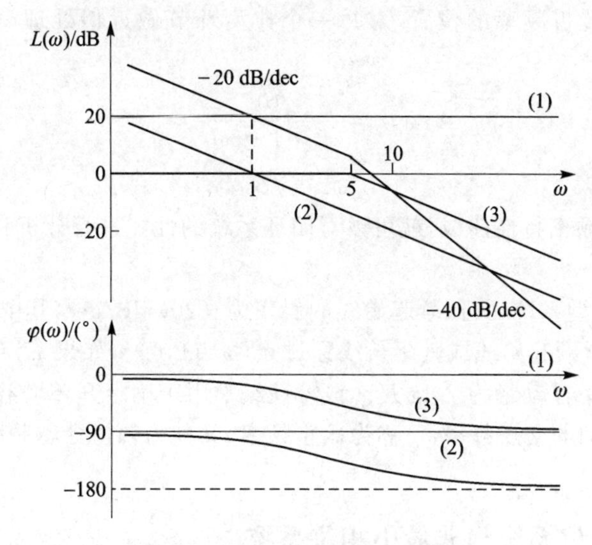

图 5-27 例 5-5 系统的伯德图

节后，斜率减少 20 dB/dec；而在振荡环节后，斜率减少 40 dB/dec。

掌握以上特点，就可以根据开环传递函数直接绘制系统对数幅频特性曲线。

对数相频特性作图时，首先确定低频段的相位角，其次确定高频段的相位角，再在中间选出一些插值点，计算出相应的相位角，将上述特征点连线即得对数相频特性的草图。

【例 5-6】 设有一单位反馈的火炮指挥仪伺服系统，其开环传递函数为

$$G(s)=\frac{10}{s(s+5)(s+0.2)}$$

试绘制开环系统的对数幅频特性曲线。

解： 先将 $G(s)$ 化成由典型环节串联的标准形式

$$G(s)=\frac{10}{s(0.2s+1)(5s+1)}$$

按下列步骤绘制近似 $L(\omega)$ 曲线：

① 把典型环节对应的转折频率标在 ω 轴上，典型环节的转折频率为 0.2，5。如图 5-28 所示。

② 画出低频段直线（最左端）。

斜率：-20 dB/dec（$v=1$）；

位置：因最小的转折频率为 0.2，所以当 $\omega=1$ 时，低频段的延长线经过点（$\omega=1$，$20\lg K$），即点（1，20）。

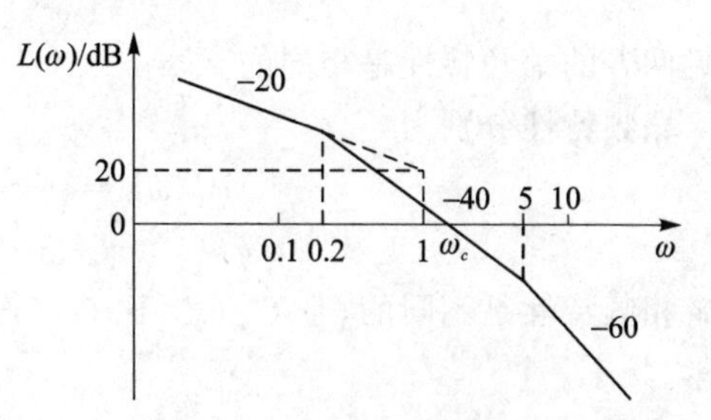

图 5-28 例 5-6 系统的开环对数幅频特性曲线

③ 从低频段向高频段延续，每经过一个转折频率，斜率发生相应的改变，故当低频段直线延续到 $\omega=0.2$ 时，因 0.2 对应的是惯性环节，所以直线的斜率由 -20 dB/dec 变为 -40 dB/dec；当 $\omega=5$ 时，直线斜率由 -40 dB/dec 变为 -60 dB/dec，这样可以很容易画出系统的开环对数幅频特性曲线，如图 5-28 所示。

④ $L(\omega)$ 与 0 dB 线的交点频率称为幅值穿越频率（截止频率），记作 ω_c。根据开环幅频特

性曲线及 ω_c 相对于转折频率的位置，对每一个典型环节做近似处理，可以很容易求出 ω_c。故有

$$A(\omega_c)=\frac{10}{\omega_c \cdot 1 \cdot 5\omega_c}=1$$

$$\omega_c=\sqrt{2}$$

有了系统的开环频率特性曲线，就可以对闭环系统的性能进行分析和计算了。

➢ 讨论：

① 对于开环非零型系统，其低频起始线的斜率为 -20ν dB/dec，其中 ν 为开环系统型数。

② 当 $K=1$ 时，低频起始线或其延长线穿过点$(\omega=1,0)$。如果 $K\neq1,\omega=1$ 点处低频起始线（或延长线）的上下浮动量为 $20\lg K$。该特性经常用于确定开环增益 K 值大小。

③ $L(\omega)$穿过 ω 轴的交点频率 ω_c 称为截止频率，又称为幅值穿越频率、剪切频率，是频率分析中很重要的参数。

5.2.4　最小相位系统与非最小相位系统

定义开环零点与开环极点全部位于 s 左半平面的系统称为最小相位系统，否则称为非最小相位系统。

【例 5-7】 已知两个系统的开环传递函数分别为

$$G_1(s)=\frac{0.1s+1}{s+1},\quad G_2(s)=\frac{-0.1s+1}{s+1}$$

试作出两系统的开环伯德图。

解：由定义可知 $G_1(s)$对应的系统为最小相位系统，$G_2(s)$对应的系统为非最小相位系统。对应的频率特性分别为

$$G_1(\mathrm{j}\omega)=\frac{\mathrm{j}0.1\omega+1}{\mathrm{j}\omega+1},\quad G_2(\mathrm{j}\omega)=\frac{-\mathrm{j}0.1\omega+1}{\mathrm{j}\omega+1}$$

对数幅频特性为

$$L_1(\omega)=20\lg\left|\frac{\mathrm{j}0.1\omega+1}{\mathrm{j}\omega+1}\right|=20\lg\sqrt{0.01\omega^2+1}-20\lg\sqrt{\omega^2+1}$$

$$L_2(\omega)=20\lg\left|\frac{-\mathrm{j}0.1\omega+1}{\mathrm{j}\omega+1}\right|=20\lg\sqrt{0.01\omega}$$

可见两者的幅频特性是相同的。

相频特性分别为

$$\varphi_1(\omega)=\arctan 0.1\omega-\arctan\omega$$

$$\varphi_2(\omega)=-\arctan 0.1\omega-\arctan\omega$$

两者相频特性是不同的，且 $G_1(s)$ 比 $G_2(s)$有更小的相位角。两系统的伯德图如图 5-29 所示。

由图 5-29 可知：

① 在具有相同的开环幅频特性的系统中，最小相位系统的相角变化范围最小；

② 最小相位系统对数幅频曲线 $L(\omega)$变化趋势与相频特性曲线 $\varphi(\omega)$是一致的；

③ 最小相位系统的对数幅频特性曲线 $L(\omega)$与相频特性曲线 $\varphi(\omega)$具有一一对应关系，因此在分析时可只画出对数幅频特性曲线 $L(\omega)$。反之，在已知对数幅频特性曲线时，可确定

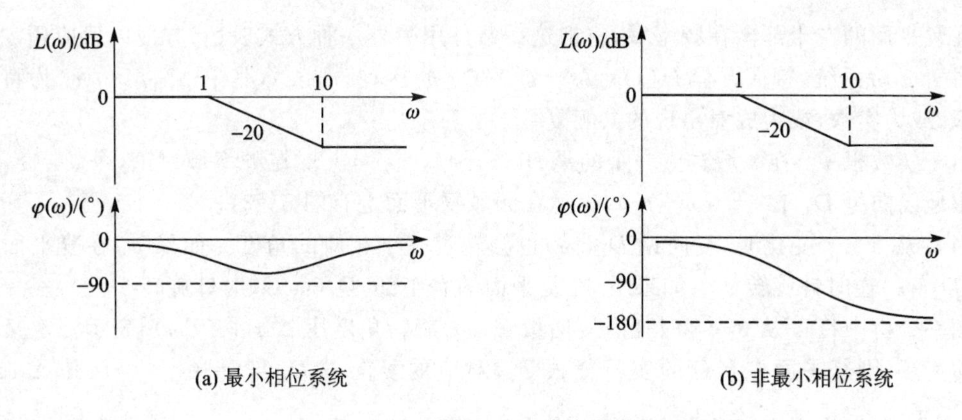

(a) 最小相位系统　　　　　　(b) 非最小相位系统

图 5－29　例 5－7 系统的伯德图

相应的开环传递函数。

【例 5－8】 已知某最小相位系统的开环对数幅频特性曲线 $L(\omega)$ 如图 5－30 所示，试写出该系统的开环传递函数。

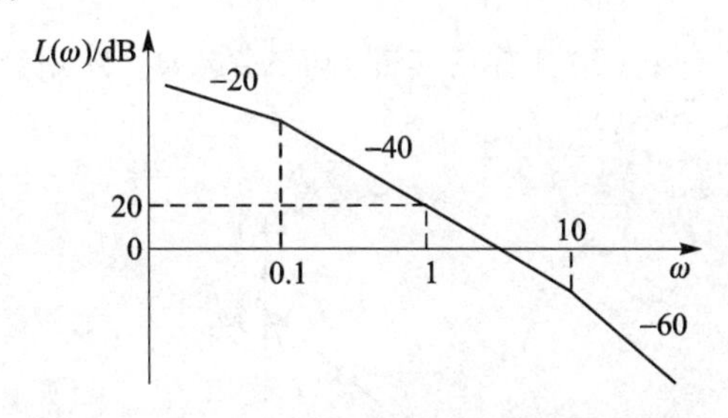

图 5－30　例 5－8 系统的开环对数幅频特性曲线

解：由系统的对数幅频特性曲线可知，系统存在两个转折频率 0.1 和 10，低频段斜率为 −20 dB/dec，系统包含一个积分环节，故有

$$G(s)=\frac{K}{s(s/0.1+1)(s/10+1)}$$

且由

$$20\lg\frac{K}{1\cdot 10\cdot 1}=20$$

可得

$$K=100$$

所以系统的开环传递函数为

$$G(s)=\frac{100}{s(s/0.1+1)(s/10+1)}$$

5.3　频域稳定性判据

在了解频率特性的概念和开环频率特性的几何表示后，下一步的工作就是如何利用这些开环对象的频率特性图形曲线，得到闭环后系统的稳定性及动静态性能。本节首先讨论稳定性。

5.3.1　稳定性的等价判据

在时域分析中，系统稳定的充分必要条件是，系统特征方程的所有根全部具有负实部，或者说在复平面的左半部。在频率域，将把这一条件用另外一种方式表达，方便以后应用。

对于 n 阶系统，特征方程 $D(s)=(s-p_1)(s-p_2)\cdots(s-p_n)$，其中 p_1、$p_2\cdots p_n$ 为特征方程的根，或为实数，或为成对出现的共轭复数。

对于实数根 p_i，在 s 域对应一个向量 $D_i(s)=(s-p_i)$。现在频率域讨论，令 $s=j\omega$，于是有频率域复向量 $D_i(j\omega)=(j\omega-p_i)$，表达在频域复平面上有图 5-31。

当 ω 从 $0\to\infty$ 变化时，复向量 $D_i(j\omega)$ 也会转过一个相应的角度。如果 p_i 在复平面的左半部，$D_i(j\omega)$ 逆时针旋转 90°；如果 p_i 在复平面的右半部，$D_i(j\omega)$ 顺时针旋转 90°。

频率分析中将 ω 从 $0\to\infty$ 时任意复向量 $Z(j\omega)$ 旋转角度用 $\Delta\arg[Z(j\omega)]$ 表示。定义逆时针方向为正，则复平面左半部的实特征根 p_i，对应的复向量 $D_i(s)=(s-p_i)$，其 $\Delta\arg[D_i(j\omega)]=\frac{\pi}{2}$；复平面右半部的实特征根 p_i，对应的复向量 $D_i(s)=(s-p_i)$，其 $\Delta\arg[D_i(j\omega)]=-\frac{\pi}{2}$。

同样的分析，可知共轭复数根对应的复向量 $D_i(j\omega)=(j\omega-p_j)(j\omega-p_j^*)$，如果具有负实部，则 $\Delta\arg[D_i(j\omega)]=2\times\frac{\pi}{2}$；如果具有正实部，则 $\Delta\arg[D_i(j\omega)]=-2\times\frac{\pi}{2}$。对应的复向量如图 5-32 所示。

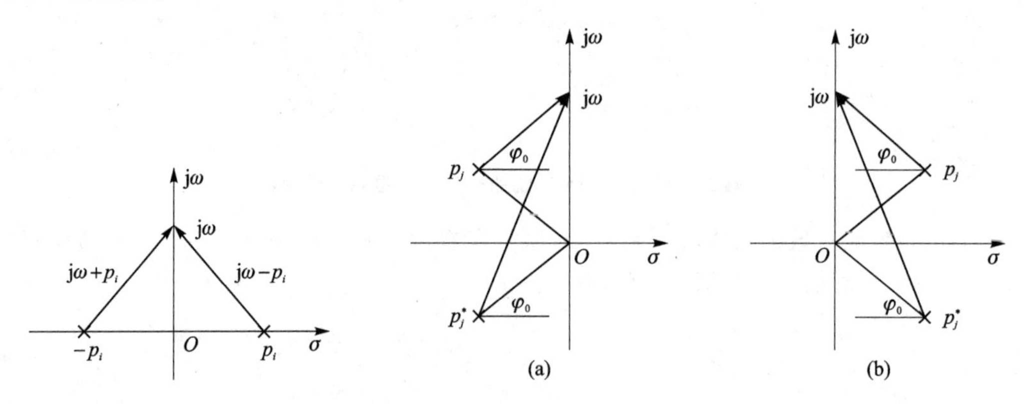

图 5-31　实数根所对应的特征矢量　　**图 5-32　共轭复数根所对应的特征矢量**

进一步，对于 n 阶系统，特征方程对应的复向量 $D(j\omega)=(j\omega-p_1)(j\omega-p_2)\cdots(j\omega-p_n)$，如果全部特征值具有负实部，$\Delta\arg[D(j\omega)]=n\times\frac{\pi}{2}$。每有一个正实部的不稳定极点（特征值），$\Delta\arg[D(j\omega)]$ 正方向旋转减少 $\pi/2$，负方向增加 $\pi/2$。对于具有 p 个不稳定极点的系统，$\Delta\arg[D(j\omega)]=n\times\frac{\pi}{2}-p\pi$。

经过上述分析，可得在频率域，系统稳定的充分必要条件：对于 n 阶系统，当 ω 从 $0\to\infty$ 变化时，复向量 $D(j\omega)$ 旋转角度为 $\Delta\arg[D(j\omega)]=n\times\frac{\pi}{2}$。

5.3.2　奈奎斯特判据

在开环对象频率特性极坐标图（奈奎斯特图）上，利用上节的等价判据，可以直接判定闭环系统的稳定性。

1. 辅助函数 $F(s)$

首先构造一个辅助函数 $F(s)=\dfrac{D_B(s)}{D_k(s)}$，其中 $D_B(s)$、$D_k(s)$ 分别为闭环、开环的特征多项式。由于特征多项式的根决定系统稳定性，所以 $F(s)$ 将闭环系统、开环系统的稳定性联系到一起。

$F(s)$ 除了表达开环、闭环系统稳定性关系外，还有另外的意义。

对于图 5-33 所示的典型负反馈控制系统，有

$$G(s)=\frac{M_1(s)}{N_1(s)},\quad H(s)=\frac{M_2(s)}{N_2(s)}$$

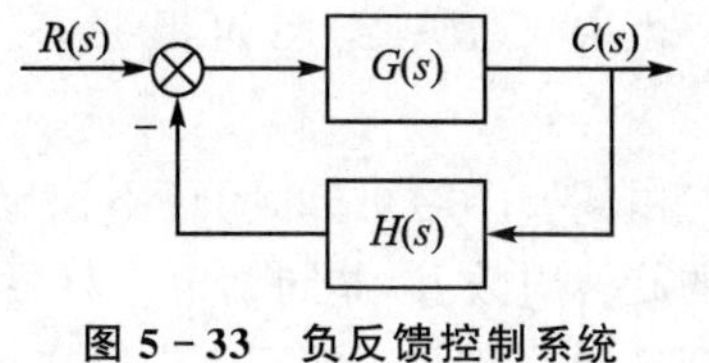

图 5-33　负反馈控制系统

其中，$M_1(s)$、$N_1(s)$ 表示 $G(s)$ 的分子、分母多项式；$M_2(s)$、$N_2(s)$ 表示 $H(s)$ 的分子、分母多项式。由此，

开环传递函数为

$$G_k(s)=G(s)H(s)=\frac{M_1(s)M_2(s)}{N_1(s)N_2(s)} \tag{5.49}$$

闭环传递函数为

$$G_B(s)=\frac{G(s)}{1+G(s)H(s)}=\frac{M_1(s)N_2(s)}{N_1(s)N_2(s)+M_1(s)M_2(s)} \tag{5.50}$$

则辅助函数

$$F(s)=\frac{D_B(s)}{D_k(s)}=\frac{N_1(s)N_2(s)+M_1(s)M_2(s)}{N_1(s)N_2(s)}=1+G(s)H(s)=1+G_k(s) \tag{5.51}$$

由式(5.51)可知，$F(s)$ 和开环传递函数 $G_k(s)$ 具有简单的关系。

考虑到实际系统中，开环对象的传递函数中，分子多项式的阶次不会高于分母多项式阶次，总有 $n\geqslant m$。故开环、闭环特征多项式有相同的阶次。

由上可知，辅助函数 $F(s)$ 具有以下特点：其零点和极点分别是闭环、开环特征多项式的根；零极点个数相等；与开环传递函数相差 1。

2. 一般情形下的奈氏判据

前述讨论稳定性的频域等价判据时，只关注了极点在 s 左半和右半平面的情况，并未论及极点落在虚轴上的临界稳定情况。下面讨论不包含临界稳定极点的一般情形下的奈氏判据。

由 $F(s)=\dfrac{D_B(s)}{D_k(s)}=\dfrac{(s-z_1)(s-z_2)\cdots(s-z_n)}{(s-p_1)(s-p_2)\cdots(s-p_n)}$，其中 z_i、p_j 分别表示 $F(s)$ 的零点和极点。

假设系统开环不稳定极点有 P 个，闭环不稳定极点有 Z 个，而 $F(s)$ 的零点、极点个数均为 n，所以当 ω 从 $0\to\infty$ 时有

$$\Delta\arg[D_k(\mathrm{j}\omega)]=n\times\frac{\pi}{2}-P\pi$$

$$\Delta\arg[D_B(\mathrm{j}\omega)]=n\times\frac{\pi}{2}-Z\pi$$

由于向量的代数运算结果仍为向量，现将 $F(\mathrm{j}\omega)=F(s)|_{s=\mathrm{j}\omega}$ 亦看作复平面上的向量，则当 ω 从 $0\to\infty$ 时，$F(\mathrm{j}\omega)$ 旋转的角度为

$$\Delta\arg[F(\mathrm{j}\omega)]=\left(n\times\frac{\pi}{2}-Z\pi\right)-\left(n\times\frac{\pi}{2}-P\pi\right)=\frac{(P-Z)}{2}\times 2\pi$$

可以将式中的$(P-Z)/2$用 R 代替，R 表示复向量 $F(\mathrm{j}\omega)$ 包围原点的旋转周数，逆时针方向为正。

由 $R=(P-Z)/2$ 可得

$$Z=P-2R \tag{5.52}$$

由式(5.52)可知，闭环不稳定极点个数 Z，仅仅由开环不稳定极点个数 P、$F(\mathrm{j}\omega)$ 包围原点的旋转周数 R，共同确定。只要画出 $F(\mathrm{j}\omega)$ 在 ω 从 $0\to\infty$ 时的极坐标概略图，即可知道 R。结合已知的开环对象不稳定极点个数 P，即可计算得到闭环不稳定极点个数 Z。$Z=0$ 闭环稳定，$Z\neq 0$ 闭环不稳定，十分简易。

如果再利用辅助函数 $F(s)$ 的第二个意义，$F(s)=1+G_k(s)$ 可知，$F(\mathrm{j}\omega)$ 相对于 $G_k(\mathrm{j}\omega)$ 只不过实部平移 1，虚部不变，$F(\mathrm{j}\omega)$ 的原点不过是 $G_k(\mathrm{j}\omega)$ 的$(-1,\mathrm{j}0)$点。所以当 ω 从 $0\to\infty$ 时，$G_k(\mathrm{j}\omega)$ 围绕$(-1,\mathrm{j}0)$点的旋转周数，等同于 $F(\mathrm{j}\omega)$ 围绕原点的旋转周数 R。

经过对 R 意义的重新解释，可以发现，闭环不稳定极点个数 Z，完全由开环不稳定极点个数 P，和开环频率特性 $G_k(\mathrm{j}\omega)$ 围绕$(-1,\mathrm{j}0)$点的旋转周数决定。

根据以上分析奈氏判据可以这样叙述：已知开环系统特征方程式在 s 右半平面的根的个数为 P，当 ω 从 $0\to\infty$ 时，开环奈氏曲线包围$(-1,\mathrm{j}0)$点的圈数为 R，则闭环系统特征方程式在 s 右半平面的根的个数为 Z，且有

$$Z=P-2R$$

若 $z=0$，则说明闭环特征根均在 s 左半平面，闭环系统稳定；若 $z\neq 0$，则说明闭环特征根在 s 右半平面有根，闭环系统不稳定。当 $P=0$ 时，即开环系统是稳定的，若要求闭环系统是稳定的，即 $Z=0$，则要求当 ω 从 $0\to\infty$ 时，开环奈氏曲线不包围$(-1,\mathrm{j}0)$点；当 $P\neq 0$ 时，即开环系统是不稳定的，若要求闭环系统是稳定的，即 $Z=0$，则要求当 ω 从 $0\to\infty$ 时，开环奈氏曲线包围$(-1,\mathrm{j}0)$点 $P/2$ 圈。

在频率域可以很容易地由开环对象的特性判定闭环系统的稳定性，这是奈奎斯特判据的工程应用价值所在。如果开环对象是稳定的，甚至不需要精确知道开环传递函数，那么只要实验测绘频率特性的大致形状，就可以判定闭环稳定性。这一点在实际应用中尤为重要。

【例 5-7】 试判断图 5-34 所示各系统的稳定性。

解：① 由图(a)可知，$P=0$，且 $R=0$，所以 $Z=0$，闭环系统是稳定的。

② 由图(b)可知，$P=0$，且开环极坐标图顺时针包围$(-1,\mathrm{j}0)$点 1 圈，即 $R=-1$。所以 $Z=P-2R=2$，则闭环系统是不稳定的。

③ 由图(c)可知，$P=0$，且开环极坐标图顺时针包围$(-1,\mathrm{j}0)$点 1 圈，逆时针包围$(-1,\mathrm{j}0)$点 1 圈，即 $R=0$。所以 $Z=0$，则闭环系统是稳定的。

④ 由图(d)可知，$P=0$，且开环极坐标图顺时针包围$(-1,\mathrm{j}0)$点 2 圈，逆时针包围$(-1,\mathrm{j}0)$点 1 圈，即 $R=-1$。所以 $Z=P-2R=2$，则闭环系统是不稳定的。

3. 开环包含临界稳定极点的奈氏判据

开环包含临界稳定极点，最常见的是原点处极点。假如某开环对象，包含 ν 个位于原点处

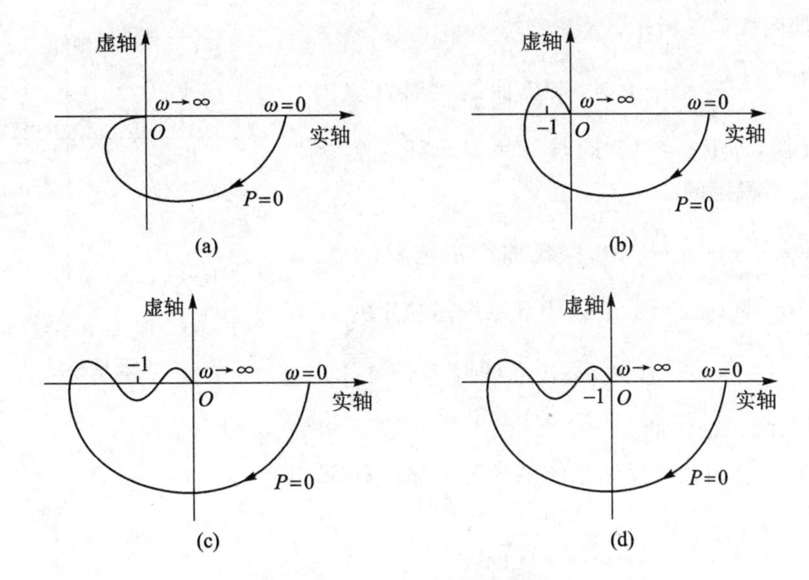

图 5-34　控制系统的极坐标图

极点，则 $D_k(s)=s^v(s-p_1)(s-p_2)\cdots(s-p_{n-v})$，$\nu$ 又称为开环型数。相应地，$D_k(s)$ 中非零极点数减少为 $n-v$。

由于零极点对应的频率域向量 $(\mathrm{j}\omega)^\nu$，有固定的角度方向 $\nu\times\frac{\pi}{2}$，在 ω 从 $0\to\infty$ 时，该向量旋转角度为 0，所以有

$$\Delta\arg[D_k(\mathrm{j}\omega)]=(n-v)\times\frac{\pi}{2}-P\pi$$

$$\Delta\arg[F(\mathrm{j}\omega)]=\left(n\times\frac{\pi}{2}-Z\pi\right)-\left[(n-v)\times\frac{\pi}{2}-P\pi\right]$$

$$=\nu\times\frac{\pi}{2}+\frac{P-Z}{2}\times2\pi=\nu\times\frac{\pi}{2}+R\times2\pi$$

即

$$\Delta\arg[F(\mathrm{j}\omega)]-\nu\times\frac{\pi}{2}=R\times2\pi$$

此时应用奈奎斯特判据应该略作修正。$F(\mathrm{j}\omega)$ 围绕原点的旋转角度 $\Delta\arg[F(\mathrm{j}\omega)]$，应该减去修正量 $\nu\times\frac{\pi}{2}$，然后再计数旋转的周数。

在极坐标图上，要使得角度减去 $\nu\times\frac{\pi}{2}$，等价于起点位置增加 $\nu\times\frac{\pi}{2}$。也即起点逆时针旋转 $\nu\times\frac{\pi}{2}$，该 $\nu\times\frac{\pi}{2}$ 的角度用虚线表示，也称为增补线。

【例 5-8】 已知某负反馈系统的开环传递函数为

$$G(s)=\frac{K}{s(T_1s+1)(T_2s+1)}$$

试用奈氏判据判别系统的稳定性。

解： 由例 5-3 可知系统的极坐标图如图 5-35 所示。由于该系统是 Ⅰ 型系统，$v=1$，所以

需做增补线如图 5-35 所示。

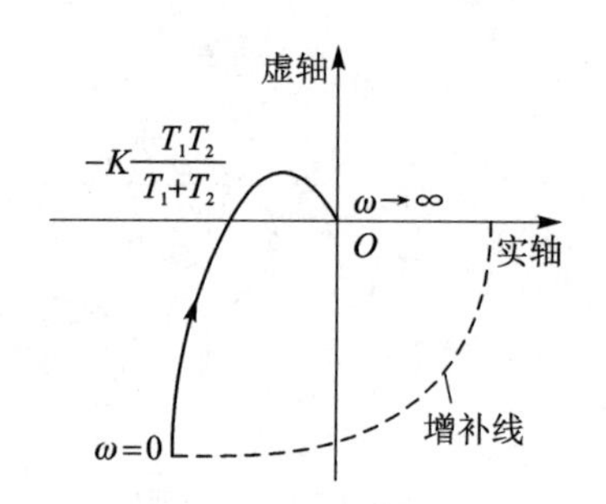

图 5-35　例 5-8 系统的极坐标图及增补线

当 $-K\dfrac{T_1T_2}{T_1+T_2}<-1$ 时，奈氏曲线顺时针包围 $(-1,\mathrm{j}0)$ 点 1 圈，即 $R=-1$。此时，$Z=P-2R\neq 0$，所以闭环系统是不稳定的。

当 $-K\dfrac{T_1T_2}{T_1+T_2}>-1$ 时，奈氏曲线不包围 $(-1,\mathrm{j}0)$ 点，即 $R=0$。此时 $Z=0$，所以闭环系统是稳定的。

当 $-K\dfrac{T_1T_2}{T_1+T_2}=-1$ 时，奈氏曲线穿过 $(-1,\mathrm{j}0)$ 点，此时系统是临界稳定的。

【例 5-9】 已知某负反馈系统的开环传递函数为

$$G(s)=\frac{K}{s^2(T_1s+1)(T_2s+1)},\quad (T_1>0,T_2>0,K>0)$$

试绘制系统的极坐标图并用奈氏判据判别系统的稳定性。

解: 系统的频率特性为

$$G(\mathrm{j}\omega)=\frac{K}{(\mathrm{j}\omega)^2(1+\mathrm{j}T_1\omega)(1+\mathrm{j}T_2\omega)}$$

其幅频特性和相频特性为

$$\begin{cases}A(\omega)=\dfrac{K}{\omega^2\sqrt{(1+T_1^2\omega^2)(1+T_2^2\omega^2)}}\\ \varphi(\omega)=-180^\circ-\arctan T_1\omega-\arctan T_2\omega\end{cases}$$

起点：当 $\omega=0$，$G(\mathrm{j}0)=\infty\angle-180^\circ$

终点：当 $\omega\to\infty$ 时，$G(\mathrm{j}\infty)=0\angle-360^\circ$

与负实轴的交点：

$$G(\mathrm{j}\omega)=\frac{-K(1-T_1T_2\omega^2)+\mathrm{j}K(T_1+T_2)\omega}{\omega^2(1+T_1^2\omega^2)(1+T_2^2\omega^2)}$$

由上述 $G(\mathrm{j}\omega)$ 的表达式可知，ω 为有限值时，奈氏曲线与负实轴无交点。该系统的极坐标图如图 5-36 所示。

因为该系统是Ⅱ型系统，即 $\nu=2$，所以需做增补线（如图 5-36 所示）。由图可知，奈氏曲线顺时针包围 $(-1,\mathrm{j}0)$ 点 1 圈，即 $R=-1$，故系统不稳定。

进一步推广，复平面上虚轴上的开环极点，在 ω 从 $0\to\infty$ 时都有向量旋转角度为 0 的特性。类比零极点，在应用奈氏判据时都应考虑角度修正问题。

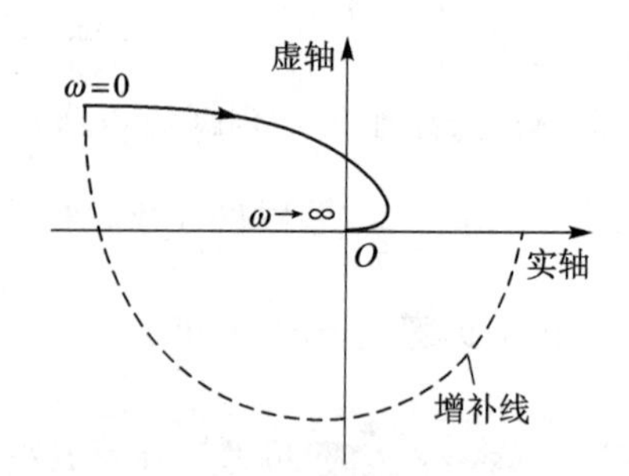

图 5-36　例 5-9 系统的极坐标图及增补线

5.3.3　伯德图上的稳定判据

系统开环频率特性的极坐标图和伯德图之间存在一定的对应关系，在极坐标图上广泛应用的奈氏稳定判据，在伯德图上也有其对应的表述形式，即利用开环系统的伯德图可以判别闭环系统的稳定性。

系统开环频率特性的极坐标图和伯德图之间的对应关系如图 5-37 所示。

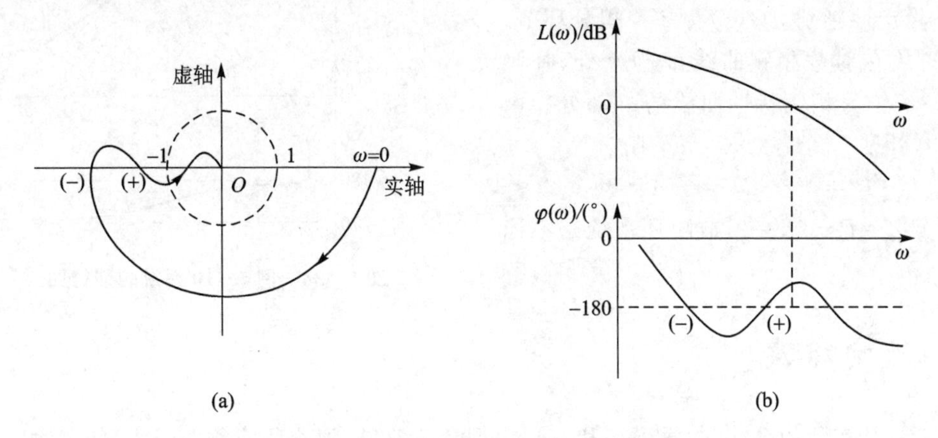

图 5-37　系统极坐标图和伯德图的对应关系

比较两图的特征，有以下几点：

① 极坐标图上 $|G(j\omega)|=1$ 圆，对应伯德图上对数幅频特性 0 dB 线；

② 极坐标图上的负实轴，对应伯德图上相频特性的 $-180°$ 线；

③ 极坐标图上 $(-1,j0)$ 点，对应伯德图上 $\omega=\omega_c$ 的幅值和相位；

④ 极坐标图上单位圆以外，对应伯德图对数幅频特性 $L(\omega)>0$ 的部分；

⑤ 极坐标图单位圆内部，对应伯德图对数幅频特性 $L(\omega)<0$ 的部分。

在单位圆外，奈氏曲线相位逐渐减小(角度绝对值增加，但顺时针方向定义为负)，至负实轴由下向上穿越，称为一次负穿越。对应伯德图，在 $\omega<\omega_c$ 段上，相位逐渐减小穿越 $-180°$ 线的过程，记作 $N^-=1$。

在单位圆外，奈氏曲线相位逐渐减增加(角度绝对值减小)，至负实轴由上向下穿越，称为一次正穿越。对应伯德图，在 $\omega<\omega_c$ 段，相位逐渐增加穿越 $-180°$ 线的过程，记作 $N^+=1$。

如果奈氏曲线从负实轴起，或终于负实轴线，对应伯德图上相频曲线从 $-180°$ 线起，或终于 $-180°$ 线，称为半穿越。记作 $N^-=1/2$ 或 $N^+=1/2$。

奈氏曲线在单位圆内的穿越，对于 $(-1,j0)$ 点来说，不影响旋转周数的计数，为无效穿越。对应伯德图，也不应考虑 $\omega>\omega_c$ 频段内相频曲线的穿越。

基于上述比较认识，可以确定奈氏判据一个重要的参数 $R=N^+-N^-$。在开环频率特性伯德图上，只需要计数 $\omega<\omega_c$ 频段正负穿越的次数，即可得到 R，利用开环不稳定极点个数 P，求取闭环不稳定极点个数 Z，即可判断闭环稳定性。

需要说明的是，对于开环包含临界稳定极点的情形，在伯德图上也需要补画增补线来表示角度起点处。

【例 5-10】　已知负反馈控制系统的开环传递函数为

$$G(s)=\frac{K}{s^2(Ts+1)}$$

试用对数稳定判据判别闭环系统的稳定性。

解:① 由开环传递函数可知 $P=0$。

② 绘制系统的开环对数频率特性曲线如图 5-38 所示。

③ 稳定性判别。$G(s)$有 2 个积分环节，即 $\nu=2$,故在对数相频曲线 ω 为 0 处，补画 $-180°\sim0°$作为相频特性曲线的一部分。由图 5-38 可见 $N^+=0, N^-=1$,则

$$R=N^+-N^-=-1$$

由于 $Z=P-2R=2$,故闭环系统是不稳定的。

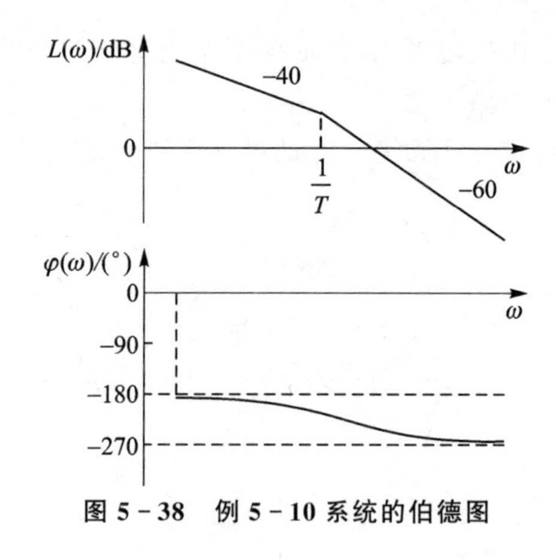

图 5-38 例 5-10 系统的伯德图

5.4 稳定裕度

对于一个实际的系统，数学模型和实际模型会有差异；随着环境条件变化、使用时间延长，系统结构参数也可能在一定范围内变化。因此在工程应用中，除了要保证控制系统的稳定性，还应充分考虑系统的相对稳定性问题，稳定的宽裕程度简称稳定裕度。

对于开环稳定的对象，闭环系统稳定的充要条件是系统的奈氏曲线 $G(j\omega)$不能包围$(-1,j0)$点。当奈氏曲线穿过$(-1,j0)$点时，闭环系统为临界稳定状态。因此，奈氏曲线靠近$(-1,j0)$点的程度可以表征闭环系统的相对稳定性。图 5-39 给出了几种开环频率曲线与单位阶跃响应曲线的对应关系。

1. 幅值裕度

对于典型的控制系统，极坐标图如图 5-40 所示。

在极坐标图上，开环频率特性穿越负实轴的交点，可以部分表征奈氏曲线靠近$(-1,j0)$点的程度。按照相对稳定性的要求，该点应在实轴$(-1,0)$范围内，并尽可能地远离$(-1,j0)$点。

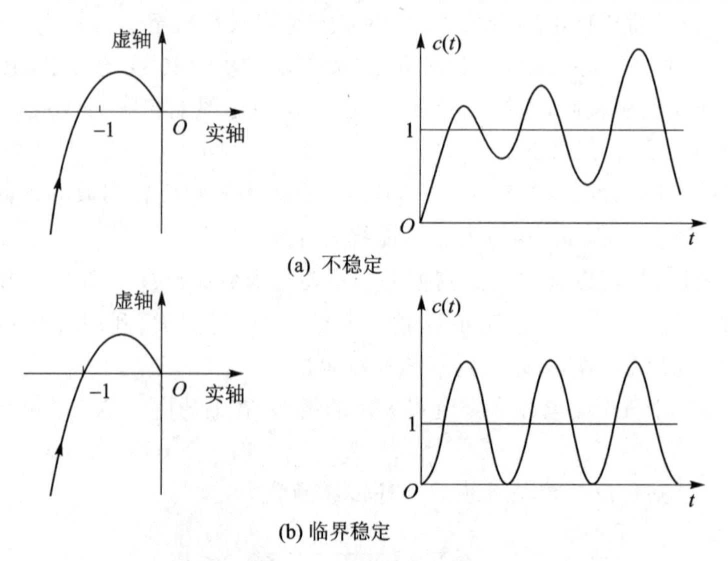

图 5-39 控制系统的开环频率特性曲线与单位阶跃响应曲线

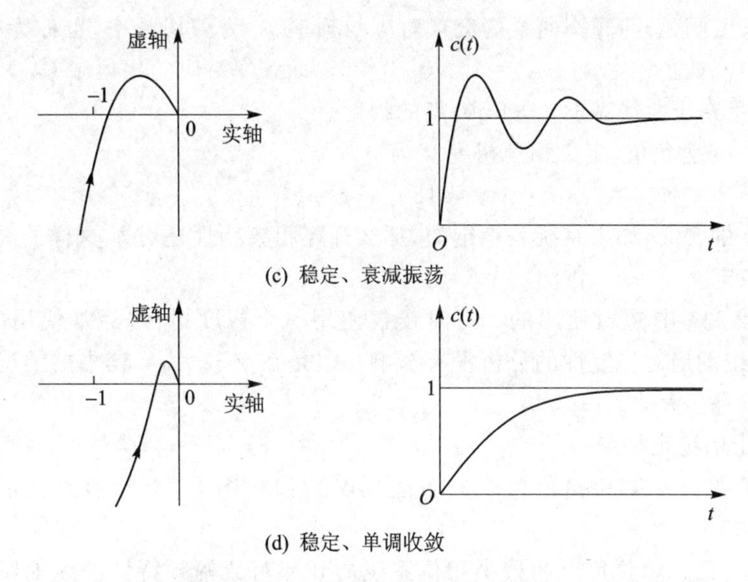

图 5－39　控制系统的开环频率特性曲线与单位阶跃响应曲线(续)

将频率特性曲线中相角为$-180°$时对应的频率ω_g称为相角穿越频率(穿越相频$-180°$线)。该频率对应的$A(\omega_g)$正是负实轴上的交点。$A(\omega_g)$的大小可以衡量奈氏曲线靠近$(-1,\mathrm{j}0)$点的程度。在实际中,定义幅值裕度h为$A(\omega_g)$的倒数:

$$h=\frac{1}{A(\omega_g)} \tag{5.53}$$

或

$$20\lg h=-20\lg A(\omega_g) \tag{5.54}$$

h具有如下含义:如果系统是稳定的,那么开环增益还有h倍的增大空间,可使系统变为临界稳定状态;在伯德图上,若开环对数幅频特性曲线再向上移动$20\lg h$(dB),则系统不稳定。

2. 相角裕度

幅值裕度只说明了负实轴上的频率特性点靠近$(-1,\mathrm{j}0)$点的程度。对于幅值裕度相同的系统,奈氏曲线在相位位置上靠近$(-1,\mathrm{j}0)$点的程度也会有差异,如图 5－41 所示。

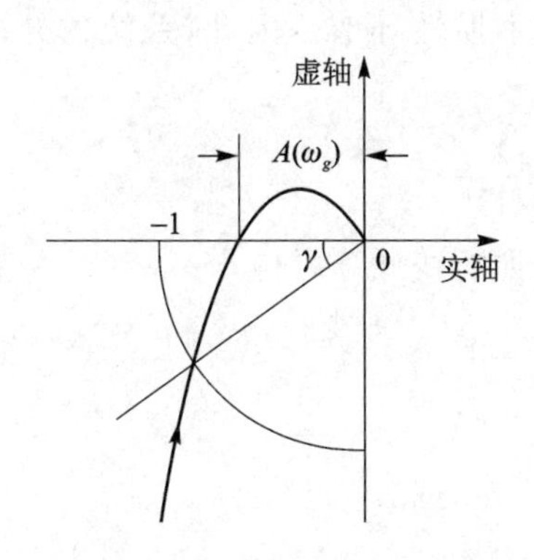

图 5－40　控制系统的幅值裕度

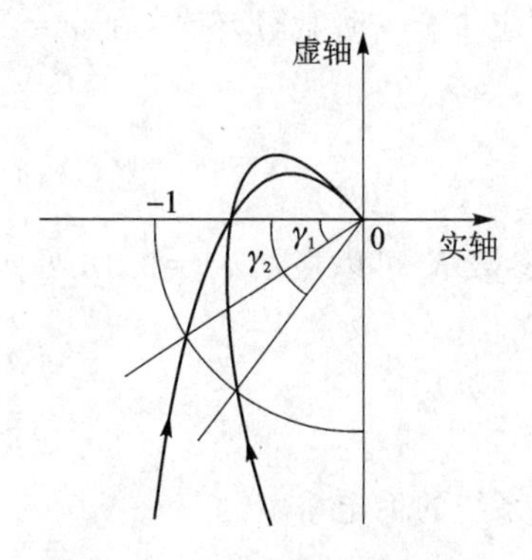

图 5－41　控制系统的相角裕度

现以单位长度画弧，与频率曲线的交点对应的频率 ω_c 为剪切频率，也称为幅值穿越频率（穿越幅频横轴）或截止频率，$A(\omega_c)=1, L(\omega_c)=0$。该频率对应的相角 $\varphi(\omega_c)$ 与负实轴的夹角，可以用来衡量奈氏曲线靠近 $(-1, \mathrm{j}0)$ 点的程度。

考虑到 $\varphi(\omega_c)$ 为负值，定义相角裕度 γ 为

$$\gamma = 180° + \varphi(\omega_c) \tag{5.55}$$

相角裕度 γ 的含义：如果系统是稳定的，那么开环相频特性还有 γ 这样的减小空间，可使系统变为临界稳定。

在使用时，γ 和 h 是成对使用的。有时候仅使用一个裕度指标，经常使用的是相角裕度 γ。这时对于系统的绝对稳定性的分析没有影响。但是在 γ 较大，h 较小的情况下，对于系统动态性能的影响是很大的。

3. 伯德图上的稳定裕度

将上述关于幅值裕度和相角裕度的表述反映到伯德图上，十分形象直观，如图 5-42 所示。

【例 5-11】 已知单位负反馈最小相位系统的开环对数幅频特性曲线如图 5-43 所示。试求系统的开环传递函数，并计算系统的稳定裕度。

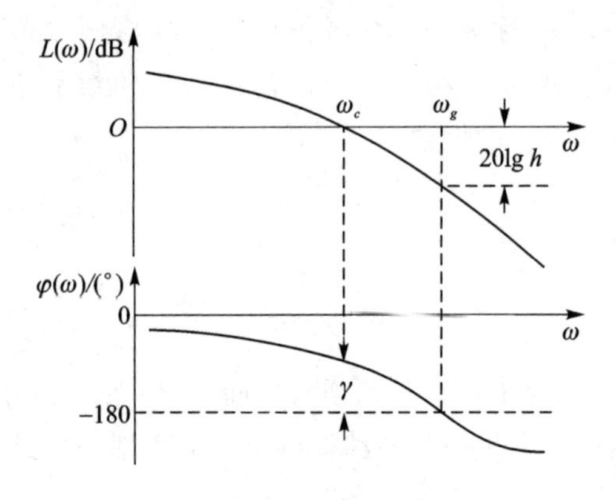

图 5-42　控制系统在伯德图上的幅值裕度和相角裕度

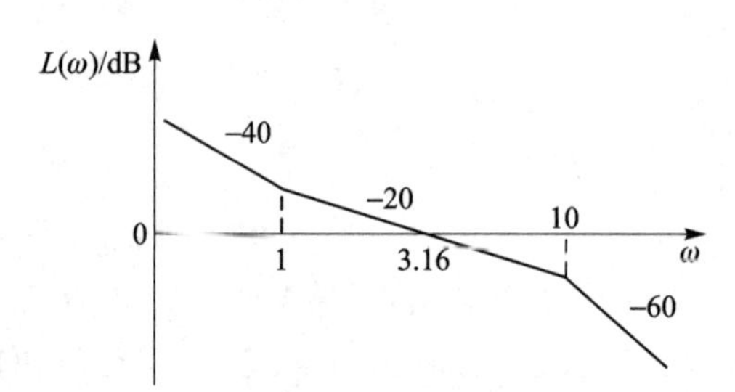

图 5-43　某最小相位系统的对数幅频特性曲线

解：① 求开环传递函数。由给定的对数幅频特性曲线可知，系统含有 2 个积分环节，在 $\omega=1$ 处对应 1 个一阶微分环节，在 $\omega=10$ 处对应 2 个惯性环节。因此，系统的开环传递函数为

$$G(s) = \frac{K(s+1)}{s^2(0.1s+1)^2}$$

未知参数 K 可以根据 $\omega_c=3.16$ 处点来确定。按照折线计算可得

$$A(\omega_c) = \frac{K\omega_c}{\omega_c{}^2 . 1^2} = 1$$

$$K = \omega_c = 3.16$$

② 求系统的稳定裕度。

因为

$$\varphi(\omega) = \arctan\omega - 180° - 2\arctan 0.1\omega$$

又知 $\omega_c=3.16$，所以相角裕度为

$$\gamma=180^\circ+\varphi(\omega_c)=180^\circ+\arctan\omega_c-180^\circ-2\arctan 0.1\omega_c=37.4^\circ$$

当 $\varphi(\omega_g)=-180^\circ=\arctan\omega_g-180^\circ-2\arctan 0.1\omega_g$ 时，求得 $\omega_g=8.94$，则幅值裕度为

$$20\lg h=-20\lg A(\omega)=-20\lg\frac{K\cdot\omega_g}{\omega_g{}^2\cdot 1^2}=9.03\ \text{dB}$$

因为 $\gamma>0$，所以闭环系统是稳定的。

需要说明的是，相角裕度 γ 和幅值裕度 h 既一起用来衡量闭环系统的稳定程度，又间接关联着系统时域性能指标。γ 和 ωc 是频率域最为重要的性能指标。

【例 5-12】 导弹执行机构舵回路原理图如图 5-44 所示。其中，当舵回路的速度反馈系数 $k_\delta=i_1\cdot k_3\cdot k_5/i_2=5.886\times10^{-2}$ 时，可求得等效的开环传递函数为

$$G_k(s)=\frac{\Delta\delta_k(s)}{\Delta U(s)}=\frac{3.444\times10^5k_\delta}{s(s+16.67+\text{j}141.35)(s+16.67-\text{j}141.35)}$$

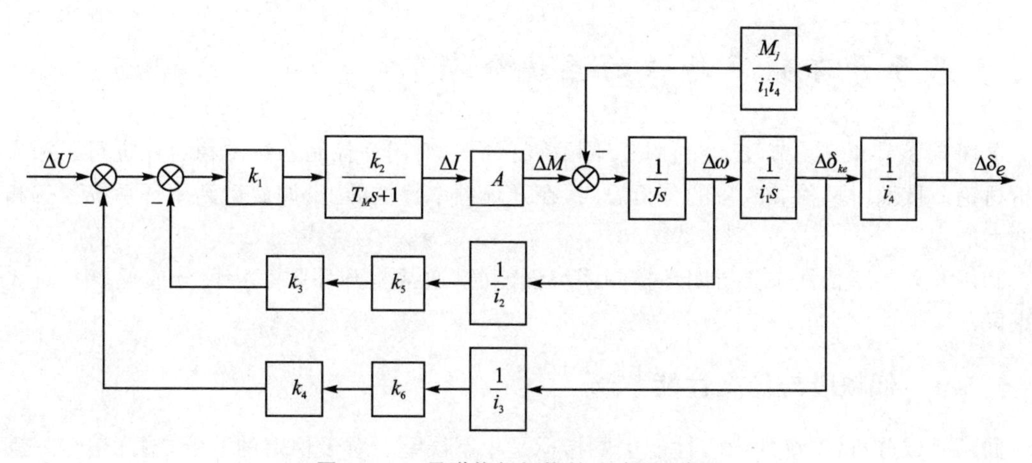

图 5-44　导弹执行机构舵回路原理框图

试绘制开环对数频率特性曲线，分析位置反馈系数 k_δ 对闭环系统性能的影响。

解：将系统的开环传递函数化为典型环节传递函数的乘积，即

$$\text{G}_k(s)=\frac{\Delta\delta_k(s)}{\Delta U(s)}=\frac{3.444\times10^5k_\delta}{s(s+16.67+\text{j}141.35)(s+16.67-\text{j}141.35)}$$

$$=\frac{17.2k_\delta\cdot142^2}{s(s^2+2\cdot0.12\cdot142s+142^2)}$$

由此可知，系统的开环增益为 $17.2k_\delta$，可画出系统的开环频率特性曲线如图 5-45 所示。

由开环频率特性曲线可知，当 $\omega_c<142$ 时，相频特性曲线在幅频特性曲线大于零的区域穿越 -180° 的次数为 $N^+=0$，$N^-=0$，则 $R=0$。由开环传递函数可知 $P=0$，所以 $Z=0$，根据奈氏判据，闭环系统稳定。反之，当 $\omega_c>142$ 时，相频特性曲线在幅频特性曲线大于 0 的区域穿越 -180° 的次数为 $N^+=0$，$N^-=1$，则 $R=-1$。由开环传递函数可知 $P=0$，所以 $Z=2$，根据奈氏判据，闭环系统不稳定。

根据以上分析，可以求出 $\omega_c=142$ 时对应的位置反馈系数 k_δ 的临界值为 8.26。当 $0<k_\delta\leqslant8.26$ 时，闭环系统稳定，否则闭环系统不稳定。k_δ 值越小，相角裕度 γ 越大。

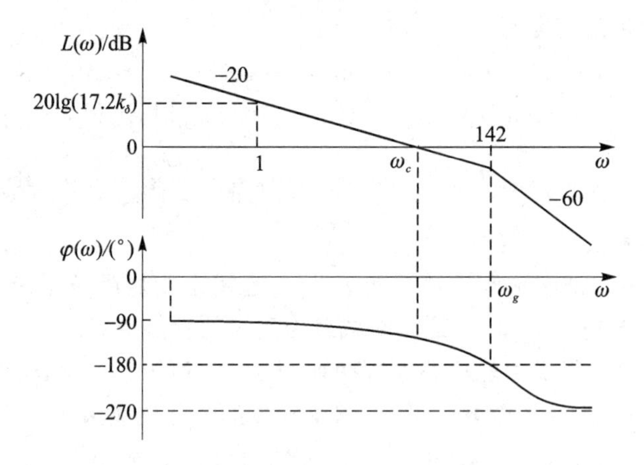

图 5-45　导弹执行机构舵回路开环频率特性曲线

5.5　基于开环频率特性的系统分析

前面 5.3 节和 5.4 节，已经利用开环频率特性图，对闭环控制系统的稳定性进行了深入的分析讨论。按照时域稳、准、快的分析思路，在开环频率特性图上，如何得到闭环系统暂态和稳态的性能呢？

利用开环频率特性来分析闭环控制系统性能时，通常将开环频率特性分成低、中、高 3 个频率段。

5.5.1　低频段与稳态性能

回顾时域分析，系统的稳态性能主要指标是稳态误差。对于稳定的系统，输入信号一旦确定，开环对象的型数 ν 越高，开环增益 K 越大，闭环系统的稳态误差越小直至为 0。

对数幅频特性的低频段，一般是指在伯德图上第一个转折频率前的幅频线。由于此时开环对象中所有比例微分环节、惯性环节及二次环节的 $L(\omega)$ 为 0，所以有

$$|G_{Low}(\mathrm{j}\omega)| \doteq \left|\frac{K}{(\mathrm{j}\omega)^{\nu}}\right|$$

$$L_{Low}(\omega) = 20\lg K - \nu \times 20\lg \omega$$

低频段幅频线的斜率主要由开环中串联积分环节的个数决定，起始幅频线以 $-\nu\times 20$ dB/dec 的斜率下降。所以低频起始段的斜率可以反映出开环对象的型数 ν。

由 5.2 节中开环对数坐标图的分析知道，开环增益 K 以 $20\lg K$ 影响着整条幅频曲线的上下浮动。对于起始幅频线（或其延长线），$\omega=1$ 时，$L(\omega)=20\lg K$。所以可以由起始幅频线（或其延长线）在$\omega=1$ 时的值，确定开环增益 K。或者利用低频穿越频率为 ω_c'时，$L(\omega_c')=0$，即 $A(\omega_c)=1$ 可以确定 $K=(\omega_c')^{v}$。

【例 5-13】　对于开环传递函数 $G(s)=\dfrac{K}{s(0.2s+1)(0.01s+1)}$，已知当 $\omega=1$ 时，有 $L(\omega)=20$ dB，试确定 K。

解：开环对象为Ⅰ型系统，另有两个惯性环节，转折频率分别为 $\omega_1=5$，$\omega_2=100$。

在低频段：

$$L(\omega)=20\lg K-20\lg \omega$$

由

$$L(1)=20\lg K=20\ \text{dB}$$

可得 $K=10$。

同时由于系统为Ⅰ型，起始幅频线为 -20 dB/dec，其延长线与频率轴交于 ω_c'，故有

$$L(\omega_c')=20\lg K-20\lg\omega_c'=0$$

$$\omega_c'=K=10$$

可以画出系统的开环对数幅频特性曲线如图5-46所示。

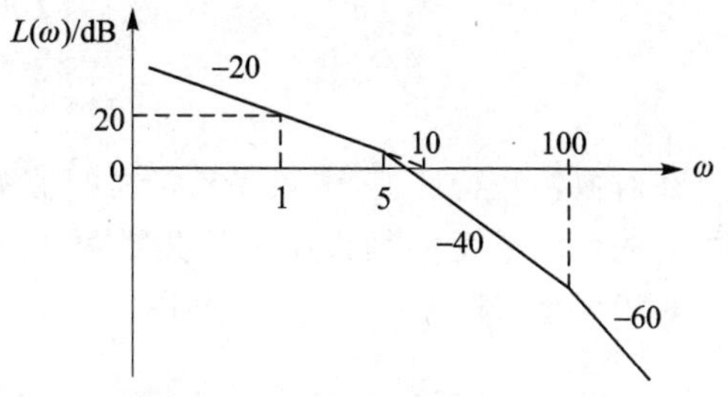

图5-46　开环对数幅频特性曲线

例5-13中，由于幅频线在低频穿越频率 ω_c' 前已转折，按照典型环节的近似规则，有

$$\left|\frac{1}{(\text{j}0.2\omega_c+1)}\right|\approx\left|\frac{1}{0.2\omega_c}\right|$$

$$\left|\frac{1}{(\text{j}0.01\omega_c+1)}\right|\approx 1$$

再由 $A(\omega_c)=1$，所以幅值穿越频率 ω_c 与 K 的近似关系，可有

$$1\approx\frac{K}{\omega_c\times 0.2\omega_c\times 1}$$

$$K\approx{\omega_c}^2/5={\omega_c}^2/\omega_1$$

其中，ω_1 为幅值穿越频率 ω_c 前的有效环节的转折频率。

推而广之，可得到表5-3中常见伯德图上 K 与 ω_c 的近似关系。

表5-3　几种常见系统伯德图的K值

序　号	伯德图	K 值
1	L(ω)/dB; –20; –40; O; ω_1; ω_c; ω	$\dfrac{\omega_c^2}{\omega_1}$
2	L(ω)/dB; –20; –40; –60; O; ω_1; ω_2; ω_c; ω	$\dfrac{\omega_c^3}{\omega_1\omega_2}$
3	L(ω)/dB; –20; –40; –20; O; ω_1; ω_2; ω_c; ω	$\dfrac{\omega_c\omega_2}{\omega_1}$

由上述讨论可知，开环频率特性的低频段包含了开环型数和开环增益这两个决定系统稳态性能的关键参数。所以说，伯德图低频段的特征决定了系统的稳态性能。

5.5.2　中频段与暂态性能

在时域分析中，暂态性能最主要的指标是超调量 $\sigma_p\%$ 和调节时间 t_s。特别对于二阶系统，有

$$\sigma_p\% = e^{-\frac{\xi\pi}{\sqrt{1-\xi^2}}} \times 100\% \qquad (\xi \text{ 的单调减函数})$$

$$t_s = \frac{3}{\xi\omega_n}, \quad (\Delta = 5\%)$$

在对数幅频特性上，中频段是指在幅值穿越频率 ω_c 附近的频段区域。由于 ω_c 对应相频曲线上的稳定裕度 γ，所以中频段关联两个最重要的频域指标 ω_c 和 γ。

对于典型二阶系统，可以推导得出

$$\omega_c = \omega_c \cdot \sqrt{\sqrt{1+4\xi^4} - 2\xi^2} \tag{5.56}$$

$$\text{tg}\ \gamma = \frac{2\xi}{\sqrt{-2\xi^2 + \sqrt{1+4\xi^4}}} \tag{5.57}$$

$$\omega_c t_s = \frac{6}{\text{tg}\ \gamma}, \quad (\Delta = 5\%) \tag{5.58}$$

由式(5.57)可知，典型二阶系统的相角裕度 γ 亦为 ξ 的单增函数。联系超调量 $\sigma_p\%$ 为 ξ 的减函数的特点，可以知道开环对象的稳定裕度增加，可以降低闭环系统的超调量。

调节时间 t_s 也随 γ 增大而减小，并与 ω_c 成反比例。

二阶系统频域指标与时域性能指标的关系如图 5-47 和图 5-48 所示。

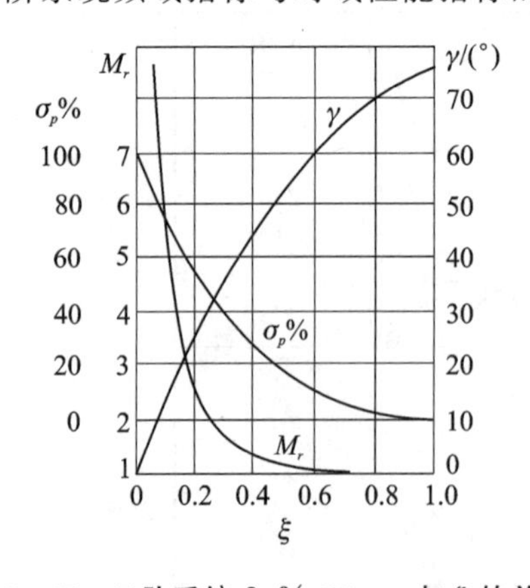

图 5-47　二阶系统 $\delta_p\%$、M_r、γ 与 ξ 的关系

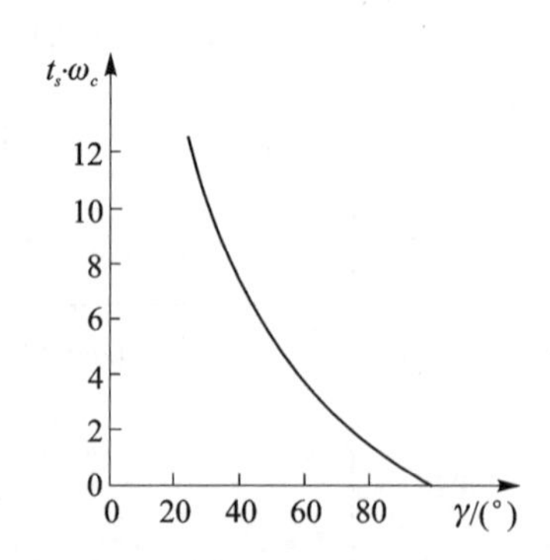

图 5-48　二阶系统 t_s、ω_c 与 γ 的关系

对于高阶系统，频域指标和时域指标没有准确的对应关系。工程中，常用如下近似公式：

$$\sigma_p\% = 0.16 + 0.4\left(\frac{1}{\sin\gamma} - 1\right), \quad (35° \leqslant \gamma \leqslant 90°) \tag{5.59}$$

$$t_s = \frac{\pi}{\omega_c}\left[2 + 1.5\left(\frac{1}{\sin\gamma} - 1\right) + 2.5\left(\frac{1}{\sin\gamma} - 1\right)^2\right], \quad (35° \leqslant \gamma \leqslant 90°) \tag{5.60}$$

如果高阶系统存在一对闭环主导极点，可将其简化为二阶系统，然后利用二阶系统的频域

指标与时域指标的定量关系进行系统分析。

➢ 讨论：

① 随着相角裕度 γ 的减小，闭环系统渐趋临界稳定直至不稳定。反映在时域响应上就是振荡现象越来越严重，增幅上升直至突破可控的临界状态。而时域的这种表现正好反映了阻尼减小的特征，系统不能通过足够的阻尼结构消耗能量，导致失控。

② 一般来说，γ 增大对超调量和调节时间等动态指标都是有利的。但由于实际控制系统中，γ 和 ω_c 一般不会同时增大，所以在设计系统时要综合考虑两方面的影响。

③ 对于最小相位系统，相频特性会和幅频特性有一定的相似性。幅频速降，相频也速降；幅频缓变，相频也缓变。利用这个特性，一般会在中频段保持比较平缓的幅频特性，并有一定的宽度。使得 ω_c 增加较大，而 γ 下降较小，总体 $\omega_c \cdot \mathrm{tg}\,\gamma$ 取得较大值，保证较小 t_s。

5.5.3　高频段与滤波性能

高频段是指对数幅频特性 $L(\omega)$ 在中频段以后的频率区段。高频段特性主要由系统小时间常数的环节决定，其转折频率远离 ω_c，对系统的动态性能影响不大。高频段幅频特性，反映了系统对高频干扰的抑制能力，高频段分贝值越低，系统抗高频干扰的能力越强。

由于高频段 $|G_k(\mathrm{j}\omega)| \ll 1$，故闭环幅值为

$$\frac{|G_k(\mathrm{j}\omega)|}{|1+G_k(\mathrm{j}\omega)|} \approx \frac{|G_k(\mathrm{j}\omega)|}{1} = |G_k(\mathrm{j}\omega)|$$

在高频段闭环频率特性等于开环频率特性，一般系统频率特性在高频段应保持快速下降，以保证系统较强的抗干扰能力。

需要说明的是，三频段的划分界限没有严格的规定，但三频段的概念为直接运用开环频率特性判别、估计系统的性能和设计控制系统指明了原则和方向。

5.6　直接闭环频域分析

本章中5.2节到5.5节都是针对开环对象进行的频域分析，进而得到闭环系统的稳定性、动态和稳态性能指标。对于直接闭环的单位负反馈控制系统来说，开环对应受控对象，闭环对应自动控制系统。由分析开环而得到闭环性能，是由对象到系统的过程。

当然，作为闭环系统本身，它也对应一个特定的数学模型，有自身的闭环传递函数和闭环频率特性。特别是在开环对象数学模型不能精确建立的情况下，与其通过试验方法先建立近似开环频率特性模型，再由开环讨论闭环，不如直接面对闭环系统，实验测定闭环系统的频率特性，直接在闭环曲线上讨论其性能。

5.6.1　闭环频率特性

工程上典型的闭环系统频率特性曲线如图5-49所示，可以用以下几个特征量来描述：

① 零频幅值：当 $\omega=0$ 时的闭环幅频特性值，用 M_0 表示。

② 谐振峰值：定义为闭环幅频特性极大值与零频幅值之比，用 M_r 表示，即 $M_r = M_m/M_0$，是表征系统相对稳定性的指标。在Ⅰ型和Ⅱ型以上的系统中，谐振峰值是幅频特性的最大值。

③ 谐振频率：是对应于谐振峰值的频率，用 ω_r 表示，表征系统暂态响应的速度。

④ 带宽频率：定义为闭环幅频特性的幅值减小到 $0.707M_0$ 时的频率，称为带宽频率，用 ω_b 表示。频率范围 $0\leqslant\omega\leqslant\omega_b$ 称为系统带宽。它是反映系统对噪声的滤波特性的指标。频带越宽，表明系统能通过较高频率的输入信号的能力越强。因此，频带较宽的系统，重现输入信号的能力强，但抑制输入端高频噪声的能力弱。

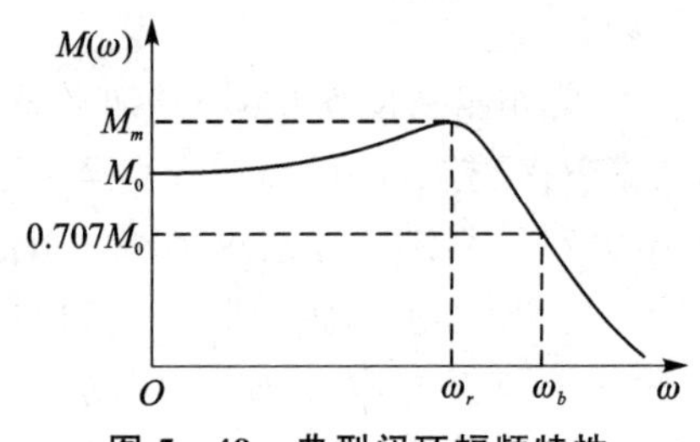

图 5-49　典型闭环幅频特性

5.6.2　用闭环频率特性估算系统暂态性能

1. 闭环为典型二阶系统

典型二阶系统的开环传递函数为

$$G(s)=\frac{\omega_n^2}{s(s+2\xi\omega_n)},\quad (0<\xi<1)$$

闭环传递函数为

$$\Phi(s)=\frac{\omega_n^2}{s^2+2\xi\omega_n s+\omega_n^2},\quad (0<\xi<1)$$

闭环频率特性为

$$\Phi(\mathrm{j}\omega)=\frac{\omega_n^2}{(\omega_n^2-\omega^2)+\mathrm{j}2\xi\omega_n\omega}$$

(1) M_r 与 $\sigma_p\%$ 的关系

典型二阶系统的闭环幅频特性为

$$M(\omega)=\frac{\omega_n^2}{\sqrt{(\omega_n^2-\omega^2)^2+4(\xi\omega_n\omega)^2}}\tag{5.61}$$

在 ξ 较小时，幅频特性出现峰值。其谐振峰值和谐振频率可用极值条件求得，即令

$$\frac{\mathrm{d}M(\omega)}{\mathrm{d}\omega}=0$$

则

$$\omega_r=\omega_n\sqrt{1-2\xi^2},\quad (0\leqslant\xi\leqslant 0.707)\tag{5.62}$$

$$M_r=\frac{1}{2\xi\sqrt{1-\xi^2}},\quad (0\leqslant\xi\leqslant 0.707)\tag{5.63}$$

当 $\xi>0.707$ 时，不存在谐振峰值，幅频特性单调衰减。由式(5.63)可知，M_r 越小，系统阻尼性能越好，ξ 越大，$\sigma_p\%$ 越小。如果 M_r 越大，$\sigma_p\%$ 越大，则收敛越慢，平稳性及快速性都差。当 $M_r=1.2\sim1.5$ 时对应于 $\sigma_p\%=20\%\sim30\%$，这时可获得适度的振荡性能。

(2) M_r、ω_b 与 t_s 的关系

当 $M_0=1$ 时，在带宽频率 ω_b 处，典型二阶系统闭环频率特性的幅值为

$$M(\omega_b)=\frac{\omega_n^2}{\sqrt{(\omega_n^2-\omega_b^2)^2+4(\xi\omega_n\omega_b)^2}}=0.707\tag{5.64}$$

则

$$\omega_b = \omega_n \sqrt{1 - 2\xi^2 + \sqrt{2 - 4\xi^2 + 4\xi^4}} \tag{5.65}$$

由 $t_s = \dfrac{3}{\xi\omega_n}$ 得

$$\omega_b \cdot t_s = \frac{3}{\xi}\sqrt{1 - 2\xi^2 + \sqrt{2 - 4\xi^2 + 4\xi^4}} \tag{5.66}$$

由式(5.66)可以看出，对于给定的谐振峰值，调节时间与带宽频率成反比。如果系统有较大的带宽，说明系统自身的“惯性”很小，动作迅速，系统的快速性好。

2. 闭环高阶系统

对于高阶系统，难以找出闭环频域指标和时域指标之间的确切关系。但如果高阶系统存在一对共轭复数主导极点，可针对二阶系统建立的关系近似采用。

通过对大量系统的研究，归纳出了以下两个近似的数学关系式：

$$\sigma_p\% = 0.16 + 0.4(M_r - 1), \quad (0 \leqslant M_r \leqslant 1.8) \tag{5.67}$$

和

$$t_s = \frac{k\pi}{\omega_c}(s) \tag{5.68}$$

式中

$$k = 2 + 1.5(M_r - 1) + 2.5(M_r - 1)^2, \quad (0 \leqslant M_r \leqslant 1.8) \tag{5.69}$$

式(5.69)表明，高阶系统的 $\sigma_p\%$ 随着 M_r 的增大而增大，调节时间 t_s 随 M_r 的增大也增大，且随 ω_c 增大而减小。

5.6.3　开环频域指标与闭环频域指标的关系

1. γ 与 M_r 的关系

对于二阶系统，通过图 5-47 中的曲线可以看到 γ 与 M_r 之间的关系。对于高阶系统，可以通过图 5-50 找出它们之间的关系。一般，M_r 出现在 ω_c 附近，即用 ω_c 代替 ω_r 来计算 M_r，并且 γ 较小，可近似认为 $AB = |1 + G(\mathrm{j}\omega_c)|$，于是有

$$M_r = \frac{|G(\mathrm{j}\omega_c)|}{|1 + G(\mathrm{j}\omega_c)|} = \frac{|G(\mathrm{j}\omega_c)|}{AB} = \frac{|G(\mathrm{j}\omega_c)|}{|G(\mathrm{j}\omega_c) \cdot \sin\gamma|} = \frac{1}{\sin\gamma} \tag{5.70}$$

当 γ 较小时，式(5.70)的准确性较高。

2. ω_c 与 ω_b 的关系

对于二阶系统，ω_c 与 ω_b 的关系可通过式(5.56)和式(5.65)得到，即

$$\frac{\omega_b}{\omega_c} = \sqrt{\frac{1 - 2\xi^2 + \sqrt{2 - 4\xi^2 + 4\xi^4}}{-2\xi^2 + \sqrt{4\xi^4 + 1}}} \tag{5.71}$$

可见，ω_c 与 ω_b 的比值是 ξ 的函数，有

$$\left.\begin{aligned} \xi = 0.4, \quad \omega_b = 1.6\omega_c \\ \xi = 0.7, \quad \omega_b = 1.55\omega_c \end{aligned}\right\} \tag{5.72}$$

对于高阶系统，初步设计时可近似取 $\omega_b = 1.6\omega_c$。

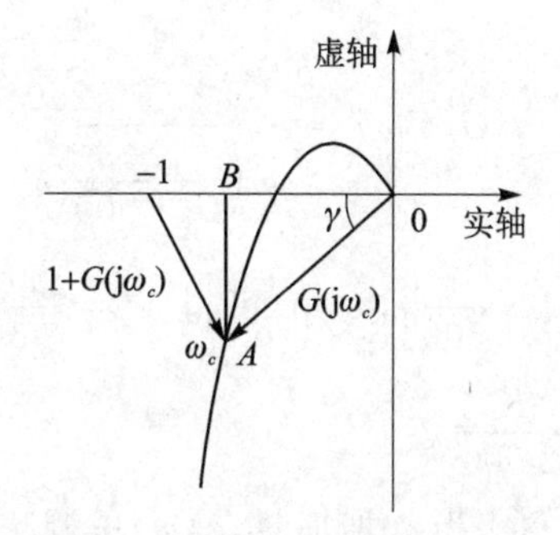

图 5-50　求取 γ 与 M_r 之间的近似关系

5.7　坦克炮控伺服系统性能分析——频域法

【例 5-14】 基于2.5节例2-18中坦克炮控伺服系统的数学模型，利用频域法对坦克炮控伺服系统的性能进行分析。

坦克炮控伺服系统的开环传递函数为

$$G_k(s)=\frac{\frac{2}{3}K}{s^3+10s^2+\frac{500}{3}s}=\frac{\frac{1}{250}K}{s\left(\frac{3}{500}s^2+\frac{30}{500}s+1\right)}$$

其中，K 为系统放大系数。显然 $G_k(s)$ 包含比例、积分和振荡环节。系统为Ⅰ型，开环增益为 $K/250$。

5.7.1　由开环频率特性分析系统性能

1. 稳定性分析

下面绘制坦克炮控伺服系统的开环极坐标图，并利用奈氏判据分析闭环系统的稳定性。

坦克炮控伺服系统的开环频率特性为

$$G_k(\mathrm{j}\omega)=\left.\frac{\frac{1}{250}K}{s\left(\frac{3}{500}s^2+\frac{30}{500}s+1\right)}\right|_{s=\mathrm{j}\omega}=\frac{\frac{1}{250}K}{\mathrm{j}\omega\left(1-\frac{3}{500}\omega^2+\mathrm{j}\frac{30}{500}\omega\right)}$$

幅频特性和相频特性分别为

$$A(\omega)=\frac{\frac{1}{250}K}{\omega\sqrt{\left(1-\frac{3}{500}\omega^2\right)^2+\left(\frac{30}{500}\omega\right)^2}},\quad \varphi(\omega)=-90°-\arctan\frac{\frac{30}{500}\omega}{1-\frac{3}{500}\omega^2}$$

开环幅相曲线的主要特征如下：

① 起点：$G(\mathrm{j}0)=\infty\angle-90°$

② 终点：$G(\mathrm{j}\infty)=0\angle-270°$

③ 与实轴的交点：

$$G_k(\mathrm{j}\omega)=\frac{\frac{1}{250}K}{\mathrm{j}\omega\left(1-\frac{3}{500}\omega^2+\mathrm{j}\frac{30}{500}\omega\right)}=\frac{K}{250}\frac{-\mathrm{j}\left(1-\frac{3}{500}\omega^2\right)-\frac{30}{500}\omega}{\omega\left[\left(1-\frac{3}{500}\omega^2\right)^2+\left(\frac{30}{500}\omega\right)^2\right]}$$

令 $1-\frac{3}{500}\omega^2=0$，可得 $\omega_x^2=\frac{500}{3}$，代入 $G_k(\mathrm{j}\omega)$ 的实部，可得与实轴交点坐标为 $\mathrm{Re}(\omega_x)=-\frac{K}{2\,500}$。

④ 当 ω 增加时，$\varphi(\omega)$ 单调减小，从 $-90°$ 连续变化到 $-270°$。或由 $Re(\omega)<0$，且当 $\omega<\omega_x$ 时，$\mathrm{Im}(\omega)<0$；当 $\omega>\omega_x$ 时，$\mathrm{Im}(\omega)>0$，可知幅相曲线在第Ⅱ象限和第Ⅲ象限。

综上，可绘制开环极坐标图如图5-51所示。

由开环传递函数可知 $P=0$，若 $-K/2\ 500>-1$，开环幅相曲线不包围$(-1,\mathrm{j}0)$点，则闭环系统稳定。因此，闭环系统稳定要求系统放大系数 K 的取值范围为 $0<K<2\ 500$，与3.5节例3-12中时域法的分析结果一致。

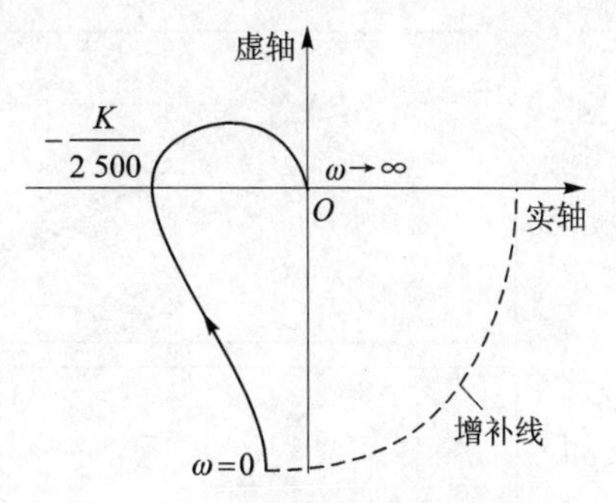

图5-51 坦克炮控伺服系统的开环极坐标图

2. 暂态性能分析

当 $K=1\ 500$ 时，利用MATLAB绘制系统的开环伯德图，并计算系统的开环频域指标。伯德图和相应的MATLAB代码如图5-52所示。由图5-52可见，系统的开环频域指标为截止频率 $\omega_c=7.49$ rad/s，相角裕度 $\gamma=55.9°$（图中Pm即r），相角穿越频率 $\omega_g=12.9$ rad/s，幅值裕度 $20\lg h=4.44$ dB（图中Gm即20lgh）。

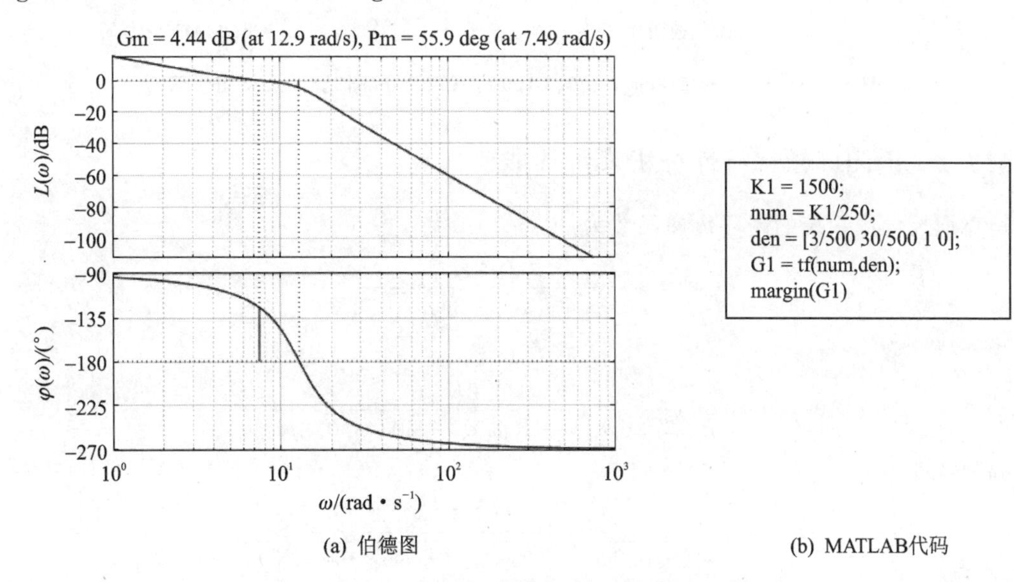

(a) 伯德图　　(b) MATLAB代码

图5-52 $K=1\ 500$ 时系统的开环伯德图及绘图代码

同理，可绘制 $K=600$、$K=1\ 000$ 和 $K=2\ 100$ 时系统的开环伯德图，并计算开环频域指标。开环伯德图如图5-53所示。由图可见，放大系数 K 取不同值时，对数幅频特性曲线只是高低位置有别，K 值越大位置越高，而对数相频特性曲线完全一致。由此，K 值不同，开环频域指标也不同。

利用MATLAB函数margin()，可得放大系数 K 取不同值时的开环频域指标如下：

当 $K=600$ 时，$\omega_c=2.46$ rad/s，$\gamma=81.3°$，$\omega_g=12.9$ rad/s，$20\lg h=12.4$ dB；

当 $K=1\ 000$ 时，$\omega_c=4.32$ rad/s，$\gamma=73.7°$，$\omega_g=12.9$ rad/s，$20\lg h=7.96$ dB；

当 $K=1\ 500$ 时，$\omega_c=7.49$ rad/s，$\gamma=55.9°$，$\omega_g=12.9$ rad/s，$20\lg h=4.44$ dB；

当 $K=2\ 100$ 时，$\omega_c=11.6$ rad/s，$\gamma=15.3°$，$\omega_g=12.9$ rad/s，$20\lg h=1.51$ dB。

可见，随着 K 值增大，截止频率 ω_c 逐渐增大，相角裕度 γ 逐渐减小，相角穿越频率 ω_g 不变，幅值裕度 $20\lg h$ 逐渐减小。根据开环频域指标 γ 和时域指标 $\sigma_p\%$ 的对应关系可推断，随着 K 值增大，闭环系统的平稳性变差。这一分析结果与3.5节例3-12中时域法的分析结果一致。

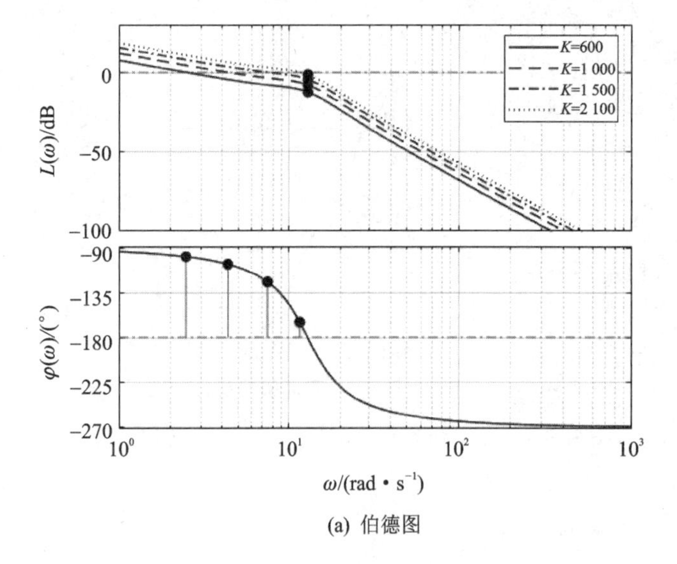

(a) 伯德图

```
K = 2100; num0 = K/250;
den = [3/500 30/500 1 0];
G = tf(num0,den);
K1 = 1500; num1 = K1/250;
G1 = tf(num1,den);
K2 = 1000; num2 = K2/250;
G2 = tf(num2,den);
K3 = 600; num3 = K3/250;
G3 = tf(num3,den);
bode(G3);hold on;
bode(G2);bode(G1);bode(G)
```

(b) MATLAB代码

图 5-53 K=600、1 000、1 500、2 100 时系统的开环伯德图及绘图代码

5.7.2 由闭环频率特性分析系统性能

坦克炮控伺服系统的闭环传递函数为

$$\Phi(s)=\frac{0.2K}{0.3s^3+3s^2+50s+0.2K}$$

闭环频率特性为

$$\Phi(\mathrm{j}\omega)=\frac{0.2K}{0.3(\mathrm{j}\omega)^3+3(\mathrm{j}\omega)^2+\mathrm{j}50\omega+0.2K}$$

闭环幅频特性为

$$M(\omega)=\frac{0.2K}{\sqrt{(-0.3\omega^3+50\omega)^2+(-3\omega^2+0.2K)^2}}$$

当 K=1 500 时，利用 MATLAB 绘制系统的闭环幅频特性曲线，并确定闭环频域指标。闭环幅频特性曲线如图 5-54 所示。由图可得，零频幅值 $M_0=1$，谐振峰值 $M_r=1.971$，谐振频率 $\omega_r=11.71$ rad/s，带宽频率 $\omega_b=14.79$ rad/s。

同理，可绘制 K=600、K=1 000 和 K=2 100 时系统的闭环幅频特性曲线，并确定闭环频域指标。闭环幅频特性曲线如图 5-55 所示。

由图可见，系统放大系数 K 取不同值时，零频幅值均为 1。当 K=600、1 000 时，闭环幅频特性是单调减小的，没有谐振峰值。当 K=1 500、2 100 时，闭环幅频特性存在谐振峰值。

同理，可得闭环频域指标如下：

当 K=600 时，$M_0=1$，M_r 和 ω_r 不存在，$\omega_b=3.0$ rad/s；

当 K=1 000 时，$M_0=1$，M_r 和 ω_r 不存在，$\omega_b=12.67$ rad/s；

当 K=1 500 时，$M_0=1$，$M_r=1.971$，$\omega_r=11.67$ rad/s，$\omega_b=14.79$ rad/s；

当 K=2 100 时，$M_0=1$，$M_r=6.72$，$\omega_r=12.5$ rad/s，$\omega_b=16.2$ rad/s。

可见，随着 K 值增大，带宽频率 ω_b 增大。在有谐振峰值的情况下，随着 K 值增大，谐振

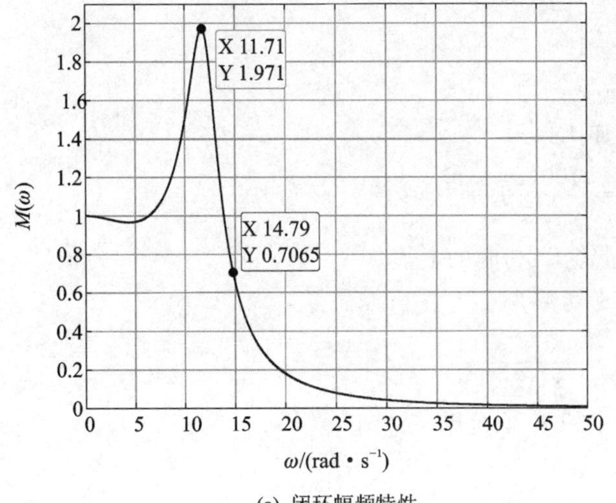

(a) 闭环幅频特性

```
K1 = 1500;
W = 0:0.01:50;
for i = 1:length(W)
    w = W(i);
    d = (-0.3*w^3+50*w)^2+(-3*w^2+0.2*K1)^2;
    M(i) = 0.2*K1/(d^0.5);
end
plot(W,M)
```

(b) MATLAB代码

图 5-54　$K=1\ 500$ 时系统的闭环幅频特性及绘图代码

频率 ω_r 增大，谐振峰值 M_r 也增大，系统的平稳性变差。这一分析结果与上述由开环频率特性分析的结果一致。

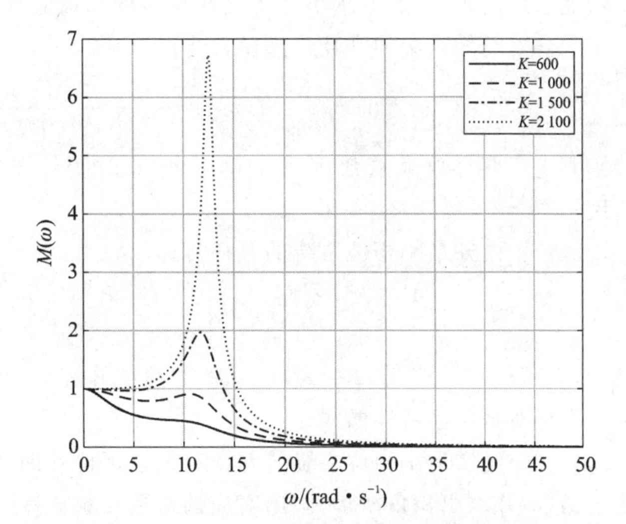

图 5-55　$K=600$、$1\ 000$、$1\ 500$、$2\ 100$ 时系统的闭环幅频特性及绘图代码

本章要点

- 频域分析从另外一个角度揭示了对象和系统的本质特性。
- 频率特性是系统的主要特性之一，与信号无关。
- 奈奎斯特准则给出了开环对象稳定性和闭环系统稳定性之间的关系。
- 频域的开环特性分析得到系统的频域指标，它与时域性能指标具有关联性。

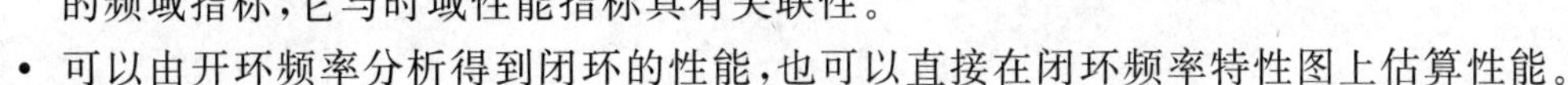

- 可以由开环频率分析得到闭环的性能，也可以直接在闭环频率特性图上估算性能。

习　题

5-1　已知某放大器的传递函数为

$$G(s)=\frac{K}{Ts+1}$$

测得其频率响应：当 $\omega=1$ rad/s 时，幅频 $A=6$，相频 $\varphi=-\pi/4$。求放大系数 K 和时间常数 T。

5－2　若系统的单位阶跃响应为

$$h(t)=1-1.8e^{-4t}+0.8e^{-9t}$$

试确定系统的频率特性。

5－3　设单位反馈控制系统的开环传递函数为

$$G(s)=\frac{100(\tau s+1)}{s^2}$$

试绘制系统的极坐标图，并确定使相角裕量等于45°时的τ值。

5－4　已知某反馈控制系统的开环传递函数为

$$G(s)=\frac{K(s-1)}{s(s+1)}$$

试用奈奎斯特稳定判据确定使闭环系统稳定的K值范围。

5－5　已知某系统的开环传递函数为

$$G(s)=\frac{500\times(0.0167s+1)}{s(0.05s+1)(0.0025s+1)(0.001s+1)}$$

试绘制系统的伯德图，并求出系统的相角裕度和幅值裕度。

5－6　已知系统的开环传递函数为

$$G(s)=\frac{K}{s(s+1)(0.1s+1)}$$

分别判定当开环放大倍数$K=5$和$K=20$时闭环系统的稳定性，并求出相角裕度和幅值裕度。

5－7　已知最小相位系统的开环传递函数为

$$G(s)=\frac{K(s+\omega_2)}{s(s+\omega_1)(s+\omega_3)(s+\omega_4)}$$

其中，$\omega_1<\omega_2<\omega_3<\omega_4$，$K=\omega_4\omega_c^{\ 2}$，$\omega_c$为系统开环对数幅频特性的幅值穿越频率。试绘制系统的开环对数幅频特性曲线。

5－8　已知最小相位系统的开环对数幅频特性曲线如图5－56所示，试确定系统的开环传递函数，并求出相角裕量，画出对应的对数相频特性，分析闭环系统的稳定性。

5－9　已知最小相位系统的开环对数幅频特性曲线如图5－57所示，试确定系统的开环传递函数，并计算系统的相角裕度。

5－10　若系统的开环传递函数为

$$G(s)=\frac{K}{s^\gamma}G_p(s)$$

其中，$G_p(s)$为$G(s)$中除比例、积分或微分环节以外的部分，且$\lim\limits_{s\to 0}G_p(s)=1$。试证明：

① $L(\omega_1)=20\lg K-20\gamma\lg\omega_1$，其中$\omega_1$为对数幅频特性渐近线的第一个转折频率，$L(\omega_1)$为在频率$\omega_1$处幅频特性的分贝值。

② $L_0(1)=20\lg K$，其中$L(1)$为对数幅频特性最左端渐近线或其延长线在$\omega=1$处的分贝值。

③ 当$\gamma\neq 0$时，$\omega_0=K^{(1/\gamma)}$，其中ω_0为对数幅频特性最左端渐近线或其延长线与零分贝线交点的角频率。

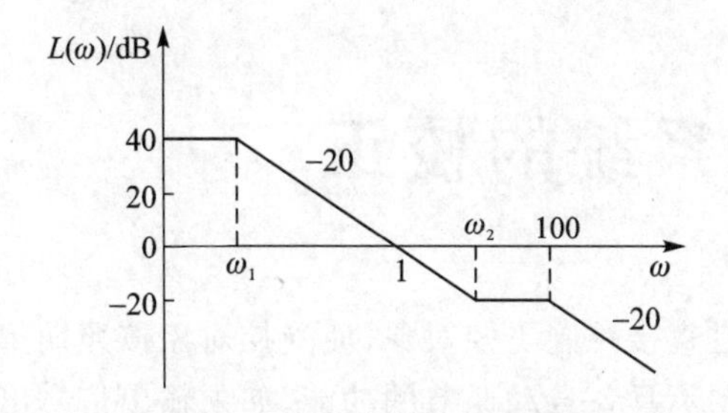

图 5-56　最小相位系统的开环对数幅频特性曲线

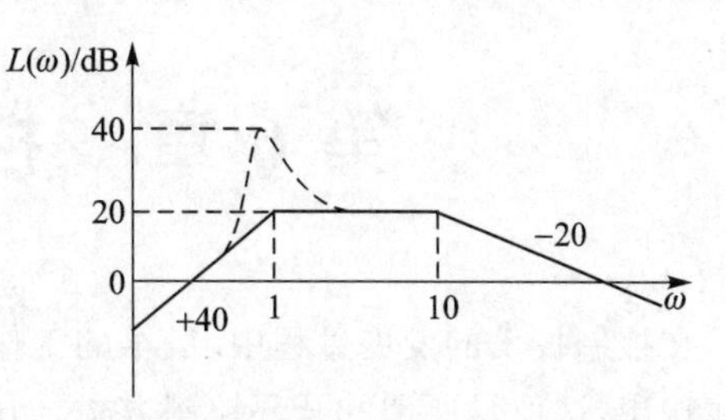

图 5-57　最小相位系统的开环对数幅频特性曲线

5-11　已知单位反馈的火炮指挥仪伺服系统的开环传递函数为

$$G_k(s)=\frac{K}{s(Ts+1)(s+1)},\quad (K>0,T>0)$$

试根据奈奎斯特稳定判据，确定其闭环稳定的条件：

① $T=2$ 时，K 的取值范围；

② $K=10$ 时，T 的取值范围；

③ K、T 的取值范围。

5-12　已知某飞行器控制系统的开环传递函数为

$$G_k(s)=\frac{4\,500K}{s(s+361.2)}$$

若系统的单位斜坡稳态误差为 0.000 5，试绘制系统的开环幅频特性曲线，并计算相角裕度。

5-13　在空间机器人与地面测控站之间，存在较大的通信时延。因此，对火星一类的远距离行星进行星际探索时，要求空间机器人有较高的自主性。空间机器人的自主性要求将影响整个系统的各个方面，包括任务规划、感知系统、机械结构等。只有当每个机器人都配备了完善的感知系统，能可靠地构建并维持环境模型时，星际探索系统才能具备所需要的自主性。美国某研究研制了一套用于星际探索的系统，其目标机器人是一个六足步行机器人，如图 5-58(a)所示，其控制系统结构图如图 5-58(b)所示。

要求：

① 绘制 $K=20$ 时，开环系统的对数频率特性曲线；

② 分别确定 $K=20$ 和 $K=40$ 时，闭环系统的谐振峰值 M_r、谐振频率 ω_r 和带宽频率 ω_b；

③ 分别确定 $K=20$ 和 $K=40$ 时，系统的相角裕度 γ 和幅值裕度 h。

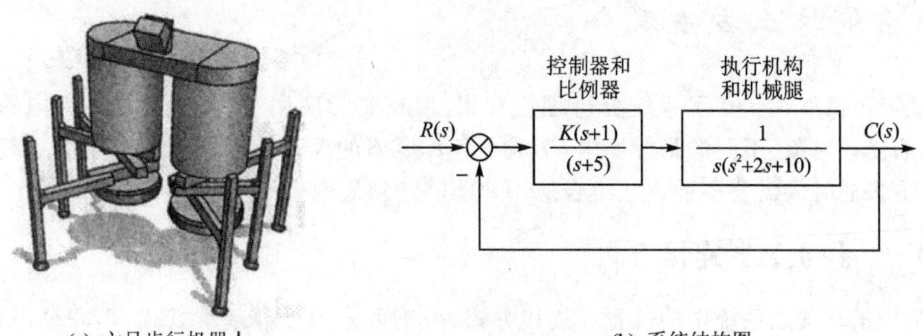

(a) 六足步行机器人　　(b) 系统结构图

图 5-58　六足步行机器人及控制系统结构图

第6章　控制系统的校正

在控制技术的发展过程中,最早的工作方式是直接控制受控对象,使受控对象按照期望的规律输出,这就是所谓的开环控制方式。开环控制不具备自动调节的功能,如果输出信号出现误差,只有通过调整输入来消减误差。为了实现自动控制目标,人们由输出到输入反向馈送全部或部分信息,并与给定输入产生比较关系,构成所谓的闭环负反馈系统。闭环负反馈系统可以利用误差来消除误差,具备自动调节的功能。只需将期望的输出信号给定在输入端,闭环系统就可以控制受控对象按照期望来输出。

但由于增加一个闭环回路的形式,信号易在其间环流振荡。这时要确定输入、输出的关系,必须从系统的角度认识闭环回路或多个回路,而不仅仅是面对一个受控对象。如果系统固有特性属性存在缺陷,必然使振荡加剧,振荡剧烈到一定程度,系统会失控,期望的输入、输出关系完全破坏。即使稳定性得以保证,也有可能使得输出信号的动态、稳态性能不能满足要求。增加闭环的目的是实现自动控制,但由此增加的系统不确定性风险必须得到有效的控制。

如在闭环回路的误差端串联一个控制环节,从信号的角度,可以合理地调节控制信号使输出达到要求,故称为调节器;从受控对象来说,该环节相当于对象的校正装置,它和原有对象构成一个“满意”的广义对象,故称为校正器或补偿器;从闭环系统来说,它改善了系统的固有结构,控制整个系统达到期望的性能,故称为控制器。进一步的研究发现,校正(控制、调节)方式不止限于误差端串联校正,也包括反馈校正、前馈校正和复合校正等多种方式。

控制系统校正,是系统分析的逆向问题,主要研究系统设计和系统综合的原理和方法。从狭义角度上讲,控制系统的设计问题,就是控制(校正)器的设计问题。在近代,控制系统的设计,越来越多的情况下,是将受控对象与控制器进行一体化设计的。例如航天器及各种不稳定飞行对象,在研制对象时就充分考虑到工作特性,在允许的体积重量、工作寿命、冗余度、易控性等方面进行总体设计。

本章只讨论系统的基本部分(即受控对象、执行机构、测量元件)在已经确定的情况下,局部设计校正装置,使控制系统的性能指标达到指定要求。

6.1　系统校正方法及分类

系统校正虽然都是基于系统分析理论知识,但在实际应用过程中,其针对不同的控制条件、不同的受控对象、不同的指标要求,形成了各具风格的校正控制方法。对于大型复杂系统的控制,更多的时候需要多种方法组合应用才能够达到最理想的效果。

6.1.1　校正装置连接方式

按照校正装置在系统中的位置及连接方式,校正可分为4种基本方式:串联校正、反馈校正、前馈校正和复合校正。

1. 串联校正

串联校正是指校正装置 $G_c(s)$ 连接在系统的前向通道中，与受控对象串联连接，如图 6－1 所示。

串联校正装置串接于前向通道的前端、系统误差测量点之后的位置，是为了减少校正装置的功率负担，进而整体降低系统功率损耗和成本。串联校正的特点是结构简单、易于实现，但需增加放大器来调整开环增益，且对于系统参数变化比较敏感。

2. 反馈校正

反馈校正是指校正装置 $G_c(s)$ 从系统某一位置引取信号，反馈至其他有效位置。最常见的是直接引取输出信号，即所谓输出反馈校正，如图 6－2 所示。

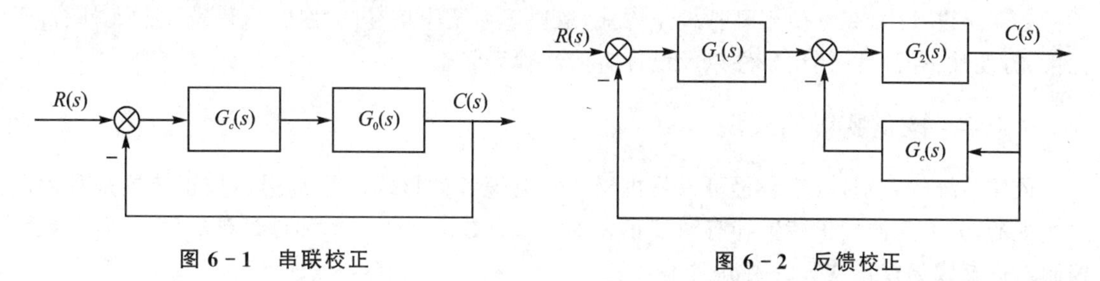

图 6－1　串联校正　　　　图 6－2　反馈校正

由于输出反馈校正的信号是从高功率点传向低功率点，不需要增加放大器。反馈校正不仅能改善系统性能，而且对系统参数波动以及非线性因素影响有一定的抑制作用，但其结构比较复杂，实现相对困难。

基于现代控制理论的状态分析设计方法，可以将对象中的某些状态或状态组合作为反馈信号，使反馈校正的意义更加广泛。输出反馈和状态反馈，是现代控制理论中主要的校正手段。

3. 前馈校正

前馈校正又称顺馈校正、预补偿校正，是在系统主反馈回路之外，由输入经校正装置直接校正系统的方式。常见的前馈校正有两种：一是对给定输入信号进行整形和滤波预处理，出现在主反馈回路之前的前向通道上，如图 6－3 所示；二是对扰动信号进行测量补偿后接入系统，一般接在可测扰动信号和误差作用点之间，如图 6－4 所示。

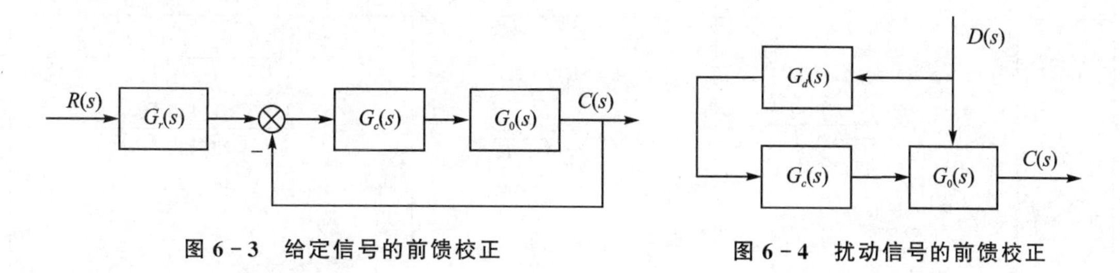

图 6－3　给定信号的前馈校正　　　　图 6－4　扰动信号的前馈校正

前馈校正也可以作用于开环控制系统，其利用开环补偿的办法提高系统的精度。

4. 复合校正

综合应用串联、反馈、前馈校正方式，构成复杂控制系统以改善系统性能，称为复合校正。如图 6－5 所示。复合校正系统虽然充分利用各种校正方式的优点，但也带来一些互相制约的问题。而且系统结构复杂，实现比较困难。

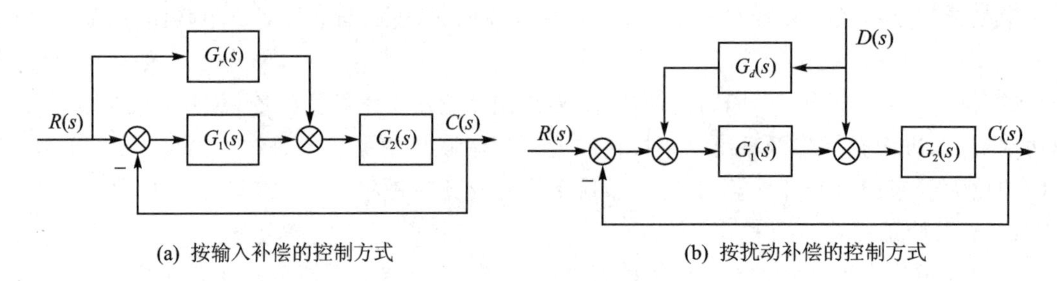

(a) 按输入补偿的控制方式　　(b) 按扰动补偿的控制方式

图 6-5　复合校正

在系统设计中，究竟使用哪种校正方式，取决于系统中信号的性质、可供选用的元件、抗干扰性、方便性、经济性、使用条件以及设计者的经验等因素。

6.1.2　校正装置的实现

依照系统的差别，校正装置可以是机械、光、电等各种形式。最常用的校正装置是利用电路实现的，分为无源校正装置和有源校正装置。随着数字电子技术和计算机的发展，各种数字控制器逐渐成为校正装置的主流。

1. 无源校正装置

无源校正装置通常是由一些电阻和电容组成的两端口网络装置。根据它们对信号相位的影响，无源校正装置分为相位超前校正环节、相位迟后校正环节和相位迟后-超前校正环节。表 6-1 为几种典型无源校正装置的传递函数和对数频率特性。

表 6-1　无源校正装置

	相位超前校正网络	相位迟后校正网络	相位迟后-超前校正网络
RC 网络	C, R_1, R_2	R_1, R_2, C	C_1, R_1, R_2, C_2
传递函数	$G_c(s)=\dfrac{1}{\alpha}\,\dfrac{1+\alpha Ts}{1+Ts}$ 式中 $\alpha=\dfrac{R_1+R_2}{R_2}>1$ $T=\dfrac{R_1R_2}{R_1+R_2}C$	$G_c(s)=\dfrac{1+\beta Ts}{1+Ts}$ 式中 $\beta=\dfrac{R_2}{R_1+R_2}<1$ $T=(R_1+R_2)C$	$G_c(s)=\dfrac{(1+T_1s)(1+T_2s)}{(1+T_1s)(1+T_2s)+R_1C_2s}$ $=\dfrac{(1+T_1s)(1+T_2s)}{(1+T_1's)(1+T_2's)}$ 式中 $T_1=R_1C_1$ $T_2=R_2C_2$ $T_1T_2=T_1'T_2'$ $T_1+T_2+R_1C_2=T_1'+T_2'$ $T_1'>T_1>T_2>T_2'$

续表 6-1

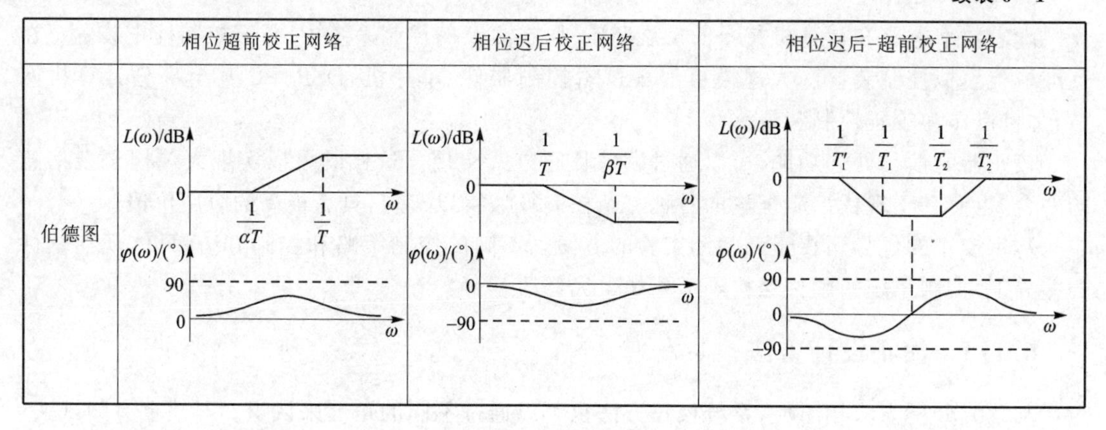

	相位超前校正网络	相位迟后校正网络	相位迟后-超前校正网络
伯德图			

无源校正装置线路简单且无须外供电源，但其本身只有衰减，且输入阻抗低、输出阻抗高。因此无源校正装置在实际应用过程中，常需要串联增益放大器或隔离放大器。

2. 有源校正装置

有源校正装置是由运算放大器组成的。表 6-2 列出了几种常见的有源校正装置。

表 6-2　常见有源校正装置

	PD 调节器	PI 调节器	PID 调节器
校正装置	C, R_2, R_1	R_2, C, R_1	C_1, R_2, C_2, R_1
传递函数	$G_c(s)=-K_p(T_ds+1)$ 式中 $K_p=\frac{R_2}{R_1}$ $T_d=R_1C$	$G_c(s)=-K_p\left(1+\frac{1}{T_is}\right)$ 式中 $K_p=\frac{R_2}{R_1}$ $T_i=R_2C$	$G_c(s)=\frac{(\tau_1s+1)(\tau_2s+1)}{Ts}$ $=-K_p\left(1+\frac{1}{T_is}+T_ds\right)$ 式中 $\tau_1=R_1C_1,\tau_2=R_2C_2,T=R_1C_2$ $K_p=\frac{\tau_1+\tau_2}{T}$ $T_i=\tau_1+\tau_2$ $T_d=\frac{\tau_1\tau_2}{\tau_1+\tau_2}$
伯德图	$L(\omega)$/dB, 0, $\frac{1}{T_d}$, ω, $\varphi(\omega)$/(°), 90, 0	$L(\omega)$/dB, 0, $\frac{1}{T_i}$, ω, $\varphi(\omega)$/(°), 0, -90	$L(\omega)$/dB, 0, $\frac{1}{\tau_2}$, $\frac{1}{\tau_1}$, ω, $\varphi(\omega)$/(°), 90, 0, -90

3. 数字校正器

随着数字电路和计算机技术的发展和应用,在复杂的控制系统中,数字控制校正装置正在逐渐取代模拟控制装置。大规模可编程逻辑控制器件、单片机、DSP、PC甚至部分计算机网络,都可以作为校正控制装置。

校正器的信号处理功能,可以通过软件程序方式实现。这样既可以实现大规模复杂信息的融合,也使基于现代控制理论的各种复杂控制算法得以实现,具有极高的应用价值。

数字校正的优势还在于调整和实验的方便。不同的控制策略和控制方法,只体现在软件的差异上,控制系统的硬件结构不需要做重大修改。

6.1.3 校正设计方法

与系统分析方法相对应,系统校正方法也可以通过不同的角度来认识。习惯上有频域法、根轨迹法、时域法和其他不同方法。

1. 频域法校正

根据开环系统的频域指标,或是由时域指标折算出的频域指标要求,在现有开环对象的伯德图或尼科尔斯图上进行校正设计,配合开环增益的调整,使校正后的开环系统达到对应的频域指标。频域法得到的校正装置的频率特性,可以对应到校正控制器的传递函数或其他数学模型。

应用频域法进行设计,根据校正装置的位置和连接关系,也可以分为频域法串联校正、频域法反馈校正等。

2. 根轨迹法校正

系统中增加校正环节,从传递函数的角度来讲,就是在开环和闭环上增加零点和极点。这些新增加的零、极点,将使校正后的闭环根轨迹向有利于提高系统性能的方向偏移。比较目标系统和当前系统的根轨迹,可以知道校正装置的根轨迹要求。

同样在根轨迹上校正,也可以达到串联超前、串联迟后等各种效果。

3. 时域法校正

系统的时域校正方法,主要是从时域的角度看待校正环节。利用系统性能与系统结构参数的时域分析关系,来设计校正环节。例如在二阶系统中,系统性能的改善由结构参数ξ、ω_n决定,可以利用时域分析的结论,针对参数ξ、ω_n的修正量来设计校正装置,达到改善系统性能的目的。

4. PID 控制

在传统的工程应用领域中,常采用比例、微分、积分等基本控制规律,和其组合比例-微分(PD)、比例-积分(PI)、比例-积分-微分(PID)等来为控制器(校正装置)分类。

PID控制只是利用误差的过去、现在、未来的量值消除误差,对受控对象的阶次、型数、初值条件等都没有特别严苛的要求,也不论受控对象是否为线性对象,甚至可以为模型不确定对象也可以尝试采用PID控制。在工业现场的控制装置中,80%以上使用的是PID控制器及其各种改进型。

以上关于校正设计的不同方法,没有严格意义的区分,只不过是人们习惯上的不同说法而已。有许多名称不同的校正方法,在控制本质上是一致的,只不过认识角度不同,着眼点不同而已。例如PD控制器,有使相位超前作用,且应用于串联校正位置,其校正效果等同于串联超前校正;PI 控制对应串联迟后校正;PID 控制对应串联迟后-超前校正。从信号通过性的角度看,控制器又等价于滤波器。PI 控制器具有低通滤波的作用,PD 控制器对应高通滤波器,PID 控制器则具有带通或带阻的滤波性能。

随着现代控制理论的发展和应用,各种先进的控制方法和手段层出不穷,可以解决更加复杂的对象问题,也使得控制性能进一步提升。例如:鲁棒控制、模糊控制、神经网络、自适应控制、滑模变结构控制等等。

需要指出的是,由于一般的实际对象与系统,不是完全可以通过线性数学模型表达的,存在许多非线性、不确定的结构,因此在实际设计过程中,往往只是运用系统设计的概念和方法,得到一个粗略的控制器模型,然后在仿真和实物验证中,多次试凑,逐渐逼近最优的控制器设计。

6.2　串联校正

串联校正是单输入/单输出(SISO)系统主要的校正方式。校正环节与受控对象串联连接,置于系统的误差端后。由校正环节处理系统给定输入与实际输出的差值,然后生成一定的控制律信号,作用于受控对象。对于串联校正环节,从频域、根轨迹、时域以及基本控制律的角度,各自都有不同的认识,并形成了各具特色的校正方法。

6.2.1　串联校正的频域法

从频域的角度看,串联校正装置可以从幅值和相位两个方面对系统产生校正效果。根据校正装置的相移特点,可以把串联校正分为串联超前校正、串联迟后校正和串联迟后超前校正等形式。

1. 串联超前校正

(1) 校正结构

超前校正环节可由如下传递函数实现:

$$G_c(s) = \frac{1+\alpha Ts}{1+Ts}, \quad (\alpha > 1) \tag{6.1}$$

其频率特性为

$$G_c(\mathrm{j}\omega) = \frac{1+j\alpha T\omega}{1+\mathrm{j}T\omega} \tag{6.2}$$

由于 $\alpha > 1$,故有

$$\varphi_c(\omega) = \mathrm{tg}^{-1}\alpha T\omega - \mathrm{tg}^{-1}T\omega > 0 \tag{6.3}$$

所以超前校正环节会产生相位超前作用。

超前校正环节的对数频率特性如图 6-6 所示。

对数幅频特性的转折频率为

$$\omega_1 = \frac{1}{\alpha T} \quad 和 \quad \omega_2 = \frac{1}{T}$$

假设 ω_m 为 ω_1 和 ω_2 的对数平均值,即 $2\lg\omega_m = \lg\omega_1 + \lg\omega_2$,故有

$$\omega_m = \sqrt{\omega_1\omega_2} = \frac{1}{T\sqrt{\alpha}} \tag{6.4}$$

ω_m 也称为 ω_1 和 ω_2 的几何中点。

由式(6.2)可知 ω_m 对应的对数幅值为

$$L(\omega_m)=10\lg\alpha \tag{6.5}$$

将 ω_m 对应相角的峰值为 $\varphi_m=\varphi(\omega_m)$，将 ω_m 代入式(6.3)可得

$$\varphi_m=\arcsin\frac{\alpha-1}{\alpha+1} \tag{6.6}$$

或

$$\alpha=\frac{1+\sin\varphi_m}{1-\sin\varphi_m} \tag{6.7}$$

利用频域串联超前校正，就是要确定校正环节的 α 和 T 这两个参数。

校正装置的实现可以采用多种形式，这里采用最简单的无源网络形式，如图 6-7 所示。

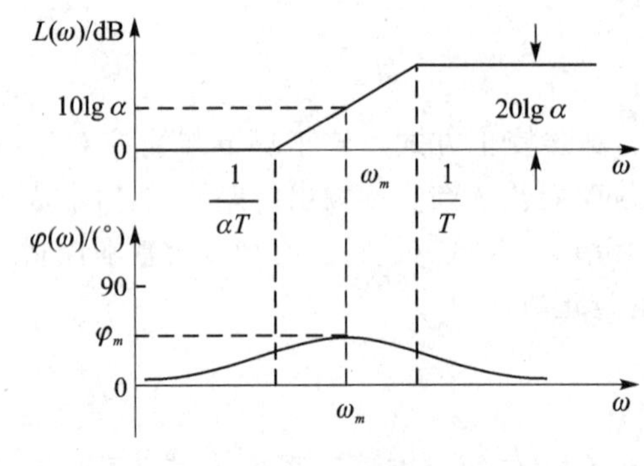

图 6-6　超前校正装置的伯德图

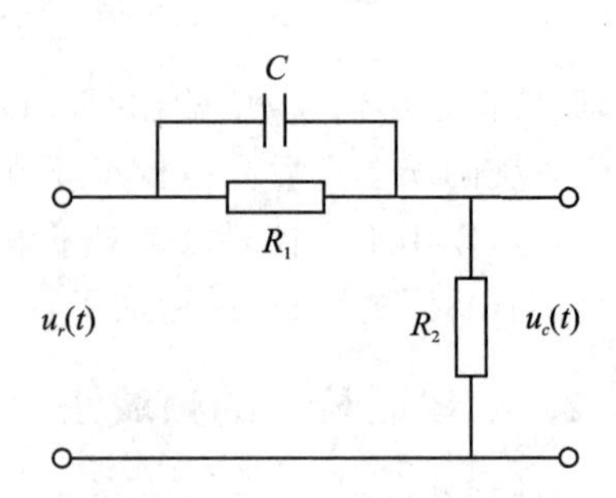

图 6-7　串联超前无源网络

该校正装置的传递函数为

$$G_c(s)=\frac{U_c(s)}{U_r(s)}=\frac{1}{\alpha}\frac{\alpha Ts+1}{Ts+1}=\frac{s+\dfrac{1}{\alpha T}}{s+\dfrac{1}{T}}$$

式中

$$T=\frac{R_1R_2}{R_1+R_2}C$$

$$\alpha=\frac{R_1+R_2}{R_2}>1$$

与要求的校正结构有一致的形式。可以通过调整前向通道的增益对系数 $1/\alpha$ 进行补偿。

(2) 校正原理

由超前校正装置的频率特性可知，校正装置普遍提升了相频特性曲线的位置。若使相频曲线峰值对准校正后的截止频率 ω_c'，就会对相角裕度有较大的改善。同时，由于幅频特性曲线的上移，使得原有截止频率 ω_c 退后为 ω_c'。截止频率和相角裕度的增大，有利于改善时域性能指标调节时间 t_s 和超调量 $\sigma_p\%$。

在开环系统伯德图上进行设计时须注意，由于幅频特性曲线上移，使得原有截止频率 ω_c 增加为 ω_c'。校正前的相角裕度在 ω_c 处计算为 $\gamma(\omega_c)$，校正后的相角裕度位于 ω_c' 处的 $\gamma'(\omega_c')$。对于未校正相频特性曲线来讲，有 $\Delta=\varphi(\omega_c)-\varphi(\omega_c')\neq0$，因此工程上取 $\Delta=5°\sim10°$。考虑

到经验修正量的情况，若想达到校正后的相角裕度，应在目标相角裕度的基础上增加校正量 Δ。例如，现有相角裕度为 0°，目标相角裕度为 40°，修正量取 5°，那么校正装置应能产生 45°以上的峰值相角。

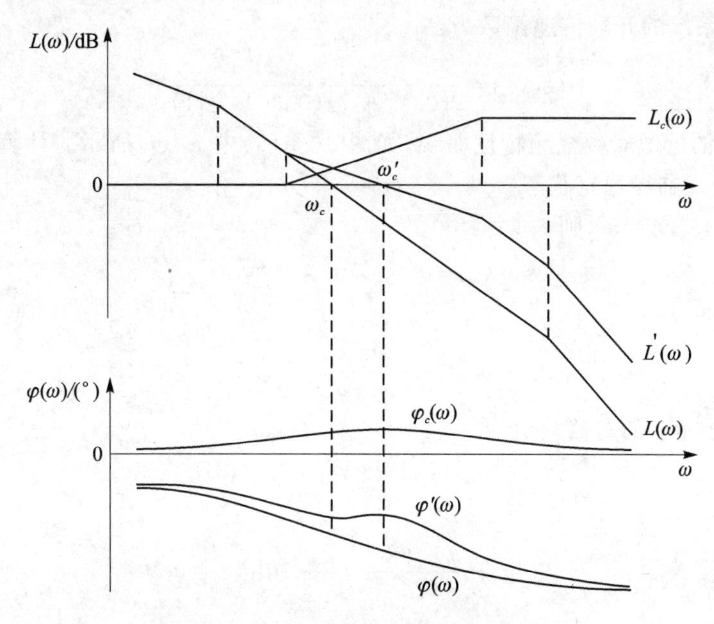

图 6－8　串联超前校正效果图

(3) 校正器设计

校正装置由两个参数即 α 和 T 决定。如果给定的校正目标是时域指标，须将其换算为频域指标。如果直接给出了相角裕度的校正要求 γ'，则有

$$\varphi_m = \gamma' - \gamma + \Delta \tag{6.8}$$

由式(6.6)即

$$\alpha = \frac{1+\sin\varphi_m}{1-\sin\varphi_m}$$

可以求出参数 α。

由于校正装置的相频特性曲线峰值对准校正后的截止频率 ω'_c，即 $\omega_m = \omega'_c$，因此在 ω'_c 处校正装置对幅频特性曲线的贡献是上移 $10\lg\alpha$。该上移量使得原有幅频特性 $L(\omega)=-10\lg\alpha$ 的点上移到零分贝线，形成校正后的截止频率 ω'_c。因此在原有幅频特性曲线上求取 $L(\omega)=-10\lg\alpha$ 对应的频率 ω 即 ω'_c。

再利用式(6.4)，可得

$$T = \frac{1}{\omega'_c\sqrt{\alpha}} \tag{6.9}$$

至此，得到校正装置的参量(α, T)，即可得到串联超前校正装置。

【例 6－1】 某控制系统的开环传递函数为

$$G(s) = \frac{K}{s(0.1s+1)(0.001s+1)}$$

对该系统的要求：① 系统的相角裕度 $\gamma' \geqslant 45°$；② 静态速度误差系数 $K_v = 1\,000(s^{-1})$。求超

前校正装置的传递函数。

解:(1) 系统为Ⅰ型,由稳态指标的要求,得

$$K_v = K = 1\ 000$$

(2) 未校正系统的开环传递函数为

$$G(s) = \frac{1\ 000}{s(0.1s+1)(0.001s+1)}$$

绘制未校正系统的近似对数幅频特性曲线,如图 6-9(a)中 $L(\omega)$所示。计算可得 $\omega_c = 100$,$\gamma = 0°$,故系统处于临界稳定状态。

(3) 取 $\gamma' = 45°$,$\Delta = 5°$,则

$$\varphi_m = \gamma' - \gamma + \Delta = 50°$$

根据式(6.6),可得

$$\alpha = \frac{1+\sin\varphi_m}{1-\sin\varphi_m} = 7.5$$

校正装置 $G_c(s)$在 ω_m 的对数幅值为

$$L_c(\omega_m) = 10\lg\alpha = 8.75(\text{dB})$$

根据

$$20\lg\frac{1\ 000}{\omega_c' \cdot 0.1\omega_c' \cdot 1} + 10\lg\alpha = 0$$

可解得

$$\omega_c' = 165.5(\text{rad/s})$$

由 $T = \dfrac{1}{\omega_c'\sqrt{\alpha}}$,得 $T = 0.002\ 21$。

于是可推出

$$G_c(s) = \frac{1+\alpha Ts}{1+Ts} = \frac{1+0.016\ 6s}{1+0.002\ 21s}$$

校正装置 $G_c(s)$的近似对数幅频特性曲线如图 6-9(a)中 $L_c(\omega)$所示。

校正后系统的开环传递函数为

$$G'(s) = G_c(s)G(s) = \frac{1\ 000(1+0.016\ 6s)}{s(1+0.002\ 21s)(1+0.1s)(1+0.001s)}$$

近似对数幅频特性曲线如图 6-9(*a*)中 $L'(\omega)$所示。

(4) 检验校正后的相角裕度 γ'。

已知 $\omega_c' = 165.5$,经计算可得

$$\begin{aligned}\gamma' &= 180° + \varphi(\omega_c') + \varphi_c(\omega_c') \\ &= 180° - 90° - \arctan 0.1 \cdot 165.5 - \arctan 0.001 \cdot 165.5 + \\ &\quad \arctan 0.016\ 6 \cdot 165.5 - \arctan 0.002\ 21 \cdot 165.5 \\ &= 44.1° \approx 45°\end{aligned}$$

基本满足要求。

校正前后系统的伯德图、校正装置 $G_c(s)$的伯德图如图 6-9(b)所示。

如果对校正后的截止频率 ω_c'有要求,或给出的是时域指标 $\sigma_p\%$和 t_s 等,那么频域串联超前校正环节的设计方法与上例类似。

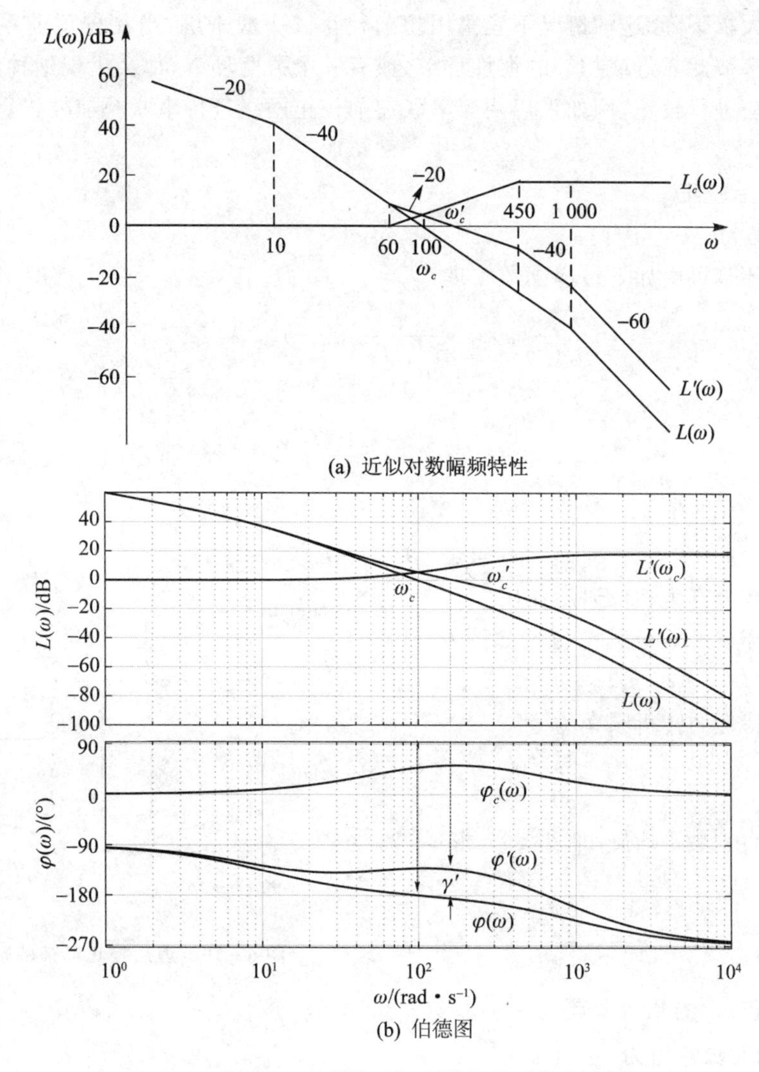

图 6-9　例 6-1 系统的近似对数幅频特性及伯德图

➢ 讨论：

综上所述，超前校正有以下优点：

① 超前校正先确定开环增益 K 以满足稳态误差的要求，避免了采用通过减小 K 值增大相角裕度 γ 的方法。

② 超前校正使开环截止频率增大，闭环频带宽度增加，缩短了暂态响应时间。

③ 超前校正使得 ω_c 和 γ 增加，由于开环频域分析的结果为 $\sigma_p\%$ 是 γ 的减函数，且 $\omega_c t_s \propto \frac{1}{\text{tg}\,\gamma}$，因此超前校正使得超调量 $\sigma_p\%$ 减小，调节时间 t_s 缩短，改善了动态性能。

④ 校正装置容易实现。

超前校正的缺点：

⑤ 超前校正对数幅频特性高频段的幅值有所提高，降低了系统抗高频干扰的能力。

⑥ 对于截止频率 ω_c 附近相频特性衰减较快的系统，增加校正环节使截止频率 ω_c 后移，

造成相角裕度大幅下降，这种情况不宜采用超前校正。一般来讲，当在校正前系统的 ω_c 附近有两个转折频率彼此靠近或相等的惯性环节，或有一个振荡环节，都会出现这种情况。此时可以采用其他方法进行校正，例如采用两级串联超前校正网络进行串联超前校正，或采用串联迟后校正。

2. 串联迟后校正

(1) 校正结构

迟后校正环节可由如下传递函数实现：

$$G_c(s)=\frac{1+\beta Ts}{1+Ts},\quad (\beta<1) \tag{6.10}$$

其频率特性为

$$G_c(\mathrm{j}\omega)=\frac{1+\mathrm{j}\beta T\omega}{1+\mathrm{j}T\omega} \tag{6.11}$$

由于 $\beta<1$，因此有

$$\varphi_c(\omega)=\mathrm{tg}^{-1}\beta T\omega-\mathrm{tg}^{-1}T\omega<0 \tag{6.12}$$

所以迟后校正环节产生相位迟后作用。

迟后校正环节的对数频率特性如图 6-10 所示。

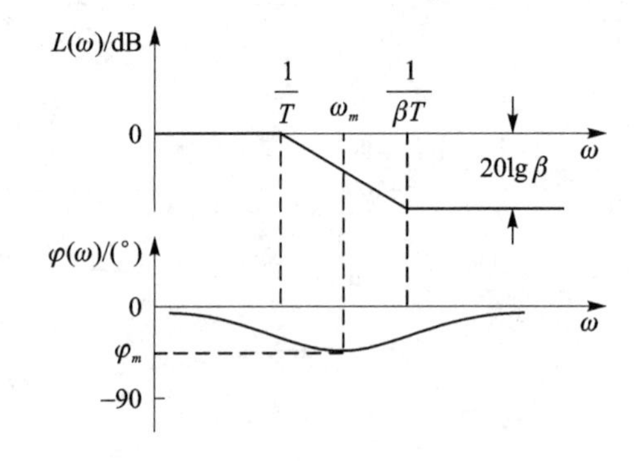

图 6-10　迟后校正环节的伯德图

对数幅频特性的转折频率为

$$\omega_1=\frac{1}{T},\quad \omega_2=\frac{1}{\beta T}$$

ω_m 为 ω_1 和 ω_2 的对数平均值，即 $2\lg\omega_m=\lg\omega_1+\lg\omega_2$，故有

$$\omega_m=\sqrt{\omega_1\omega_2}=\frac{1}{T\sqrt{\beta}} \tag{6.13}$$

ω_m 也称为 ω_1 和 ω_2 的几何中点。

ω_m 对应的对数幅值为

$$L(\omega_m)=-10\lg\beta \tag{6.14}$$

根据伯德图可以看出，迟后环节和超前环节关于横轴对称。

(2) 校正原理

如果将相频特性低峰对准校正后系统的截止频率 ω_c'，将会对系统产生负面影响，使系统性能进一步下降。所以迟后校正不针对系统的中频段，而是作用于系统的低频段。

由于迟后校正环节一般取 $\omega_2\ll\omega_c'$，因此其作用主要体现在对低频段的影响。在具体实施时，对低频段的影响又可以分为两种形式，各有其独特作用。

对于图 6-11(a)所示的校正作用，主要功能是增加相角裕度，提高系统的相对稳定性。从图中可以看出，迟后校正对系统中频段动态性能的影响是双向的：一方面，校正环节的负相移会减小系统的相角裕度；另一方面，由于幅频特性曲线的下移而提前触及 ω 轴，使得 ω_c' 减小，由此换来较大的 γ'。因此当校正环节满足 $\omega_2\ll\omega_c'$ 时，在 ω_c' 处计算 γ，校正环节的负相移作用已大为减弱。第二方面的影响要远大于前者。综合考虑，迟后校正环节一般取 $\omega_2=0.1\omega_c'$。按照工程经验，校正环节在新的截止频率 ω_c' 产生的负相移一般取 $\varphi_c(\omega_c')=-5^\circ\sim-14^\circ$。

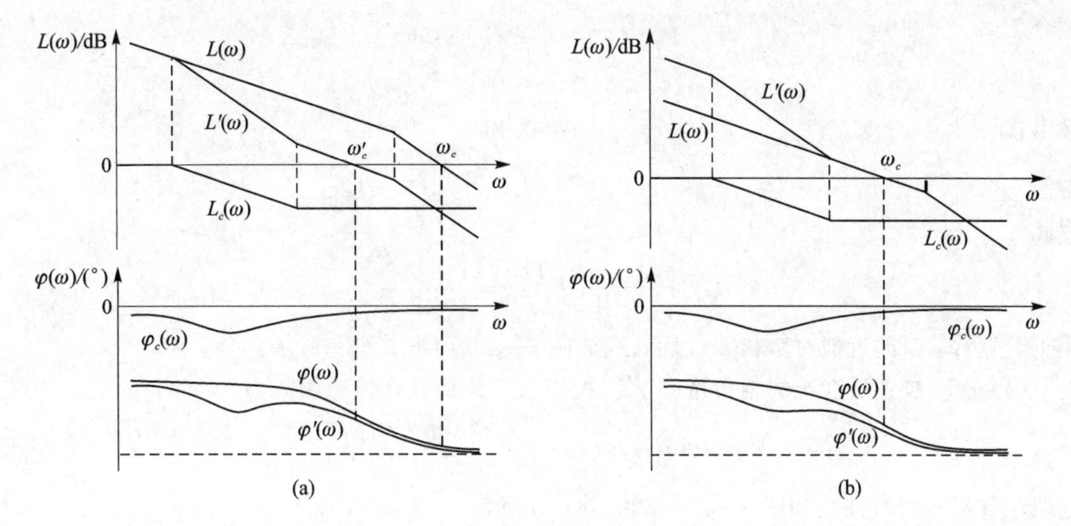

图 6-11　串联迟后校正效果图

分析图 6-11(b)所示的校正作用可知,校正环节并无实质变化,只是开环增益增大 K 倍。但在校正效果上,不以中频段动态性能为目标,也就是保持 ω_c、γ 不变,或动态性能不变,而使低频段幅频特性曲线上移,增加了整个系统的开环增益,有利于系统稳态性能的提高。

(3) 校正器设计

迟后校正器的设计,可以通过两个具体的例子说明。

【例 6-2】 设单位负反馈系统的开环传递函数为

$$G(s)=\frac{K}{s(s+25)}$$

要求静态速度误差系数 $K_v=100$,相角裕度 $\gamma'\geqslant 45^\circ$,采用串联迟后校正,试确定校正装置的传递函数。

解:(1) 根据稳态指标要求,有

$$K_v=\lim_{s\to 0}sG(s)=\frac{K}{25}=100$$

$$K=2\,500$$

则未校正系统的开环传递函数为

$$G(s)=\frac{2\,500}{s(s+25)}=\frac{100}{s(0.04s+1)}$$

(2) 绘制未校正系统的近似对数幅频特性曲线,如图 6-12(a)中 $L(\omega)$ 所示。计算可得 $\omega_c=50$,$\gamma=27^\circ<45^\circ$。

(3) 确定 ω_c'。取 $\Delta=6^\circ$,则 $\gamma'+\Delta=45^\circ+6^\circ=51^\circ$。在未校正系统 $\varphi(\omega)$ 曲线上计算出与相角裕度 51°对应的频率,作为 ω_c':

$$\gamma(\omega_c')=180^\circ-90^\circ-\arctan 0.04\omega_c'=51^\circ$$

即

$$\arctan 0.04\omega_c'=39^\circ$$

$$\omega_c'=20$$

计算网络参数 β、T。首先算出未校正系统在 $\omega_c'=20$ 处的对数幅值,即

$$L(\omega_c')=20\lg 100-20\lg 20=13.98(\text{dB})$$

再令 $L(\omega_c')+20\lg\beta=0$，得

$$\beta=0.2$$

又由式

$$\frac{1}{\beta T}=0.1\omega_c'$$

得

$$T=2.5$$

因此

$$G_c(s)=\frac{1+\beta Ts}{1+Ts}=\frac{1+0.5s}{1+2.5s}$$

校正装置 $G_c(s)$ 的近似对数幅频特性曲线如图 6-12(a)中 $L_c(\omega)$ 所示。

(4) 检验校正后系统的相角裕度 γ'。校正后系统的开环传递函数为

$$G'(s)=G(s)G_c(s)=\frac{100(1+0.5s)}{s(1+2.5s)(1+0.04s)}$$

近似对数幅频特性曲线如图 6-12(a)中 $L'(\omega)$ 所示。

因为 $\omega_c'=20$，所以

$$\begin{aligned}\gamma'&=180^\circ+\varphi(\omega_c')+\varphi_c(\omega_c')\\&=90^\circ+\arctan 0.5\cdot 20-\arctan 2.5\cdot 20-\arctan 0.04\cdot 20\\&=47^\circ>45^\circ\end{aligned}$$

满足要求。

校正前后系统的伯德图、校正装置 $G_c(s)$ 的伯德图如图 6-12(b)所示。

对串联迟后校正来讲，除能保证稳态性能不变、改善动态性能之外，还可以做到动态性能基本不变而改善稳态性能。

【例 6-3】 设单位负反馈系统的开环传递函数为

$$G(s)=\frac{2}{s(s+1)(0.1s+1)}$$

若使 ω_c 和 γ 不变，而 $K_v=20$，应串联何种校正装置，并求出校正装置的传递函数 $G_c(s)$。

解：应串联一个放大系数为 K_c 的放大器和一个迟后校正网络，即校正装置的传递函数为

$$G_c(s)=K_c\frac{1+\beta Ts}{1+Ts},\quad(\beta<1)$$

其基本原理：首先通过串联一个放大器满足稳态误差的要求。这样就将原系统的 $L(\omega)$ 曲线提高 $20\lg K_c$(dB)，而原系统的 $\varphi(\omega)$ 曲线不变。然后再串联一个无源迟后网络，并使其最大迟后相角 φ_m 远离中频段。则总的校正后的 $L'(\omega)$ 曲线与串联放大器之后相比，其低频段不变，而中频段降低 $20\lg\beta$(dB)。若使提高的和下降的相等，则可做到 $L'(\omega)$ 的中高频段与原系统的 $L(\omega)$ 曲线相同，从而使 ω_c' 不变。从相频特性曲线上看，由于最大迟后相角 φ_m 远离中频段，因此使校正后的 $\varphi'(\omega)$ 的中频、高频段相对于校正前的 $\varphi(\omega)$ 也不变，从而保证校正后的 γ' 不变。按照上述思路，设计步骤如下：

① 首先确定串联放大器的放大系数 K_c。由于题目要求 $K_v=20$，而原系统的 $K=2$，因此 $K_c=10$。

② 设计串联迟后网络。令

$$20\lg K_c+20\lg\beta=0$$

则

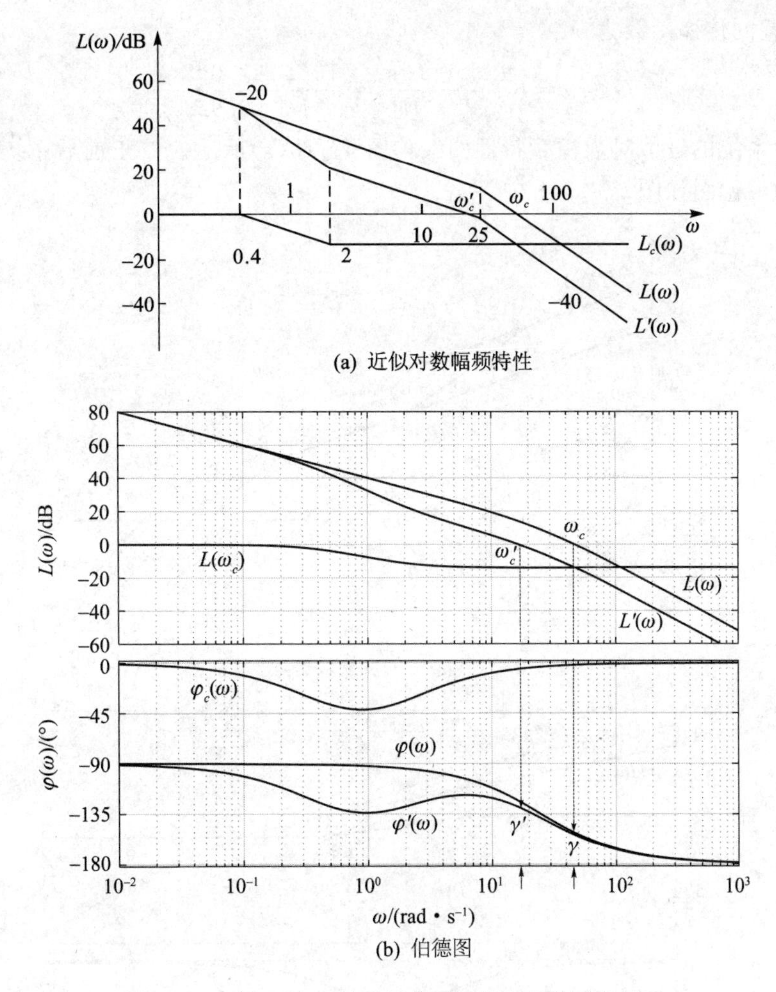

(a) 近似对数幅频特性

(b) 伯德图

图 6-12　例 6-2 系统的近似对数幅频特性及伯德图

$$K_c\beta = 1$$

即

$$\beta = 0.1$$

计算校正前系统的 ω_c。$\omega = 1$ 时，有

$$L(\omega)\big|_{\omega=1} = 20\lg K = 20\lg 2 = 6.02(\mathrm{dB})$$

则

$$6.02 - 40(\lg \omega_c - \lg 1) = 0$$

解得

$$\omega_c = 1.41$$

再令

$$\frac{1}{\beta T} = 0.1\omega_c = 0.141$$

所以

$$T = \frac{1}{0.141\beta} = \frac{1}{0.141 \times 0.1} = 70.92$$

因此，校正装置的传递函数为

$$G_c(s)=K_c\ \frac{1+\beta Ts}{1+Ts}=\frac{10(1+7.092s)}{1+70.92s}$$

校正前后系统的近似对数幅频特性曲线如图 6-13(a)所示。校正前后系统的伯德图，以及校正装置的伯德图如图 6-13(b)所示。

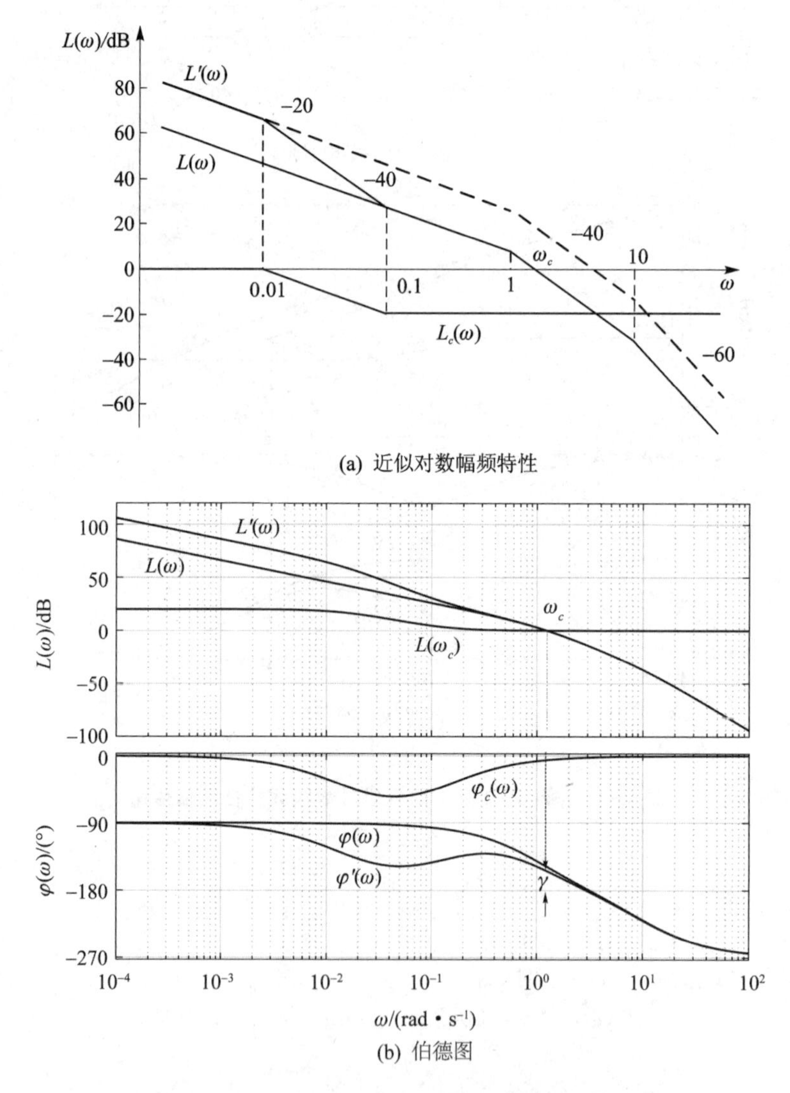

图 6-13　例 6-3 系统的近似对数幅频特性及伯德图

➢ 讨论：

迟后校正有以下优点：

① 在系统稳态性能不变的前提下，迟后校正可以增加相角裕度，提高系统的稳定性和动态性能。

② 在稳定性不变的前提下，迟后校正可以增大系统的各种稳态误差系数，提高系统的稳态性能。

③ 迟后校正可以降低对数幅频特性的高频段，提高系统抗高频干扰信号的能力。

迟后校正的缺点：

① 迟后校正导致闭环频带宽度降低，ω_c 减小，从而使得暂态过程变慢。

② 低频段设计对应较大的时间常数，有时难以实现。

迟后校正的适用场合：

① 在截止频率处相位变化较大的系统，这一点与超前校正正好互补。如果单纯为了改善相角裕度，可据此选择是超前还是迟后校正。

② 对暂态响应速度要求不高的场合。

③ 系统要求抗高频干扰信号能力强的场合。

3. 迟后-超前校正

如果一个系统的原有性能与所要求的指标差别较大，单纯采用串联超前校正或串联迟后校正不能满足要求，可采用两种方法的组合，即串联迟后-超前校正的方法进行补偿。该装置相位既有迟后特性又有超前特性，综合了串联超前校正和串联迟后校正的优点。用超前校正作用改善系统的动态性能，用迟后作用改善稳态性能，并影响其高频段的抗干扰能力，综合提高系统的各项性能指标。校正环节的伯德图如图 6－14 所示。

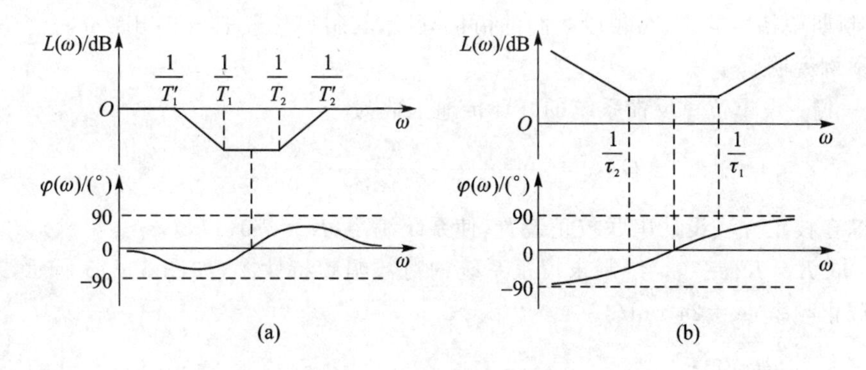

图 6－14　迟后-超前校正装置的伯德图

关于迟后-超前校正环节的结构分析与设计实现，读者可以参考其他相关书籍。

4. 频域综合法设计串联校正

频域综合法串联校正是按期望频率特性对系统进行串联校正的方法。前述各种频域串联校正方法，都是先在开环对数频率特性图上进行设计，然后通过开环频率特性与闭环性能的分析关系，将开环设计结果与闭环系统的性能指标对应，并验证结果是否满足要求。按期望特性对系统进行串联校正则是先由给定的闭环系统性能指标，绘制期望的开环对数幅频特性图，然后与未校正系统的对数幅频特性求差，得到校正环节的特性。

综合法得到的校正环节可能是前述几种典型串联结构，也可能是其他复杂的组合结果。

期望开环对数幅频特性可以通过如下方法得到：

① 根据对系统型数及稳态误差的要求，通过性能指标中 v 及开环增益 K，可绘制期望幅频特性曲线的低频段。

② 根据对系统响应速度及阻尼程度的要求，通过截止频率 ω_c、相角欲度 γ、中频区宽度 H、中频区特性上下限交接频率 ω_2 与 ω_3，可绘制期望特性的中频段，并取中频区特性的斜率为－20 dB/dec，以确保系统具有足够的相角裕度。所用的公式如下：

$$H=\frac{\omega_3}{\omega_2} \tag{6.15}$$

$$M_r=\frac{H+1}{H-1} \tag{6.16}$$

$$\omega_2 \leqslant \omega_c \cdot \frac{2}{H+1} \tag{6.17}$$

$$\omega_3 \geqslant \omega_c \cdot \frac{2H}{H+1} \tag{6.18}$$

$$M_r \approx \frac{1}{\sin\gamma} \tag{6.19}$$

③ 绘制期望特性低、中频段之间的衔接频段。其斜率一般与前、后频段相差−20 dB/dec，否则对期望特性的性能有较大影响。

④ 根据对系统幅值裕度 h(dB)及抑制高频噪声的要求，绘制期望特性的高频段。通常，为使校正装置比较简单，以便于实现，一般使期望特性的高频段斜率与未校正系统的高频段斜率一致，或完全重合。

⑤ 绘制期望特性的中、高频段之间的衔接频段，其斜率一般取−40 dB/dec。

下面举例说明。

【例 6-4】 设单位负反馈系统的开环传递函数为

$$G(s)=\frac{K}{s(1+0.12s)(1+0.02s)}$$

试用串联综合校正方法设计串联校正装置，使系统满足：$K_v=70(1/s)$，$t_s\leqslant 1$ s，$\sigma_p\%\leqslant 40\%$。

解：① 取 $K=K_v=70$。绘制未校正系统的对数幅频特性图，如图 6-15 所示，求得未校正系统的截止频率 $\omega_c=24$ rad/s。

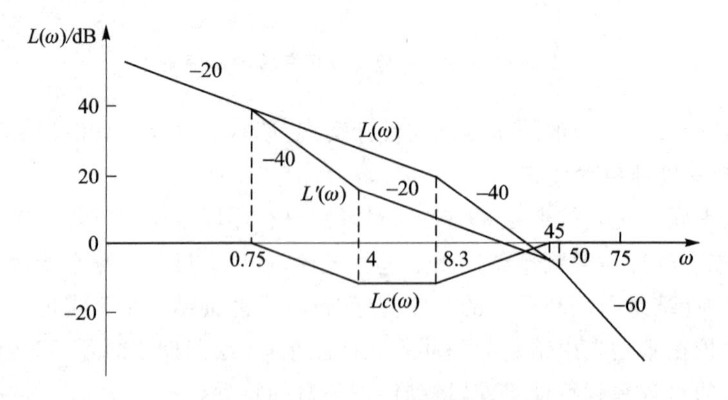

图 6-15　例 6-4 系统开环对数幅频特性

② 绘制期望特性曲线。其主要参数如下：

低频段：Ⅰ型系统，$K=70$，与未校正系统的低频段重合。

中频段：将 $\sigma_p\%$ 与 t_s 转换为相应的频域指标，并取为

$$M_r=1.6,\quad \omega_c=13(\text{rad/s})$$

则有

$$\omega_2 \leqslant 4.88,\quad \omega_3 \geqslant 21.13$$

在 $\omega_c=13$ 处，作 -20 dB/dec 斜率直线，交 $L(\omega)$ 于 $\omega=45$ 处，如图 6-15 所示。可取

$$\omega_2=4,\quad \omega_3=45$$

在中频段与过 $\omega_2=4$ 的横轴垂线的交点上，作 -40 dB/dec 斜率直线，交期望特性低频段于 $\omega_1=0.75$ 处。

高频段：在 $\omega\geqslant45$ 后，取期望特性高频段 $L'(\omega)$ 与未校正系统高频特性 $L(\omega)$ 一致。

于是，期望特性的参数如下：

$$\omega_1=0.75,\quad \omega_2=4,\quad \omega_3=45,\quad \omega_c=13,\quad H=11.25$$

③ 将 $L'(\omega)$ 与 $L(\omega)$ 特性相减，得到的串联校正装置传递函数为

$$G_c(s)=\frac{(1+0.25s)(1+0.12s)}{(1+1.33s)(1+0.022s)}$$

④ 验算性能指标。校正后系统开环传递函数为

$$G'(s)=\frac{70(1+0.25s)}{s(1+1.33s)(1+0.02s)(1+0.022s)}$$

直接算得：$\omega'_c=13$，$\gamma'=45.6°$，$M_r=1.4$，$\sigma_p\%=32\%$，$t_s=0.73$，完全满足设计要求。

6.2.2　串联校正与 PID 控制

在误差端串联比例(P)、积分(I)、微分(D)组合控制器得到一种校正方法，该方法是工程控制中应用最为广泛的校正方法。从控制器结构的传递函数上看，PD、PI、PID 控制器分别对应超前、迟后、迟后-超前校正环节，但控制器的参数选取方法，与校正环节选择参数的频域法和根轨迹法具有很大差别。

由于 PID 控制仅仅利用误差、误差的历史及误差变化的趋势来修正误差，因此控制器设计对开环对象的数学模型没有严格的要求，开环对象甚至可以是非线性、不确定的。这种方法对不能精确建模的受控对象实现合理的控制具有重要的意义。

单独的比例控制，即调节开环增益，对系统动态性能和稳态性能产生不同的影响。由系统分析可知，开环增益 K 的增加，可以减小稳态误差，有利于改善系统稳态性能；但对系统动态性能来说，增加 K 会引起对数幅频特性曲线上升，使得稳定裕度下降、阻尼减小、振荡加剧直至进入不稳定状态。因此，一般单独使用比例控制时，应特别慎重。

1. PD 控制

PD 控制器的传递函数为

$$G_c(s)=K_p(1+T_d s)\tag{6.20}$$

式中，K_p 为比例系数，T_d 为微分时间常数。PD 控制结构图如图 6-16 所示。

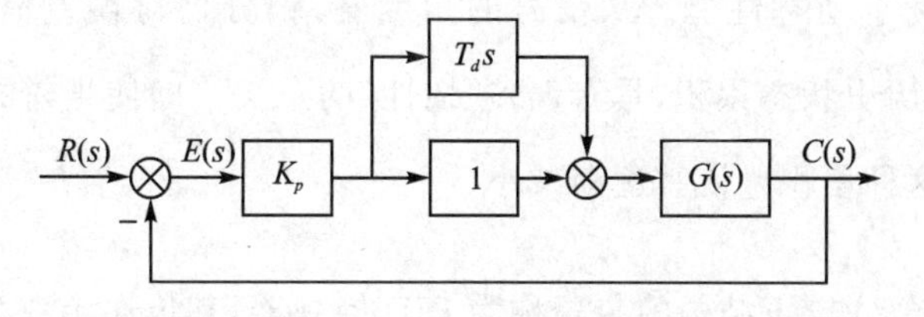

图 6-16　PD 控制结构图

PD 控制因为包含了微分环节，具有相位超前的作用，能够反映输入偏差信号 $e(t)$ 的变化趋势。即在系统偏差发生较大变化之前，控制器已产生相反的作用信号，避免产生过大超调，

并能加速系统的动态过程，提高系统的快速性。

从系统频率特性的角度看，比例微分环节使开环幅频特性上升，使高频段的抗干扰能力下降；从信号的角度看，微分器的作用可以使较小的尖锐信号大幅放大。大多数的外部噪声干扰信号正是因为有这种低幅、高频、脉冲的特点，所以实际的控制系统中单纯使用微分器的情形较为少见。一般用惯性环节来部分抵消这种不利效应。

一个实用的微分环节通常具备如下形式：

$$G_d(s)=\frac{T_d s}{Ts+1}$$

通过调整参数 T_d 和 T 来调整微分作用和滤波作用的相对强弱。调整时应保证 $T_d>T$，否则就不具备相对微分的意义了。在实际控制系统中，应根据系统应用条件综合考虑。

当采用实用微分器以后，比例微分控制器的传递函数为

$$G_c(s)=K_p\left(1+\frac{T_d s}{Ts+1}\right)=K_p\ \frac{(T+T_d)s+1}{Ts+1}$$

由于 $T+T_d>T$，故 $G_c(s)$是典型的超前校正环节。

2. PI 控制

PI 控制器的传递函数为

$$G_c(s)=K_p\left(1+\frac{1}{T_i s}\right) \tag{6.21}$$

式中，K_p 为比例系数，T_i 为时间常数。PI 控制结构图如图 6－17 所示。

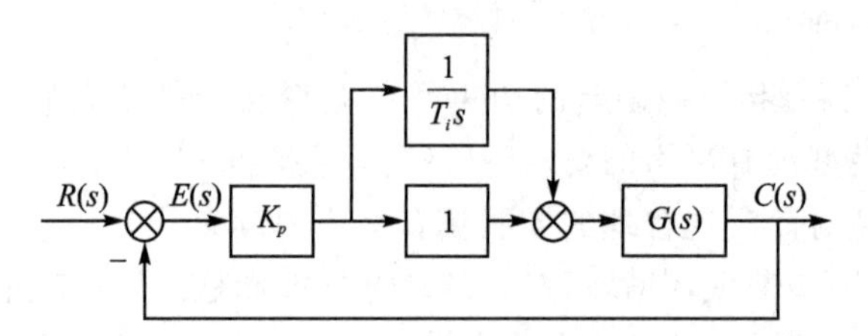

图 6－17　PI 控制结构图

在系统中串联积分环节可提高系统的型数，改善系统的稳态性能。如果受控对象中不包含积分环节而又希望实现无静差调节时，就必须通过在系统中串联比例积分的方式来校正实现。但由于积分器使系统产生较大的迟后相角，使系统相角裕度明显减小，降低了系统的稳定性，并对系统动态性能产生不利影响。因此，一般不单独使用积分环节。

从系统频率特性的角度看，PI 环节使低频段对数幅频特性曲线斜率增大，也说明 PI 环节有利于稳态性能，不利于动态性能。从信号的角度看，积分器对误差信号产生累积的作用，$\int_0^t e(t)\mathrm{d}t$ 代表误差的历史状态累积，具有误差“惯性”的意义。即使当前的误差为零，比例调节无贡献，也需要调节这种累积量使其逐渐减小。

3. PID 控制

具有比例-积分-微分校正结构的装置称为 PID 控制器，其传递函数为

$$G_c(s)=K_p\left(1+\frac{1}{T_i s}+T_d s\right) \tag{6.22}$$

PID 控制结构图如图 6－18 所示。

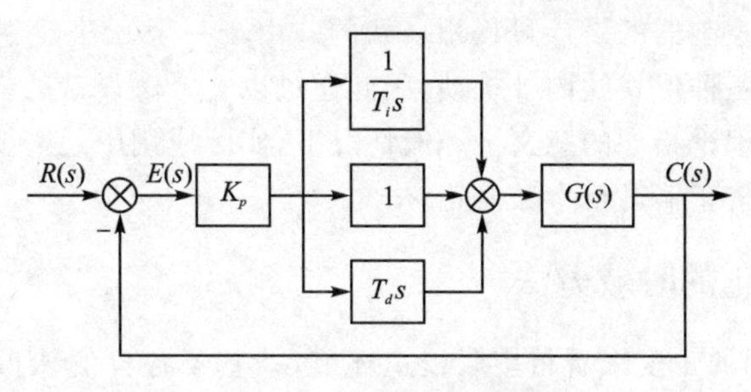

图 6-18　PID 控制结构图

系统加入 PID 控制器后，可为开环环节提供一个零极点和两个负实部零点。零极点可提高系统的型数，减小或消除系统的稳态误差，改善系统稳态性能；负实部零点对应比例微分，可使系统产生超前相位，增加系统相角裕度，提高系统阻尼程度，使系统的稳定性提高，并改善系统的动态性能。

4. PID 参数整定

设计 PID 控制器，不针对受控对象已知的数学模型。要确定 PID 控制器的参数，就需要实验方法的辅助还需要一定的控制经验。

优化选择 PID 参数的过程，叫作参数整定。

(1) 临界比例度法

临界比例度法是一种非常经典的 PID 控制器参数整定方法，其在工程上得到了广泛应用。该方法不依赖对象的数学模型，而是总结了理论和实践经验，并通过实验再由经验公式得到。

临界比例度法在闭环情况下，将 PID 控制器的积分和微分环节先去掉，仅留下比例环节，然后在系统中加入一个扰动信号，若系统响应是衰减的，则增大控制器的比例增益 K_p；若系统响应是发散的，则减小 K_p，直到使闭环系统做临界等幅振荡，此时的比例增益 K_p 被称为临界增益，记为 K_u，而此时的振荡周期称为临界振荡周期，记为 T_u。P、PI 和 PID 这 3 种控制器的参数整定值与 K_u、T_u 的关系如表 6-3 所列。

表 6-3　临界比例度法整定控制器参数

控制器类型	K_p	T_i	T_d
P	$0.5K_u$		
PI	$0.45K_u$	$0.83T_u$	
PID	$0.6K_u$	$0.5T_u$	$0.125T_u$

(2) 综合法

借助计算机辅助工具 MATLAB/Simulink 的 NCD(Nonlinear Control Design)工具箱，可以进行综合法 PID 参数整定。NCD 对已知模型的对象，只要给定时域指标，例如 $\sigma_p\%$ 和 t_s，即可按照一定的步长历遍(K_p、T_i、T_d)的取值范围，自动进行时域指标计算比较，直接得到最优的(K_p、T_i、T_d)数值。

类似的计算机辅助综合法，还包括遗传算法寻优、蒙特卡洛方法等。

需要说明的是，以上关于校正环节设计的过程中，频频出现各种近似、经验、主导作用的说法，这是与实际中校正控制器的设计过程相一致的。由于一般无法建立受控对象的精确数学模型，控制过程又受到各种形式的内外扰动，因此通过以上方法设计的控制器只是一个粗略的校正模型，具有一定的理论指导的意义。一般情况下，实际应用中还需要通过反复的仿真和实物试验，对理论设计的校正器进行参数修正。

6.2.3 串联校正的时域方法

上述方法是从不同的角度来看待串联校正环节，并基于各自的认识提出校正方法。不同的校正设计方法，实际上只是不同的确定校正参数的方法而已，校正环节基本是通用的。

现在将串联校正环节与受控对象结合在一起，作为一个“广义受控对象”。由于校正后的广义对象对应的闭环系统具有良好的性能，因此对象和系统的内部结构一定也发生改变，结构参数也产生变化。这一点在基于状态分析的现代控制理论中会得到更深入地理解。本小节以二阶系统为例，从经典时域控制的角度说明串联超前(比例-微分)环节对系统参数的影响，进而说明这些参数的修改对系统动态性能的影响。

具有误差的比例-微分控制的二阶系统如图 6－19 所示。

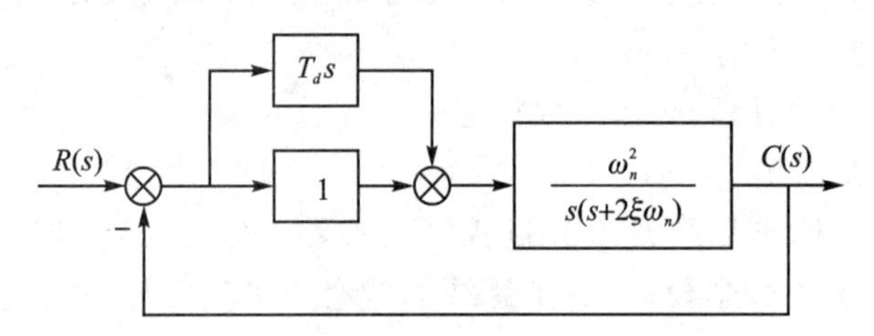

图 6－19　比例-微分控制的二阶控制系统

由图 6－19 可知，系统的开环传递函数为

$$G(s)=\frac{\omega_n^2(1+T_ds)}{s(s+2\xi\omega_n)} \tag{6.23}$$

闭环传递函数为

$$\Phi(s)=\frac{\omega_n^2(1+T_ds)}{s^2+2\xi_d\omega_ns+\omega_n^2} \tag{6.24}$$

式中

$$\xi_d=\xi+\frac{1}{2}\omega_nT_d \tag{6.25}$$

为系统的有效阻尼比。

式(6.24)和式(6.25)表明，比例-微分控制的二阶系统不改变系统的自然频率，但是可以增大系统的有效阻尼比，以抑制振荡。由于增加了一个参数选择的自由度，因此如果适当选择微分时间常数 T_d 的取值，那么可使得系统具有好的响应平稳性，又具有满意的响应快速性。

下面从物理概念上进一步说明比例-微分控制对系统性能的影响。

由式(6.24)可得，系统输出的拉氏变换为

$$C(s)=\frac{\omega_n^2(1+T_ds)}{s^2+2\xi_d\omega_ns+\omega_n^2}R(s)$$

$$= \frac{\omega_n^2}{s^2 + 2\xi_d\omega_n s + \omega_n^2}R(s) + T_d s \frac{\omega_n^2}{s^2 + 2\xi_d\omega_n s + \omega_n^2}R(s) \tag{6.26}$$

时间响应可表示为

$$c(t) = c_1(t) + T_d \frac{d}{dt}(c_1(t)) \tag{6.27}$$

式(6.27)的第一项对应于典型二阶系统的时间响应,第二项为第一项的微分附加项。微分附加项的存在,增加了时间响应中的高次谐波分量,使得响应曲线的前沿变陡,提高了系统响应的快速性。

比例-微分控制的二阶系统的响应曲线如图 6-20 所示。

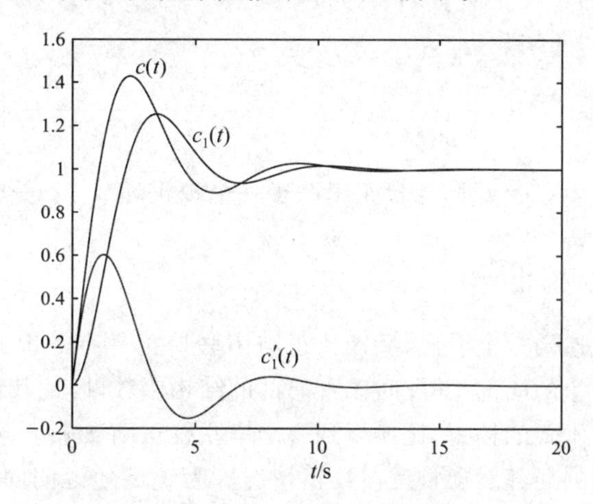

图 6-20　比例-微分控制二阶系统的响应曲线

比例-微分控制相当于为系统增加了一个闭环零点。若令 $z = 1/T_d$,闭环传递函数也可以表示为

$$\Phi(s) = \frac{\omega_n^2}{z} \frac{s + z}{s^2 + 2\xi_d\omega_n s + \omega_n^2} \tag{6.28}$$

因此,比例-微分控制的二阶系统有时称为有零点的二阶系统,系统的附加零点为 $-z = -1/T_d$。

由此可见,比例-微分校正环节的加入,在时域分析的角度就是改变了系统的阻尼能力。以二阶系统为例,设计人员可以根据性能指标的要求,反推系统的期望阻尼比 ξ_d 再根据现有的 ξ、ω_n 确定校正系数 T_d。

6.3　反馈校正

反馈校正是通过对系统的某一部分引入反馈环节来改善系统性能,故又称之为部分反馈校正。在自动控制系统中,反馈校正也是常采用的校正形式之一。在一些特殊的应用场合,反馈校正会起到特别的校正效果。

反馈校正在满足一定条件时可以等价于串联校正。用哪种方式来认识校正过程,要根据具体系统特点和分析设计方法来确定,并以能明确概念为目的。经典控制理论以串联校正为主,辅以反馈校正和前馈校正;而现代控制理论中,校正控制主要就是从输出反馈和状态反馈的角度来讨论的。

6.3.1 反馈校正的结构

反馈校正环路可以包含受控对象的一部分,也可以对受控对象整体进行反馈校正。从形式上看,它与对象紧密结合为“广义对象”,更符合对象校正的字面意义。

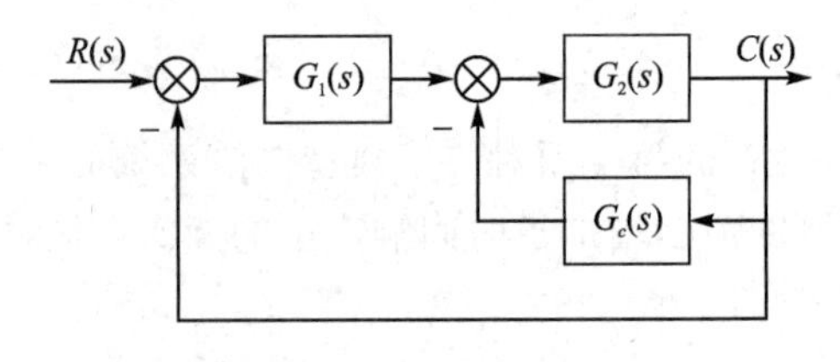

图 6-21 反馈校正系统

典型的反馈校正系统如图 6-21 所示。

在图 6-21 中,增加了校正装置 $G_c(s)$以后,校正后系统的开环传递函数为

$$G'(s)=G_1(s)\frac{G_2(s)}{1+G_c(s)G_2(s)}=\frac{1}{1+G_c(s)G_2(s)}G_1(s)G_2(s) \tag{6.29}$$

比较原有对象 $G(s)=G_1(s)G_2(s)$,等价于串联了一个校正环节$\dfrac{1}{1+G_c(s)G_2(s)}$。

6.3.2 典型反馈校正

虽然已经可以从传递函数上看出,反馈校正与串联校正具有等价的意义。但是由于反馈校正直接作用在受控对象的局部,并及时改善局部的结构参数,因此其针对性和校正效果非常明确。这种局部外科手术式的校正,比换算到一个串联校正函数来说,更具有直观的意义。

下面讨论几种典型的局部对象负反馈校正情况。为统一地说明问题,被校正的局部对象对应图 6-27 中的 $G_2(s)$。

1. 惯性环节的比例负反馈

惯性环节的比例负反馈如图 6-22 所示。

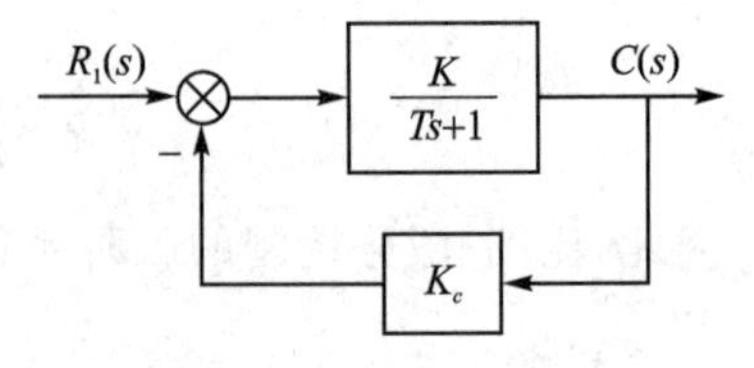

图 6-22 惯性环节的比例负反馈

假如受控对象的局部惯性环节 $K/(Ts+1)$,被比例 K_c 反馈,则对应的闭环传递函数为

$$G_2'(s)=\frac{K'}{T's+1} \tag{6.30}$$

其中,$K'=\dfrac{K}{1+KK_c}$,$T'=\dfrac{T}{1+KK_c}$。

由此可见,对局部惯性环节的比例负反馈,可以减小被校正惯性环节的时间常数和增益系数。时间常数的减小会减弱惯性作用,从而提高系统的动态响应速度;增益系数的减小,可以通过前向通道中的其他放大器增益来弥补。

2. 积分负反馈

比例环节的积分负反馈如图 6-23 所示,其传递函数为

$$G_2'(s)=\frac{K}{1+\dfrac{1}{Ts}K}=\frac{Ts}{\dfrac{T}{K}s+1} \tag{6.31}$$

比例环节的局部积分反馈,为带惯性抑制的微分器,其可以通过调节参数 T 改变微分的作用。形式类同 6.2.3 小节讨论的实用微分器 $G_d(s)=\dfrac{T_ds}{Ts+1}$,可以增强系统高频段的抗干扰能力。

推广到任意环节的积分负反馈，有

$$G_2'(s)=\frac{G_2(s)}{1+\frac{1}{Ts}G_2(s)} \tag{6.32}$$

当反馈回路满足 $\left|\frac{1}{Ts}\cdot G_2(s)\right|\gg 1$ 时，有

$$G_2'(s)\approx\frac{G_2(s)}{\frac{1}{Ts}G_2(s)}=Ts \tag{6.33}$$

即任意环节的积分负反馈可以近似为一个纯微分的结构。

因此，在系统校正过程中，可以看到局部积分反馈增加，等效微分作用的情况。

3. 微分负反馈

微分负反馈如图 6－24 所示，其传递函数为

$$G_2'(s)=\frac{G_2(s)}{1+TsG_2(s)}$$

当满足 $|T\cdot G_2(s)|\gg 1$ 时，有

$$G_2'(s)=\frac{G_2(s)}{TsG_2(s)}=\frac{1}{Ts} \tag{6.34}$$

同样，在满足一定条件时，微分反馈具有积分意义。

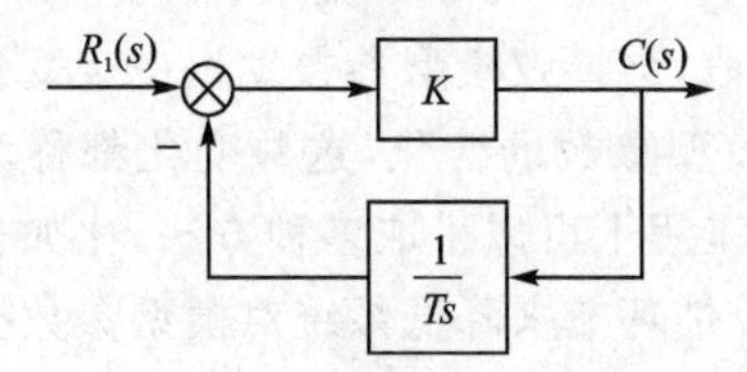

图 6－23　比例环节的积分负反馈

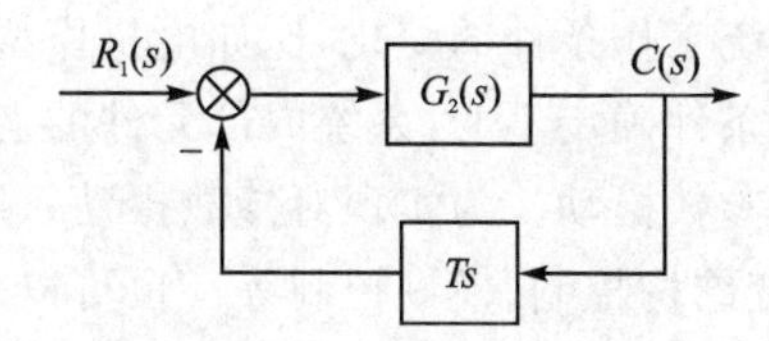

图 6－24　微分负反馈环节

6.3.3　反馈作用的理解

自动控制系统本质上是对受控对象总体的负反馈系统，反馈校正则着眼于对象中有缺陷的局部环节，通过反馈的方法校正之，从而由整体良好的开环对象来保证闭环性能。

1. 反馈可以消除系统中不希望有的环节

通过上述典型反馈校正的结果可以看出，在满足一定条件时，可以将对象中的一部分环节从开环传递函数中消去。

推广到一般情况，在图 6－25 中，若 $G_2(s)$为有缺陷（严重非线性、参数变化较大等）环节，可采用反馈校正装置 $G_c(s)$，将该环节包围在内构成负反馈内环，再通过正确选择校正装置 $G_c(s)$的特性，最终减弱甚至消除 $G_2(s)$对系统性能的不利影响。

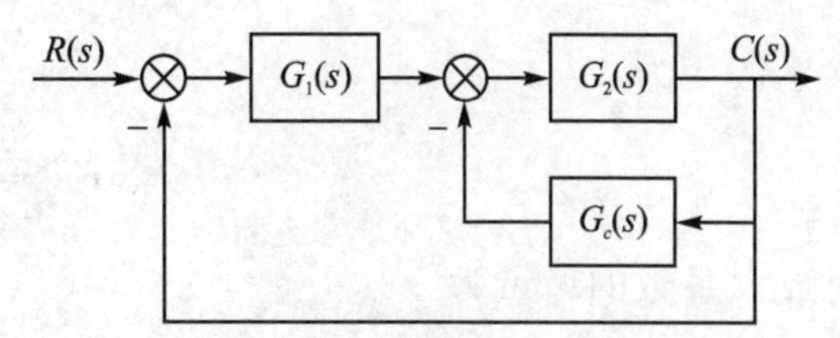

图 6－25　反馈校正系统

由于 $G_2(s)$环节被 $G_c(s)$反馈校正后的传递函数为

$$G_2'(s)=\frac{G_2(s)}{1+G_c(s)G_2(s)} \tag{6.35}$$

当满足$|G_c(s)G_2(s)|\gg 1$时，

$$G_2'(s)\approx\frac{G_2(s)}{G_c(s)G_2(s)}=\frac{1}{G_c(s)} \tag{6.36}$$

因为校正后的传递函数已经与有缺陷的$G_2(s)$没有关系，所以不管对象$G_2(s)$特性如何，只要精密设计反馈环节$G_c(s)$，并使$|G_c(s)G_2(s)|\gg 1$，即可保证整体开环对象的满意程度。这就是所谓通过外科切除的方法来去掉缺陷点。

进一步设计，可以将校正部分的传递函数即式(6.35)，表达为频率特性

$$G_2'(\mathrm{j}\omega)=\frac{G_2(\mathrm{j}\omega)}{1+G_c(\mathrm{j}\omega)G_2(\mathrm{j}\omega)} \tag{6.37}$$

若通过设计$G_c(\mathrm{j}\omega)$，可以在某个频段，保证$|G_c(\mathrm{j}\omega)G_2(\mathrm{j}\omega)|\gg 1$，则在该频段

$$G_2'(\mathrm{j}\omega)=\frac{1}{G_c(\mathrm{j}\omega)} \tag{6.38}$$

若在其他频段，保证$|G_c(\mathrm{j}\omega)G_2(\mathrm{j}\omega)|\ll 1$，则

$$G_2'(\mathrm{j}\omega)=G_2(\mathrm{j}\omega) \tag{6.39}$$

由以上结果可知，在频段上可以对受控对象的缺陷进一步细分，从而做到该环节在某一频率范围内被去掉，在其他频率段被保留，达到有选择性地校正系统的目标。

2. 反馈可以降低系统对模型参数摄动的敏感性

系统工作条件的变化，比如电机模型在不同的调速段，会导致模型参数发生一定变化。即使工作条件确定不变，系统内部元件的老化，也会引起模型参数的变化，这些变化都称为控制系统的参数摄动。为实现对参数摄动系统的有效控制，工程上可以采取多种方法，比如自适应控制、变结构控制、模糊控制等。也可以采用最简单的反馈环节来降低系统对模型参数摄动的敏感性。

以惯性对象为例，惯性环节的结构图如图 6 - 26 所示。

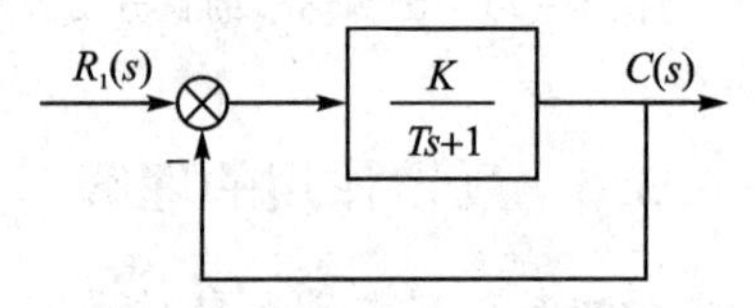

图 6 - 26　惯性环节的结构图

系统无负反馈时，设系统放大系数K变化ΔK，即变化后为$K+\Delta K$，则放大系数的相对增量为$\Delta K/K$。加入负反馈后，系统传递函数为

$$G(s)=\frac{\dfrac{K}{1+K}}{\dfrac{T}{1+K}s+1} \tag{6.40}$$

放大系数变为

$$K'=\frac{K}{1+K} \tag{6.41}$$

此时放大系数的增量为

$$\Delta K'=\frac{\mathrm{d}K'}{\mathrm{d}K}\Delta K=\frac{1}{(1+K)^2}\Delta K \tag{6.42}$$

由式(6.42)除以式(6.41)，得放大系数的相对增量为

$$\frac{\Delta K'}{K}=\frac{1}{1+K}\frac{\Delta K}{K}$$

可见，系统加入负反馈校正后，系统放大系数的相对增量降低为校正前的$\frac{1}{1+K}$，输出也降低为校正前的$\frac{1}{1+K}$。

对于更普遍的情况，设系统传递函数为$G(s)$，采用负反馈后，系统输出的相对变化与系统参数的相对变化之间也成正比关系，并且降低为校正前的$\frac{1}{1+G(s)}$，如式(6.43)和式(6.44)所示(可自行证明)。

校正前

$$\frac{\mathrm{d}C(s)}{C(s)}=\frac{dG(s)}{G(s)} \tag{6.43}$$

校正后

$$\frac{\mathrm{d}C(s)}{C(s)}=\frac{1}{1+G(s)}\frac{\mathrm{d}G(s)}{G(s)} \tag{6.44}$$

3. 速度反馈可以增加系统的阻尼度

对局部二阶环节或者主导极点为二阶的高阶局部环节$G_2(s)$，进行反馈校正时，可以近似用图6-27所示的近似结构图表示。

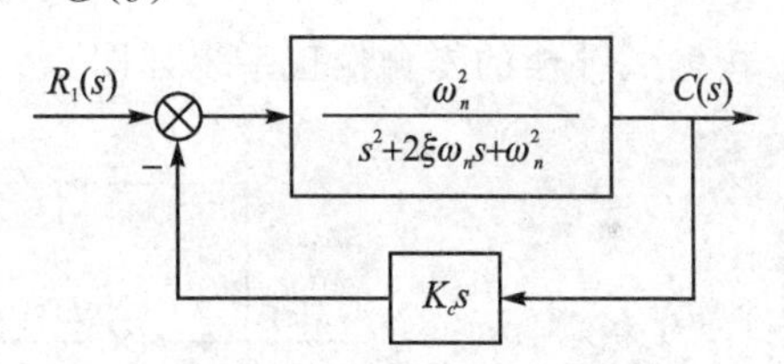

图6-27　反馈校正系统结构图

对于反馈校正装置为理想比例微分环节，当加入微分负反馈后，系统传递函数为

$$\Phi(s)=\frac{\omega_n^2}{s^2+(2\xi\omega_n+K_c\omega_n^2)s+\omega_n^2} \tag{6.45}$$

显然，校正后系统的无阻尼振荡频率未变，即$\omega'_n=\omega_n$，而阻尼比发生了变化，令

$$2\xi\omega_n+K_c\omega_n^2=2\xi'\omega_n \tag{6.46}$$

则

$$\xi'=\xi+\frac{1}{2}K_c\omega_n \tag{6.47}$$

故校正后系统的阻尼比增大，超调量减小，从而提高了系统的相对稳定性。

修改阻尼比ξ，从另一方面来理解，即通过反馈校正所构成的内环来改变开环极点的位置，也称为极点配置。理论上讲，可以使闭环极点配置在任意希望的位置上。

反馈校正还有其他的特殊应用效果，比如可以加大元件的频带宽度、可以利用反馈抑制干扰。同时局部正反馈还可以提高系统的放大系数等，这里不再一一细述。

➢ 讨论：

① 一般来说，反馈校正所需的元件数比串联校正要少。因为反馈信号通常取自系统输出端或放大器输出级供给，信号从高功率点传向低功率点，所以无须附加放大器。

② 反馈校正可以有效地抑制作用在内环各元件的信号扰动，减小元件参数变化和非线性特性对系统性能的影响。同时，这种结构便于分别调整前向通路和反馈通路的参数，以期单独改变系统某一方面的性能。

③ 反馈校正通常需要用专门的测量部件测量输出，有时甚至须要测量输出的各阶导数，而测量精度直接决定了系统控制的精度。增加量测部件，使系统设计相对要复杂一些。例如，在位置控制系统中，要实现速度反馈和加速度反馈，一般要量测输出角度信号 θ、转速 ω、角加速度 $\dot{\omega}$ 等，须要安装光电码盘（或转速计、测速发电机）等测速元件。

6.4 复合校正

串联校正和反馈校正是控制系统中最常用的校正方法，其共同特点是校正装置均接在闭环控制回路内，结构相对简单，易于实现。在控制系统中，如果存在强烈扰动，特别是强低频扰动，或者是系统稳态精度和动态性能要求特别高时，则需要增加预补偿的环节，从控制的角度，叫作前馈控制(顺馈控制)。前馈结合串联和反馈校正，形成较为复杂的复合控制系统。

按照前馈环节的作用方式，复合校正也分为按扰动补偿的复合校正和按输入补偿的复合校正。

6.4.1 按输入补偿的复合校正

按输入补偿的复合校正系统如图 6-28 所示。

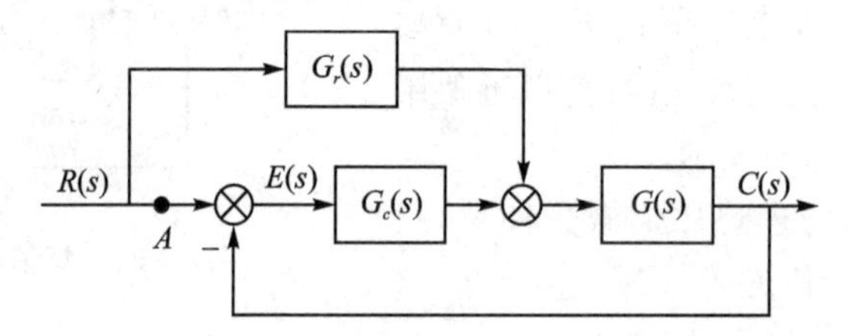

图 6-28 按输入补偿的复合控制系统

未加入前馈作用时，系统输出为

$$C_1(s)=\frac{G_c(s)G(s)}{1+G_c(s)G(s)}R(s) \tag{6.48}$$

在 A 点处断开，让 $R(s)$经过前馈通道 $G_r(s)$作用闭环反馈环节，则对应输出为

$$C_2(s)=\frac{G_r(s)G(s)}{1+G_c(s)G(s)}R(s) \tag{6.49}$$

$$C(s)=C_1(s)+C_2(s)=\frac{G_r(s)G(s)+G_c(s)G(s)}{1+G_c(s)G(s)}R(s) \tag{6.50}$$

$$E(s)=R(s)-C(s)=\frac{1-G_r(s)G(s)}{1+G_c(s)G(s)}R(s) \tag{6.51}$$

如果选择前馈环节传递函数为 $G_r(s)=\dfrac{1}{G(s)}$，则

$$\left.\begin{aligned}C(s)&=R(s)\\E(s)&=0\end{aligned}\right\} \tag{6.52}$$

式(6.52)表明，在理论上只要选择合适的前馈校正，就可以把所有误差弥补，使系统的输出在任何时刻都完全复现输入，这是控制系统设计的一个理想状态。$G_r(s)=\dfrac{1}{G(s)}$ 称为全补偿

条件。

但在实际中对象 $G(s)$ 会比较复杂，而且在理论上，如果 $G(s)$ 对应传递函数的分母多项式阶次 n，分子多项式阶次 m，满足 $n>m$，则 $G_r(s)=\dfrac{1}{G(s)}$ 的分子阶次高于分母阶次，为物理不可实现系统。所以只能根据稳态精度要求部分补偿，或在主要影响的频段内近似全补偿，以使 $G_r(s)$ 形式简单，易于实现。

【例 6-7】 设控制系统的结构图如图 6-29 所示。图中，$G(s)=\dfrac{1}{s^3+2s^2+3s+4}$。试确定补偿通道的传递函数，使系统在单位斜坡给定作用下无稳态误差。

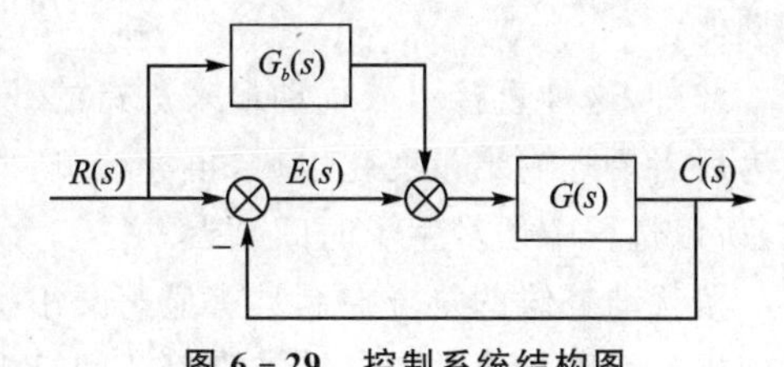

图 6-29　控制系统结构图

解：系统误差的拉氏变换为

$$E(s)=R(s)-C(s)=\frac{1-G(s)G_b(s)}{1+G(s)}R(s)$$

如果

$$G_b(s)=\frac{1}{G(s)}=s^3+2s^2+3s+4$$

可以实现对任意给定的全补偿。补偿环节为三阶微分器，不易实现且易引入高频干扰信号。下面根据具体输入形式，实现近似补偿。

不难验证，$sE(s)$ 满足拉氏变换终值定理的条件，欲使系统在单位斜坡给定作用下无稳态误差，应有

$$e_{ssr}=\lim_{s\to 0}sE(s)=0$$

根据系统误差的拉氏变换表达式可知，只要补偿通道的传递函数具有如下形式

$$G_b(s)=3s+4$$

即可实现斜坡给定无稳态误差。因此，应用简单易行的比例微分调节器实现斜坡给定无稳态误差的近似补偿，即可满足系统特定的控制要求。

6.4.2　按扰动补偿的复合校正

当系统存在较大的低频干扰时，如果扰动量可以直接或间接量测，那么可以将获得的扰动信号 $D(s)$ 经过适当变换，送到系统控制器的输入端，构成按扰动补偿的复合控制，如图 6-30 所示。

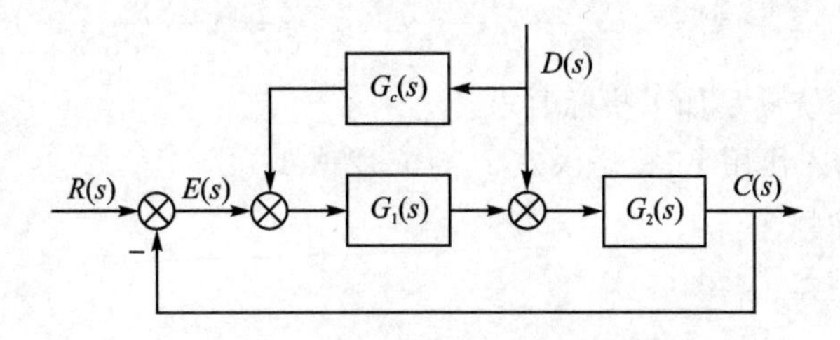

图 6-30　按扰动补偿的复合控制

不考虑输入作用，即 $R(s)=0$ 时，扰动作用下的误差为

$$E(s)=R(s)-C(s)$$

$$C(s)=\frac{G_2(s)+G_c(s)G_1(s)G_2(s)}{1+G_1(s)G_2(s)}D(s)=\frac{G_2(s)\left[1+G_c(s)G_1(s)\right]}{1+G_1(s)G_2(s)}D(s)=E(s)$$

要使 $E(s)=0$，对应扰动误差全补偿的条件是 $1+G_c(s)G_1(s)=0$，即 $G_c(s)=-\dfrac{1}{G_1(s)}$。

同样，要实现全补偿比较困难，可以实现降阶补偿，来减小扰动误差，改善系统的动态和稳态性能。

此外，这种直接引入扰动量来进行的补偿控制，要比从误差端引入的反馈量控制更及时。因为后者要等输出量变化以后，再经检测，才通过反馈环节送到输入相加端对系统产生控制作用，所以过程中便产生了时间延迟。

按扰动补偿的复合控制具有显著减小扰动误差的优点，可以应用于精度要求较高的场合，但前提是系统的扰动量能够被直接或间接地精确测量。按扰动补偿复合控制的典型应用是测控系统的温度补偿装置。

➢ 讨论：

① 通过前馈校正，即使理论上能够将扰动影响补偿为零，但由于测量精度等问题，仍然会残留一部分扰动影响，需由闭环反馈进行偏差控制。复合控制系统正是结合了两者的优点，由前馈控制对系统中扰动的主要影响尽可能进行补偿，然后通过闭环反馈进一步消除该扰动的影响。

② 加入顺馈的复合校正系统，可以提高系统抗扰能力和控制精度。同时系统的稳定性并未受影响而发生改变，这一点从系统传递函数的分母上可以看出，它的闭环极点未动。复合校正解决了保证系统稳定性和减小稳态误差之间的矛盾，理论上是一种很好的控制方式。

③ 由于前馈控制本质是一种开环控制。因此要求补偿装置的各种元器件应具有较高的精度和参数稳定性，否则会影响补偿效果，并给系统输出增加了新的误差源，这点应特别注意。

6.5　坦克炮控伺服系统的校正

【例 6-8】 基于 2.5 节例 2-18 中坦克炮控伺服系统的数学模型，对坦克炮控伺服系统进行校正。

坦克炮控伺服系统的开环传递函数为

$$G_k(s)=\frac{\frac{2}{3}K}{s^3+10s^2+\frac{500}{3}s}=\frac{\frac{1}{250}K}{s\left(\frac{3}{500}s^2+\frac{30}{500}s+1\right)}$$

对系统进行校正，使系统满足如下指标要求：

① 在单位斜坡输入作用下，稳态误差 $e_{ss}\leqslant 0.12$ rad；

② 相角裕度 $\gamma'\geqslant 45°$；

③ 截止频率 $\omega_c'\geqslant 5.5$ rad/s。

6.5.1　频域法串联校正

采用频域法设计串联校正装置的步骤如下：

① 首先根据稳态误差的要求确定放大系数 K。

由系统的开环传递函数可知，系统为 Ⅰ 型，故有 $K_v=K/250$。根据稳态误差的要求，即

$$e_{ss}=\frac{1}{K_v}=\frac{250}{K}\leqslant 0.12$$

可得 $K\geqslant 2\ 083$。这里取 $K=2\ 100$，则未校正系统的开环传递函数为

$$G_k(s)=\frac{1400}{s^3+10s^2+\frac{500}{3}s}=\frac{8.4}{s\left(\frac{3}{500}s^2+\frac{30}{500}s+1\right)}$$

② 分析未校正系统的性能，由此选择校正装置。

利用 MATLAB 绘制未校正系统的伯德图，并计算未校正系统的开环频域指标。伯德图和相应的 MATLAB 代码如图 6－31 所示。未校正系统的开环频域指标：截止频率 $\omega_c=11.6$ rad/s，相角裕度 $\gamma=15.3°$，相角穿越频率 $\omega_g=12.9$ rad/s，幅值裕度 $20\lg h=1.51$ dB。可见，性能指标不满足要求，系统需要校正。

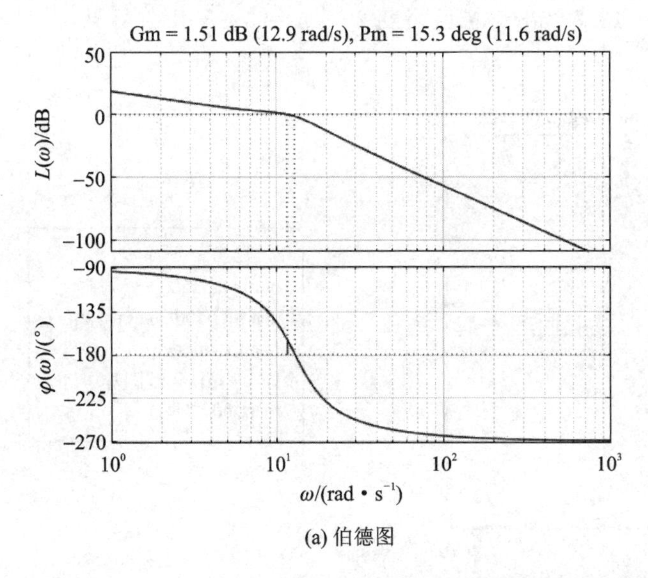

(a) 伯德图

```
K = 2100;
num = K/250;
den = [3/500 30/500 1 0];
G = tf(num,den);
margin(G)
```

(b) MATLAB代码

图 6－31　未校正系统的开环伯德图及绘图代码

因在截止频率 ω_c 附近存在一个振荡环节，所以使得相角大幅度下降，这种情况不宜采用串联超前校正，故选择串联迟后校正。

③ 设计校正装置。

确定 ω_c'，取 $\gamma'=45°$，$\Delta=6°$，通过如下计算：

$$\begin{aligned}\varphi(\omega_c{}')&=-180°-\varphi_c(\omega_c{}')+\gamma'=-180°+\Delta+\gamma'\\&=-180°+51°=-129°\end{aligned}$$

可知，未校正系统在新的截止频率 ω_c' 处的相角为 $\varphi(\omega_c')=-129°$。在图 6－31 所示伯德图中 $\varphi(\omega)$ 曲线上，可以确定新的截止频率为 $\omega_c'=8.1$。

确定校正装置的参数 β 和 T。在图 6－31 所示伯德图中 $L(\omega)$ 曲线上，可以确定在新的截止频率 $\omega_c'=8.1$ 处有 $L(\omega_c')=2.51$ dB。根据

$$L(\omega_c{}')+20\lg\beta=0$$

可得 $\beta=0.75$。

再由
$$\frac{1}{\beta T}=0.1\omega_c'$$
可得 $T=1.65$。

因此，迟后校正装置的传递函数为
$$G_{c1}(s)=\frac{1+\beta Ts}{1+Ts}=\frac{1+1.23s}{1+1.65s}$$
校正后系统的开环传递函数为
$$G'(s)=\frac{8.4(1.23s+1)}{s(1.65s+1)\left(\frac{3}{500}s^2+\frac{30}{500}s+1\right)}$$

④ 利用 *MATLAB* 绘制校正后系统的伯德图，并计算其开环频域指标。伯德图和相应的 MATLAB 代码如图 6-32 所示。校正后系统的开环频域指标：截止频率 $\omega_c'=8.06$ rad/s，相角裕度 $\gamma'=50.1°$，相角穿越频率 $\omega_g'=12.8$ rad/s，幅值裕度 $20\lg h'=3.95$ dB。可见，满足开环频域指标要求。

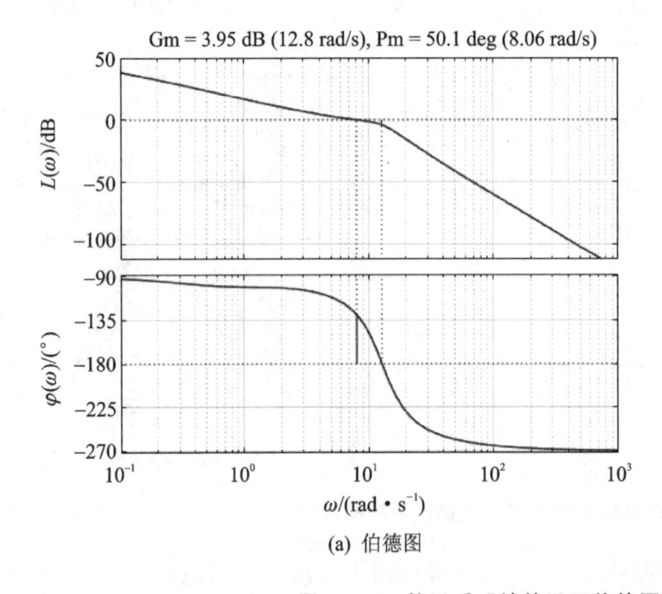

(a) 伯德图

```
K = 2100;
num = K/250;
den = [3/500 30/500 1 0];
G = tf(num,den);
Gc1 = tf([1.23 1], [1.65 1]);
margin(G*Gc1)
```

(b) MATLAB代码

图 6-32　校正后系统的开环伯德图及绘图代码

为了验证校正后闭环系统的性能，利用 MATLAB 对校正前后系统的单位阶跃响应进行仿真，响应曲线和相应代码如图 6-33 所示。

可见，校正前系统的超调量为 $\sigma_p\%=45.9\%$，调节时间为 $t_s=6.13$ s；校正后系统的超调量为 $\sigma_p\%=29.1\%$，调节时间为 $t_s=2.5$ s。比较可见，系统的动态性能有所改善，但超调量依然较大，故对迟后校正装置的参数进行重新设计。

重新取 $\gamma'=60°$，$\Delta=6°$。按照上述方法，可得迟后校正装置的传递函数为
$$G_{c2}(s)=\frac{1+\beta Ts}{1+Ts}=\frac{1+1.733s}{1+2.898s}$$
校正后系统的开环传递函数为

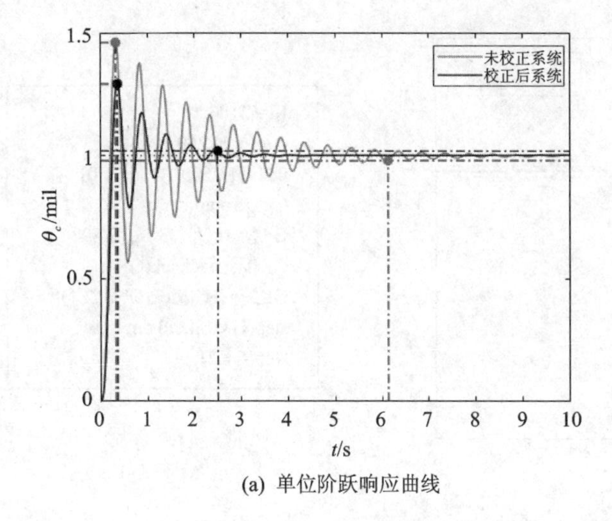

(a) 单位阶跃响应曲线

```
K = 2100;
num = K/250;
den = [3/500 30/500 1 0];
G = tf(num,den);
Gc1 = tf([1.23 1], [1.65 1]);
GK0 = feedback(G,1);
GK1 = feedback(G*Gc1,1);
step(GK0);hold on;
step(GK1)
```

(b) MATLAB代码

图 6 - 33　校正前后系统的单位阶跃响应曲线及绘图代码

$$G'(s)=\frac{8.4(1.733s+1)}{s(2.898s+1)\left(\frac{3}{500}s^2+\frac{30}{500}s+1\right)}$$

利用 MATLAB 绘制校正后系统的伯德图，并计算其开环频域指标。伯德图和相应的 MATLAB 代码如图 6 - 34 所示。校正后系统的开环频域指标：截止频率 $\omega_c'=5.78$ rad/s，相角裕度 $\gamma'=64.3°$，相角穿越频率 $\omega_g'=12.8$ rad/s，幅值裕度 $20\lg h'=5.85$ dB。可见，满足开环频域指标要求。

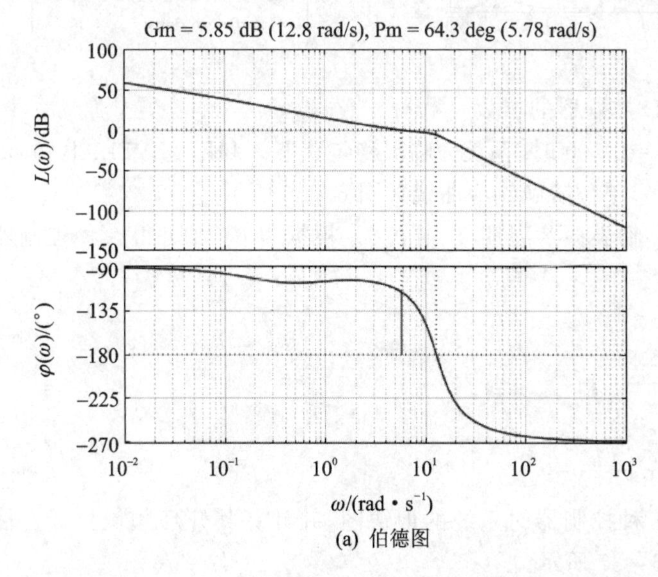

(a) 伯德图

```
K = 2100;
num = K/250;
den = [3/500 30/500 1 0];
G = tf(num,den);
Gc2 = tf([1.733 1], [2.898 1]);
margin(G*Gc2)
```

(b) MATLAB代码

图 6 - 34　校正后系统的开环伯德图及绘图代码

利用 MATLAB 对校正前后系统的单位阶跃响应进行仿真，响应曲线和相应代码如图 6 - 35 所示。

可见，重新校正后系统的超调量为 $\sigma_p\%=15.8\%$，调节时间为 $t_s=2.1$ s。与前一次校正结果比较，超调量明显减小，平稳性得到显著改善。

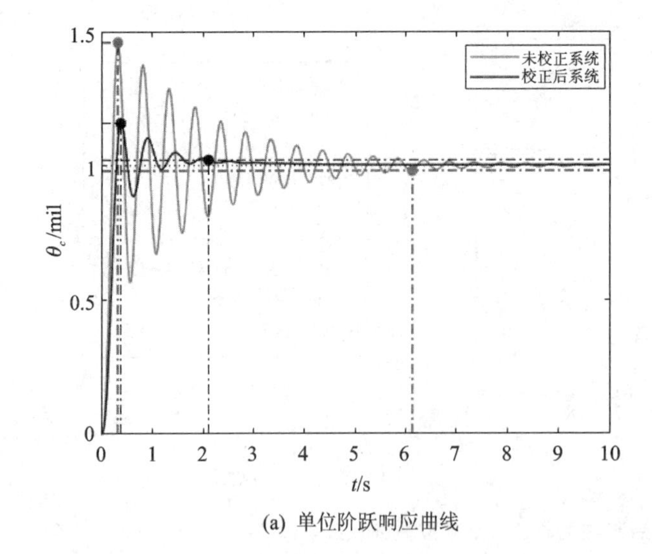

(a) 单位阶跃响应曲线

```
K = 2100;
num = K/250;
den = [3/500 30/500 1 0];
G = tf(num,den);
Gc2 = tf([1.733 1], [2.898 1]);
GK0 = feedback(G,1);
GK2 = feedback(G*Gc2,1);
step(GK0);hold on;
step(GK2)
```

(b) MATLAB代码

图 6-35　校正前后系统的单位阶跃响应曲线及绘图代码

6.5.2　PID 控制器设计

对于坦克炮控伺服系统，受控对象的传递函数为

$$G_0(s)=\frac{\frac{1}{250}K}{s\left(\frac{3}{500}s^2+\frac{30}{500}s+1\right)}$$

其中，K 为放大系数。

下面根据临界比例度法整定 PID 控制器的参数。

根据 4.3.1 节的讨论可知，当 $K=2\ 500$ 时，系统为临界稳定状态。利用 MATLAB 仿真，此时系统的单位阶跃响应为等幅振荡，单位阶跃响应曲线如图 6-36 所示。

由此可知，临界增益 $K_u=2\ 500$，临界振荡周期 $T_u=0.5$。根据表 6-3 可得 3 种控制器的传递函数如下：

P 控制：$G_{\mathrm{P}}(s)=1\ 250$；

PI 控制：$G_{\mathrm{PI}}(s)=1\ 125\left(1+\frac{1}{0.415s}\right)$；

PID 控制：$G_{\mathrm{PID}}(s)=1\ 500\left(1+\frac{1}{0.25s}+0.062\ 5s\right)$。

利用 MATLAB 绘制采用上述三种控制器时系统的伯德图，并计算其开环频域指标。伯德图和相应的 MATLAB 代码如图 6-37 所示。

采用 3 种控制器时系统的开环频域指标如下：

P 控制：$\omega_c'=5.72$ rad/s，$\gamma'=66.9°$，$\omega_g'=12.9$ rad/s，$20\lg h'=6.02$ dB；

PI 控制：$\omega_c'=5.58$ rad/s，$\gamma'=44.3°$，$\omega_g'=11.9$ rad/s，$20\lg h'=5.57$ dB；

PID 控制：$\omega_c'=7.51$ rad/s，$\gamma'=52.1°$，$\omega_g'=18.4$ rad/s，$20\lg h'=10.6$ dB。

可见，开环频域指标都满足要求。其中，P 控制的相角裕度较大，系统的平稳性更好。

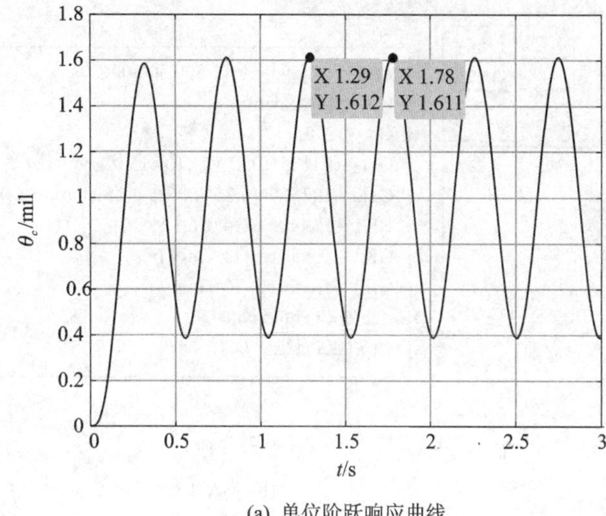


```
K = 2500;
num = K/250;
den = [3/500 30/500 1 0];
G = tf(num,den);
GK0 = feedback(G,1);
t = 0:0.01:3;
y = step(GK0,t);
plot(t,y)
```

(a) 单位阶跃响应曲线　　　(b) MATLAB代码

图 6－36　系统的等幅振荡曲线及绘图代码

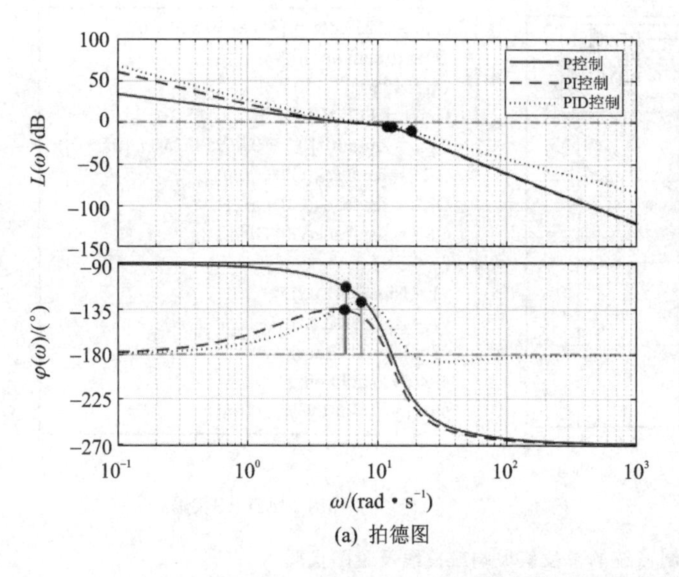


```
num = 1/250;den = [3/500 30/500 1 0];
G0 = tf(num,den);
Gp = 1250;
Gpi = tf(1125*[0.415 1], [0.415 0]);
Gpid = tf(1500*[0.25*0.0625 0.25 1], [0.25 0]);
bode(G0*Gp);hold on;
bode(G0*Gpi);bode(G0*Gpid)
margin(G0*Gp);margin(G0*Gpi);
margin(G0*Gpid)
```

(a) 拍德图　　　(b) MATLAB代码

图 6－37　PID 控制系统的开环伯德图及绘图代码

利用 MATLAB 对采用 3 种控制器时闭环系统的单位阶跃响应进行仿真，响应曲线和相应代码如图 6－38 所示。

利用 MATLAB 对采用 3 种控制器时闭环系统的单位斜坡响应进行仿真，响应曲线和相应代码如图 6－39 所示。

采用 3 种控制器时系统的时域性能指标如下：

P 控制：$\sigma_p\%=11.9\%$，$t_s=1.49$ s，$e_{ss}=0.2$；

PI 控制：$\sigma_p\%=45.7\%$，$t_s=1.21$ s，$e_{ss}=0$；

PID 控制：$\sigma_p\%=37.4\%$，$t_s=1.58$ s，$e_{ss}=0$。

综上可见，P 控制有较好的平稳性，但在单位斜坡信号作用时存在稳态误差；PI 控制和

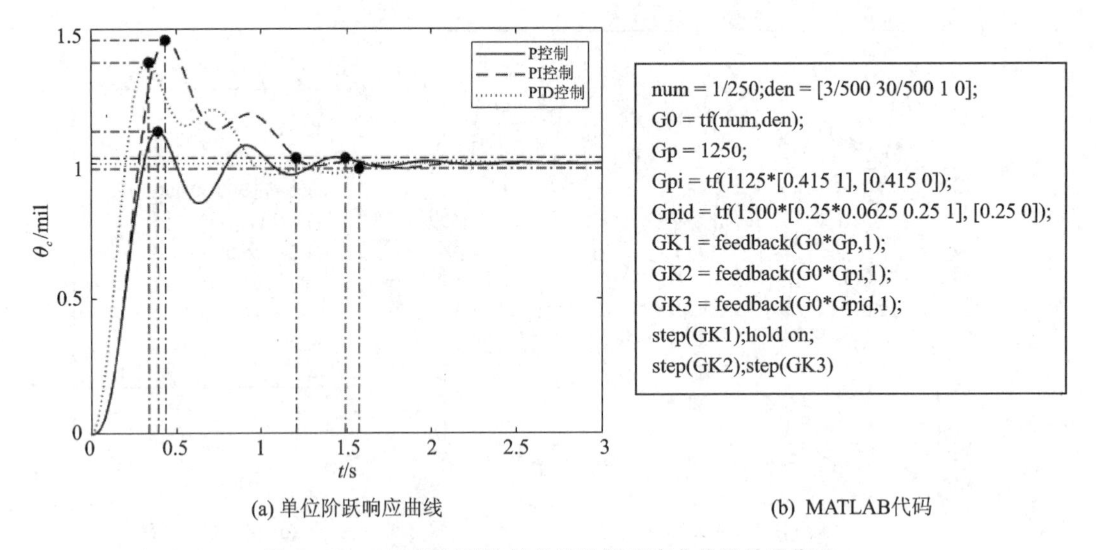

(a) 单位阶跃响应曲线　　(b) MATLAB代码

图 6-38　PID 控制系统的单位阶跃响应曲线及绘图代码

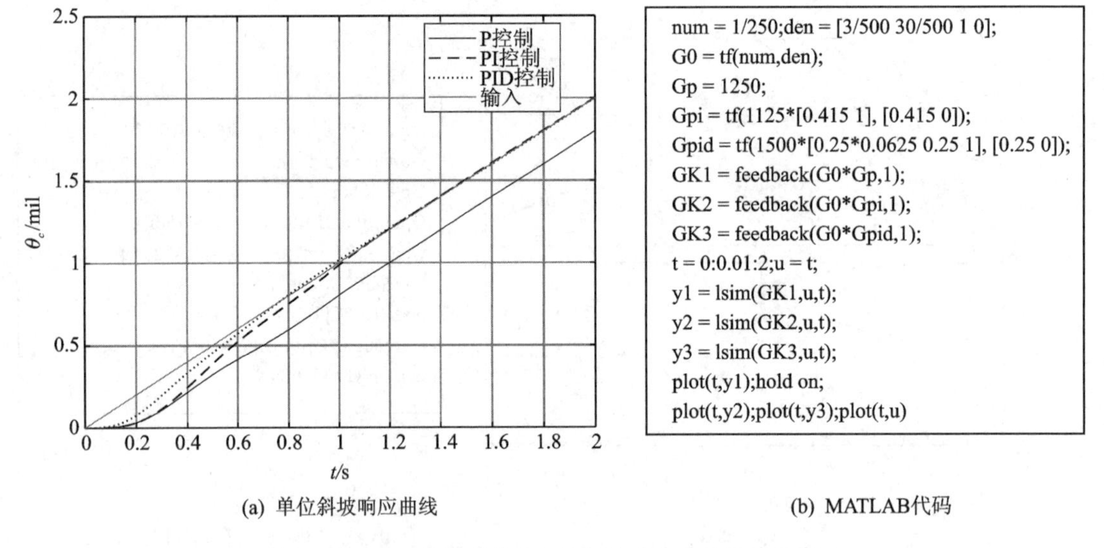

(a) 单位斜坡响应曲线　　(b) MATLAB代码

图 6-39　PID 控制系统的单位斜坡响应曲线及绘图代码

PID 控制的超调量较大，但在单位斜坡信号作用时稳态误差为零。要使系统满足给定的指标要求并具有较好的性能，读者可在上述分析基础上做进一步设计。

本章要点

- 系统综合是系统分析的逆过程，即控制对象的校正、系统的控制、控制信号的调节是从不同的角度看待校正过程。
- 串联校正和反馈校正是主要的校正形式。
- 可以从时域、频域、根轨迹等不同角度看待串联校正，并作出相应设计。
- 反馈校正可以体现系统的许多本质特性，在应用中也比较灵活。

习　题

6-1　设有单位反馈火炮指挥仪伺服系统，其开环传递函数为

$$G_0(s)=\frac{K}{s(0.2s+1)(0.5s+1)}$$

若要求系统最大输出速度为 12°/s，输出位置的容许误差小于 2°，要求：

① 确定满足上述指标的最小 K 值，计算该 K 值下系统的相角裕度和幅值裕度；

② 在前向通道中串联超前校正装置 $G_c(s)=\frac{0.4s+1}{0.08s+1}$，计算校正后系统的相角裕度和幅值裕度，说明超前校正对系统性能的影响。

6-2　已知系统的开环传递函数为 $G_0(s)=\frac{K}{s(0.2s+1)}$，试设计串联超前校正装置，使系统满足如下的性能指标：

① 静态速度误差系数 $K_v \geqslant 100$；

② 截止频率 $\omega_c' \geqslant 30$；

③ 相位裕度 $\gamma' \geqslant 20°$。

6-3　设单位反馈控制系统的开环传递函数为 $G_0(s)=\frac{40}{s(0.2s+1)(0.0625s+1)}$，要求：

① 校正后系统的相角裕度为 30°，幅值裕度为 10～12 dB，请设计串联超前校正装置；

② 校正后系统的相角裕度为 50°，幅值裕度大于 15 dB，请设计串联迟后校正装置。

6-4　已知系统的开环传递函数为

$$G_0(s)=\frac{K}{s(0.02s+1)}$$

试设计串联迟后校正装置，使系统满足如下的性能指标：

① 静态速度误差系数 $K_v \geqslant 50$；

② 截止频率 $\omega_c' \geqslant 10$；

③ 相位裕度 $\gamma' \geqslant 60°$。

6-5　已知单位反馈系统的开环传递函数为 $G_0(s)=\frac{4K}{s(s+2)}$，试设计串联校正装置，使校正后系统的相位裕量 $\gamma' \geqslant 50°$，幅值裕量 $20\lg h \geqslant 10$ dB，静态速度误差系数 $K_v=20$。

6-6　已知单位反馈系统的开环传递函数为 $G_0(s)=\frac{2}{s(0.25s+1)(0.1s+1)}$，试设计串联校正装置，使校正后系统的相位裕量 $\gamma' \geqslant 40°$，幅值裕量 $h \geqslant 10$ dB，静态速度误差系数 $K_v \geqslant 4$。

6-7　已知单位反馈系统的开环传递函数为

$$G_0(s)=\frac{K}{s(0.01s+1)(0.1s+1)}$$

试设计串联迟后超前校正装置，使校正后系统的相位裕量 $\gamma' \geqslant 40°$。

第7章　离散控制系统

前面各章研究的控制系统中，所有信号均为时间变量 t 的连续函数，我们称这样的系统为连续时间系统，简称连续系统；如果系统中存在时间上间断的信号，则称该系统为离散时间系统，简称离散系统。

离散控制的思想存在已久，比如对一些包含大惯性、大延迟的系统，间歇性地给予控制量，更容易掌握控制的时机和尺度，防止由于惯性延迟作用累积控制量引起的过超调。脉冲式的控制信号，因具有脉冲频率和幅值这两个控制参量，所以在应用中更加灵活方便。但多年来，时域离散方法一直只是作为一种控制技巧，用于解决一些特殊的控制应用问题。

随着数字技术的快速发展，特别是数字计算机的推广应用，系统控制进入了一个新的时期。由于传统的模拟控制元件、控制电路正在被数字控制器代替，各种新的控制理论和算法融入了控制程序，因此实现了更复杂更高精度的系统控制。随着大量数字控制部件的加入，连续的控制系统被改造成为包含数字处理的离散控制系统。这种改变除了需要对信号进行模/数、数/模转换，还需要从离散信号和离散系统的角度重新审视控制结构和分析设计的理论及方法。数字化技术特别是计算机的发展赋予了离散控制系统新的活力。

本章着重介绍离散系统的分析和设计方法。离散系统与连续系统相比较，虽然有显著的差别，但二者的许多概念和方法具有一定的继承和关联，因此在认识离散系统时应注意其中的区别和联系。

7.1　信号的采样和恢复

将连续信号转换为离散信号的过程，叫作采样。实现信号采样的装置，叫作采样器或采样开关。如果是等间隔采样得到离散信息，则称为周期采样；如果采样间隔是时变或是随机的，则称为非周期采样或随机采样。本书主要讨论周期采样。如果系统中有几个采样器，则假定它们是同步工作的。

将经过处理的离散信号复现到连续信号的过程，叫作信号的恢复。信号恢复是由保持器实现的。

在信号采样和恢复过程中，信号包含的主要信息是不变的，或者说，在一定的精度内，这样的变换是无损的。

采样和恢复是由连续系统过渡到离散系统的关键步骤，无论是脉冲离散系统还是数字控制系统都会涉及采样和恢复的问题。

7.1.1　采样和恢复过程

传统的采样装置即采样器是一种具有开关功能的电气元件。采样器串接于控制系统当中，通过调整采样器的开闭时间实现信号的离散化，采样系统典型方框图如图7-1所示。

图中，$G_0(s)$为受控对象的传递函数；$G_h(s)$为保持器的传递函数；$H(s)$为测量变送反馈

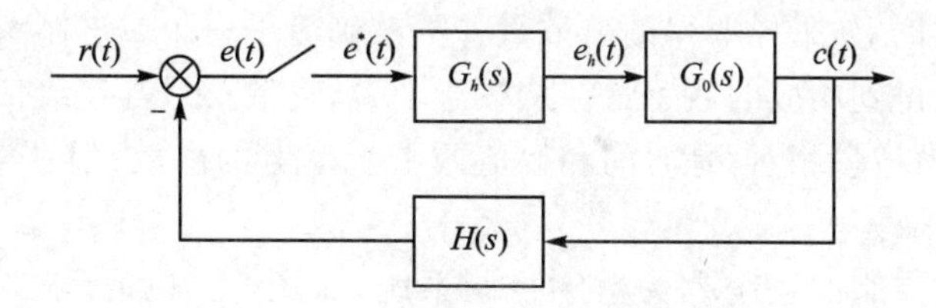

图 7-1　采样系统典型方框图

元件的传递函数；S 为采样器。采样器将连续信号 $e(t)$离散为一定宽度的采样信号 $e^*(t)$。假设采样周期为 T，采样持续时间为 τ，采样前后的信号表示如图 7-2 所示。

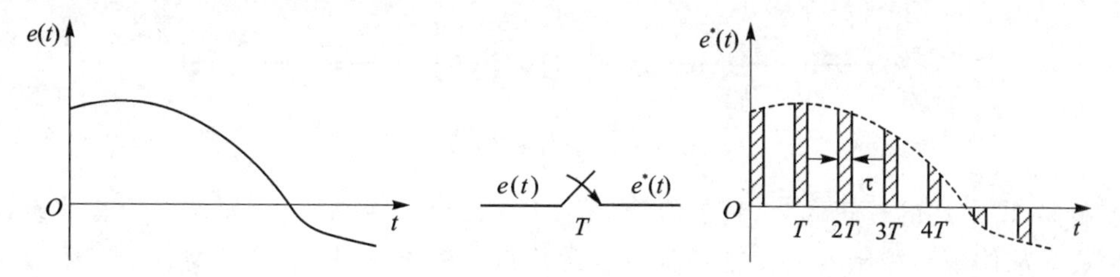

图 7-2　采样过程

理想情况下，采样时间 τ 趋于零，采样瞬间的脉冲幅值等于相应时刻信号 $e(t)$的幅值。数学上将这种宽度足够小、有一定积分面积的脉冲信号，用 δ 函数表示，则有

$$e^*(t)=e(0)\delta(t)+e(T)\delta(t-T)+\cdots+e(kT)\delta(t-kT)+\cdots=\sum_{k=0}^{\infty}e(kT)\delta(t-kT) \tag{7.1}$$

式中，kT 时刻的连续信号值 $e(kT)$作为 δ 函数的系数，表示此时刻脉冲的大小。这样一种传统的采样方法，可以通过灵活调整采样器的开闭周期，获得较好的控制效果。这种基于脉冲信号直接控制的系统称为脉冲离散控制系统，也称为采样控制系统。

在采样控制系统中，离散信号到连续信号的恢复由保持器实现。最基本的保持器可以将 kT 时刻的离散信号量 $e(kT)$保持一个采样周期 T，形成折线近似模拟曲线，如图 7-3 所示。

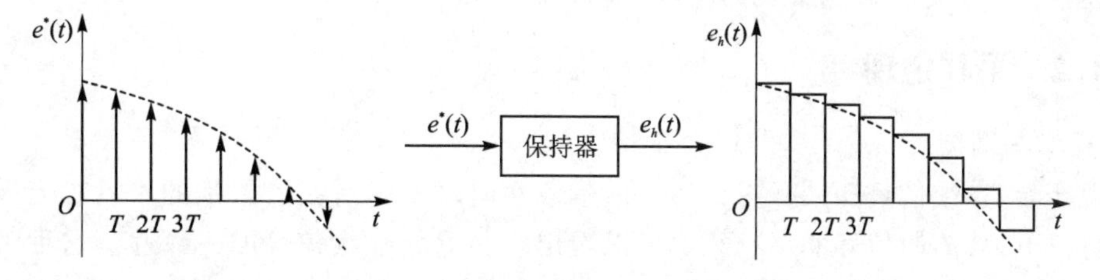

图 7-3　保持器的输入与输出信号

信号之所以须要恢复为连续形式，是由于大多数的受控对象难以承受快速激烈的脉冲控制输入。从频率域的角度看，离散信号包含大量高频分量，相当于给系统加入了强噪声，而保持器具有低通滤波的效果。

现代离散控制方法中，采样的目的已不再是简单地去“节制”信号量，而是为数字控制器采集信息所用。采样器往往和数字转换器集成在一起，称为模数转换芯片(A/D)。采样所得离散量进一步数字化为一个二进制编码供数字控制器使用。这里须要说明的是，离散量和数字量有些微的差别。理论上,采样取得的离散量并不精确等于一个二进制编码对应的数字量,需要通过舍入近似才能得到相应的数字量。从概念上说,离散信号与连续信号相对,只是时间上的离散;数字量则和模拟量相对,是时间和幅值两个坐标上的离散,但在实际应用中往往并不严格区分。

基于全数字离散控制的系统称为数字控制系统,如图 7-4 所示。图中,$D(z)$为数字控制器。

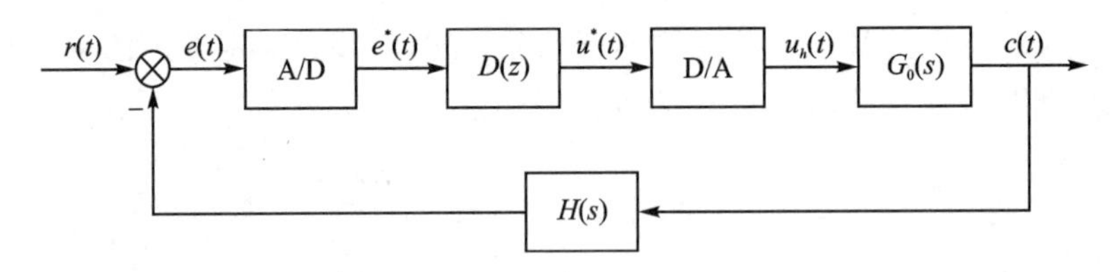

图 7-4　数字控制系统

控制器,即前述的校正环节、调节器等,是系统综合与设计的核心元件。所有的设计技术和方法最终都体现在控制器上。控制器的输入是实时误差信号,输出是控制量。用数字技术实现控制器 $D(z)$,其容量和功能是连续信号处理器件无法比拟的,甚至有一些物理上不存在的模拟器件也可以用数字方法实现。模拟校正环节对应的往往是电路,数字控制器则只是程序,两者的功能强弱不言而喻。

物理上对应数字控制器 $D(z)$的,可以是大规模门阵列集成模块(GA)、单片机或微控制器(μP)、数字信号处理芯片(DSP)、可编程逻辑控制器(PLC),甚至是工业计算机(PC)和网络控制器(NC)。对于大量的数字控制设备的加入,采样和数字化是必需的步骤。

数字控制器 $D(z)$的输出应为数字量。实现信号恢复是通过数模转换芯片(D/A)进行的,基本的 D/A 模块由锁存器实现保持。

需要思考的是,采样得到的离散信号 $e^*(t)$在形式上与连续信号 $e(t)$有很大差异,这样的离散信号究竟能在多大程度上代表原来的连续信号;进一步看,保持器得到的折线连续信号,又可在多大程度上逼近原始的连续信号。如果采样和保持过程已使信号异化或者信息过量损失,那么基于采样-保持思想实现的离散控制方法就是不可信的。

7.1.2　采样定理

1. 采样与调制

直观地看,连续信号和采样得到的离散信号在时域上是有很大差别的。只有当采样足够密集的情况下,从离散信号的"轮廓"上可以看出它与原始连续信号的一致性。这种现象可以类比于信号的调制过程,高频载波信号被一个低频信号调制后,输出信号呈现低频调制信号的"轮廓"。

事实上,采样离散的过程也具有调制的意义。

在式(7.1)的基础上,根据 δ 函数的性质,有

$$
\begin{gathered}
e(t)\delta(t)=e(0)\delta(t)\\
e(t)\delta(t-T)=e(T)\delta(t-T)\\
\vdots\\
e(t)\delta(t-kT)=e(kT)\delta(t-kT)
\end{gathered}
$$

$$\vdots$$

可得
$$e^*(t)=e(t)\sum_{k=0}^{\infty}\delta(t-kT)$$

由于当 $t<0$ 时，有 $e(t)=0$，故式(7.1)可以写为

$$e^*(t)=e(t)\sum_{k=-\infty}^{\infty}\delta(t-kT) \tag{7.2}$$

式(7.2)表明：采样信号 $e^*(t)$ 可以认为是载波信号 $\sum_{k=-\infty}^{\infty}\delta(t-kT)$ 被 $e(t)$ 调制的结果，采样器可以认为是调制器。载波信号 $\sum_{k=-\infty}^{\infty}\delta(t-kT)$ 为等间隔的单位脉冲序列，用 $\delta_{\mathrm{T}}(t)$ 表示，即

$$\delta_{\mathrm{T}}(t)=\sum_{k=-\infty}^{\infty}\delta(t-kT) \tag{7.3}$$

这样，式(7.2)也可写为

$$e^*(t)=e(t)\delta_{\mathrm{T}}(t) \tag{7.4}$$

2. 采样信号的频谱

高频正弦载波信号(记频率为 ω_1)被低频正弦信号(记频率为 ω_2)调制的结果，会包含 ω_1 和 ω_2 两种频率成分。利用低通滤波器滤除高频 ω_1 可以得到 ω_2 对应的所谓“轮廓”信号，这个过程称为解调。

同样，对于采样信号 $e^*(t)$，既然是 $e(t)$ 调制脉冲序列的结果，那它一定包含了完全的 $e(t)$ 频率信息，这首先说明由 $e(t)$ 到 $e^*(t)$ 的过程信息不会受损。那么是否也可以通过解调的办法由 $e^*(t)$ 得到“轮廓”信号 $e(t)$ 呢？

下面由 $e^*(t)=e(t)\delta_{\mathrm{T}}(t)$ 进行分析。

由于 $\delta_{\mathrm{T}}(t)$ 是周期函数，故其傅里叶级数可表示为

$$\delta_{\mathrm{T}}(t)=\sum_{k=-\infty}^{+\infty}C_k\mathrm{e}^{\mathrm{j}k\omega_s t}$$

式中，$\omega_s=2\pi/T$ 为周期函数的基频，T 为采样周期，傅里叶系数为

$$C_k=\frac{1}{T}\int_{-T/2}^{T/2}\delta_{\mathrm{T}}(t)\mathrm{e}^{-\mathrm{j}k\omega_s t}\mathrm{d}t=\frac{1}{T}$$

即在以 $\mathrm{e}^{\mathrm{j}k\omega_s t}$ 为基底的线性空间中，$\delta_{\mathrm{T}}(t)$ 在每个基底轴上的投影均为 $1/T$，故有

$$\delta_{\mathrm{T}}(t)=\frac{1}{T}\sum_{k=-\infty}^{+\infty}\mathrm{e}^{\mathrm{j}k\omega_s t}$$

由此，采样信号 $e^*(t)$ 可表示为

$$e^*(t)=e(t)\delta_{\mathrm{T}}(t)=\frac{1}{T}\sum_{k=-\infty}^{+\infty}e(t)\mathrm{e}^{\mathrm{j}k\omega_s t}$$

假设对于连续信号 $e(t)$ 有 $e(t)\xrightarrow{L}E(s)\xrightarrow{s=\mathrm{j}\omega}E(\mathrm{j}\omega)$，则 $e^*(t)$ 对应的拉氏变换为

$$E^*(s)=\frac{1}{T}\sum_{k=-\infty}^{\infty}L\left[e(t)\mathrm{e}^{\mathrm{j}k\omega_s t}\right]=\frac{1}{T}\sum_{k=-\infty}^{\infty}E(s-\mathrm{j}k\omega_s) \tag{7.5}$$

式(7.5)利用了拉氏变换的复数位移性质，再转换到频域，有

$$E^*(j\omega)=\frac{1}{T}\sum_{k=-\infty}^{\infty}E(j\omega-jk\omega_s) \tag{7.6}$$

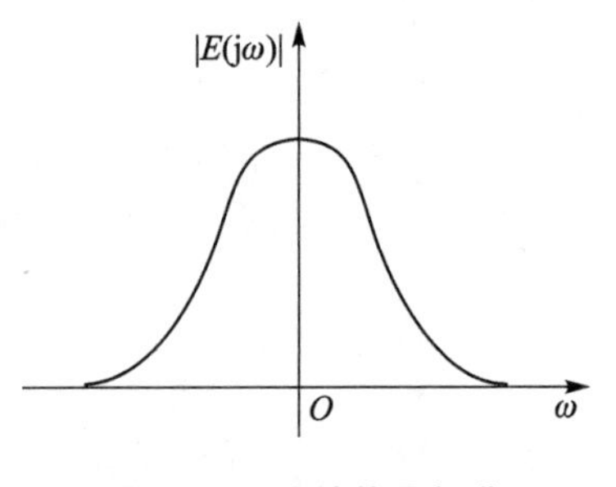

图 7－5　连续信号频谱

由此可见,采样信号 $e^*(t)$的频谱$|E^*(j\omega)|$是连续信号 $e(t)$的频谱$|E(j\omega)|$错频相加的结果。一般来说,连续信号 $e(t)$的频谱$|E(j\omega)|$是单一的连续频谱,如图 7－5 所示。其中 ω_{max} 为连续频谱$|E(j\omega)|$中的最高角频率,采样信号 $e^*(t)$的频谱$|E^*(j\omega)|$如图 7－6 所示。

图 7－6 中,$k=0$ 的频谱分量$\frac{1}{T}|E(j\omega)|$称为主频谱,它与连续信号 $e(t)$的频谱$|E(j\omega)|$只差系数 $1/T$,其余的频谱分量($k=\pm1,\pm2,\cdots$)都是由采样而产生的高频分量,称为附加频谱。

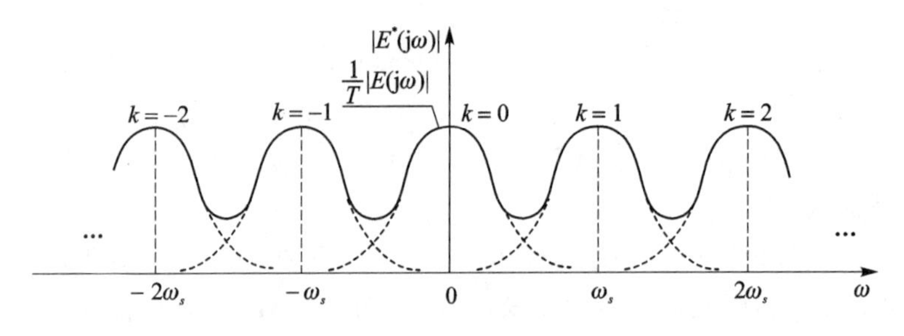

图 7－6　采样信号频谱

从频率分析的角度来看,因为采样离散化过程对信号的影响不是信息丢失的问题,而是信息冗余,所以只要合理地处理离散信号,总可以利用到足够的连续信号包含的信息。

由采样信号的频谱可以看出,在主频谱两端会和其他附加频谱发生搭接混叠的情况。要想减弱这种影响,就希望 ω_s 足够大。ω_s 增大意味着采样周期 T 减小,这符合人们的直观认识,即采样频率越快,采样信号 $e^*(t)$的轮廓线越逼近连续信号 $e(t)$。

但是,在实际应用中 ω_s 不可能无限大。因为采样周期的减小意味着数据量急速增大,这就需要后续处理计算机的容量更大、速度更快。同时采样器及 A/D、D/A 本身也需要更快的速度。在工程上,会根据误差均衡分配的原则,合理地选择 ω_s,进一步确定合适的采样周期 T。

3. 采样定理

实际系统中,信号频谱的高频成分往往已经非常微小,工程中以一定信号带宽 ω_{max} 为限,超过 ω_{max} 的频率成分作为误差忽略,如图 7－7 所示。ω_{max} 的大小须根据信号的高频特点和系统误差要求选取,一般取 20～100 kHz。

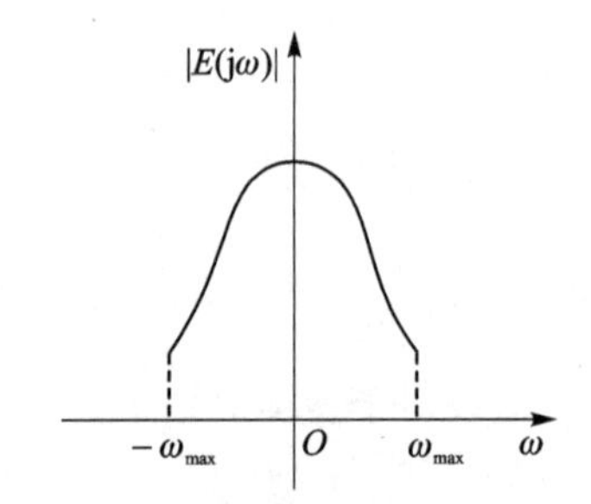

图 7－7　连续信号截取频谱

高频截止的连续信号称为带宽信号。由于高频成分对应信号的细节,因此舍弃微量的高频成分,在允许误差范围内,带宽信号与原始连续信号完全一致。

任意信号近似为带宽信号,给分析问题带来很大方便。对于带宽信号,只要采样频率满足 $\omega_s\geqslant2\omega_{max}$,即可避免搭接混叠情况的出现,如图 7－8 所示。

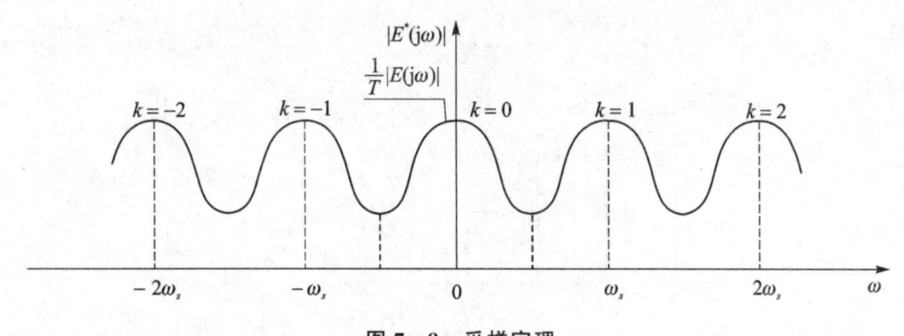

图 7-8　采样定理

由此得到著名的采样定理(也称为香农定理)：

对带宽为 $\omega_{\max}$ 的连续信号 $e(t)$进行采样，只要采样角频率 ω_s 满足

$$\omega_s \geqslant 2\omega_{\max} \tag{7.7}$$

通过理想滤波器，即可从采样信号 $e^*(t)$中完全恢复出原始信号 $e(t)$。

对于实际的信号，香农定理可以从两方面来理解。当带宽要求确定时，即对任意时域连续信号先进行带宽意义下的近似，然后以二倍带宽以上的频率采样。理想情况下对采样信号滤波后可以完全恢复出带宽信号，近似还原了原始连续信号；当采样频率确定时，理想情况下可以恢复出以采样频率一半为带宽的带宽信号，同样是在带宽的意义下还原了原始连续信号。

在这里，如果带宽信号和原始连续信号近似程度不够，则须增加带宽限 $\omega_{\max}$，将更多的高频成分包含进来。

需要注意的是，采样信号频谱幅值等于连续信号频谱幅值的 $1/T$，在系统设计时应经过放大器增益补偿，或数据处理时在算法上补偿。

➢ 讨论：

① 在实际应用中，为进一步减小误差，采样频率会高于 $2\omega_{\max}$，可取带宽的 5～10 倍。

② 特别情况下，可以利用采样方式对频率干扰信号进行采样滤波。对于频率为 ω_d 的干扰信号，以 ω_d 或其分频频率采样，可以自然滤除干扰信号。

7.1.3　保持与恢复

采样定理已经指明了信号恢复的方法。从频率域的角度，滤除高频成分可以提取到原始的连续信号。虽然实际的闭环控制系统大多数具有低通滤波特性，但不一定满足信号恢复的要求，而且脉冲信号直接作用于受控对象，这对大多数物理对象来说是一个比较严厉的事件，所以离散信号在送达受控对象前一般应恢复为连续信号。

信号恢复的部件称为保持器。

1. 零阶保持器

前面 7.1.1 节在介绍信号保持的过程中，提到最基本的信号保持方法是，采样值在下一个采样周期 T 内恒值保持，这也是保持器命名的缘由。能够实现恒值保持过程的结构为零阶保持器，其输出水平信号，对应时间 t 的零次幂，如图 7-9 所示。

将单位脉冲信号 $\delta(t-kT)$作用于零阶保持器，可得输出为矩形信号 $g_h(t-kT)$，如图 7-10 所示。

线性定常环节的传递函数与输入时间和输入大小均无关，故取 $k=0$，可得脉冲响应函

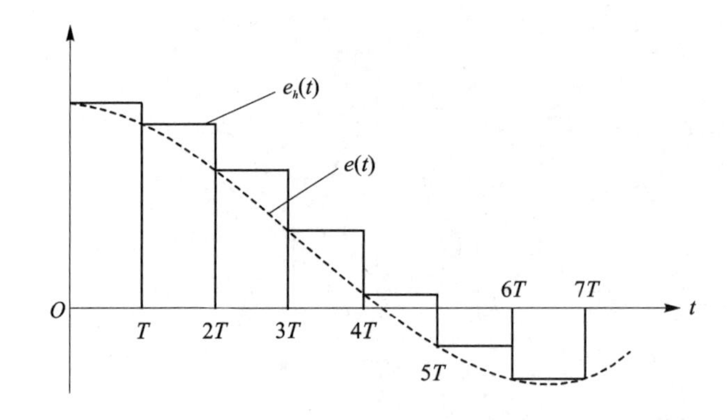

图 7-9　零阶保持器的输出特性

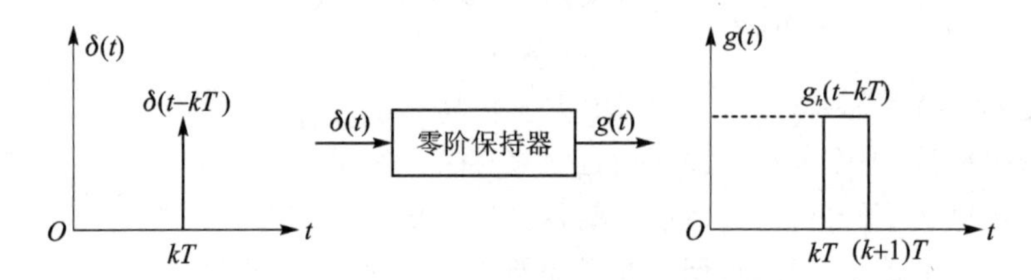

图 7-10　零阶保持器的单位脉冲响应

数为

$$g_h(t)=1(t)-1(t-T) \tag{7.8}$$

因考虑到脉冲响应函数 $g(t)$ 与传递函数 $G(s)$ 为拉普拉斯变换对，所以对式(7.8)取拉氏变换，可得零阶保持器的传递函数为

$$G_h(s)=\frac{1-e^{-Ts}}{s} \tag{7.9}$$

将 $s=j\omega$ 代入式(7.9)，可得零阶保持器的频率特性为

$$G_h(j\omega)=\frac{1-e^{-j\omega T}}{j\omega}=T\frac{\sin\frac{\omega T}{2}}{\frac{\omega T}{2}}e^{-j\frac{\omega T}{2}} \tag{7.10}$$

由于 $T=2\pi/\omega_s$，则式(7.10)还可以写为

$$G_h(j\omega)=\frac{2\pi}{\omega_s}\frac{\sin\left(\pi\frac{\omega}{\omega_s}\right)}{\pi\frac{\omega}{\omega_s}}e^{-j\pi\frac{\omega}{\omega_s}} \tag{7.11}$$

根据式(7.11)，可画出零阶保持器的幅频特性 $|G_h(j\omega)|$ 和相频特性 $\angle G_h(j\omega)$，如图 7-11 所示。

由图 7-11 可以看出，零阶保持器具有如下特性：

① 低通特性。幅值随频率增大而迅速衰减，说明零阶保持器具有低通性能，但其与理想滤波器特性相比差距还是比较大的。在 $\omega=\omega_s/2$ 时，幅值为初值的 63.7%，且截止频率不止一个，所以零阶保持器不能完全阻止高频分量，这会增大恢复信号与原始连续信号的误差。

② 从相频特性可见，零阶保持器产生了附加的相角滞后，且随着 ω 的增大而增大，从而使

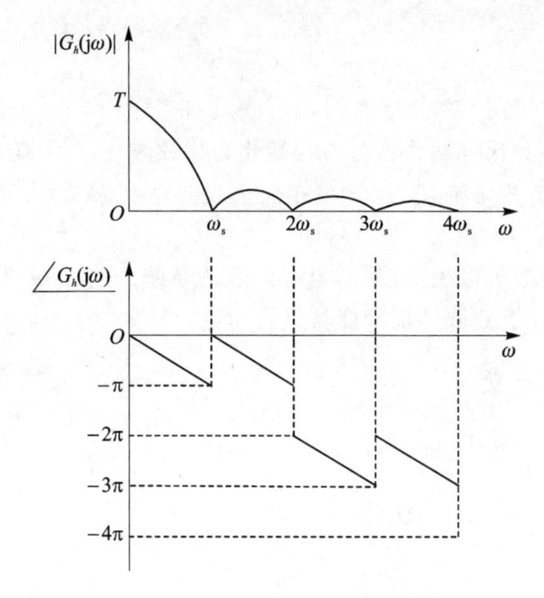

图 7-11 零阶保持器的频率特性

闭环系统的稳定性变差,幸而高频成分锐减,可以在一定程度上限制相角滞后的影响。

③ 相移 $e^{-j\omega T/2}$,对应延迟环节 $e^{-Ts/2}$,可知恢复信号 $e_h(t)$比原始信号 $e(t)$在时域延迟了 $T/2$,即 $e_h(t)=e(t-T/2)$。这正如将零阶保持器输出的各阶梯段中点连接以后的曲线,相对于原始信号有 $T/2$ 的延迟,如图 7-12 所示。

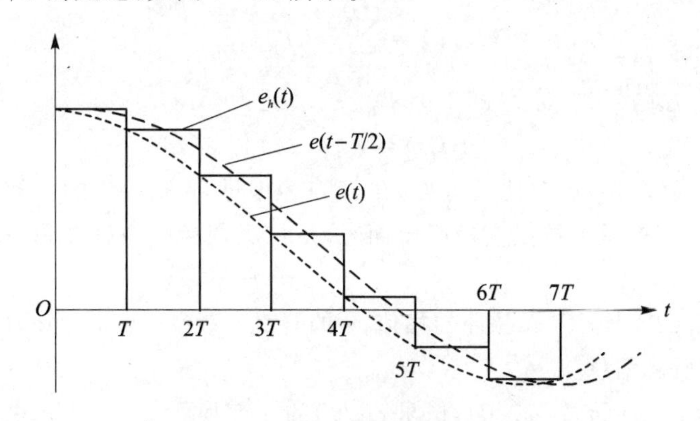

图 7-12 零阶保持器的输出特性

2. 一阶保持器

为尽可能地模拟连续信号,用 $e(kT)$、$e[(k+1)T]$的连线模拟$[kT,(k+1)T]$周期内连续信号的取值,近似程度要好于零阶保持的阶梯信号。这种线段对应时间 t 的一次函数,称为一阶保持器。从数值分析的角度叫作一次插值。应用中,由于 kT 时刻无法知道 $e[(k+1)T]$的值,因此用 $e[(k-1)T]$、$e(kT)$的连线估计$[kT,(k+1)T]$之间的连续信号。

频率分析得,一阶保持过程虽然在大多数的采样点处可以更加接近原始信号 $e(t)$,但造成的相角滞后作用更加显著,平均相移约等于零阶保持器的两倍。如果按二次或更高次插值,模拟曲线更加光滑,但这需要更多过去时刻的信息,造成的相移更大,设计也更加困难。

鉴于相位滞后对系统产生的严重影响,实际应用仍以零阶保持器最为常见。

7.2　z 变换

在连续系统中，应用拉氏变换将微分方程转化为代数方程，使系统的求解和分析得到显著简化。离散系统用差分方程来描述，有 z 变换将其变换为代数方程，同样简化了离散系统的求解与分析。

在拉氏域，一个 s 函数可以表示信号，也可以表达系统。在 z 域，信号和系统也统一到了 z 函数的形式。本节对基于 z 域的信号变换进行讨论。

7.2.1　z 变换的定义

对于采样信号 $e^*(t)$，其表达式为

$$e^*(t)=\sum_{k=0}^{\infty}e(kT)\delta(t-kT) \tag{7.12}$$

进行拉氏变换得

$$E^*(s)=L\left[e^*(t)\right]=\sum_{k=0}^{\infty}e(kT)\mathrm{e}^{-kTs} \tag{7.13}$$

式中，各项均含有 e^{Ts} 因子，$E^*(s)$为 s 的超越函数。为便于应用，引入变量 z，令

$$z=\mathrm{e}^{Ts} \tag{7.14}$$

于是，式(7.13)可以写成

$$E(z)=\sum_{k=0}^{\infty}e(kT)z^{-k} \tag{7.15}$$

$E(z)$是以 z 为自变量的函数，称为 $e^*(t)$的 z 变换，记为

$$E(z)=Z\left[e^*(t)\right] \tag{7.16}$$

将式(7.15)与式(7.13)进行比较可见，在 $E^*(s)$中进行 $z=\mathrm{e}^{Ts}$ 的代换即可得到 $E(z)$的表达式，可以认为 z 变换是由拉氏变换引申而来，是拉氏变换的一种变形，故也将其称为离散拉氏变换。

式(7.15)中，$e(kT)$表征采样脉冲的幅值，z 的幂次 k 表征采样脉冲的位置，所以 $E(z)$中包含了采样信号的所有信息。

【例 7-1】　设 $e(t)=\mathrm{e}^{-at}(a>0)$，试求 $e^*(t)$的 z 变换。

解：按式(7.13)，有

$$E^*(s)=\sum_{k=0}^{\infty}\mathrm{e}^{-akT}\cdot\mathrm{e}^{-kTs}=\sum_{k=0}^{\infty}\mathrm{e}^{-(s+a)kT}$$
$$=1+\mathrm{e}^{-(s+a)T}+\mathrm{e}^{-2(s+a)T}+\cdots$$

在$|\mathrm{e}^{-(s+a)T}|<1$ 的条件下该级数收敛，利用等比级数求和公式，可得

$$E^*(s)=\frac{1}{1-\mathrm{e}^{-(s+a)T}}$$

令 $z=\mathrm{e}^{Ts}$，可得 $e^*(t)$的 z 变换为

$$E(z)=\frac{1}{1-\mathrm{e}^{-aT}z^{-1}}=\frac{z}{z-\mathrm{e}^{-aT}}$$

式(7.16)只适用于离散时间函数,或只能表征连续时间函数在采样时刻上的特性,而不能反映采样时刻之间的特性。基于这一点,由于 $e(t)$ 和 $e^*(t)$ 在采样时刻的值相等,因此可以认为连续时间函数 $e(t)$ 与相应的离散时间函数 $e^*(t)$ 具有相同的 z 变换,即

$$Z[e(t)] = Z[e^*(t)] = E(z) = \sum_{k=0}^{\infty} e(kT)z^{-k} \tag{7.17}$$

$E(z)=Z[e^*(t)]$ 可以写为 $E(z)=Z[e(t)]$,但并不意味着是对连续信号 $e(t)$ 作变换,仍然指的是 $e(t)$ 采样以后的信号 $e^*(t)$ 的 z 变换。

实际中,离散脉冲序列与被采样的连续函数之间并不是一一对应的,因为采样器本身会将采样间隔内不同连续函数的差别漏掉。只要这些连续函数在采样时刻都相等,得到的就是同一个离散脉冲序列,所以式(7.17)只有在离散的意义下才能成立。

显然,不同的离散时间函数对应了不同的 z 变换,它们之间是一一对应的,即若

$$e_1^*(t) \neq e_2^*(t)$$

则一定有

$$E_1^*(z) \neq E_2^*(z)$$

但并不等于说,不同的连续函数一定对应不同的 z 变换,即若

$$e_1(t) \neq e_2(t)$$

则不一定有

$$Z[e_1(t)] \neq Z[e_2(t)]$$

这一点与上面规定并不矛盾,对于相同与不同,只要把握住"在离散的概念下"这一关键就能正确理解了。

7.2.2　z 变换的求法

求离散时间函数的 z 变换的方法有级数求和法、部分分式法和留数法等。下面通过一些例子加以说明。

1. 级数求和法

【例 7-2】 用级数求和法求单位阶跃函数 $1(t)$ 的 z 变换。

解: 单位阶跃函数 $1(t)$ 采样后的离散信号为单位阶跃序列,在各个采样时刻上的采样值均为 1,即 $e(kT)=1(k=0,1,2,\cdots)$,代入式(7.15),有

$$E(z) = 1 + z^{-1} + z^{-2} + \cdots + z^{-n} + \cdots$$

若 $|z^{-1}|<1$,则该级数收敛,利用等比级数求和公式,可得 $1(t)$ 的 z 变换的闭合形式为

$$E(z) = \frac{1}{1-z^{-1}} = \frac{z}{z-1}$$

【例 7-3】 用级数求和法求指数函数 $e^{-at}(a>0)$ 的 z 变换。

解: 指数函数 e^{-at} 采样后所得的脉冲序列为

$$e(kT) = e^{-akT}, \quad (k=0,1,2,\cdots)$$

代入式(7.15),可得

$$E(z) = 1 + e^{-aT}z^{-1} + e^{-2aT}z^{-2} + \cdots + e^{-naT}z^{-n} + \cdots$$

若 $|e^{-aT}z^{-1}|<1$,则该级数收敛,同样利用等比级数求和公式,可得 z 变换的闭合形式为

$$E(z) = \frac{1}{1-e^{-aT}z^{-1}} = \frac{z}{z-e^{-aT}}$$

2. 部分分式法

【例 7-4】 已知连续函数的拉氏变换为 $E(s)=\dfrac{a}{s(s+a)}$，试用部分分式法求其 z 变换。

解：将 $E(s)$ 展成部分分式和的形式

$$E(s)=\frac{a}{s(s+a)}=\frac{1}{s}-\frac{1}{s+a}$$

对上式取拉氏反变换，得

$$e(t)=1(t)-\mathrm{e}^{-at}$$

分别求两部分的 z 变换，由例 7-2 和例 7-3 可知

$$Z[1(t)]=\frac{z}{z-1},\quad Z[\mathrm{e}^{-at}]=\frac{z}{z-\mathrm{e}^{-aT}}$$

于是可得

$$E(z)=\frac{z}{z-1}-\frac{z}{z-\mathrm{e}^{-aT}}=\frac{z(1-\mathrm{e}^{-aT})}{z^2-(1+\mathrm{e}^{-aT})z+\mathrm{e}^{-aT}}$$

【例 7-5】 试用部分分式法求正弦函数 $e(t)=\sin\omega t$ 的 z 变换。

解：对 $e(t)=\sin\omega t$ 取拉氏变换，得

$$E(s)=\frac{\omega}{s^2+\omega^2}$$

将上式展成部分分式和的形式

$$E(s)=\frac{1}{2\mathrm{j}}\left(\frac{-1}{s+\mathrm{j}\omega}+\frac{1}{s-\mathrm{j}\omega}\right)$$

经 z 变换得

$$E(z)=\frac{1}{2\mathrm{j}}\left(-\frac{z}{z-\mathrm{e}^{-\mathrm{j}\omega T}}+\frac{z}{z-\mathrm{e}^{\mathrm{j}\omega T}}\right)=\frac{1}{2\mathrm{j}}\left[\frac{z(\mathrm{e}^{\mathrm{j}\omega T}-\mathrm{e}^{-\mathrm{j}\omega T})}{z^2-(\mathrm{e}^{\mathrm{j}\omega T}+\mathrm{e}^{-\mathrm{j}\omega T})z+1}\right]$$

化简后得

$$E(z)=\frac{z\sin\omega T}{z^2-2z\cos\omega T+1}$$

3. 留数法

留数法求 z 变换的计算公式为

$$E(z)=\sum_{i=1}^{l}\mathrm{Res}\left[E(s)\frac{z}{z-\mathrm{e}^{sT}}\right]_{s=s_i}\tag{7.18}$$

式中，$s_i(i=1,2,\cdots,l)$ 为 $E(s)$ 的极点，$\mathrm{Res}\left[E(s)\dfrac{z}{z-\mathrm{e}^{sT}}\right]_{s=s_i}$ 表示 $E(s)\dfrac{z}{z-\mathrm{e}^{sT}}$ 在极点 s_i 处的留数。

若 s_i 为单极点，则

$$\mathrm{Res}\left[E(s)\frac{z}{z-\mathrm{e}^{sT}}\right]_{s=s_i}=\lim_{s\to s_i}\left[(s-s_i)E(s)\frac{z}{z-\mathrm{e}^{sT}}\right]$$

若 s_i 为 m 重极点，则

$$\mathrm{Res}\left[E(s)\frac{z}{z-\mathrm{e}^{sT}}\right]_{s=s_i}=\frac{1}{(m-1)!}\lim_{s\to s_i}\frac{\mathrm{d}^{(m-1)}}{\mathrm{d}s^{(m-1)}}\left[(s-s_i)^m E(s)\frac{z}{z-\mathrm{e}^{sT}}\right]$$

【例 7-6】 已知 $E(s)=\dfrac{K}{s^2(s+a)}$，试用留数法求 $E(z)$。

解：$E(s)$的极点为 $s_{1,2}=0$（二重极点），$s_3=-a$，利用计算公式可得

$$E(z)=\frac{1}{(2-1)!}\lim_{s\to 0}\frac{d}{ds}\left[(s-0)^2\frac{K}{s^2(s+a)}\frac{z}{z-e^{sT}}\right]+$$

$$\lim_{s\to -a}\left[(s+a)\frac{K}{s^2(s+a)}\frac{z}{z-e^{sT}}\right]$$

$$=-\frac{K}{a^2}\frac{z}{z-1}+\frac{K}{a}\frac{Tz}{(z-1)^2}+\frac{K}{a^2}\frac{z}{z-e^{-aT}}$$

$$=\frac{Kz\left[(aT-1+e^{-aT})z+(1-e^{-aT}-aTe^{-aT})\right]}{a^2(z-1)^2(z-e^{-aT})}$$

7.2.3　z 变换的性质

z 变换也有类似于拉氏变换的性质，这些性质可以使一些 z 变换的运算更加简单方便。

1. 线性定理

z 变换是一种线性变换，满足齐次性与叠加性。

若 $E_1(z)=Z[e_1(t)]$，$E_2(z)=Z[e_2(t)]$，且 a_1 和 a_2 为常数，则有

$$Z[a_1e_1(t)\pm a_2e_2(t)]=a_1E_1(z)\pm a_2E_2(z) \tag{7.19}$$

2. 实数位移定理

实数位移定理又称平移定理，用以说明整个采样序列在时间轴上左右平移若干个采样周期后，新的位置上的采样序列与原有序列的 z 变换关系。平移过程一般对应滞后或超前的操作，定义右移为滞后，左移为超前。定理如下：

若 $E(z)=Z[e(t)]$，则有

$$Z[e(t-nT)]=z^{-n}E(z) \tag{7.20}$$

以及

$$Z[e(t+nT)]=z^{n}\left[E(z)-\sum_{k=0}^{n-1}e(kT)z^{-k}\right] \tag{7.21}$$

式(7.20)称为右移定理。其含义是原序列在时域延迟 n 个采样周期，相当于在 z 域通过了一个 z^{-n} 的传递环节，也相当于在 s 域通过了延迟环节 e^{-nTs} 的结果，如图 7-13 所示。

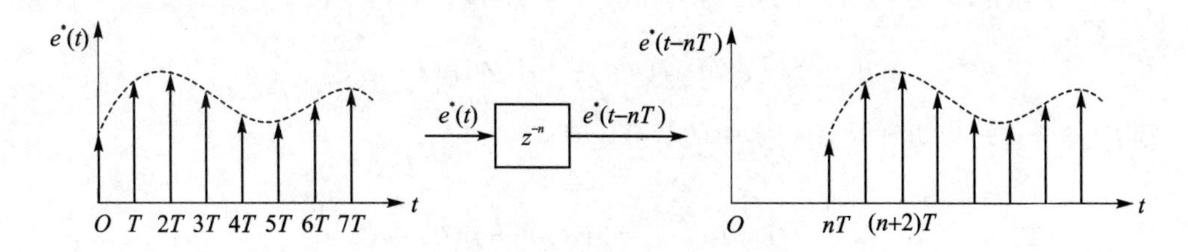

图 7-13　右移定理

式(7.21)称为左移定理，相对右移要复杂一些。这是因为，左移使得部分脉冲信号移至零时刻以前而失去物理意义，所以须要减去左移出的 n 个脉冲信号对 $E(z)$ 的贡献，如图 7-14 所示。

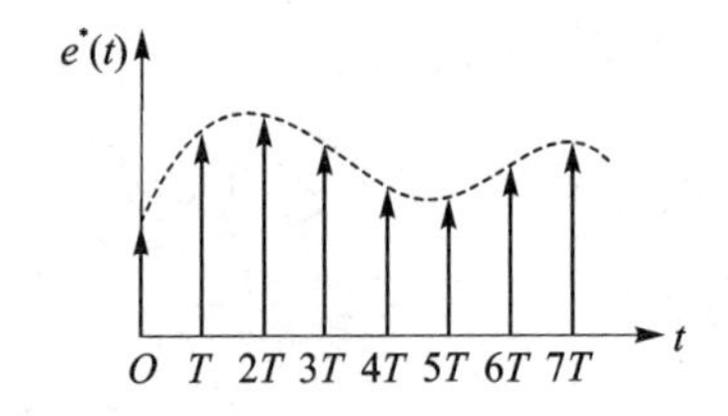

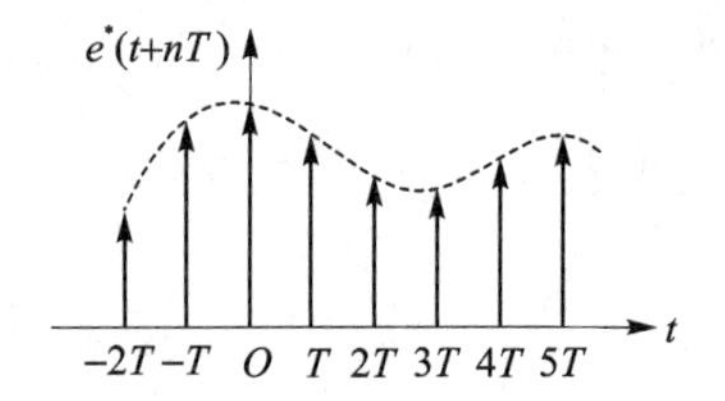

图 7-14 左移定理($n=2$ 时的情况)

左移定理可以通过如下描述来理解:

引入 $e_1^*(t)$,表示前 n 个脉冲为零的离散信号。对于 $e_1^*(t)$,有与右移定理类似的简单形式:

$$Z\left[e_1(t+nT)\right]=z^n E_1(z)$$

指序列 $e_1^*(t)$在时域超前 n 个采样周期,相当于在 z 域通过了一个 z^n 的传递环节,如图 7-15 所示。

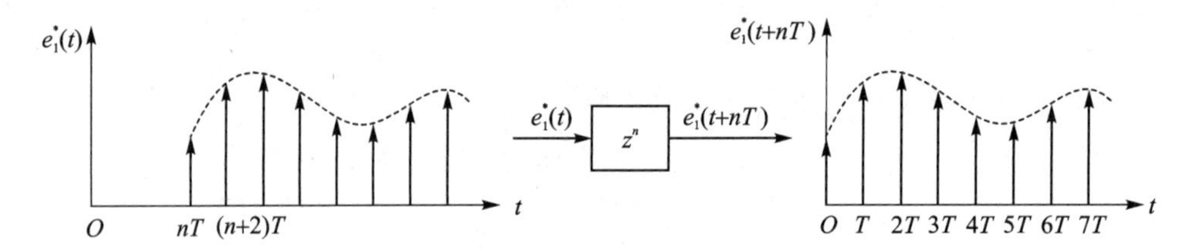

图 7-15 初值为零时的左移定理

回到式(7.21),实际上等式右侧 $E(z)-\sum\limits_{k=0}^{n-1}e(kT)z^{-k}$ 正是对应这样一种前n 个脉冲为零的 $e_1^*(t)$信号的 z 变换 $E_1(z)$。而等式左侧对 $e(t+nT)$求 z 变换时,自然舍去左移过零的脉冲,也相当于对 $e_1(t+nT)$进行 z 变换,所以有左移定理的结论:

$$Z\left[e(t+nT)\right]=Z\left[e_1(t+nT)\right]=z^n E_1(z)=z^n\left[E(z)-\sum_{k=0}^{n-1}e(kT)z^{-k}\right]$$

➢ 讨论:

① 左移定理也可以从另外一个角度认识:$z^n E(z)$为全序列左移 n 步,$z^n\sum\limits_{k=0}^{n-1}e(kT)z^{-k}$ 为前 n 个脉冲左移 n 步,$Z\left[e(t+nT)\right]$为去掉前 n 个脉冲所得缺陷序列左移 n 步。所以有

$$z^n E(z)=z^n\sum_{k=0}^{n-1}e(kT)z^{-k}+Z\left[e(t+nT)\right]$$

② 左移定理可以类比拉氏变换中的微分定理:

$$L\left[f(t)\right]=F(s)$$

$$L\left[f'(t)\right]=sF(s)-f(0)$$

$$L\left[f''(t)\right]=s^2F(s)-sf(0)-f'(0)$$

$$\vdots$$

$$L\left[\frac{\mathrm{d}^n}{\mathrm{d}t^n}f(t)\right]=s^nF(s)-\sum_{k=1}^{n}s^{n-k}f^{(k-1)}(0)$$

将左移定理和微分定理进行对比可见,左移对应连续信号的微分运算,前 n 个脉冲量对

应初值条件;类似地,右移应对应连续信号的积分运算,n 步右移对应 n 次积分运算。

③ 传递环节 z^{-1} 可以类比拉氏域的积分环节 $1/s$;环节 z 可以类比拉氏域的微分环节 s。

3. 复数位移定理

若 $E(z)=Z[e(t)]$,则有

$$Z[e(t)e^{\mp at}]=E(ze^{\pm aT}) \tag{7.22}$$

式中,a 为常数。

证明:由 z 变换定义

$$Z[e(t)e^{\mp at}]=\sum_{k=0}^{\infty}e(kT)e^{\mp akT}z^{-k}=\sum_{k=0}^{\infty}e(kT)(ze^{\pm aT})^{-k}$$

令 $z_1=ze^{\pm aT}$,则有

$$Z[e(t)e^{\mp at}]=\sum_{k=0}^{\infty}e(kT){z_1}^{-k}=E(ze^{\pm aT})$$

复数位移定理的含义:函数 $e^*(t)$ 乘以指数序列 $e^{\mp akT}$ 的 z 变换,就等于在 $e^*(t)$的 z 变换表达式 $E(z)$中以 $ze^{\pm aT}$ 取代原算子 z。

4. 初值定理

若 $E(z)=Z[e(t)]$,且极限$\lim\limits_{z\to\infty}E(z)$存在,则

$$\lim_{t\to 0}e(t)=\lim_{z\to\infty}E(z)$$

证明:由 z 变换定义,有

$$E(z)=\sum_{k=0}^{\infty}e(kT)z^{-k}=e(0)+e(T)z^{-1}+e(2T)z^{-2}+\cdots+e(kT)z^{-k}+\cdots$$

当 $z\to\infty$时,可得

$$\lim_{z\to\infty}E(z)=e(0)=\lim_{t\to 0}e(t)$$

5. 终值定理

若 $E(z)=Z[e(t)]$,序列 $e(kT)$均为有限值,且$\lim\limits_{k\to\infty}e(kT)$存在,则

$$\lim_{k\to\infty}e(kT)=\lim_{z\to 1}(z-1)E(z) \tag{7.23}$$

也可以写作

$$\lim_{z\to 1}(z-1)E(z)=\lim_{z\to 1}zE(z)-\lim_{z\to 1}E(z) \tag{7.24}$$

要说明终值定理,先看等式(7.24)右侧。$zE(z)$相当于对 $e^*(t)$进行了一步左移操作。由于

$$E(z)=e(0)z^0+e(T)z^{-1}+e(2T)z^{-2}+\cdots+e(kT)z^{-k}+\cdots \tag{7.25}$$

一步左移后,原有脉冲 $e(0)\delta(t)$移出,有

$$Z[e(t+T)]=e(T)z^0+e(2T)z^{-1}+\cdots+e(kT)z^{-k+1}+e[(k+1)T]z^{-k}+\cdots \tag{7.26}$$

由实数左移定理,又有

$$Z[e(t+T)]=zE(z)-ze(0)$$

故

$$zE(z)-ze(0)=e(T)z^0+e(2T)z^{-1}+\cdots+e(kT)z^{-k+1}+e[(k+1)T]z^{-k}+\cdots \tag{7.27}$$

将式(7.25)与式(7.27)相减，并将 $ze(0)$移到等式右边，可得

$$zE(z)-E(z)=e(0)z^{1}+[e(T)-e(0)]z^{0}+[e(2T)-e(T)]z^{-1}+\cdots+[e((k+1)T)-e(kT)]z^{-k}+\cdots$$

当 $z\to 1$ 时，$z^{-k}\to 1\ (k=0,1,2,\cdots)$，则式(7.27)有如下形式：

$$\lim_{z\to 1}[zE(z)-E(z)]=e(0)+[e(T)-e(0)]+[e(2T)-e(T)]+\cdots+[e((k+1)T)-e(kT)]+\cdots=\lim_{k\to\infty}e[(k+1)T]$$

即有 $\lim\limits_{k\to\infty}e(kT)=\lim\limits_{z\to 1}(z-1)E(z)$。

➢ 讨论：

$\lim\limits_{z\to 1}(z-1)E(z)$在数学上为 $E(z)$在 $z=1$ 处的留数。由于复数域中$|z|=1$ 内的点对应模态收敛趋零，$|z|=1$ 外的点对应模态发散，不满足$\lim\limits_{k\to\infty}e(kT)$存在的条件，只有$|z|=1$ 分界线上的点对应恒定大小的脉冲输出，所以在满足$\lim\limits_{k\to\infty}e(kT)$存在的条件下，$E(z)$在 $z=1$ 处有留数，则由该留数确定终值，如无留数则终值为零。

6. 卷积和定理

定义离散函数 $g(kT)$和 $r(kT)$的离散卷积为

$$g(kT)*r(kT)=\sum_{n=0}^{\infty}g(nT)r[(k-n)T] \tag{7.28}$$

在连续函数中，如果 $c(t)=g(t)*r(t)$，那么在拉氏域有 $C(s)=G(s)R(s)$；同样在离散函数中，如果 $c(kT)=g(kT)*r(kT)$，那么在 z 域存在 $C(z)=G(z)R(z)$。

在这里 $g(kT)$、$r(kT)$还只是作为两个普通的离散信号，如果 $g(kT)$被看作单位脉冲激励系统后响应信号的离散量，$g(kT)$及 $G(z)$就具有了代表系统的意义。此时，离散输出可以看作离散输入 $r(kT)$和离散系统脉冲响应 $g(kT)$的卷积，也可以简化为 z 域上的代数乘积。

结合系统，可以更好地理解卷积的概念，且离散卷积较连续函数卷积相对容易理解。

对于图 7-16(a)表示的离散系统，连续环节 $G(s)$与单位脉冲响应 $g(t)$是拉普拉斯变换对。离散输入 $r^{*}(t)$作用于 $G(s)$后得到的连续输出 $c(t)$是若干脉冲响应的叠加，具有退一步加一次地向上翻卷的特点，因此命名为卷积。如图 7-16(b)所示，$c(t)$采样以后可以得到 $c^{*}(t)$。当然也可以将前 0～k 个脉冲的响应量求和，得到 $t=kT$ 时刻的离散信号值

$$c(kT)=\sum_{n=0}^{k}r(nT)g[(k-n)T]=r(kT)*g(kT)$$

式中，$c(kT)$正是 $g(kT)$和 $r(kT)$的离散卷积。

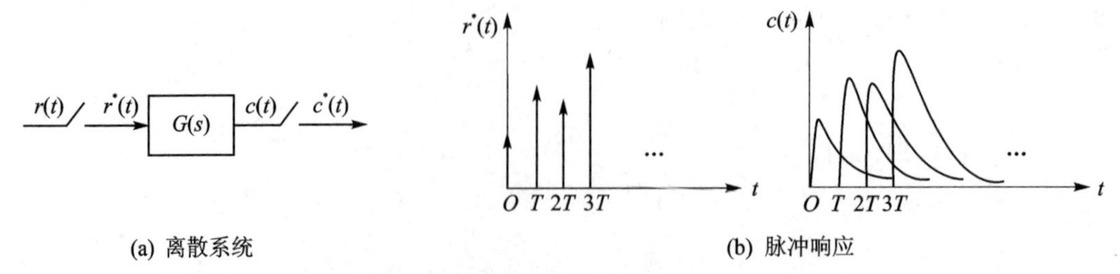

(a) 离散系统　　(b) 脉冲响应

图 7-16　离散系统结构图和脉冲响应

7.2.4 z 反变换

连续系统中，通常先将信号和系统都变换到拉氏域，然后进行代数运算，最后再通过拉普拉斯反变换确定时域解。离散系统中，同样需要进行类似的 z 变换和 z 反变换。

z 反变换，是由 z 域函数 $E(z)$ 反求相应离散序列 $e(kT)$ 的过程，记作

$$e(kT)=Z^{-1}[E(z)] \tag{7.29}$$

有些情况下，需要对系统 z 函数求 z 反变换，可以得到系统离散的脉冲响应信号。

常用的 z 反变换方法有幂级数法、部分分式法和留数法。

1. 幂级数法

【例 7-7】 设 $E(z)=\dfrac{z^2}{z^2-0.9z+0.08}$，试用幂级数法求 $E(z)$ 的 z 反变换。

解：用长除法可得

$$E(z)=1+0.9z^{-1}+0.73z^{-2}+0.585z^{-3}+\cdots$$

所以

$$e^*(t)=\delta(t)+0.9\delta(t-T)+0.73\delta(t-2T)+0.585\delta(t-3T)+\cdots$$

由例 7-7 可知，虽然幂级数法能得到离散序列的具体分布，但它通常难以给出 $e^*(t)$ 的闭合形式，因而不便于对系统进行分析。如果要求闭合形式，可用部分分式法和留数法。

2. 部分分式法

部分分式法主要是将 $E(z)$ 展开成若干个 z 变换表中具有的简单分式的形式，然后通过查 z 变换表找出相应的 $e^*(t)$ 或 $e(kT)$。由于考虑到 z 变换表中所有的 $E(z)$ 在其分子中都有因子 z，因此先将 $E(z)$ 除以 z，然后将 $E(z)/z$ 展开成部分分式，最后将所得结果的每一项都乘以 z，凑出 z 变换表中的形式，以方便各分式查表得到 z 反变换结果。

【例 7-8】 设 $E(z)=\dfrac{10z}{(z-1)(z-2)}$，试用部分分式法求其 z 反变换。

解：由于

$$\frac{E(z)}{z}=\frac{10}{(z-1)(z-2)}=-\frac{10}{z-1}+\frac{10}{z-2}$$

因此有

$$E(z)=-\frac{10z}{z-1}+\frac{10z}{z-2}$$

查表可得

$$Z^{-1}\left[\frac{z}{z-1}\right]=1,\quad Z^{-1}\left[\frac{z}{z-2}\right]=2^k$$

从而可得

$$e(kT)=10(2^k-1),\quad (k=0,1,2,\cdots)$$

3. 留数法

留数法求 z 反变换的计算公式为

$$e(kT)=\sum_{i=1}^{l}\mathrm{Res}\left[E(z)z^{k-1}\right]_{z=z_i} \tag{7.30}$$

式中，$z_i(i=1,2,\cdots,l)$ 为 $E(z)$ 的极点，$\mathrm{Res}\left[E(z)z^{k-1}\right]_{z=z_i}$ 表示 $E(z)z^{k-1}$ 在极点 z_i 处的

留数。

若 z_i 为单极点，则

$$\mathrm{Res}\left[E(z)z^{k-1}\right]_{z=z_i}=\lim_{z\to z_i}\left[(z-z_i)E(z)z^{k-1}\right]$$

若 z_i 为 m 重极点，则

$$\mathrm{Res}\left[E(z)z^{k-1}\right]_{z=z_i}=\frac{1}{(m-1)!}\lim_{z\to zi}\frac{\mathrm{d}^{(m-1)}}{\mathrm{d}z^{(m-1)}}\left[(z-z_i)^m E(z)z^{k-1}\right]$$

【例 7-9】 试用留数法求 $E(z)=\dfrac{2(a-b)z}{(z-a)(z-b)}$ 的 z 反变换。

解：$E(z)$的极点为 $z_1=a$，$z_2=b$，利用计算公式可得

$$\begin{aligned}e(kT)&=\sum_{i=1}^{2}\mathrm{Res}\left[\frac{2(a-b)z^k}{(z-a)(z-b)}\right]_{z=z_i}\\&=\left[(z-a)\frac{2(a-b)z^k}{(z-a)(z-b)}\right]_{z=a}+\left[(z-b)\frac{2(a-b)z^k}{(z-a)(z-b)}\right]_{z=b}\\&=2(a^k-b^k)\end{aligned}$$

➢ 讨论：

① 留数法也叫反演积分法。当 $E(z)$为有理分式时，此法与部分分式法等价。

② 若 $E(z)$的极点 $z_i(i=1,2,\cdots,n)$均为单极点，留数法有如下变形：

$$\begin{aligned}e(kT)&=\sum_{i=1}^{n}\mathrm{Res}\left[E(z)\cdot z^{k-1}\right]_{z\to z_i}\\&=\sum_{i=1}^{n}\lim_{z\to z_i}\left[(z-z_i)E(z)\cdot z^{k-1}\right]\\&=\sum_{i=1}^{n}\lim_{z\to z_i}\left[(z-z_i)\frac{E(z)}{z}\cdot z^k\right]\end{aligned}$$

其中，$\lim\limits_{z\to z_i}\left[(z-z_i)\dfrac{E(z)}{z}\right]$即是部分分式法中的系数。

7.3　离散系统的数学模型

与连续系统一样，为了分析研究离散系统的结构性能，首先要建立系统的数学模型。经典控制理论中，线性定常离散系统最基本的数学模型是差分方程，但在应用中，脉冲传递函数、结构图等形式也十分常见。

7.3.1　差分方程

由于离散系统不存在微分，因此要描述离散信号的变化和变化趋势可以用差分，即当前时刻采样值与前、后采样时刻采样值之间的差值，由此建立起来的数学模型为差分方程。与连续系统一样，本章只关注线性定常的离散系统，描述线性定常离散系统的差分方程为线性常系数差分方程。

1. 差分的定义

微分具有极限的意义，但在离散系统中，两个采样值的时间间隔由采样周期决定，是一个

确定的量，这决定了离散信号的相邻采样值不具有无限接近的特性，所以只能用差分表示它们之间的关系。

由于可微的连续信号左导数等于右导数，因此一般不区分左右导数方向，但在差分中需要区分做比较的相邻采样值是前向(未来)的，还是后向(过去)的。

设离散信号为 $e(kT)$，简记为 $e(k)$，定义各阶前向差分如下：

一阶前向差分为

$$\Delta e(k)=e(k+1)-e(k) \tag{7.31}$$

二阶前向差分为

$$\begin{aligned}\Delta^2 e(k)=\Delta[\Delta e(k)]=\Delta e(k+1)-\Delta e(k)=\\ [e(k+2)-e(k+1)]-[e(k+1)-e(k)]=\\ e(k+2)-2e(k+1)+e(k)\end{aligned} \tag{7.32}$$

n 阶前向差分为

$$\Delta^n e(k)=\Delta^{n-1}e(k+1)-\Delta^{n-1}e(k) \tag{7.33}$$

定义各阶后向差分如下：

一阶后向差分为

$$\nabla e(k)=e(k)-e(k-1) \tag{7.34}$$

二阶后向差分为

$$\nabla^2 e(k)=\nabla[\nabla e(k)]=\nabla e(k)-\nabla e(k-1)=e(k)-2e(k-1)+e(k-2) \tag{7.35}$$

n 阶后向差分为

$$\nabla^n e(k)=\nabla^{n-1}e(k)-\nabla^{n-1}e(k-1) \tag{7.36}$$

2. 线性常系数差分方程

设离散系统的输入为 $r^*(t)$，输出为 $c^*(t)$，输入与输出之间的动态关系可以用差分方程描述。由于差分有两种，因此差分方程也有两种，即前向差分方程和后向差分方程。

对于 n 阶线性定常离散系统，k 时刻的输出 $c(k)$，不但与 k 时刻的输入 $r(k)$ 有关，而且与 k 时刻以前的输入 $r(k-1)$、$r(k-2)$…有关，同时还与 k 时刻以前的输出 $c(k-1)$、$c(k-2)$…有关，这种关系可以用 n 阶后向差分方程描述，即

$$\begin{aligned}c(k)+a_1c(k-1)+a_2c(k-2)+\cdots+a_nc(k-n)\\ =b_0r(k)+b_1r(k-1)+b_2r(k-2)+\cdots+b_mr(k-m)\end{aligned}$$

上式可以写成递推形式：

$$c(k)=-\sum_{i=1}^{n}a_ic(k-i)+\sum_{j=0}^{m}b_jr(k-j) \tag{7.37}$$

式中，$a_i(i=1,2,\cdots,n)$ 和 $b_j(j=1,2,\cdots,m)$ 为常系数，$m\leqslant n$。

同理，线性定常离散系统也可以用 n 阶前向差分方程描述，即

$$\begin{aligned}c(k+n)+a_1c(k+n-1)+\cdots+a_{n-1}c(k+1)+a_nc(k)\\ =b_0r(k+m)+b_1r(k+m-1)+\cdots+b_{m-1}r(k+1)+b_mr(k)\end{aligned}$$

上式也可写成递推形式：

$$c(k+n)=-\sum_{i=1}^{n}a_ic(k+n-i)+\sum_{j=0}^{m}b_jr(k+m-j) \tag{7.38}$$

式(7.37)和式(7.38)都是 n 阶线性定常离散系统的数学模型，相当于线性定常连续系统

的微分方程。

➢ 讨论：

① 差分方程的两种表达形式，只存在平移的关系。

② 假如初始状态全为零，那么对于连续系统，微分方程等价于积分方程，或者任意分配阶次的微积分方程；对于离散系统，前向差分方程同样完全可以转换为后向差分方程。在这里更进一步体会到微积分与平移的密切对应关系。

3. 差分方程的解法

对于连续系统的微分方程，可以利用经典法和拉氏变换法求解，当然也可以通过计算机迭代方法得到数值分析意义上的解。对应地，对于离散系统的差分方程，也有经典法、z 变换法和迭代法等求解方法。

(1) 经典法

对于式(7.37)的 n 阶前向差分方程，相应的齐次方程为

$$c(k+n)+a_1c(k+n-1)+\cdots+a_nc(k)=0$$

设其解具有 Az^k 的形式，且 $Az^k\neq 0$，将其代入齐次方程有

$$Az^{k+n}+a_1Az^{k+n-1}+\cdots+a_nAz^k=0$$

即

$$Az^k(z^n+a_1z^{n-1}+\cdots+a_n)=0$$

可得

$$z^n+a_1z^{n-1}+\cdots+a_n=0 \tag{7.39}$$

式(7.39)称为齐次差分方程的特征方程。

如果特征方程具有 n 个互异的单根 $z_i(i=1,2,3,\cdots,n)$，则每个 $A_iz_i^k$ 都是齐次差分方程的解，它们的线性组合为齐次差分方程的通解，即

$$c_0(k)=A_1z_1^k+A_2z_2^k+\cdots+A_nz_n^k \tag{7.40}$$

其中，系数 $A_i(i=1,2,3,\cdots,n)$取决于方程的初始条件，n 阶方程需要 n 个初始值。通过列方程组，可解出待定系数 A_i，这是经典解法中较复杂的一步。

如果特征方程具有 r 重根 z_1，和微分方程的特征方程具有重根的情况类似，其在通解中对应的分量具有$(c_1k^{r-1}+c_2k^{r-2}+\cdots+c_r)z_1^k$ 的形式。其中，系数 $c_i(i=1,2,3,\cdots,r)$也取决于方程的初始条件。

对于非齐次方程的特解，可根据右端输入函数的具体形式用试探法求得。一般对于简单的典型输入信号，如 $r(t)=1(t)$、$r(t)=t^2$ 或 $r(t)=e^{at}$ 等形式，试探法还是适用的。

【例 7-10】 已知离散系统的差分方程为

$$c(k+2)-5c(k+1)+6c(k)=r(k)$$

初始条件为 $c(0)=0,c(1)=1$，试利用经典法求 $r(k)=1(k)=1(k\geqslant 0)$ 时方程的全解。

解：差分方程的特征方程为

$$z^2-5z+6=0$$

特征根为

$$z_1=2,\quad z_2=3$$

则齐次方程的通解为

$$c_0(k)=A_12^k+A_23^k$$

由于输入 $r(k)=1$ 是恒值输入，因此输出的稳态分量也应有恒值的特征，故可设非齐次方程的一个特解为恒值，即 $c_r(k)=K$，将其代入差分方程有

$$K-5K+6K=1$$

解之得

$$K=0.5$$

故非齐次方程的解具有如下形式：

$$c(k)=A_1 2^k+A_2 3^k+0.5$$

将初始条件 $c(0)=0, c(1)=1$ 代入上式得

$$\begin{cases}0=A_1+A_2+0.5\\1=2A_1+3A_2+0.5\end{cases}$$

可求得系数为

$$A_1=-2,\quad A_2=1.5$$

故非齐次方程的全解为

$$c(k)=-2\times 2^k+1.5\times 3^k+0.5$$

经典解法揭示了系统解的结构和特点：可以根据系统特征值直接得到其对应的模态；可以根据特征值在 z 平面上单位圆内外的分布，确定对应模态的敛散性；系统解为非零状态（非松弛状态、系统紧张性、初始积蓄能量、初值条件）激励响应与输入激励响应的线性叠加。

(2) z 变换法

【例 7-11】 已知一阶离散系统的差分方程为

$$c(k+1)-bc(k)=r(k)$$

输入信号为 $r(k)=a^k$，初始条件为 $c(0)=0$，试用 z 变换法求系统响应 $c(k)$。

解：对差分方程两边取 z 变换，根据实数位移定理，得

$$zC(z)-zc(0)-bC(z)=R(z)$$

代入

$$R(z)=Z[a^k]=\frac{z}{z-a},\quad c(0)=0$$

得

$$zC(z)-bC(z)=\frac{z}{z-a}$$

解代数方程，得

$$C(z)=\frac{z}{(z-a)(z-b)}$$

接下来用部分分式法求 z 反变换：因为

$$\frac{C(z)}{z}=\frac{1}{(z-a)(z-b)}=\frac{1}{a-b}\cdot\frac{1}{z-a}+\frac{1}{b-a}\cdot\frac{1}{z-b}$$

所以有

$$C(z)=\frac{1}{a-b}\left(\frac{z}{z-a}-\frac{z}{z-b}\right)$$

查表得

$$c(k)=\frac{1}{a-b}(a^k-b^k),\quad (k=0,1,2,\cdots)$$

【例 7-12】 已知二阶离散系统的差分方程为

$$c(k+2)-5c(k+1)+6c(k)=r(k)$$

输入信号为 $r(k)=1(k)$，初始条件为 $c(0)=6, c(1)=25$，试用 z 变换法求系统响应 $c(k)$。

解：对方程两端取 z 变换，得

$$[z^2C(z)-z^2c(0)-zc(1)]-5[zC(z)-zc(0)]+6C(z)=R(z)$$

代入

$$R(z)=Z[1(t)]=\frac{z}{z-1},\quad c(0)=6,\quad c(1)=25$$

得

$$z^2C(z)-6z^2-25z-5zC(z)+30z+6C(z)=\frac{z}{z-1}$$

解代数方程得

$$C(z)=\frac{z(6z^2-11z+6)}{(z^2-5z+6)(z-1)}$$

接下来用部分分式法求 z 反变换：因为

$$\frac{C(z)}{z}=\frac{6z^2-11z+6}{(z-1)(z-2)(z-3)}=\frac{0.5}{z-1}-\frac{8}{z-2}+\frac{13.5}{z-3}$$

所以有

$$C(z)=\frac{0.5z}{z-1}-\frac{8z}{z-2}+\frac{13.5z}{z-3}$$

查表得

$$c(k)=0.5-8\times 2^k+13.5\times 3^k,\quad (k=0,1,2,\cdots)$$

注意例 7－12 中，把 z 变换直接代入初始条件，与连续系统中拉氏变换代入初始条件一致。

(3) 迭代法

【例 7－13】 已知后向差分方程为

$$c(k)-5c(k-1)+6c(k-2)=r(k)$$

其中，$r(k)=1(k)$，$(k>0)$，初始条件为 $c(0)=0, c(1)=1$。试用迭代法求输出序列 $c(k), k=0,1,2,3,4,\cdots$

解：由已知后向差分方程可得递推关系式

$$c(k)=r(k)+5c(k-1)-6c(k-2)$$

根据初始条件，并令 $k=0,1,2,3,4,\cdots$，得

$$c(0)=0$$
$$c(1)=1$$
$$k=2, c(2)=r(2)+5c(1)-6c(0)=6$$
$$k=3, c(3)=r(3)+5c(2)-6c(1)=25$$
$$k=4, c(4)=r(4)+5c(3)-6c(2)=90$$
$$\vdots$$

该方程为二阶后向差分方程，与经典法类似，方程的全解取决于初始条件和输入 $r(k)$。一般 n 阶系统，要有 n 个初始值作为解的计算条件。在经典法中，要依据它们来计算待定系数 $A_i(i=1,2,\cdots,n)$。在迭代法中，可直接以此为起点递推，故此例中的后向差分是在前两项初值已定的基础上从第三项$(k=2)$开始递推计算的。

7.3.2　脉冲传递函数

在连续系统中,为便于分析和求解,将信号和系统都变换到了 s 域,系统在 s 域的形式就是传递函数。传递函数描述了系统在零初始条件下输入与输出的关系,与微分方程具有等价的意义。在离散系统中,前面关于 z 变换的讨论主要是针对信号的,但在 z 域,系统也用 z 函数表示,即 z 域传递函数,或称为脉冲传递函数。

1. 脉冲传递函数的定义

设线性定常离散系统的输入采样信号为 $r^*(t)$,输出采样信号为 $c^*(t)$。脉冲传递函数的定义:在零初始条件下,系统输出采样信号的 z 变换与输入采样信号的 z 变换之比,记作

$$G(z)=\frac{C(z)}{R(z)} \tag{7.41}$$

零初始条件是指,在 $t<0$ 时,输入脉冲序列 $r(-T),r(-2T),\cdots$ 及输出脉冲序列 $c(-T)$,$c(-2T),\cdots$ 均为零。

需要说明的是,脉冲传递函数和差分方程一样,只描述离散信号之间的关系。但是,大多数实际系统的输出是连续信号,如图 7-17 所示的开环离散系统,其输出是连续信号 $c(t)$。此时可在系统输出端虚设一个采样开关,如图中虚线所示,它与输入端采样开关同步开闭,$c(t)$ 被采样为 $c^*(t)$。脉冲传递函数 $G(z)$ 描述的是输入采样信号 $r^*(t)$ 与虚拟输出采样信号 $c^*(t)$ 之间的关系。

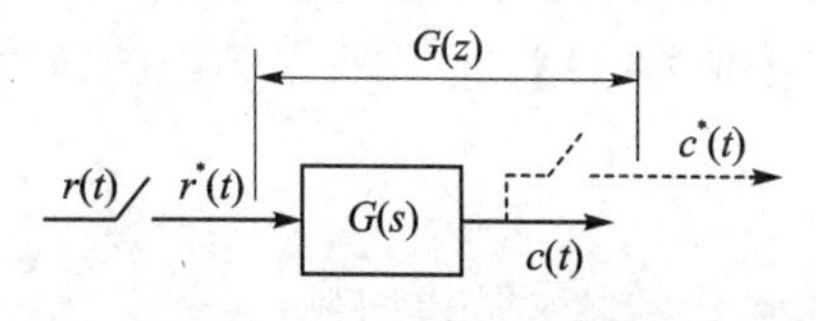

图 7-17　开环离散系统

比照连续系统中

$$G(s)\underset{\text{拉氏变换}}{\overset{\text{拉氏反变换}}{\rightleftarrows}}g(t)$$

即传递函数 $G(s)$ 和脉冲响应函数 $g(t)$ 为拉普拉斯变换对。类似地,在离散系统中,有

$$G(z)\underset{z\text{变换}}{\overset{z\text{反变换}}{\rightleftarrows}}g^*(t)$$

即脉冲传递函数 $G(z)$ 和离散脉冲响应函数 $g^*(t)$ 为 z 变换对。

因此,差分方程、脉冲传递函数、离散脉冲响应函数这三者都可以作为描述离散系统的数学模型。这一点与连续系统是一致的。

2. 脉冲传递函数的求法

(1) 由差分方程求脉冲传递函数

若已知离散系统的差分方程,可先对差分方程两端进行 z 变换,并令初始条件为零,然后应用 $G(z)=C(z)/R(z)$ 求出脉冲传递函数。

【例 7-14】 已知离散系统的差分方程为

$$c(k+2)-2c(k+1)+c(k)=Tr(k+1)$$

试求脉冲传递函数 $G(z)$。

解:利用实数位移定理,对差分方程两端进行 z 变换,并令 $c(0)=c(1)=0,r(0)=0$,则有

$$(z^2-2z+1)C(z)=TzR(z)$$

由此可得脉冲传递函数为

$$G(z)=\frac{C(z)}{R(z)}=\frac{Tz}{z^2-2z+1}$$

可见,差分方程和脉冲传递函数之间只要通过 z^n 与$(k+n)$的对应即可相互转化。

(2) 由连续部分的传递函数求脉冲传递函数

对于图 7-17 所示的离散系统,若连续部分的传递函数 $G(s)$为已知,则可将 $G(s)$看作一个脉冲响应 $g(t)$的拉氏变换,利用 7.2.2 节介绍的已知信号的拉氏变换求其 z 变换的方法,求取 $G(s)$对应的脉冲传递函数 $G(z)$。

需要注意的是,不能由 $z=e^{Ts}$ 得出$G(z)$,即 $G(z)=G(s)\Big|_{s=\frac{1}{T}\ln z}$。正确的结论是

$$G(z)=G^*(s)\Big|_{s=\frac{1}{T}\ln z}$$

结合离散信号的拉氏变换,有

$$G(z)=G^*(s)\Big|_{s=\frac{1}{T}\ln z}=\frac{1}{T}\sum_{n=-\infty}^{+\infty}G(s-\mathrm{j}n\omega_s)\Big|_{s=\frac{1}{T}\ln z}$$

通常不做这样的代换,列出该式只为说明概念。

【例 7-15】 已知离散系统的结构图如图 7-17 所示,其中连续部分的传递函数为

$$G(s)=\frac{10}{s(s+10)}$$

试求系统的脉冲传递函数 $G(z)$。

解:将 $G(s)$展为部分分式

$$G(s)=\frac{1}{s}-\frac{1}{s+10}$$

取 z 变换可得

$$G(z)=\frac{z}{z-1}-\frac{z}{z-\mathrm{e}^{-10T}}=\frac{z(1-\mathrm{e}^{-10T})}{(z-1)(z-\mathrm{e}^{-10T})}$$

【例 7-16】 已知如图 7-17 所示的离散系统,其中连续部分的传递函数为

$$G(s)=\mathrm{e}^{-\tau s}$$

试求:(1) 系统的差分方程;(2) 系统的脉冲传递函数 $G(z)$。

解:根据差分方程与脉冲传递函数的转换关系,求出其中一种模型即可转换为另一种模型。

① 连续部分为延迟环节,其方程式为

$$c(t)=r(t-\tau)$$

对方程离散化,即令 $\tau=nT,t=kT$,可得差分方程

$$c(kT)=r\left[(k-n)T\right]$$

② 对上式两端取 z 变换,有

$$C(z)=z^{-n}R(z)$$

由脉冲传递函数定义,得

$$G(z)=\frac{C(z)}{R(z)}=z^{-n}$$

求解顺序也可以变为

① 由连续部分的传递函数直接查表求 $G(z)$,得

$$G(z)=Z[G(s)]=Z[e^{-nTs}]=z^{-n}$$

② 由定义,得

$$G(z)=\frac{C(z)}{R(z)}=z^{-n}$$

则

$$C(z)=z^{-n}R(z)$$

经 z 反变换,可得

$$c(kT)=r[(k-n)T]$$

可见,脉冲传递函数 z^{-n},其物理意义表示离散系统中一个延迟环节,它把输入序列延迟 n 个采样周期后再输出。

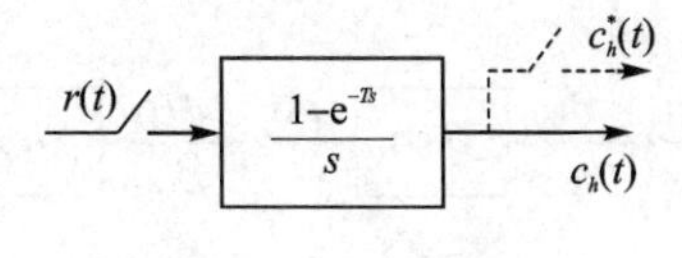

图 7-18　零阶保持器

【例 7-17】 由零阶保持器构成的离散系统结构如图 7-18 所示,试求零阶保持器环节的脉冲传递函数。

解:可求得零阶保持器的脉冲传递函数为

$$G(z)=\frac{C_h(z)}{R(z)}=Z\left[\frac{1-e^{-Ts}}{s}\right]=Z\left[\frac{1}{s}\right]-Z\left[e^{-Ts}\cdot\frac{1}{s}\right]$$
$$=(1-z^{-1})Z\left[\frac{1}{s}\right]=(1-z^{-1})\cdot\frac{z}{z-1}=1$$

可见,零阶保持器的脉冲传递函数为常数 1,表明其输出采样信号与输入采样信号完全一致。

7.3.3　离散系统结构图

与连续系统的结构图相比,离散系统的结构图增加了采样开关。由于采样开关数目和位置的不同,因此离散系统的结构图会有多种形式,从而对应不同的脉冲传递函数。

离散系统的结构图中,如果一个环节的输入和输出通道均被采样,则称该环节为一个采样分离环节(或采样分离单元)。如果结构图中各环节均为采样分离环节,那么在结构图简化和等效变换时有与连续系统一致的方法和结论。但由于在绝大多数离散系统中不是只有采样分离环节,因此在进行结构图等效变换时,须采用优先处理连续环节的原则,即先组合连续环节将其作为一个整体,然后再进行相应变换。

1. 开环离散系统的脉冲传递函数

如果开环离散系统由两个环节串联构成,则有如下不同情况。

(1) 串联环节之间有采样开关

对于图 7-19 所示的开环离散系统,串联环节之间有采样开关,系统为两个采样分离环节串联。由脉冲传递函数定义,可得

$$D(z)=G_1(z)R(z),\quad C(z)=G_2(z)D(z)$$

式中,$G_1(z)$和 $G_2(z)$分别为 $G_1(s)$和 $G_2(s)$的脉冲传递函数,或两个采样分离环节的脉冲传递函数。于是有

$$C(z)=G_2(z)G_1(z)R(z)$$

因此,开环离散系统的脉冲传递函数为

$$G(z)=\frac{C(z)}{R(z)}=G_1(z)G_2(z)\tag{7.42}$$

(2) 串联环节之间无采样开关

对于图 7-20 所示的开环离散系统,连续部分为两个连续环节串联。先将串联的两个连续环节组合为一个连续环节即 $G_1(s)G_2(s)$,再进行 z 变换,可得离散系统的脉冲传递函数为

$$G(z)=\frac{C(z)}{R(z)}=Z\left[G_1(s)G_2(s)\right]=G_1G_2(z) \tag{7.43}$$

式中,G_1G_2 表示连续环节串联而成的组合环节。

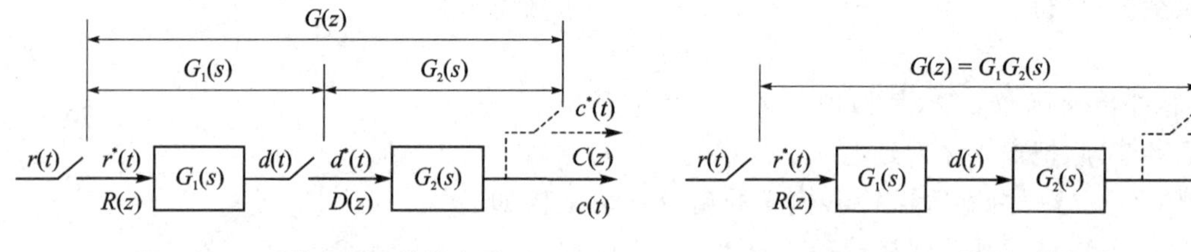

图 7-19　采样分离环节的串联　　**图 7-20　连续环节串联**

(3) 零阶保持器与环节串联

对于图 7-21 所示的开环离散系统,零阶保持器与连续环节串联。由于零阶保持器的传递函数不是 s 的有理分式函数,故不能利用式(7.43)求出脉冲传递函数,但可以利用延迟环节的概念,通过分解的方法求出脉冲传递函数。

因为

$$G_h(s)G_0(s)=\frac{1-e^{-Ts}}{s}G_0(s)=(1-e^{-Ts})\frac{G_0(s)}{s}$$

$$=\frac{G_0(s)}{s}-e^{-Ts}\frac{G_0(s)}{s}$$

而 e^{-Ts} 是一个延迟环节,延迟一个采样周期 T,所以有

$$G(z)=Z\left[G_h(s)G_0(s)\right]=Z\left[\frac{G_0(s)}{s}-e^{-Ts}\frac{G_0(s)}{s}\right]$$

$$=Z\left[\frac{G_0(s)}{s}\right]-z^{-1}Z\left[\frac{G_0(s)}{s}\right]=(1-z^{-1})Z\left[\frac{G_0(s)}{s}\right] \tag{7.44}$$

(4) 连续信号不经过采样进入连续环节

对于图 7-22 所示的开环离散系统,$r(t)$没有经过采样直接进入 $G_1(s)$,而 $G_2(s)$为采样分离环节。先将连续信号与连续环节组合,用 G_1R 表示,类似于串联环节之间无采样开关情况的 G_1G_2,再进行 z 变换,可得输出的 z 变换为

$$C(z)=G_1R(z)G_2(z)$$

由于 $r(t)$未被采样,故不能表示出 $R(z)$及 $G(z)=C(z)/R(z)$的形式。这也是要在输出端虚设采样开关的原因。

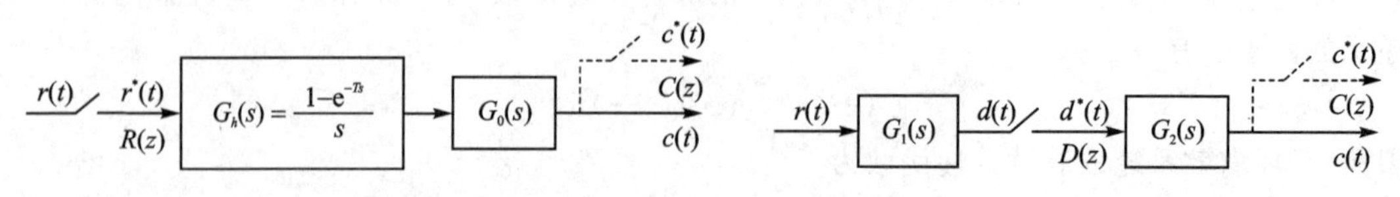

图 7-21　含零阶保持器的开环离散系统　　**图 7-22　开环离散系统**

在复数域讨论信号与系统时，可以认为它们都是由复函数表达，相互作用关系也只是各种代数运算。从复域函数的角度来看，信号和系统（或局部环节）的概念是统一的。

2. 闭环离散系统的脉冲传递函数

由于采样开关在闭环系统中可以有多种配置方式，因此闭环离散系统的结构图形式并不唯一。图 7 - 23 是一种比较常见的误差采样闭环离散系统的结构图。图中，虚线所示采样开关是为了便于分析而虚设的，且所有采样开关都同步工作，采样周期为 T。

根据脉冲传递函数的定义及开环离散系统脉冲传递函数的求法，由图 7 - 23 可以写出

$$C(z)=G(z)E(z) \tag{7.45}$$

$$E(z)=R(z)-B(z) \tag{7.46}$$

$$B(z)=GH(z)E(z) \tag{7.47}$$

由式(7.47)可得，系统的开环脉冲传递函数为

$$\frac{B(z)}{E(z)}=GH(z) \tag{7.48}$$

将式(7.47)代入式(7.46)，可得

$$E(z)=\frac{R(z)}{1+GH(z)} \tag{7.49}$$

由此可得，系统的误差脉冲传递函数为

$$\Phi_e(z)=\frac{E(z)}{R(z)}=\frac{1}{1+GH(z)} \tag{7.50}$$

将式(7.49)代入式(7.45)，可得系统的闭环脉冲传递函数为

$$\Phi(z)=\frac{C(z)}{R(z)}=\frac{G(z)}{1+GH(z)} \tag{7.51}$$

与连续系统类似，令 $\Phi(z)$ 或 $\Phi_e(z)$ 的分母为零，可得闭环离散系统的特征方程为

$$D(z)=1+GH(z)=0 \tag{7.52}$$

特征方程的根，即闭环脉冲传递函数的极点。

【例 7 - 18】 设闭环离散系统的结构图如图 7 - 24 所示，试求输出 $C(z)$ 的表达式。

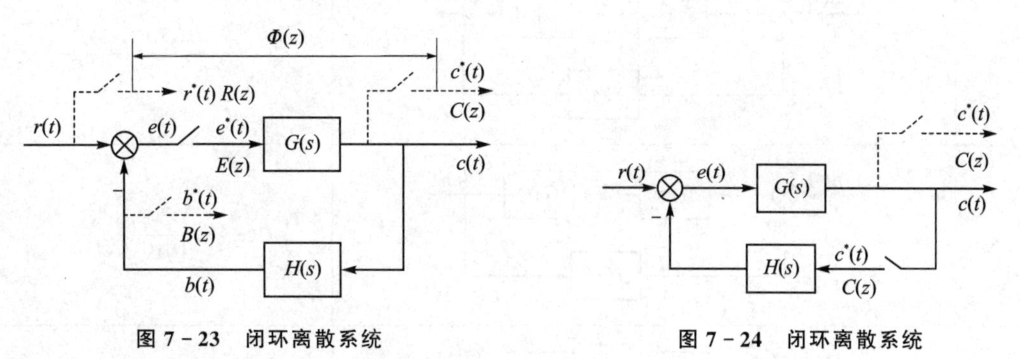

图 7 - 23　闭环离散系统　　　　图 7 - 24　闭环离散系统

解：结构图中误差信号 $e(t)$ 处没有采样开关。根据脉冲传递函数的定义及开环离散系统脉冲传递函数的求法，由图 7 - 24 可以写出

$$C(z)=GR(z)-GH(z)C(z)$$

整理可得

$$C(z)=\frac{GR(z)}{1+GH(z)}$$

可见，由上式解不出 $C(z)/R(z)$。因此，求不出闭环脉冲传递函数，只能求出输出 $C(z)$ 的表达式。

表 7-1 中列出了常见闭环离散系统的结构图及输出 $C(z)$ 表达式。

表 7-1　常见闭环离散系统结构图及输出 $C(z)$ 表达式

序　号	系统结构图	$C(z)$ 表达式
1	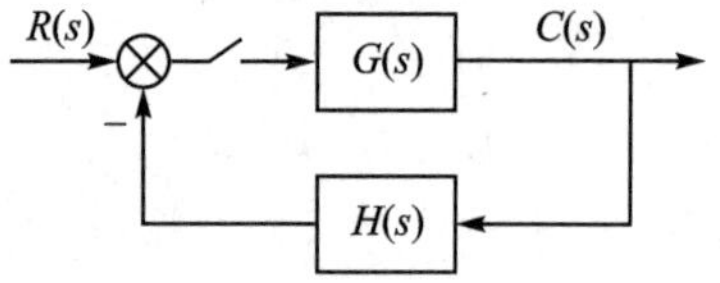	$C(z)=\frac{G(z)R(z)}{1+GH(z)}$
2	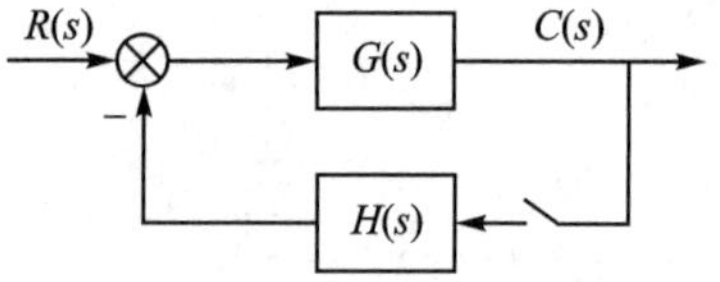	$C(z)=\frac{GR(z)}{1+GH(z)}$
3	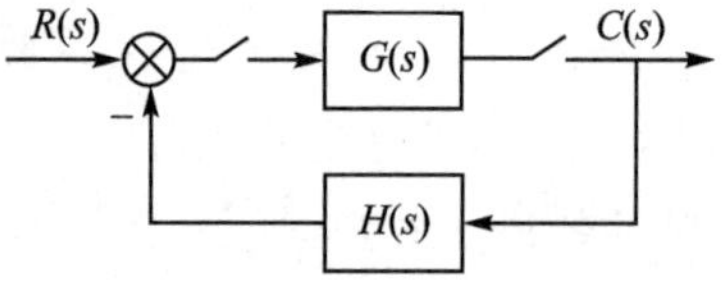	$C(z)=\frac{G(z)R(z)}{1+G(z)H(z)}$
4	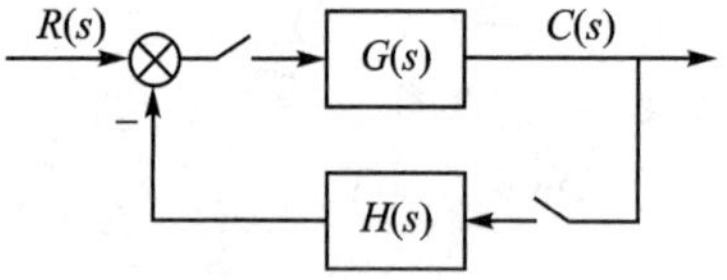	$C(z)=\frac{G(z)R(z)}{1+G(z)H(z)}$
5	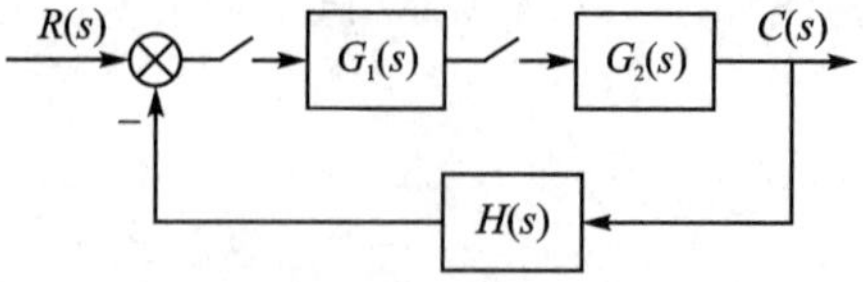	$C(z)=\frac{G_1(z)G_2(z)R(z)}{1+G_1(z)G_2H(z)}$
6	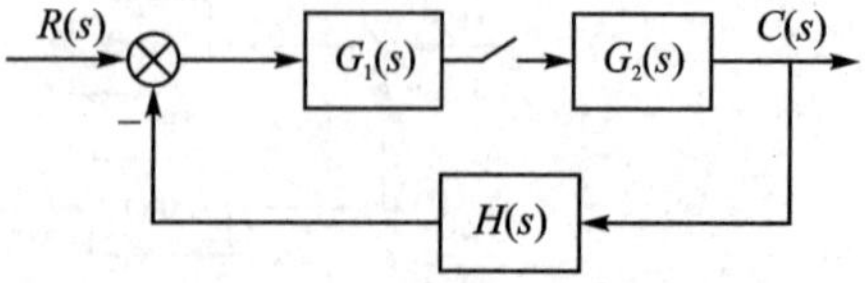	$C(z)=\frac{G_2(z)G_1R(z)}{1+G_1G_2H(z)}$
7	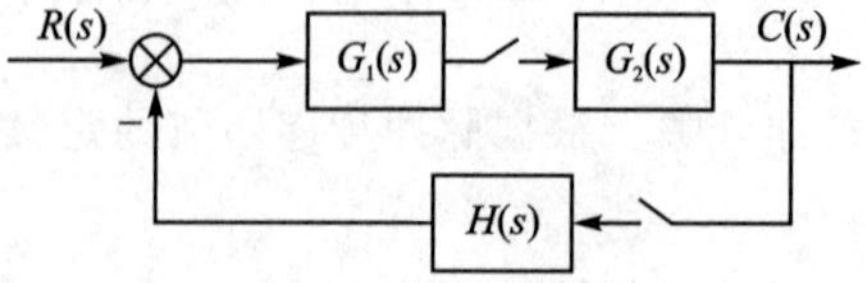	$C(z)=\frac{G_2(z)G_1R(z)}{1+G_2(z)G_1H(z)}$

续表 7-1

序　号	系统结构图	$C(z)$ 表达式
8	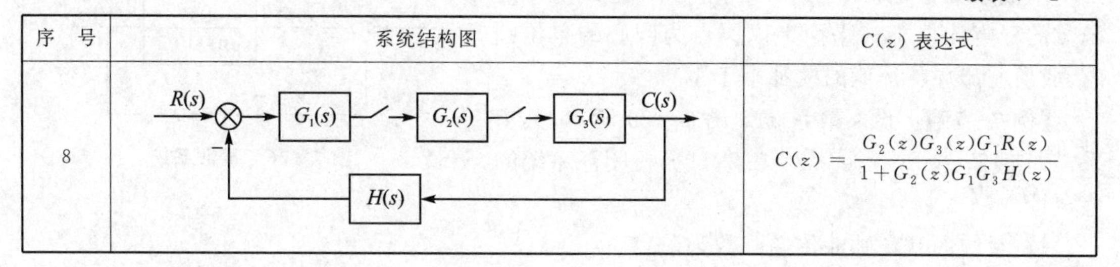	$C(z)=\dfrac{G_2(z)G_3(z)G_1R(z)}{1+G_2(z)G_1G_3H(z)}$

7.4　离散系统的时域分析

与连续系统一样，离散系统的时域分析包括系统稳定性、暂态性能和稳态性能这 3 大性能的分析。

7.4.1　离散系统的稳定性分析

离散系统稳定性的概念与连续系统相同，是指系统恢复平衡状态的能力。连续系统稳定的充分必要条件是：闭环传递函数的极点均位于 s 平面的左半平面。对应地，离散系统的稳定性由闭环脉冲传递函数的极点在 z 平面上的分布决定。

1. 稳定性的充要条件

在 z 变换定义中，有 $z=\mathrm{e}^{Ts}$，其中，s 和 z 都是复变量。设 $s=\sigma+\mathrm{j}\omega$，则有

$$z=\mathrm{e}^{\sigma T}\cdot\mathrm{e}^{\mathrm{j}\omega T}=|z|\,\mathrm{e}^{\mathrm{j}\angle z}$$

于是，s 域到 z 域的映射关系式为

$$|z|=\mathrm{e}^{\sigma T},\quad \angle z=\omega T \tag{7.53}$$

比较 s 平面和 z 平面发现，s 平面的虚轴（$\sigma=0$）对应 z 平面上以原点为圆心的单位圆周（$|z|=\mathrm{e}^{\sigma T}|_{\sigma=0}=1$）；$s$ 平面的左半平面（$\sigma<0$）对应 z 平面上单位圆内的区域（$|z|<1$）；s 平面的右半平面（$\sigma>0$）对应 z 平面上单位圆外的区域（$|z|>1$）。s 平面和 z 平面的对应关系如图 7-25 所示。

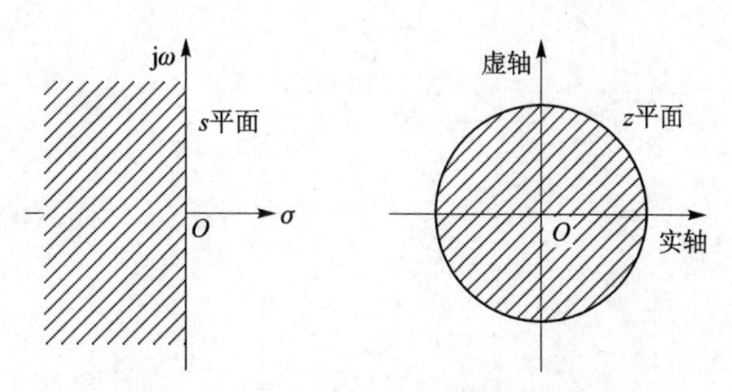

图 7-25　s 平面与 z 平面的对应关系

由差分方程解的结构和特点可知，差分方程的特征值决定系统的自由运动模态，根据特征值在 z 平面上单位圆内外的分布，可确定对应模态的敛散性。差分方程的特征值就是脉冲传递函数的极点，故根据闭环脉冲传递函数的极点在 z 平面上的分布，可确定离散系统的稳定性。

离散系统稳定的充分必要条件：闭环脉冲传递函数的极点均位于 z 平面上以原点为圆心的单位圆内，或所有闭环特征值的模都小于1。

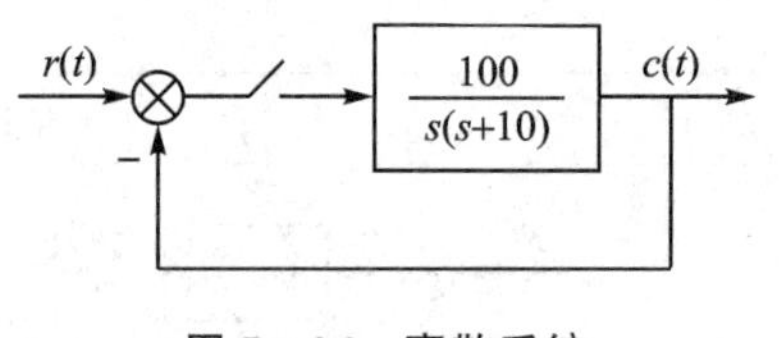

图7-26　离散系统

【例7-19】 设离散系统如图7-26所示，其中采样周期 $T=0.07$ s，$e^{-10T}=0.5$，试分析闭环系统的稳定性。

解：系统的开环脉冲传递函数为

$$G(z)=Z\left[\frac{100}{s(s+10)}\right]=\frac{10z(1-e^{-10T})}{(z-1)(z-e^{-10T})}$$

闭环特征方程为

$$1+G(z)=1+\frac{10z(1-e^{-10T})}{(z-1)(z-e^{-10T})}=0$$

即

$$z^2+3.5z+0.5=0$$

解出特征方程的根为 $z_1=-0.15$，$z_2=-3.35$。因为 $|z_2|>1$，所以闭环系统是不稳定的。

应当指出，当无采样开关时，二阶连续最小相位系统总是稳定的。但是引入采样开关后，二阶离散系统却有可能变得不稳定，这说明采样开关的引入一般会降低系统的稳定程度。如果提高采样频率（即减小采样周期），或者降低开环增益，离散系统的稳定性将得到改善。

由于当系统阶次较高时，直接求解特征方程的根不方便，因此人们希望有间接的稳定判据可供利用。类似于连续系统中的劳斯判据，离散系统也可以使用代数判据判定系统稳定性。代数判据对于分析离散系统的结构、参数、采样周期等对稳定性的影响也是必要且方便的。

2. 代数判据

因为离散系统的稳定边界是 z 平面上以原点为圆心的单位圆周，而应用劳斯判据的前提条件是以复平面的虚轴为稳定边界，所以应先采用一种变换，将 z 平面的单位圆周映射为另一个复平面的虚轴，这时就可以直接引用劳斯判据了。这里引入 w 变换，此变换也称为双线性变换。

设

$$z=\frac{w+1}{w-1} \tag{7.54}$$

则

$$w=\frac{z+1}{z-1} \tag{7.55}$$

式中，z 和 w 均为复变量。令

$$z=x+jy,\quad w=u+jv$$

并代入式(7.55)可得

$$u+jv=\frac{(x^2+y^2)-1}{(x-1)^2+y^2}-j\frac{2y}{(x-1)^2+y^2}$$

故

$$u=\frac{(x^2+y^2)-1}{(x-1)^2+y^2} \tag{7.56}$$

由于式(7.56)的分母 $(x-1)^2+y^2$ 始终为正，因此 $x^2+y^2=1$ 等价于 $u=0$，表明 z 平面

的单位圆周对应 w 平面的虚轴；$x^2+y^2<1$ 等价于 $u<0$，表明 z 平面上单位圆内的区域对应 w 平面的左半平面；$x^2+y^2>1$ 等价于 $u>0$，表明 z 平面上单位圆外的区域对应 w 平面的右半平面。图 7-27 表示了这种对应关系。

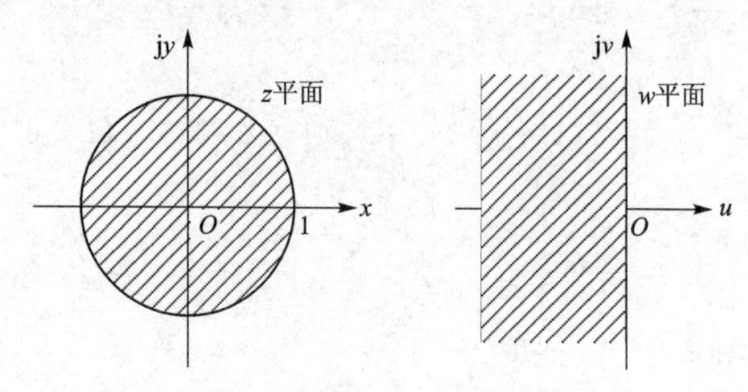

图 7-27　z 平面与 w 平面的对应关系

综上所述，在分析离散系统的稳定性时，可先将 $z=(w+1)/(w-1)$ 代入离散系统的特征方程进行 w 变换，得到 w 域的特征方程，然后像连续系统那样，用劳斯判据直接判断离散系统的稳定性，我们称这种方法为 w 域的劳斯稳定判据。

【例 7-20】　已知离散系统的特征方程为

$$3z^3+3z^2+2z+1=0$$

试用 w 域的劳斯判据判别系统的稳定性。

解：应用 w 变换，将 $z=(w+1)/(w-1)$ 代入特征方程，得

$$3\left(\frac{w+1}{w-1}\right)^3+3\left(\frac{w+1}{w-1}\right)^2+2\left(\frac{w+1}{w-1}\right)+1=0$$

经整理，得 w 域的特征方程为

$$9w^3+7w^2+7w+1=0$$

列劳斯表：

$$\begin{array}{lll} w^3 & 9 & 7 \\ w^2 & 7 & 1 \\ w^1 & \frac{40}{7} & \\ w^0 & 1 & \end{array}$$

由于劳斯表的第一列元素全为正，因此离散系统是稳定的。

【例 7-21】　试分析图 7-28 所示二阶离散系统在改变放大系数 K 和采样周期 T 时对稳定性的影响。

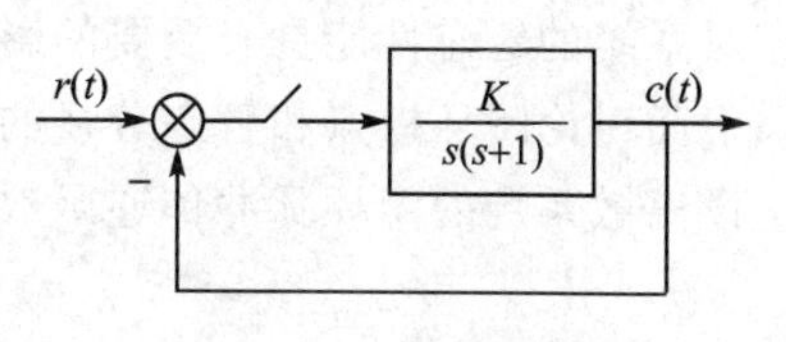

图 7-28　二阶离散系统

解：系统的开环脉冲传递函数为

$$G(z)=Z\left[\frac{K}{s(s+1)}\right]=\frac{Kz(1-e^{-T})}{(z-1)(z-e^{-T})}$$

闭环特征方程为

$$1+G(z)=1+\frac{Kz(1-e^{-T})}{(z-1)(z-e^{-T})}=0$$

即
$$z^2+[K(1-e^{-T})-(1+e^{-T})]z+e^{-T}=0$$

令 $z=(w+1)/(w-1)$，得
$$\left(\frac{w+1}{w-1}\right)^2+[K(1-e^{-T})-(1+e^{-T})]\frac{w+1}{w-1}+e^{-T}=0$$

经整理得
$$K(1-e^{-T})w^2+2(1-e^{-T})w+[2(1+e^{-T})-K(1-e^{-T})]=0$$

列劳斯表：
$$\begin{array}{lll} w^2 & K(1-e^{-T}) & 2(1+e^{-T})-K(1-e^{-T}) \\ w^1 & 2(1-e^{-T}) & \\ w^0 & 2(1+e^{-T})-K(1-e^{-T}) & \end{array}$$

由劳斯判据可知，系统稳定的条件是
$$\begin{cases} K(1-e^{-T})>0 \\ 2(1-e^{-T})>0 \\ 2(1+e^{-T})-K(1-e^{-T})>0 \end{cases}$$

解之得
$$0<K<\frac{2(1+e^{-T})}{1-e^{-T}}$$

采样周期 T 和临界放大系数 K 的关系曲线如图 7-29 所示，图中阴影区域表示系统稳定时 K 和 T 的取值区域。当 $T=1(s)$ 时，系统稳定所允许的最大 K 值为 4.32。随着采样周期 T 的增大，系统稳定的临界 K 值将减小。由此可见，K 和 T 对系统的稳定性都有影响。

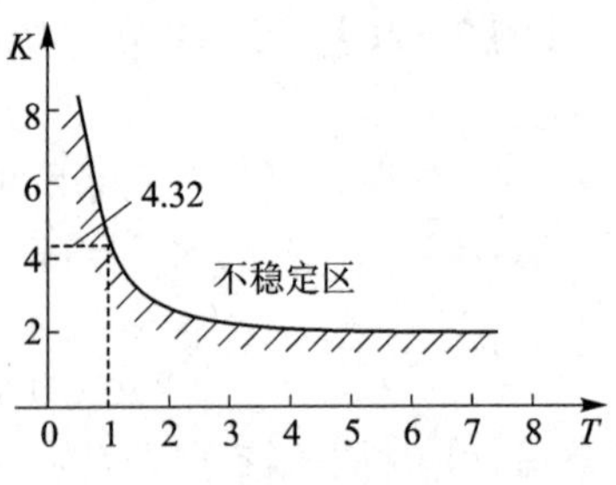

图 7-29　T 与 K 的关系曲线

7.4.2　离散系统的暂态性能分析

与线性连续系统类似，线性离散系统的结构和参数决定了闭环脉冲传递函数的极点，每个极点都有对应的模态或响应分量，系统各模态再叠加与输入相关的模态或响应分量，共同构成了系统的输出。

闭环极点在 z 平面的位置不同，对应模态或暂态分量的形式也不同。因此，闭环极点的分布对系统的暂态性能具有重要的影响。

下面讨论闭环极点和暂态分量的关系。

设离散系统的闭环脉冲传递函数为
$$\Phi(z)=\frac{C(z)}{R(z)}=\frac{M(z)}{D(z)}=\frac{b_0z^m+b_1z^{m-1}+\cdots+b_{m-1}z+b_m}{a_0z^n+a_1z^{n-1}+\cdots+a_{n-1}z+a_n}=\frac{b_0}{a_0}\frac{\prod_{i=1}^{m}(z-z_i)}{\prod_{r=1}^{n}(z-p_r)} \tag{7.57}$$

式中，$z_i(i=1,2,\cdots,m)$ 为 $\Phi(z)$ 的零点，$p_r(r=1,2,\cdots,n)$ 为 $\Phi(z)$ 的极点，且 $n\geqslant m$。

不失一般性，为了讨论方便，这里设 $\Phi(z)$ 的极点均为单极点。在零初始条件下，当 $r(t)=1(t)$ 时，离散系统输出的 z 变换为

$$C(z)=\Phi(z)R(z)=\frac{M(z)}{D(z)}\cdot\frac{z}{z-1}$$

将 $C(z)/z$ 展成部分分式，有

$$\frac{C(z)}{z}=\frac{c_0}{z-1}+\sum_{r=1}^{n}\frac{c_r}{z-p_r}$$

式中系数

$$c_0=\frac{M(z)}{D(z)}\cdot\frac{1}{z-1}(z-1)\bigg|_{z=1}=\frac{M(1)}{D(1)}$$

$$c_r=\frac{M(z)}{D(z)}\cdot\frac{1}{z-1}(z-p_r)\bigg|_{z=p_r}$$

于是得

$$C(z)=\frac{M(1)}{D(1)}\cdot\frac{z}{z-1}+\sum_{r=1}^{n}\frac{c_r z}{z-p_r}$$

对上式取 z 反变换，得

$$c(kT)=\frac{M(1)}{D(1)}\cdot 1(kT)+\sum_{r=1}^{n}c_r p_r^k,\quad (k=0,1,2,\cdots) \tag{7.58}$$

则系统的单位阶跃响应为

$$c^*(t)=\sum_{k=0}^{\infty}c(kT)\delta(t-kT) \tag{7.59}$$

式(7.58)中，$M(1)/D(1)\cdot 1(kT)(k=0,1,2,\cdots)$ 是 $c^*(t)$ 的稳态分量，$c_r p_r^k(k=0,1,2,\cdots)$ 是极点 p_r 对应的暂态分量。各极点对应的暂态分量随着 k 的增大是收敛还是发散，是否存在振荡，完全取决于闭环极点 p_r 在 z 平面上的位置。下面分几种情况讨论。

(1) 正实轴上闭环实数极点

正实轴上单位圆外极点：此时 $p_r>1$，暂态分量 $c_r p_r^k(k=0,1,2,\cdots)$ 为单调发散的脉冲序列。

正实轴上单位圆周上极点：此时 $p_r=1$，暂态分量 $c_r p_r^k=c_r(k=0,1,2,\cdots)$ 为等幅脉冲序列。

正实轴上单位圆内极点：此时 $0<p_r<1$，暂态分量 $c_r p_r^k(k=0,1,2,\cdots)$ 为单调衰减的脉冲序列。

(2) 负实轴上闭环实数极点

负实轴上单位圆内极点：此时 $-1<p_r<0$，暂态分量 $c_r p_r^k(k=0,1,2,\cdots)$ 为正、负交替衰减的脉冲序列。

负实轴上单位圆周上极点：此时 $p_r=-1$，暂态分量 $c_r p_r^k=c_r(-1)^k(k=0,1,2,\cdots)$ 为正、负交替等幅脉冲序列。

负实轴上单位圆外极点：此时 $p_r<-1$，暂态分量 $c_r p_r^k(k=0,1,2,\cdots)$ 为正、负交替发散的脉冲序列。

(3) z 平面上的闭环共轭复数极点

设 p_r、p_{r+1} 为一对共轭复数极点，p_r、p_{r+1} 可表示为

$$p_r=|p_r|e^{j\theta_r},\quad p_{r+1}=p_r^*=|p_r|e^{-j\theta_r} \tag{7.60}$$

式中，θ_r 为共轭复数极点 p_r 的相角。这一对共轭复数极点所对应的暂态分量为

$$c_r p_r^k + c_{r+1} p_{r+1}^k = c_r p_r^k + c_r^* (p_r^*)^k \tag{7.61}$$

式中，由于 $\Phi(z)$ 的分子分母中系数均为实数，因此 c_r、c_{r+1} 也为一对共轭复数。令

$$c_r = |c_r| e^{j\varphi_r}, \quad c_{r+1} = c_r^* = |c_r| e^{-j\varphi_r} \tag{7.62}$$

将式(7.60)和式(7.62)代入式(7.61)，可得

$$\begin{aligned} c_r p_r^k + c_{r+1} p_{r+1}^k &= |c_r| e^{j\varphi_r} |p_r|^k e^{jk\theta_r} + |c_r| e^{-j\varphi_r} |p_r|^k e^{-jk\theta_r} \\ &= |c_r| |p_r|^k [e^{j(\varphi_r + k\theta_r)} + e^{-j(\varphi_r + k\theta_r)}] \\ &= 2|c_r| |p_r|^k \cos(\varphi_r + k\theta_r), \quad (k = 0,1,2,\cdots) \end{aligned} \tag{7.63}$$

因此，一对共轭复数极点对应的暂态分量是按余弦规律振荡的，是收敛还是发散，取决于闭环极点的位置，即

z 平面上单位圆内复数极点：此时 $|p_r| < 1$，对应的暂态分量为按余弦衰减振荡的脉冲序列。

z 平面上单位圆周上复数极点：此时 $|p_r| = 1$，对应的暂态分量为按余弦等幅振荡的脉冲序列。

z 平面上单位圆外复数极点：此时 $|p_r| > 1$，对应的暂态分量为按余弦发散振荡的脉冲序列。

图 7-30 表示了闭环极点在 z 平面的分布及相应的暂态分量。图中，实轴上的 6 个极点对应的暂态分量形式分别是：(1) 单调发散；(2) 单调等幅；(3) 单调收敛；(4) 正、负交替的衰减振荡；(5) 正、负交替的等幅振荡；(6) 正、负交替的发散振荡。z 平面上 3 对共轭复数极点对应的暂态分量形式分别是：p_1 和 p_2 为余弦衰减振荡；p_3 和 p_4 为余弦等幅振荡；p_5 和 p_6 为余弦发散振荡。

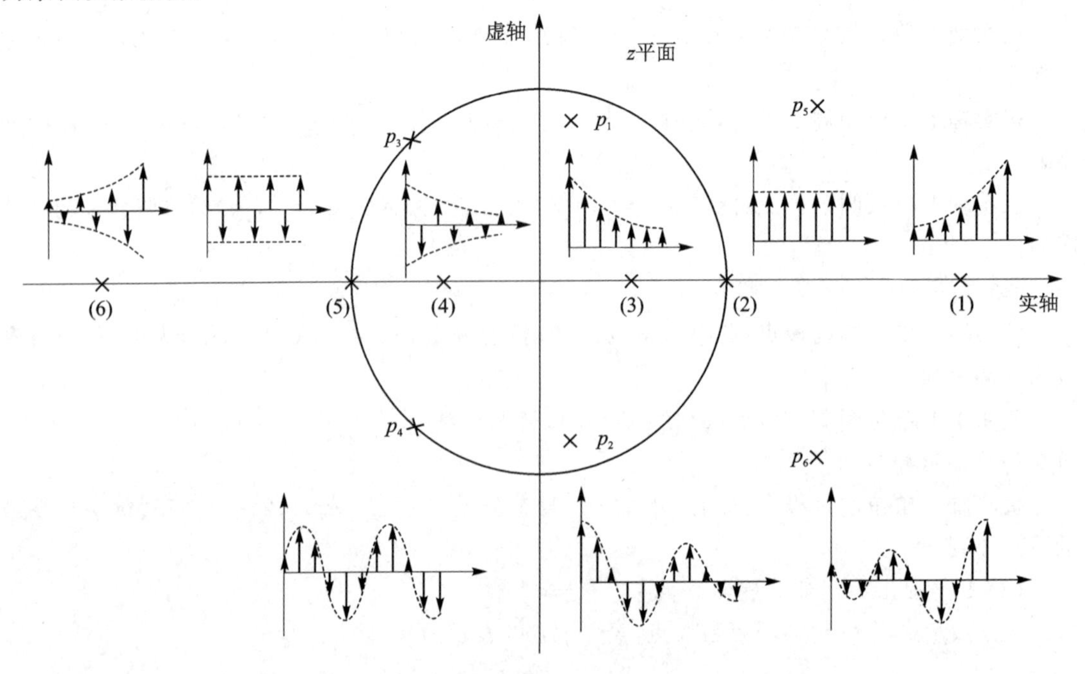

图 7-30　闭环极点分布与暂态分量的关系

可见,z 平面的单位圆周是极点对应暂态分量敛散的分界线。单位圆内极点对应的暂态分量收敛,单位圆外极点对应的暂态分量发散。离散系统只要有一个闭环极点在 z 平面的单位圆外,其对应暂态分量的发散就会导致系统总的输出发散,此时系统是不稳定的。单位圆周上的极点对应的暂态分量或为恒值或等幅振荡,如果离散系统有这样的闭环极点,则系统的输出也不收敛,系统也是不稳定的。因此,离散系统稳定的充要条件是:闭环脉冲传递函数的极点均在 z 平面的单位圆内。

离散系统暂态性能指标的定义与连续系统相同,需要注意的是,离散系统的暂态性能指标只能按采样时刻和对应的采样值来计算。

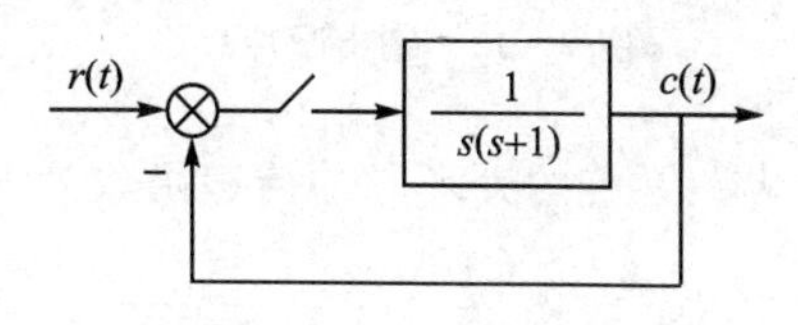

图 7-31　离散系统

【例 7-22】 已知单位反馈离散系统如图 7-31 所示,采样周期 $T=1$ s,输入 $r(t)=1(t)$,试求系统的输出响应及暂态性能指标。

解:系统的开环脉冲传递函数为

$$G(z)=Z\left[\frac{1}{s(s+1)}\right]=\frac{z(1-\mathrm{e}^{-T})}{(z-1)(z-\mathrm{e}^{-T})}=\frac{0.632z}{z^2-1.368z+0.368}$$

闭环脉冲传递函数为

$$\Phi(z)=\frac{G(z)}{1+G(z)}=\frac{0.632z}{z^2-0.736z+0.368}$$

考虑输入 $R(z)=z/(z-1)$,可得单位阶跃响应的 z 变换为

$$C(z)=\Phi(z)R(z)=\frac{0.632z^2}{z^3-1.736z^2+1.104z-0.368}$$

用长除法将 $C(z)$ 展成幂级数为

$$C(z)=0.632z^{-1}+1.097z^{-2}+1.207z^{-3}+1.117z^{-4}+1.104z^{-5}+0.96z^{-6}+0.968z^{-7}+0.99z^{-8}+\cdots$$

再经 z 反变换得脉冲序列为

$$c^*(t)=0.632\delta(t-T)+1.097\delta(t-2T)+1.207\delta(t-3T)+1.117\delta(t-4T)+1.014\delta(t-5T)+0.96\delta(t-6T)+0.968\delta(t-7T)+0.99\delta(t-8T)+\cdots$$

根据上述各采样时刻的采样值绘出图 7-32。可求得离散系统输出的终值为

$$c(\infty)=\lim_{z\to1}(z-1)C(z)=\lim_{z\to1}(z-1)\Phi(z)R(z)$$

$$=\lim_{z\to1}(z-1)\frac{0.632z}{z^2-0.736z+0.368}\cdot\frac{z}{z-1}=1$$

近似的暂态性能指标为

$$\sigma_p\%=20.7\%,\quad t_r=2T=2(\mathrm{s}),\quad t_p=3T=3(\mathrm{s}),\quad t_s=5T=5(\mathrm{s})$$

系统结构图中无采样开关时,可得连续系统的暂态性能指标为

$$\sigma_p\%=16.3\%,\quad t_r=2.42(\mathrm{s}),\quad t_p=3.6(\mathrm{s}),\quad t_s=5.3(\mathrm{s})$$

比较可见,采样开关可使系统的上升时间,峰值时间,调节时间略有减小,但使超调量增大,故采样造成的信息损失会降低系统的稳定性。

【例 7-23】 在例 7-22 中增加零阶保持器,离散系统如图 7-33 所示,采样周期 $T=1$ s,输入 $r(t)=1(t)$,试计算系统的暂态性能指标。

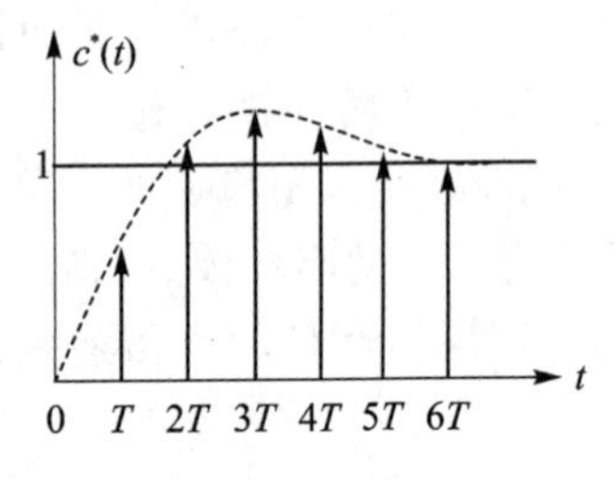

图 7-32　输出脉冲序列

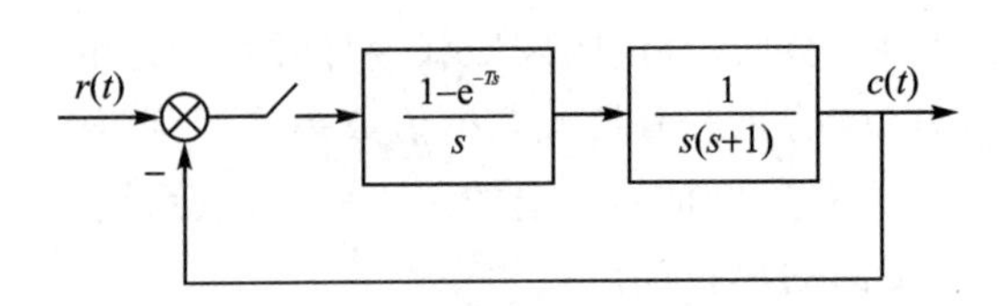

图 7-33　有零阶保持器的离散系统

解:系统的开环脉冲传递函数为

$$G(z)=Z\left[\frac{1-\mathrm{e}^{-Ts}}{s}\ \frac{1}{s(s+1)}\right]=(1-z^{-1})Z\left[\frac{1}{s^2(s+1)}\right]=\frac{0.368z+0.264}{(z-1)(z-0.368)}$$

闭环脉冲传递函数为

$$\Phi(z)=\frac{G(z)}{1+G(z)}=\frac{0.368z+0.264}{z^2-z+0.632}$$

考虑输入 $R(z)=z/(z-1)$,可求得单位阶跃响应的 z 变换为

$$C(z)=\Phi(z)R(z)=\frac{0.368z^2+0.264z}{z^3-2z^2+1.632z-0.632}$$

用长除法将 $C(z)$展成幂级数为

$$C(z)=0.368z^{-1}+z^{-2}+1.4z^{-3}+1.4z^{-4}+1.147z^{-5}+0.895z^{-6}+0.802z^{-7}+0.868z^{-8}+0.993z^{-9}+1.077z^{-10}+1.081z^{-11}+1.032z^{-12}+0.981z^{-13}+\cdots$$

经 z 反变换得脉冲序列为

$$c^*(t)=0.368\delta(t-T)+\delta(t-2T)+1.4\delta(t-3T)+1.4\delta(t-4T)+1.147\delta(t-5T)+0.895\delta(t-6T)+0.802\delta(t-7T)+0.868\delta(t-8T)+0.993\delta(t-9T)+1.077\delta(t-10T)+1.081\delta(t-11T)+1.032z^{-12}\delta(t-12T)+0.981\delta(t-13T)+\cdots$$

根据上述各采样时刻的采样值绘出图 7-34。可求得离散系统输出的终值为

$$c(\infty)=\lim_{z\to1}(z-1)C(z)=\lim_{z\to1}(z-1)\Phi(z)R(z)$$

$$=\lim_{z\to1}(z-1)\frac{0.308z+0.264}{z^2-z+0.632}\cdot\frac{z}{z-1}=1$$

近似的暂态性能指标为

$$\sigma_p\%=40\%,\quad t_r=2(\mathrm{s}),\quad t_p=4(\mathrm{s}),\quad t_s=12(\mathrm{s})$$

与例 7-22 相比,零阶保持器使系统的峰值时间、调节时间加长,超调量增加,这是由于零阶保持器的相角滞后作用降低了系统的稳定性。

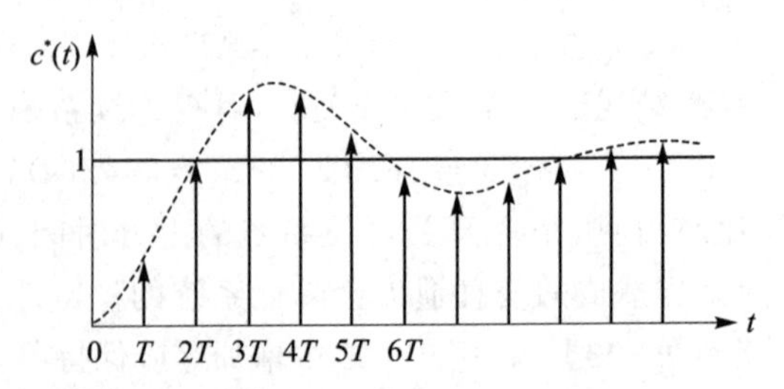

图 7-34　加零阶保持器后的输出脉冲序列

以上两例说明,采样开关和保持器的引入,虽然不改变开环脉冲传递函数的极点,但影响开环脉冲传递函数的零点,势必

引起闭环脉冲传递函数零点、极点的改变。因此，采样开关和零阶保持器会影响闭环离散系统的暂态性能。

7.4.3　离散系统的稳态误差

离散系统稳态误差的定义与连续系统相同，但离散系统的稳态误差同暂态性能指标一样，也是按采样时刻的采样值计算的。与连续系统类似，离散系统的稳态误差可以由 z 变换的终值定理计算，也可以通过静态误差系数计算。

1. 利用终值定理计算稳态误差

对于如图 7-35 所示的常见离散系统，系统的误差脉冲传递函数为

$$\Phi_e(z)=\frac{E(z)}{R(z)}=\frac{1}{1+G(z)}$$

误差的 z 变换为

$$E(z)=\Phi_e(z)R(z)=\frac{1}{1+G(z)}R(z)$$

若系统稳定，则由 z 变换终值定理，可得误差脉冲序列 $e^*(t)$ 的稳态值，即系统的稳态误差为

$$e(\infty)=\lim_{k\to\infty}e(kT)=\lim_{z\to1}(z-1)E(z)=\lim_{z\to1}(z-1)\frac{1}{1+G(z)}R(z) \tag{7.64}$$

式(7.64)表明，线性定常离散系统的稳态误差不仅与系统本身的结构和参数有关，而且与输入序列的形式和幅值有关。此外，由于 $G(z)$ 与采样开关的配置以及采样周期 T 有关，而且输入 $R(z)$ 也与 T 有关，因此，采样开关和采样周期也是影响离散系统稳态误差的因素，这是离散系统与连续系统的不同之处。

【例 7-24】 设离散系统如图 7-35 所示，其中 $G(s)=\dfrac{1}{s(0.1s+1)}$，$T=0.1$ s，输入信号 $r(t)$ 分别为 $1(t)$ 和 t，试求离散系统相应的稳态误差。

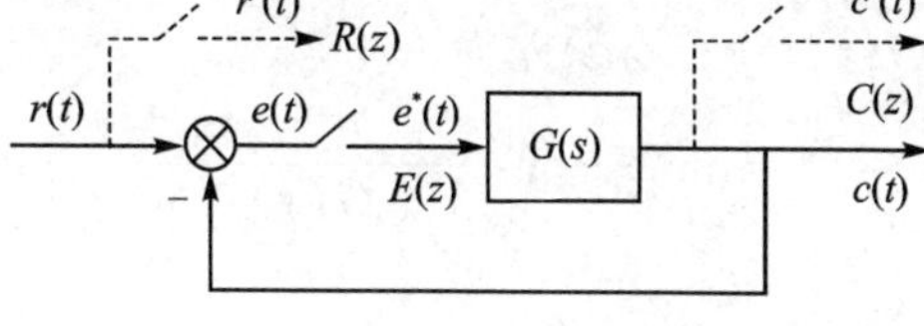

图 7-35　单位反馈离散系统

解：系统的开环脉冲传递函数为

$$G(z)=Z\left[\frac{1}{s(0.1s+1)}\right]=\frac{z(1-\mathrm{e}^{-1})}{(z-1)(z-\mathrm{e}^{-1})}=\frac{0.632z}{(z-1)(z-0.368)}$$

则系统的闭环特征方程为

$$1+G(z)=0$$

即

$$z^2-0.736z+0.368=0$$

可解得闭环极点为 $z_1=0.368+\mathrm{j}0.482$，$z_2=0.368-\mathrm{j}0.482$，均在 z 平面上单位圆内，故系统是稳定的，可以利用终值定理求稳态误差。

当 $r(t)=1(t)$ 时，$R(z)=z/(z-1)$，由式(7.64)可得

$$e(\infty)=\lim_{z\to1}(z-1)\cdot\frac{(z-1)(z-0.368)}{z^2-0.736z+0.368}\cdot\frac{z}{z-1}=0$$

当 $r(t)=t$ 时，$R(z)=Tz/(z-1)^2$，由式(7.64)可得

$$e(\infty)=\lim_{z\to1}(z-1)\cdot\frac{(z-1)(z-0.368)}{z^2-0.736z+0.368}\cdot\frac{Tz}{(z-1)^2}=T=0.1$$

z 变换的终值定理是计算离散系统稳态误差的基本公式。如果希望求出其他结构形式离散系统的稳态误差，或者希望求出离散系统在扰动作用下的稳态误差，在离散系统稳定的前提下，只要求出系统误差的 z 变换函数 $E(z)$ 或 $E_n(z)$，都可以利用 z 变换的终值定理计算系统的稳态误差。

2. 利用静态误差系数计算稳态误差

连续系统的型数定义为开环传递函数中积分环节的个数，即开环传递函数中 $s=0$ 的极点个数。s 域中 $s=0$ 经过 $z=e^{Ts}$ 映射到 z 域为 $z=1$。对应地，在离散系统中，定义开环脉冲传递函数中 $z=1$ 的极点个数为离散系统的型数。

离散系统的开环脉冲传递函数可写成如下一般形式：

$$G(z)=\frac{K_g\prod_{i=1}^{m}(z-z_i)}{(z-1)^N\prod_{j=1}^{n-N}(z-p_j)} \tag{7.65}$$

式中，$z_i(i=1,2,\cdots,m)$ 和 $p_j(j=1,2,\cdots,n-N)$ 分别为开环脉冲传递函数的零点和极点，$z=1$ 的极点有 N 重，当 $N=0,1,2$ 时，分别称为 0 型、Ⅰ型和Ⅱ型系统。

类似于连续系统，在离散系统稳定的前提下，可根据式(7.64)讨论离散系统在阶跃函数、斜坡函数和加速度函数这 3 种典型输入信号作用下的稳态误差。相应地，离散系统也有静态误差系数的概念及稳态误差的结论。

(1) 单位阶跃输入时的稳态误差

当系统输入为单位阶跃函数 $r(t)=1(t)$ 时，其 z 变换为

$$R(z)=\frac{z}{z-1}$$

由式(7.64)得稳态误差为

$$e(\infty)=\lim_{z\to 1}(z-1)\frac{1}{1+G(z)}\cdot\frac{z}{z-1}=\lim_{z\to 1}\frac{1}{1+G(z)}=\frac{1}{1+\lim\limits_{z\to 1}G(z)}=\frac{1}{1+K_p} \tag{7.66}$$

式中，

$$K_p=\lim_{z\to 1}G(z) \tag{7.67}$$

称为静态位置误差系数。可知 0 型系统的 K_p 为有限值，Ⅰ型和Ⅰ型以上系统的 $K_p=\infty$，因此，0 型系统的稳态误差 $e(\infty)$ 为有限值；Ⅰ型和Ⅰ型以上系统的稳态误差为 $e(\infty)=0$。这与连续系统十分相似。

(2) 单位斜坡输入时的稳态误差

当系统输入为单位斜坡函数 $r(t)=t$ 时，其 z 变换为

$$R(z)=\frac{Tz}{(z-1)^2}$$

由式(7.64)得稳态误差为

$$\begin{aligned}e(\infty)&=\lim_{z\to 1}(z-1)\frac{1}{1+G(z)}\cdot\frac{Tz}{(z-1)^2}=\lim_{z\to 1}\frac{T}{(z-1)[1+G(z)]}\\&=\frac{T}{\lim\limits_{z\to 1}[(z-1)G(z)]}=\frac{T}{K_v}\end{aligned} \tag{7.68}$$

式中，

$$K_v = \lim_{z \to 1}[(z-1)G(z)] \tag{7.69}$$

称为静态速度误差系数。可知 0 型系统的 $K_v=0$，Ⅰ型系统的 K_v 为有限值，Ⅱ型和Ⅱ型以上系统的 $K_v=\infty$，因此，0 型系统的稳态误差为 $e(\infty)=\infty$，故 0 型系统不能承受单位斜坡函数作用；Ⅰ型系统的稳态误差 $e(\infty)$ 为有限值；Ⅱ型和Ⅱ型以上系统的稳态误差为 $e(\infty)=0$。

(3) 单位加速度输入时的稳态误差

当系统输入为单位加速度函数 $r(t)=t^2/2$ 时，其 z 变换为

$$R(z)=\frac{T^2 z(z+1)}{2(z-1)^3}$$

由式(7.64)得稳态误差为

$$e(\infty)=\lim_{z \to 1}(z-1)\frac{1}{1+G(z)}\cdot\frac{T^2 z(z+1)}{2(z-1)^3}=\lim_{z \to 1}\frac{T^2}{(z-1)^2[1+G(z)]}$$

$$=\frac{T^2}{\lim_{z \to 1}[(z-1)^2 G(z)]}=\frac{T^2}{K_a} \tag{7.70}$$

式中，

$$K_a = \lim_{z \to 1}[(z-1)^2 G(z)] \tag{7.71}$$

称为静态加速度误差系数。由于 0 型和Ⅰ型系统的 $K_a=0$；Ⅱ型系统的 K_a 为有限值；Ⅲ型和Ⅲ型以上系统的 $K_a=\infty$，因此，0 型和Ⅰ型系统的稳态误差为 $e(\infty)=\infty$，不能承受单位加速度函数作用；Ⅱ型系统的稳态误差 $e(\infty)$ 为有限值；只有Ⅲ型和Ⅲ型以上系统的稳态误差为 $e(\infty)=0$。

不同型数的单位反馈离散系统在典型输入信号作用下的稳态误差如表 7-2 所列。

表 7-2　单位反馈离散系统的稳态误差

系统型数	位置误差 $r(t)=1(t)$	速度误差 $r(t)=t$	加速度误差 $r(t)=\frac{1}{2}t^2$
0 型	$\frac{1}{1+K_p}$	∞	∞
Ⅰ 型	0	$\frac{T}{K_v}$	∞
Ⅱ 型	0	0	$\frac{T^2}{K_a}$

可见，离散系统的稳态误差取决于系统的型数、输入信号的类型和幅值，以及采样周期 T。缩短采样周期，提高采样频率可降低稳态误差。其他结论和连续系统中相同。

7.5　离散系统的数字校正

为使系统性能达到满意的要求，离散系统与连续系统一样，也可以用串联、并联、局部反馈和复合校正等方式实现对系统的校正。本节以最常见的串联校正为例说明问题。

对于采样控制系统，校正环节 $G_c(s)$ 与系统连续部分还是连续连接方式。如图 7-36 所

示，可以将校正环节与系统连续部分作为一个连续整体，通过改变连续部分的特性，以达到满意的要求。

现代离散系统的绝大多数应用是数字控制系统，即将数字控制器 $D(z)$ 作为采样分离的校正环节串联于开环主通道并在其中实现各种控制算法，然后将数字量结果恢复为连续信号去控制（校正）原有对象，如图 7-37 所示。

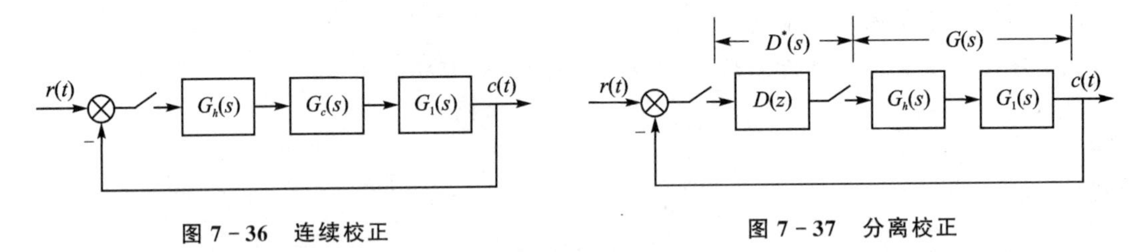

图 7-36　连续校正　　**图 7-37　分离校正**

系统校正可以将闭环性能折算为对开环对象的指标要求，然后按照开环要求改造开环对象，即对开环对象进行“校正”，间接达到闭环系统的性能目标。本书第 6 章中主要介绍的就是这种传统的校正方法。而以 *CPU* 为内核的数字控制器，具有强大的数据处理和程序运算能力，可以直接面对传统认为比较复杂的闭环系统进行调节和控制。数字控制器虽然还具有串联或反馈的连接形式，作用上也与校正装置是相同的，但它不再是对开环对象的校正，而是面对整个闭环系统的控制，所以叫作控制器更为贴切。

7.5.1　数字控制器的脉冲传递函数

1. 数字控制器 $D(z)$ 的求法

数字控制器的设计方法属于综合法，即按希望的闭环脉冲传递函数来确定数字控制器。

设数字控制系统如图 7-38 所示，图中 $D(z)$ 为数字控制器，$G(s)$ 为连续部分传递函数，一般包含零阶保持器和受控对象两部分，称为广义对象的传递函数。

由于广义对象的脉冲传递函数为

$$G(z)=Z[G(s)]$$

则系统的闭环脉冲传递函数为

$$\Phi(z)=\frac{D(z)G(z)}{1+D(z)G(z)} \tag{7.72}$$

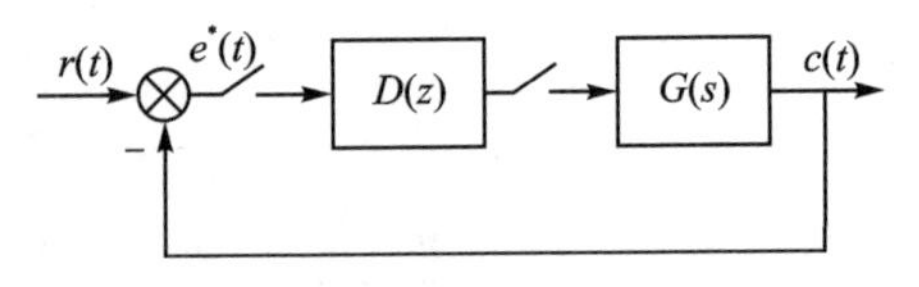

图 7-38　具有数字控制器的离散系统

误差脉冲传递函数为

$$\Phi_e(z)=\frac{1}{1+D(z)G(z)} \tag{7.73}$$

$\Phi_e(z)$ 和 $\Phi(z)$ 有相同的分母阶次，且

$$\Phi_e(z)+\Phi(z)=1 \tag{7.74}$$

由式(7.72)和式(7.73)可以解出数字控制器的脉冲传递函数为

$$D(z)=\frac{\Phi(z)}{G(z)[1-\Phi(z)]} \tag{7.75}$$

或者

$$D(z)=\frac{1-\Phi_e(z)}{G(z)\Phi_e(z)}=\frac{\Phi(z)}{G(z)\Phi_e(z)} \tag{7.76}$$

由此可见，数字控制器 $D(z)$ 的确定取决于 $G(z)$ 和理想 $\Phi(z)$ 或 $\Phi_e(z)$ 的具体形式。

设计数字控制器 $D(z)$ 的步骤如下：

① 由系统连续部分的传递函数 $G(s)$ 求出脉冲传递函数 $G(z)$。

② 根据系统的性能指标要求和其他约束条件，确定所需的闭环脉冲传递函数 $\Phi(z)$。

③ 按式(7.75)或式(7.76)确定数字控制器的脉冲传递函数 $D(z)$。

2. 数字控制器 D(z)的一般要求

一个实用的数字控制器应满足以下要求：

(1) $D(z)$ 是稳定的，即 $D(z)$ 的极点均在 z 平面上单位圆内。

(2) $D(z)$ 是可实现的，即 $D(z)$ 的分母阶次 p 大于等于分子阶次 q，即 $p \geqslant q$。

➢ 讨论：

① $D(z)$ 的分母阶次大于等于分子阶次，即 $D(z)=d_0z^0+d_1z^{-1}+d_2z^{-2}+\cdots$。离散信号 $E(z)$ 通过控制器 $D(z)$ 的传递，只会将 $E(z)$ 当前时刻值及若干过去时刻的值线性组合构成输出，这具有因果性，是物理可实现的。如果分子阶次大于分母阶次，则 $D(z)$ 中会出现 z^1、z^2、z^3 等项，信号 $E(z)$ 通过控制器 $D(z)$ 应输出 $E(z)$ 未来时刻的值，这不符合实际系统的规律。

② 如果广义对象 $G(z)$ 为 (n,m) 系统，闭环系统 $\Phi(z)$ 为 (r,l) 系统，控制器 $D(z)$ 为 (p,q) 系统，其中 n、r、p 分别为传递函数的分母阶次，m、l、q 分别为分子阶次，那么由式(7.75)可知，$p=m+r$，$q=n+l$。由于 $D(z)$ 是可实现的，要求 $p\geqslant q$，即 $r-l\geqslant n-m$，故闭环系统 $\Phi(z)$ 的阶次差不应低于广义对象 $G(z)$ 的阶次差。

7.5.2 最少拍系统

在离散系统中，通常称一个采样周期为一拍。所谓最少拍系统，是指在典型输入作用下，暂态过程可以在有限拍内结束的系统。特别地，无差的最少拍系统，是指在有限拍后系统输出可完全跟踪输入。最少拍的概念是离散系统独有的。在连续系统中，完全无差跟踪只是一个极限的概念，需要在时间达到无穷大以后，系统的输出才能无差地跟踪输入。

对于一般的闭环离散系统，闭环脉冲传递函数可写为

$$\Phi(z)=\frac{b_0z^n+b_1z^{n-1}+\cdots+b_n}{a_0z^n+a_1z^{n-1}+\cdots+a_n}=c_0z^0+c_1z^{-1}+c_2z^{-2}+\cdots \tag{7.77}$$

$\Phi(z)$ 是一无穷序列。考虑实际系统分子阶次小于等于分母阶次，故系数 $b_i(i=0,1,2,\cdots,n)$ 或 $c_i(i=0,1,2,\cdots)$ 的前面若干项可以为零。

假如零时刻给系统加入单位脉冲信号 $\delta(t)$，可得系统的单位脉冲响应为

$$g^*(t)=Z^{-1}[\Phi(z)]=c_0\delta(t)+c_1\delta(t-T)+c_2\delta(t-2T)+\cdots \tag{7.78}$$

$g^*(t)$ 也是一无穷序列。

闭环极点 z_i 对应的模态为 z_i^k，若闭环极点 z_i 位于 z 平面上单位圆内即 $|z_i|<1$，则对应模态会随时间逐渐衰减至0。极端地，若闭环极点 z_i 位于 z 平面的原点，即 $z_i=0$，则对应模态为0。若所有闭环极点均在 z 平面的原点，则系统特征结构对应的暂态分量全部为0，系统输出中只有与输入信号相关联的成分。

现设所有闭环极点为 $z_i=0$，相应地闭环脉冲传递函数为

$$\Phi(z)=\frac{b_0z^n+b_1z^{n-1}+\cdots+b_n}{a_0z^n}=\frac{b_0}{a_0}z^0+\frac{b_1}{a_0}z^{-1}+\frac{b_2}{a_0}z^{-2}+\cdots+\frac{b_n}{a_0}z^{-n} \quad (7.79)$$

系统的单位脉冲响应为

$$g^*(t)=\frac{b_0}{a_0}\delta(t)+\frac{b_1}{a_0}\delta(t-T)+\cdots+\frac{b_n}{a_0}\delta(t-nT) \quad (7.80)$$

第 $n+1$ 拍及以后的响应值全部为零。可见，暂态过程在 n 拍后结束。

对于任意输入信号 $R(z)$，经过闭环系统传递后，输出为

$$C(z)=\Phi(z)R(z)=\frac{b_0}{a_0}R(z)+\frac{b_1}{a_0}z^{-1}R(z)+\cdots+\frac{b_n}{a_0}z^{-n}R(z) \quad (7.81)$$

输出 $C(z)$ 从当前时刻起，最多经过 n 拍后，即可跟踪到 $R(z)$。

【例 7-25】 设二阶离散系统的闭环脉冲传递函数为

$$\Phi(z)=2z^{-1}-z^{-2}=\frac{2z-1}{z^2}$$

由于 $\Phi(z)$ 的两个极点均在 z 平面的原点，故是最少拍系统。试求当 $r(t)=1(t)$ 时系统的响应过程。

解：输入的 z 变换为 $R(z)=z/(z-1)$，可得系统输出的 z 变换为

$$C(z)=\Phi(z)R(z)=\frac{2z-1}{z^2}\cdot\frac{z}{z-1}=\frac{2z-1}{z^2-z}$$

$$=2z^{-1}+z^{-2}+z^{-3}+z^{-4}+\cdots$$

对 $C(z)$ 进行 z 反变换可得输出序列为

$$c^*(t)=0\delta(t)+2\delta(t-T)+\delta(t-2T)+\delta(t-3T)+\cdots$$

系统输出脉冲序列如图 7-39 所示。

由图 7-39 可见，系统的暂态过程在第二拍($n=2$)结束，同时输出达到稳态，最少节拍数等于系统的阶次，系统的超调量为 100% 。

➢ 讨论：

由 $|z_i|=e^{\sigma T}$ 可得，最少拍系统的闭环极点 $z_i=0$ 对应 s 域中 $\sigma\to-\infty$ 的情形，即极点位于 s 平面左半平面离虚轴无穷远处，对应模态即时衰减为零。

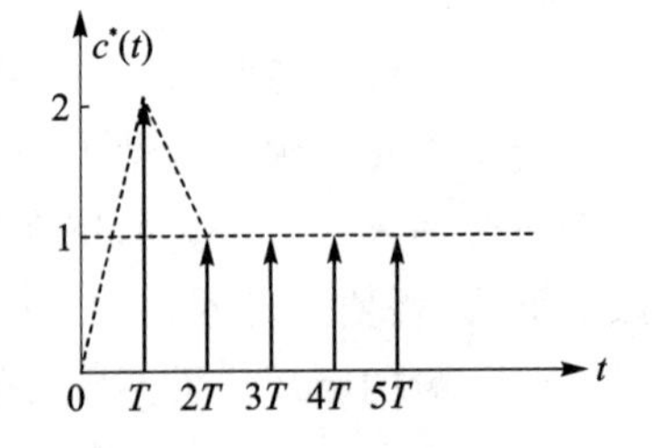

图 7-39 二阶最少拍系统的单位阶跃响应

7.5.3 最少拍系统的设计

由于最少拍系统暂态过程最短，即在控制时间上是最优的。因此，尽量由增加的数字控制器 $D(z)$ 将闭环系统调整到最少拍状态，也就是使闭环脉冲传递函数为如下形式：

$$\Phi(z)=\frac{P(z)}{z^r} \quad (7.82)$$

式中，$P(z)$ 为 z 的多项式，最高阶为 l，且有 $l\leqslant r$。

1. $\Phi(z)$的基本约束条件

最少拍是闭环离散系统的设计目标。式(7.75)给出了控制器与广义对象及闭环目标的关系，在式(7.75)中似乎任意给定 $\Phi(z)$ 就可以得到控制器 $D(z)$。但在实际设计过程中会发

现，$\Phi(z)$不是可以任意给定的。前面讨论的闭环阶次差不低于广义对象阶次差是对$\Phi(z)$的一般限制条件，最少拍也是对$\Phi(z)$的一个通常要求。对于所谓有“缺陷”的广义对象$G(z)$，使其能够实现的$\Phi(z)$更少。

对于广义对象的脉冲传递函数

$$G(z)=\frac{z^{-q}\prod_{i=1}^{u}(1-z_iz^{-1})}{\prod_{j=1}^{v}(1-p_jz^{-1})}G_0(z) \tag{7.83}$$

式中，$z_i(i=0,1,2,\cdots,u)$为$G(z)$在单位圆外或单位圆上的零点；$p_j(j=0,1,2,\cdots,v)$为$G(z)$在单位圆外或单位圆上的极点；$G_0(z)$为只包含$G(z)$在单位圆内零极点的关于z^{-1}的多项式。

$G(z)$单位圆外和单位圆上的极点，是$G(z)$本身的缺陷。由式(7.76)可见，$G(z)$单位圆外和单位圆上的零点，可以通过转化为$D(z)$的极点，使数字控制器失去稳定。延迟因子z^{-q}成为$D(z)$分母的一部分，z^q的超前作用使$D(z)$出现了超前输出，失去了因果性。这些都是广义对象$G(z)$的缺陷部分，而排除这些因素后的$G_0(z)$为无缺陷部分。

若不希望把$G(z)$的缺陷带入$D(z)$，可以通过$\Phi(z)$的零点对消$G(z)$的缺陷零点和延迟因子z^{-q}，通过$\Phi_e(z)$的零点对消$G(z)$的缺陷极点来实现。因为$\Phi(z)$和$\Phi_e(z)$一般为最少拍形式，极点为零，所以不利用它们的极点对消$G(z)$的缺陷。

由此，$\Phi(z)$和$\Phi_e(z)$应具备如下形式，即

$$\Phi(z)=z^{-q}\prod_{i=1}^{u}(1-z_iz^{-1})\cdot P_0(z) \tag{7.84}$$

和

$$\Phi_e(z)=\prod_{j=1}^{v}(1-p_jz^{-1})\cdot Q_0(z) \tag{7.85}$$

式(7.84)中，$P_0(z)$是关于z^{-1}的多项式，且不包含延迟因子和$G(z)$中不稳定零点z_i；式(7.85)中，$Q_0(z)$是关于z^{-1}的多项式，且不包含$G(z)$中不稳定极点p_j。

式(7.84)和式(7.85)的意义可以理解：对于有缺陷的$G(z)$，通过$D(z)$控制时，闭环系统只能产生满足这两式的$\Phi(z)$和$\Phi_e(z)$。这样，可以实现的$\Phi(z)$减少了。

将式(7.83)、式(7.84)和式(7.85)代入式(7.76)，可得数字控制器$D(z)$为

$$D(z)=\frac{\Phi(z)}{G(z)\Phi_e(z)}=\frac{P_0(z)}{G_0(z)Q_0(z)} \tag{7.86}$$

该控制器使有缺陷的广义对象$G(z)$最终得以实现最少拍的闭环控制，且可实现的闭环脉冲传递函数满足约束。

$\Phi(z)$的约束要求使得在系统设计中不能随意给定$\Phi(z)$求取$D(z)$。一般首先需要根据$\Phi(z)$的约束要求，给出合理的$\Phi(z)$期望，进而得到控制器$D(z)$。

2. 无差最少拍系统

前面讨论了$\Phi(z)$的基本约束要求，这是所有最少拍控制系统必须遵循的一般原则。当对闭环系统进一步提出稳态、暂态性能要求时，谁可以选取的$\Phi(z)$范围将进一步缩小。下面讨论：对于系统增加的无稳态误差要求，需要如何合理选择$\Phi(z)$，进而确定控制器$D(z)$。

由系统的稳态误差分析可知,稳态误差与系统输入信号的类型相关。但这里不从开环的角度用系统型数和开环增益讨论闭环系统的稳态误差,而是直接根据闭环系统无稳态误差的要求确定 $\Phi(z)$ 或 $\Phi_e(z)$。

考虑到无差最少拍系统是针对典型输入信号的具体形式设计的,为讨论方便,将以下 3 种典型输入信号,即

单位阶跃输入信号:$R(z)=\dfrac{1}{1-z^{-1}}$

单位斜坡输入信号:$R(z)=\dfrac{Tz^{-1}}{(1-z^{-1})^2}$

单位加速度输入信号:$R(z)=\dfrac{T^2z^{-1}(1+z^{-1})}{2(1-z^{-1})^3}$

写成统一形式为

$$R(z)=\frac{A(z)}{(1-z^{-1})^r} \tag{7.87}$$

由终值定理可得稳态误差表达式

$$e(\infty)=\lim_{z\to 1}(z-1)\Phi_e(z)R(z)=\lim_{z\to 1}(z-1)\frac{A(z)}{(1-z^{-1})^r}\Phi_e(z)$$

可见,要使稳态无差即 $e(\infty)=0$,$\Phi_e(z)$ 中应包含 $(1-z^{-1})^r$,故 $\Phi_e(z)$ 受到如下约束:

$$\Phi_e(z)=(1-z^{-1})^r Q_0(z) \tag{7.88}$$

为使讨论的问题简单化,这里假设 $G(z)$ 是无缺陷的,并取 $Q_0(z)=1$,可以得到数字控制器为

$$D(z)=\frac{1-\Phi_e(z)}{G(z)\Phi_e(z)}=\frac{1-(1-z^{-1})^r}{G(z)(1-z^{-1})^r} \tag{7.89}$$

下面以单位阶跃输入为例,说明 $\Phi_e(z)$ 或 $\Phi(z)$ 的选取,以及控制器 $D(z)$ 的确定。

对于单位阶跃输入,有 $R(z)=\dfrac{1}{1-z^{-1}}$,$r=1$

根据式(7.88)和式(7.74)有

$$\Phi_e(z)=1-z^{-1}$$
$$\Phi(z)=z^{-1}$$

从而可得误差的 z 变换为

$$E(z)=\Phi_e(z)R(z)=(1-z^{-1})\frac{1}{1-z^{-1}}=1$$

对应地,有 $e^*(t)=\delta(t)$,即响应经过一拍以后误差已经为零。

同理,也可得输出的 z 变换为

$$C(z)=\Phi(z)R(z)=z^{-1}\cdot\frac{1}{1-z^{-1}}=z^{-1}+z^{-2}+\cdots$$

输出序列如图 7-40 所示。可见,系统输出经过一拍可完全跟踪输入。

由式(7.76)可得数字控制器 $D(z)$ 为

$$D(z)=\frac{z^{-1}}{G(z)(1-z^{-1})}$$

校正后的开环脉冲传递函数为

$$D(z)G(z)=\frac{z^{-1}}{1-z^{-1}}=\frac{1}{z-1}$$

从开环的角度看，校正后的开环型数为Ⅰ型，对阶跃输入稳态响应为无差。

➢ 讨论：

① $\Phi_e(z)=(1-z^{-1})^r Q_0(z)$中$Q_0(z)=1$可以使所设计的数字控制器最简单，系统暂态过程尽量短。但需注意，由$\Phi_e(z)=(1-z^{-1})^r$可以得到$\Phi(z)=1-(1-z^{-1})^r=\frac{z^r-(z-1)^r}{z^r}$，$\Phi(z)$分母分子阶差为1。由于闭环阶次差不低于广义对象的阶次差，因此这种简化只适用于$G(z)$阶次差至多为1的情况。

② 根据对系统输出或误差的进一步要求，系统设计者还可以对$\Phi(z)$和$\Phi_e(z)$提出更多的约束条件，从而对控制器的选择就有更高的要求，例如无波纹无稳态误差最少拍控制系统等。

【例7-26】 对于图7-41所示的离散系统，$r(t)=1(t)$，试按最少拍系统设计数字控制器$D(z)$。

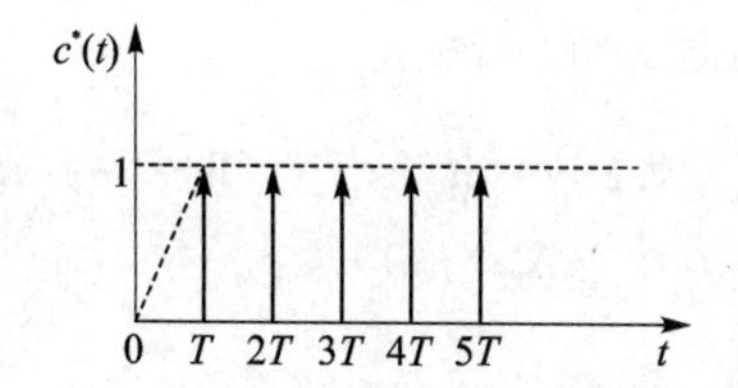

图7-40 单位阶跃响应无差最少拍系统

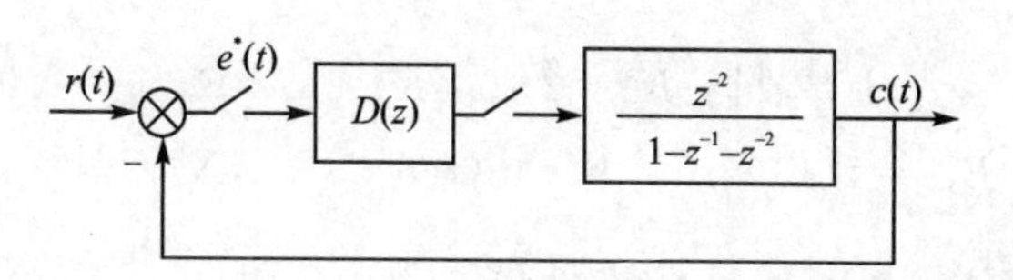

图7-41 最少拍离散系统

解：由于

$$G(z)=\frac{z^{-2}}{1-z^{-1}-z^{-2}}=\frac{1}{z^2-z-1}$$

控制对象的分母与分子阶次差为$n-m=2$，尽管输入是阶跃函数，但为了保证数字控制器是可实现的，不能选择系统的闭环脉冲传递函数为

$$\Phi(z)=z^{-1},\quad \Phi_e(z)=1-z^{-1}$$

试选

$$\Phi(z)=z^{-2}k,\quad \Phi_e(z)=(1-z^{-1})(1+az^{-1})$$

根据关系式

$$\Phi_e(z)=1-\Phi(z)=1-z^{-2}k=1+(a-1)z^{-1}-az^{-2}$$

比较系数可得$a=1,k=1$，则

$$\Phi(z)=z^{-2}$$

$$\Phi_e(z)=(1-z^{-1})(1+z^{-1})=1-z^{-2}$$

于是数字控制器的脉冲传递函数为

$$D(z)=\frac{\Phi(z)}{G(z)\Phi_e(z)}=\frac{(1-z^{-1}-z^{-2})\cdot z^{-2}}{z^{-2}(1-z^{-2})}=\frac{1-z^{-1}-z^{-2}}{1-z^{-2}}$$

$D(z)$是可以实现的。由此可见，根据$G(z)$的特点，为了保证数字控制器$D(z)$可以实现，对

于阶跃输入,系统暂态过程的最少拍数增到了两拍。

7.6 坦克炮控伺服系统的数字控制器设计

【例 7-27】 基于 2.5 节例 2-18 中坦克炮控伺服系统的数学模型,采用数字控制器的坦克炮控伺服系统的结构图如图 7-42 所示。图中,$D(z)$为数字控制器。由于在电机中电流的响应时间远远小于机械响应时间,因此可以只考虑机械响应而对电流响应导致的延迟予以忽略,即对图中$\dfrac{1}{Ls+R}$做如下近似处理:$\dfrac{1}{Ls+R}=\dfrac{1}{R}\dfrac{1}{Ls/R+1}\approx\dfrac{1}{R}$。

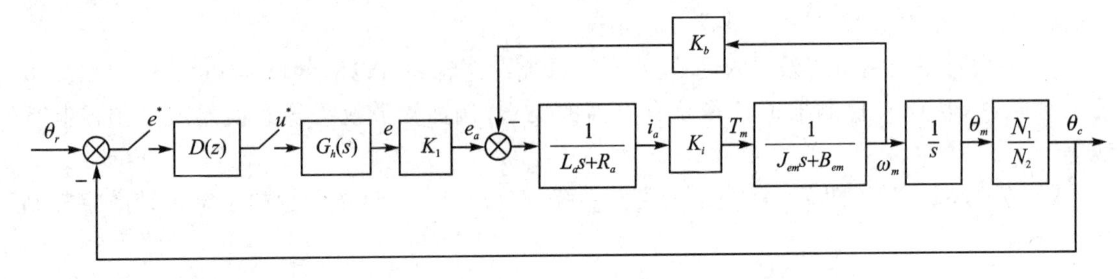

图 7-42 基于数字控制器的坦克炮控伺服系统

主要数据:$K_1=2\,100$,$R_a=0.4\ \Omega$,$L_a=0.04\ \text{H}$,$K_i=0.2\ \text{N}\cdot\text{m/A}$,$J_{em}=6\times10^{-3}\ \text{kg}\cdot\text{m}^2$,$B_{em}=1.43\times10^{-4}\ \text{N}\cdot\text{m}(\text{rad}\cdot\text{s}^{-1})$,$N_1/N_2=1\,250$,$K_b=0.2\ \text{V/(rad}\cdot\text{s}^{-1})$。

7.6.1 系统性能分析

1. 稳定性分析

在不加数字控制器 $D(z)$时,系统的开环脉冲传递函数为

$$G(z)=Z\left[\frac{1-\mathrm{e}^{-Ts}}{s}\ \frac{140}{s(s+16.69)}\right]=(1-z^{-1})Z\left[\frac{140}{s^2(s+16.69)}\right]$$

$$=(1-z^{-1})Z\left[\frac{8.388\,3}{s^2}+\frac{-0.502\,6}{s}+\frac{0.502\,6}{s+16.69}\right]$$

$$=\frac{z-1}{z}\left[\frac{8.388\,3Tz}{(z-1)^2}+\frac{-0.502\,6z}{z-1}+\frac{0.502\,6z}{z-\mathrm{e}^{-16.69T}}\right]$$

当采样周期 $T=0.1$ s 时,有

$$G(z)=\frac{0.430\,9z+0.249\,8}{(z-1)(z-0.188\,4)}=\frac{0.430\,9z+0.249\,8}{z^2-1.188\,4z+0.188\,4}$$

系统的特征方程为

$$D(z)=1+G(z)=z^2-0.757\,5z+0.438\,2=0$$

可解得闭环极点为 $z_1=0.378\,7+\mathrm{j}0.542\,9$,$z_2=0.378\,7-\mathrm{j}0.542\,9$。由于$|z_1|=|z_2|=0.662\,0<1$,故闭环系统稳定。

2. 稳态误差分析

由开环脉冲传递函数 $G(z)$可知,系统为 Ⅰ 型。计算系统静态位置误差系数、静态速度误差系数和静态加速度误差系数分别如下:

$$K_p = \lim_{z\to 1} G(z) = \lim_{z\to 1} \frac{0.430\,9z + 0.249\,8}{(z-1)(z-0.188\,4)} = \infty$$

$$K_v = \lim_{z\to 1}(z-1)G(z) = \lim_{z\to 1}(z-1)\frac{0.430\,9z + 0.249\,8}{(z-1)(z-0.188\,4)} = 0.838\,7$$

$$K_a = \lim_{z\to 1}(z-1)^2 G(z) = \lim_{z\to 1}(z-1)^2\frac{0.430\,9z + 0.249\,8}{(z-1)(z-0.188\,4)} = 0$$

可得系统在单位阶跃信号作用时系统的稳态误差为

$$e(\infty) = \frac{1}{1+K_p} = 0$$

在单位斜坡信号作用时系统的稳态误差为

$$e(\infty) = \frac{T}{K_v} = 1.192\,3T$$

在单位加速度信号作用时系统的稳态误差为

$$e(\infty) = \frac{T^2}{K_a} = \infty$$

利用 MATLAB 仿真，闭环系统的单位阶跃响应曲线及相应的 MATLAB 代码如图 7－43 所示。由图可见，超调量为 $\sigma_p\%=25.5\%$；调节时间为 $t_s=8T=0.8$ s $(\Delta=2\%)$，即 8 拍；稳态误差为 0，也可计算得出。

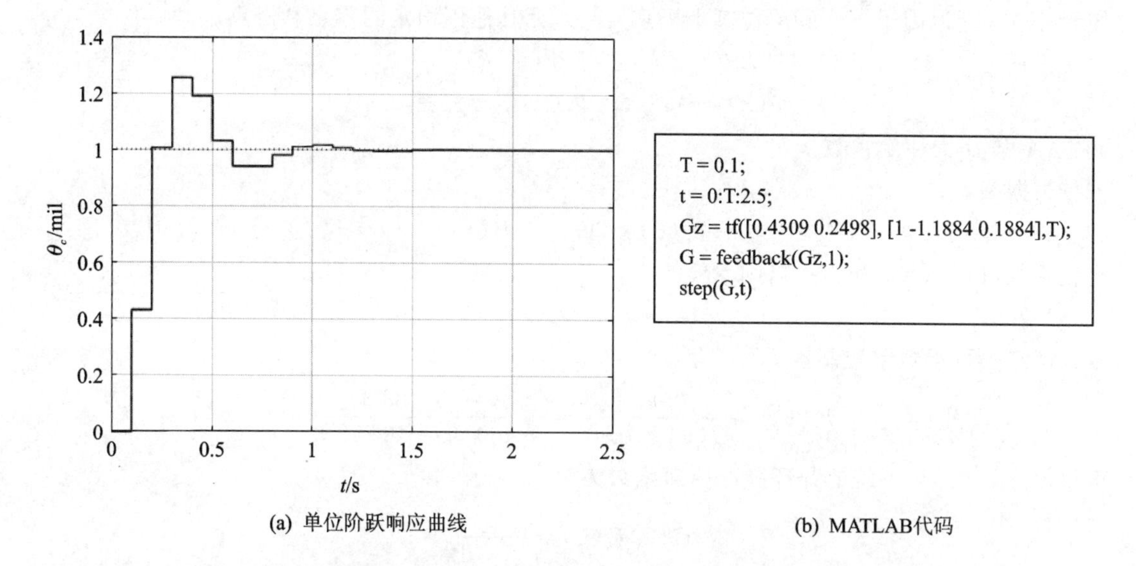


```
T = 0.1;
t = 0:T:2.5;
Gz = tf([0.4309 0.2498], [1 -1.1884 0.1884],T);
G = feedback(Gz,1);
step(G,t)
```

(a) 单位阶跃响应曲线　　(b) MATLAB代码

图 7－43　不加数字控制器时闭环系统的单位阶跃响应曲线及绘图代码

利用 MATLAB 仿真，闭环系统的单位斜坡响应曲线及相应的 MATLAB 代码如图 7－44 所示。由图可见，稳态误差为 0.12，也可计算得出。

7.6.2　系统数字控制器设计

1. 设计最少拍系统

开环脉冲传递函数 $G(z)$ 也可写为

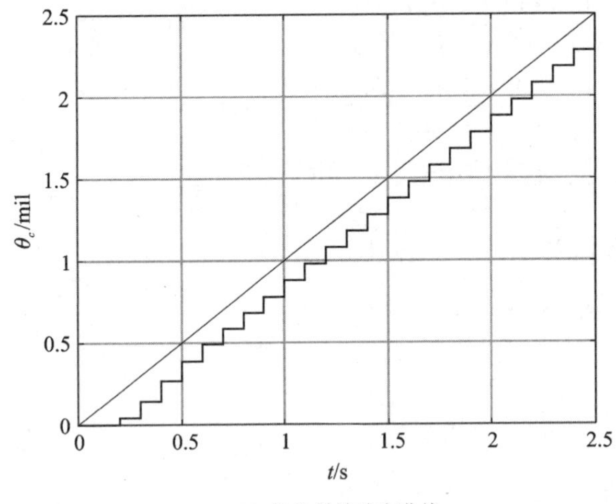

(a) 单位斜坡响应曲线

```
T = 0.1;
t = 0:T:2.5;
u = t;
Gz = tf([0.4309 0.2498], [1 -1.1884 0.1884],T);
G = feedback(Gz,1);
lsim(G,u,t);
```

(b) MATLAB代码

图 7-44　不加数字控制器时闭环系统的单位斜坡响应曲线及绘图代码

$$G(z)=\frac{0.430\,9z^{-1}(1-0.579\,7z^{-1})}{(1-z^{-1})(1-0.188\,4z^{-1})}=\frac{z^{-1}}{(1-z^{-1})}\,\frac{0.430\,9(1-0.579\,7z^{-1})}{(1-0.188\,4z^{-1})}$$

可知，$G(z)$的分母与分子阶次差为$n-m=2-1=1$，故$\Phi(z)$的分母阶次应满足$r\geqslant 1$。且可知，$G(z)$有延迟因子z^{-1}和单位圆上极点$z=1$，无其他不稳定的零点和极点。

根据式(7.84)和式(7.85)，取

$$\Phi(z)=Az^{-1},\quad \Phi_e(z)=B(1-z^{-1})$$

其中，A和B为待定常数。

根据关系式

$$\Phi(z)+\Phi_e(z)=Az^{-1}+B(1-z^{-1})=1$$

比较系数可得$A=1$和$B=1$，则

$$\Phi(z)=z^{-1},\quad \Phi_e(z)=1-z^{-1}$$

由式(7.76)可得数字控制器$D(z)$为

$$D(z)=\frac{\Phi(z)}{G(z)\Phi_e(z)}=\frac{z-0.188\,4}{0.430\,9z+0.249\,8}$$

可得加入$D(z)$后系统的开环脉冲传递函数为

$$G(z)D(z)=\frac{1}{z-1}$$

系统仍为Ⅰ型。

利用 MATLAB 仿真，最少拍系统的单位阶跃响应曲线及相应的 MATLAB 代码如图 7-45 所示。由图可见，超调量为$\sigma_p\%=0\%$；调节时间为$t_s=1T=0.1\ \mathrm{s}(\Delta=2\%)$，即 1 拍；采样时刻的稳态误差为 0，也可计算得出此结论。

利用 MATLAB 仿真，最少拍系统的单位斜坡响应曲线及相应的 MATLAB 代码如图 7-46 所示。由图可见，采样时刻的稳态误差为 0.1，也可计算得出此结论。

2. 设计无差最少拍系统

这里针对输入信号$r(t)=t$设计无差最少拍系统。

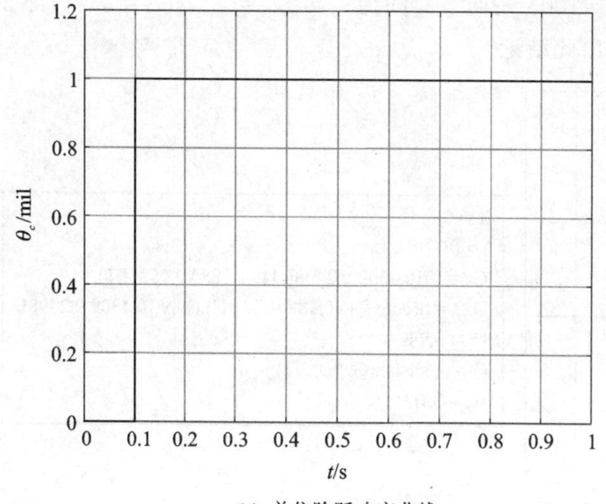

(a) 单位阶跃响应曲线

```
T = 0.1;
t = 0:T:1;
Gz = tf([0.4309 0.2498], [1 -1.1884 0.1884],T);
Dz1 = tf([1 -0.1884], [0.4309 0.2498],T);
G = feedback(Gz*Dz1,1);
step(G,t)
```

(b) MATLAB代码

图 7-45　最少拍系统的单位阶跃响应曲线及绘图代码

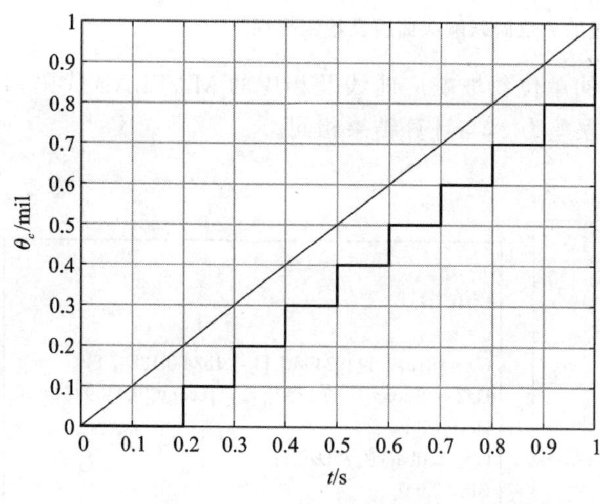

(a) 单位斜坡响应曲线

```
T = 0.1;
t = 0:T:1;
u = t;
Gz = tf([0.4309 0.2498], [1 -1.1884 0.1884],T);
Dz1= tf([1 -0.1884], [0.4309 0.2498],T);
G = feedback(Gz*Dz1,1);
lsim(G,u,t);
```

(b) MATLAB代码

图 7-46　最少拍系统的单位斜坡响应曲线及绘图代码

根据式(7.88)和式(7.74)，取

$$\Phi_e(z)=(1-z^{-1})^2,\quad \Phi(z)=2z^{-1}-z^{-2}$$

由式(7.76)可得控制器 $D(z)$ 为

$$D(z)=\frac{\Phi(z)}{G(z)\Phi_e(z)}=\frac{(2z-1)(z-0.188\,4)}{(0.430\,9z+0.249\,8)(z-1)}$$

可得加入 $D(z)$ 后系统的开环脉冲传递函数为

$$G(z)D(z)=\frac{2z-1}{(z-1)^2}$$

系统成为Ⅱ型。

利用 MATLAB 仿真，无差最少拍系统的单位阶跃响应曲线及相应的 MATLAB 代码如

图 7-47 所示。由图可见，超调量为 $\sigma_p\%=100\%$；调节时间为 $t_s=2T=0.2$ s($\Delta=2\%$)，即 2 拍；采样时刻的稳态误差为 0，也可计算得出此结论。

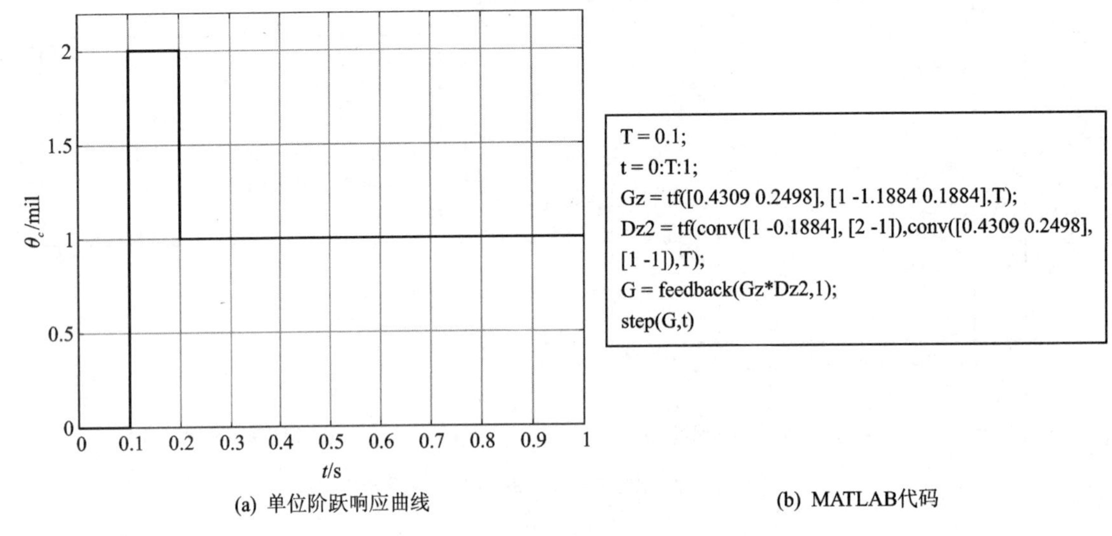

(a) 单位阶跃响应曲线　　(b) MATLAB代码

图 7-47　无差最少拍系统的单位阶跃响应曲线及绘图代码

利用 MATLAB 仿真，无差最少拍系统的单位斜坡响应曲线及相应的 MATLAB 代码如图 7-48 所示。由图可见，采样时刻的稳态误差为 0，与计算结果相同。

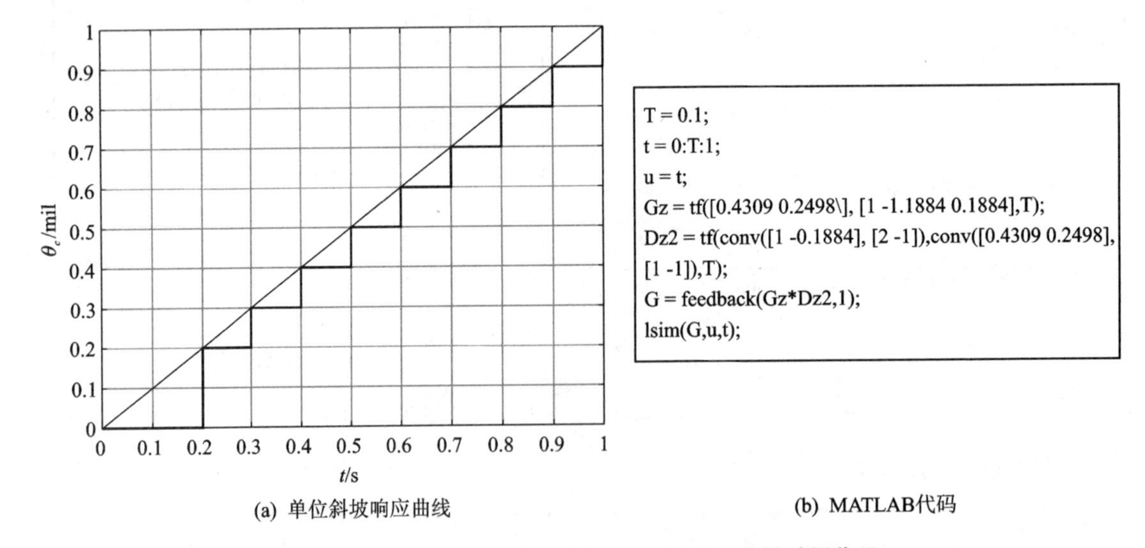

(a) 单位斜坡响应曲线　　(b) MATLAB代码

图 7-48　无差最少拍系统的单位斜坡响应曲线及绘图代码

本章要点

- 数字控制逐渐成为自动控制系统主要的实现形式。
- 在允许误差的条件下，可以认为采样和保持过程不丢失原有信号的信息，即采样离散信号可以代表原来的连续信号，反之亦然。

- 离散系统分析的数学方法是 z 变换，是连续系统 s 变换的变形。
- 描述离散系统的数学模型有差分方程、脉冲传递函数、结构图等。
- 离散系统分析包括稳定性、暂态性能和稳态性能的分析。
- 数字控制器可以将离散系统校正为最少拍系统，目标闭环脉冲传递函数应根据离散对象、输入信号、输出要求综合选取。

习　题

7-1　试求下列函数的 z 变换：

① $e(t)=t\sin\omega t$　　② $e(t)=t^2e^{-3t}$

③ $e(t)=e^{-at}\cos\omega t$　　④ $E(s)=\dfrac{1}{s(s+1)^2}$

⑤ $E(s)=\dfrac{1}{s(s^2+2s+2)}$

7-2　试求下列函数的 z 反变换：

① $E(z)=\dfrac{(1-e^{-aT})z}{(z-1)(z-e^{-aT})}$　　② $E(z)=\dfrac{z}{(z+1)(z+0.5)^2}$

③ $E(z)=\dfrac{10z}{(z-1)(z^2+z+1)}$　　④ $E(z)=\dfrac{z}{(z+1)(3z^2+1)}$

7-3　已知函数 $E(z)$ 如下，试求对应 $e(kT)$ 的初值和终值：

① $E(z)=\dfrac{Tz^{-1}}{(1-z^{-1})^2}$　　② $E(z)=\dfrac{z}{(z-0.8)(z-0.2)}$

7-4　已知差分方程为

$$c(k+2)-4c(k+1)+c(k)=0$$

初始条件为 $c(0)=0, c(1)=1$。试用迭代法求输出序列 $c(k)$，$k=0,1,2,3,4$。

7-5　试用 z 变换法求解下列差分方程：

① $c(k+2)+3c(k+1)+2c(k)=2k, c(0)=c(1)=0$

② $c(k+3)+4c(k+2)+5c(k+1)+2c(k)=0, c(0)=c(1)=1, c(2)=0$

7-6　已知开环离散系统的结构图如图 7-49 所示，其中采样周期 $T=1$ s，试求各系统的脉冲传递函数 $G(z)$ 或输出 $C(z)$ 的表达式。

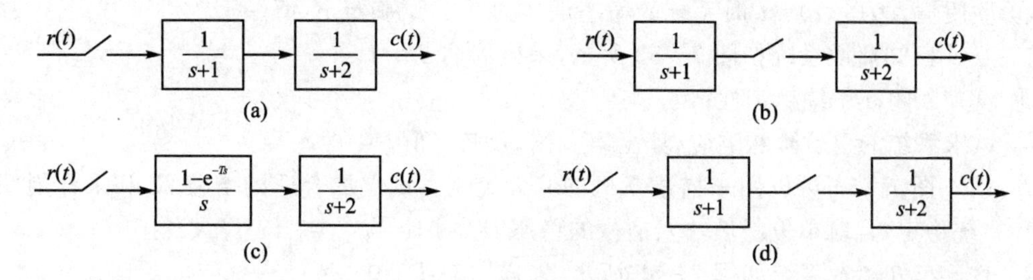

图 7-49　开环离散系统

7-7　试求图 7-50 所示各闭环离散系统的脉冲传递函数 $\Phi(z)$ 或输出 $C(z)$ 的表达式。

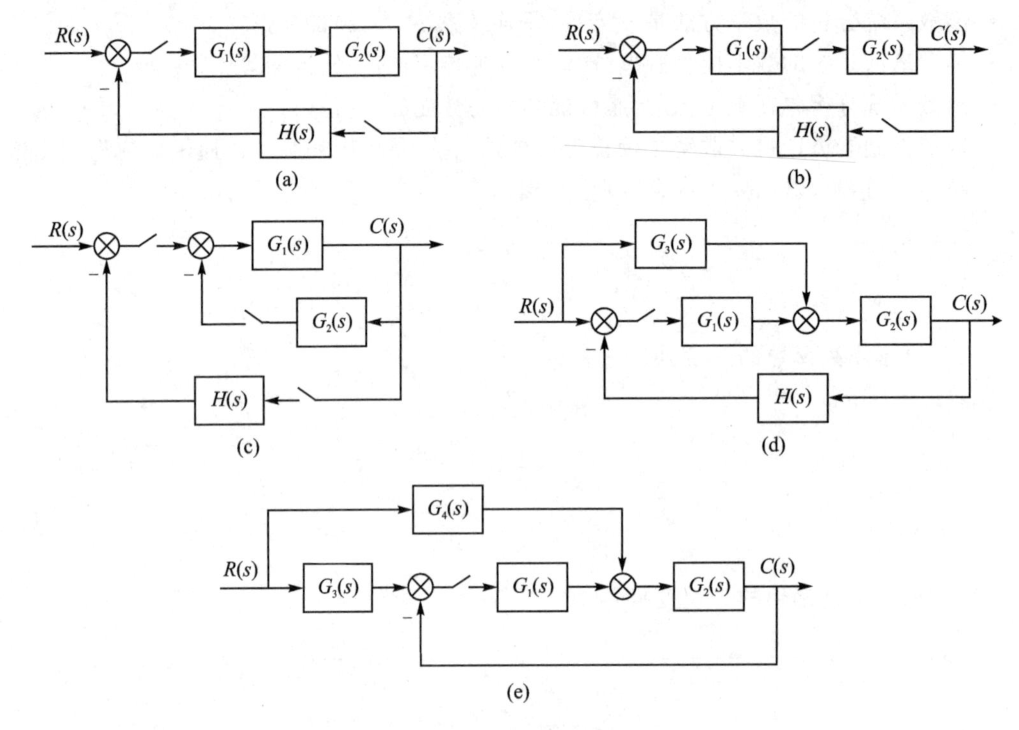

图 7-50 闭环离散系统

7-8 已知离散系统如图 7-51 所示，采样周期 $T=1(\mathrm{s})$，$r(t)=1(t)$。试求系统的单位阶跃响应 $c^*(t)$，并计算暂态性能指标：$\sigma_p\%$，t_r，t_s。

7-9 已知离散系统如图 7-52 所示，采样周期 $T=0.5$ s。

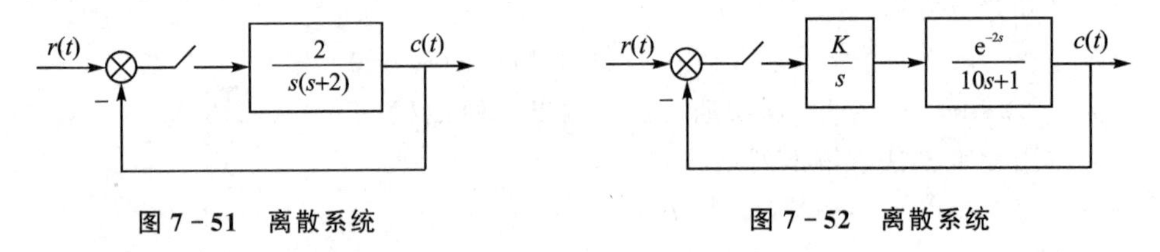

图 7-51 离散系统　　　　**图 7-52 离散系统**

① 试求闭环脉冲传递函数；

② 试确定使系统稳定的 K 值范围；

③ 欲使输入为 $r(t)=t$ 时系统的稳态误差为 0.1，试确定 K 值。

7-10 已知离散系统如图 7-53 所示，采样周期 $T=1$ s。

① 试判断闭环系统稳定性；

② 试求系统的单位阶跃响应(算至第 5 拍)及其终值。

7-11 图 7-54 可以用来描述飞机的俯仰控制。试选取合适的增益 K 和采样周期 T，使闭环系统稳定，且对单位斜坡输入信号的稳态误差小于 1。

7-12 已知离散系统如图 7-55 所示，采样周期 $T=0.5$ s。

① 输入为 $r(t)=2+t$，欲使稳态误差小于 0.1，试确定 K 值范围。

② 输入为 $r(t)=1(t)$，试求系统暂态过程分别为单调、振荡衰减和发散时，各允许的 K 值范围。

7－13　已知离散系统如图 7－56 所示，采样周期 $T=1$ s，试判断闭环系统的稳定性。

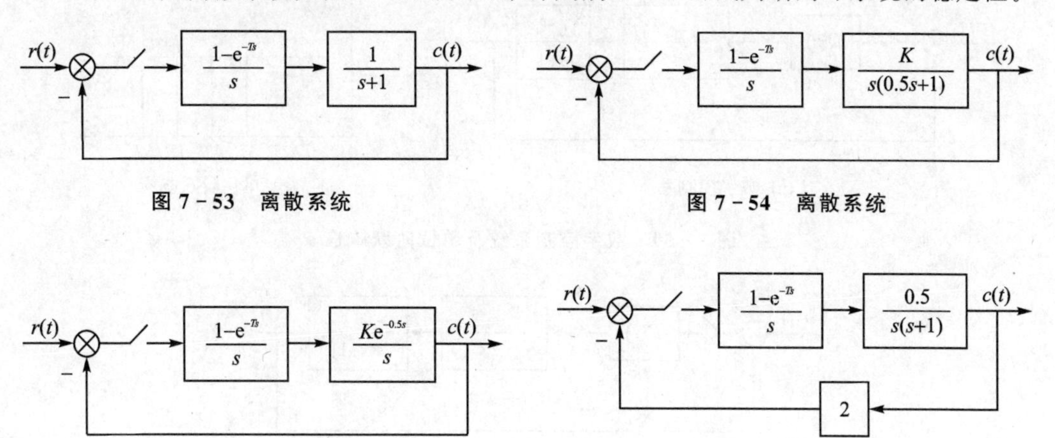

图 7－53　离散系统　　图 7－54　离散系统

图 7－55　离散系统　　图 7－56　离散系统

7－14　已知离散系统如图 7－57 所示，采样周期 $T=1$ s。

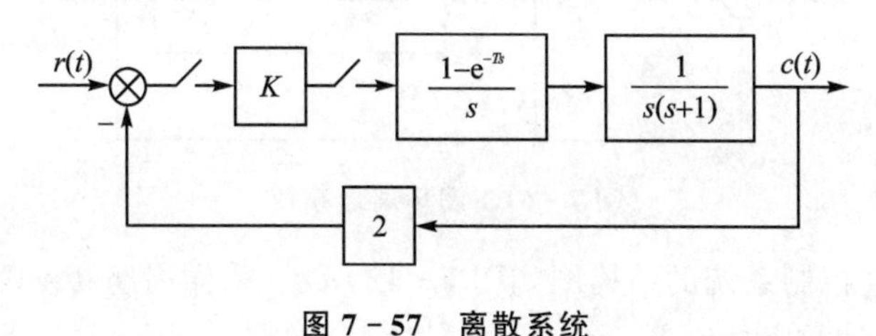

图 7－57　离散系统

① 试求闭环脉冲传递函数；

② 试确定使闭环系统稳定的 K 值范围；

③ 当 $K=1$ 时，试求单位阶跃响应的稳态值。

7－15　已知离散系统如图 7－58 所示，其中采样周期 $T=0.2$ s，$K=10$，$r(t)=1+t+t^2/2$，试求系统的稳态误差。

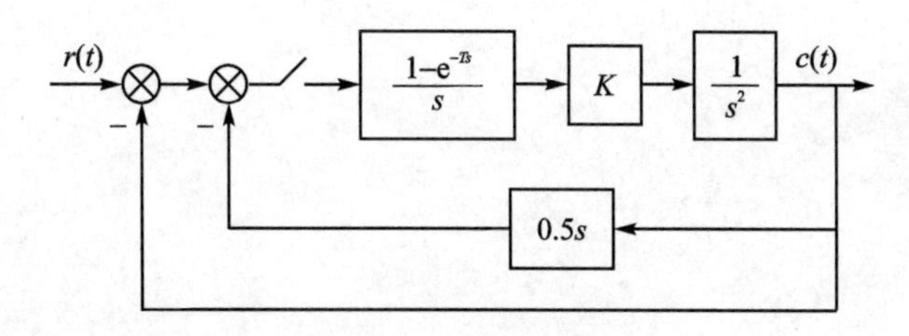

图 7－58　离散系统

7－16　已知一数字控制系统如图 7－59(a)所示，试设计一数字控制器 $D(z)$，使系统在单位阶跃输入下，其输出量 $c(kT)$ 能满足图 7－59(b)的要求。

7－17　已知离散系统如图 7－60 所示，其中采样周期 $T=1$ s，$r(t)=1+t$，试按无静差最少拍系统设计数字控制器 $D(z)$。

7－18　空间站姿态控制系统的一个简化模型如图 7－61 所示，采样周期 $T=1$ s，$r(t)=t^2/2$，试按无静差最少拍系统设计数字控制器 $D(z)$。

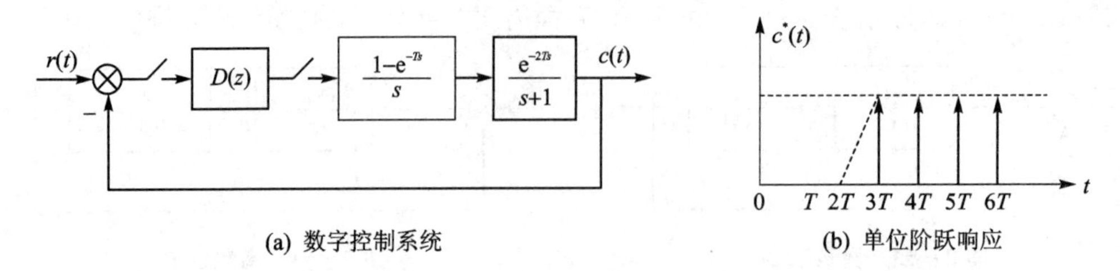

(a) 数字控制系统　(b) 单位阶跃响应

图 7-59　数字控制系统及单位阶跃响应

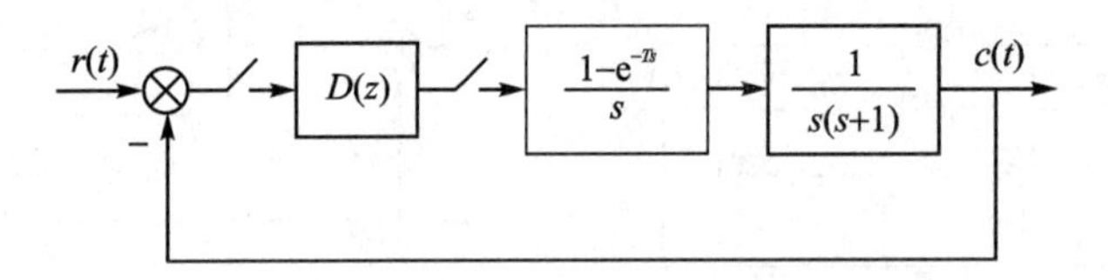

图 7-60　闭环离散系统

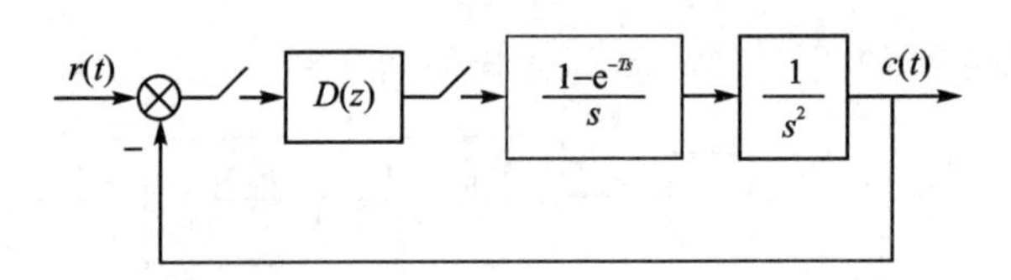

图 7-61　闭环离散系统

7-19　火炮药仓控制系统的结构图如图 7-62 所示，采样周期 $T=0.02$ s，$r(t)=1$，试按无静差最少拍系统设计数字控制器 $D(z)$。

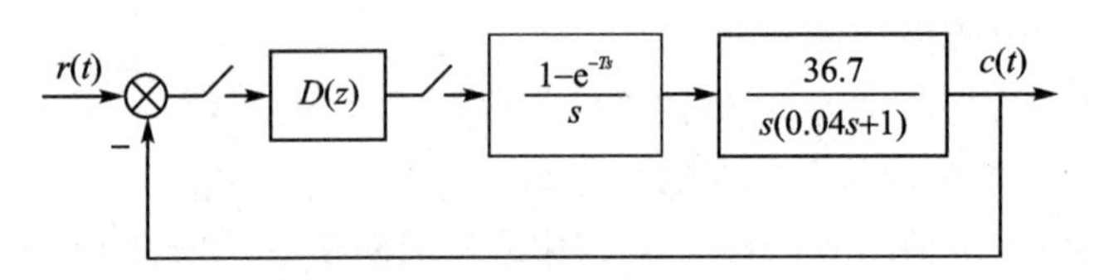

图 7-62　闭环离散系统

附录 A　拉普拉斯(Laplace)变换

拉普拉斯变换的性质见表 A－1。

表 A－1　拉普拉斯变换的性质

序号	性质		公式
1	线性定理	齐次性	$L\left[af(t)\right]=aF(s)$
		叠加性	$L\left[f_1(t)\pm f_2(t)\right]=F_1(s)\pm F_2(s)$
2	微分定理	一般形式	$L\left[\frac{d}{\mathrm{d}t}f(t)\right]=sF(s)-f(0)$ $L\left[\frac{\mathrm{d}^2 f(t)}{\mathrm{d}t^2}\right]=s^2F(s)-sf(0)-f^{(1)}(0)$ $\vdots$ $L\left[\frac{\mathrm{d}^n f(t)}{\mathrm{d}t^n}\right]=s^nF(s)-s^{n-1}f(0)-s^{n-2}f^{(1)}(0)-\cdots-sf^{(n-2)}(0)-f^{(n-1)}(0)$ 式中　$f^{(k)}(t)=\frac{\mathrm{d}^k f(t)}{\mathrm{d}t^k}$
		初始条件为零，即 $f^{(k)}(t)=0$ $(k=0,1,\cdots,n-1)$ 时	$L\left[\frac{\mathrm{d}^n f(t)}{\mathrm{d}t^n}\right]=s^nF(s)$
3	积分定理	一般形式	$L\left[\int f(t)\mathrm{d}t\right]=\frac{1}{s}F(s)+\frac{1}{s}f^{(-1)}(0)$ $\vdots$ $L\left[\underbrace{\int\cdots\int}_{n次} f(t)\mathrm{d}t^n\right]=\frac{1}{s^n}F(s)+\frac{1}{s^n}f^{(-1)}(0)+\cdots+\frac{1}{s}f^{(-n)}(0)$ 式中　$f^{(-k)}(t)=\underbrace{\int\cdots\int}_{k次} f(t)\mathrm{d}t^k$
		初始条件为零，即 $f^{(-k)}(t)=0$ $(k=0,1,\cdots,n-1)$ 时	$L\left[\underbrace{\int\cdots\int}_{n次} f(t)\mathrm{d}t^n\right]=\frac{1}{s^n}F(s)$
4	延迟定理		$L\left[f(t-\tau)\right]=\mathrm{e}^{-\tau s}F(s)$
5	复位移定理		$L\left[\mathrm{e}^{-at}f(t)\right]=F(s+a)$
6	初值定理		$f(0)=\lim\limits_{s\to\infty}sF(s)$
7	终值定理		$f(\infty)=\lim\limits_{s\to 0}sF(s)$
8	卷积定理		$L\left[\int_0^t f_1(\tau)f_2(t-\tau)\mathrm{d}\tau\right]=F_1(s)F_2(s)$

常用函数的拉普拉斯变换和 z 变换见表 A-2。

表 A-2　常用函数的拉普拉斯变换和 z 变换表

序　号	拉普拉斯变换 $F(s)$	时间函数 $f(t)$	z 变换 $F(z)$
1	1	$\delta(t)$	1
2	$\frac{1}{s}$	$1(t)$	$\frac{z}{z-1}$
3	$\frac{1}{s^2}$	t	$\frac{Tz}{(z-1)^2}$
4	$\frac{1}{s^3}$	$\frac{1}{2}t^2$	$\frac{T^2z(z+1)}{2(z-1)^3}$
5	$\frac{1}{s^{n+1}}$	$\frac{1}{n!}t^n$	$\lim\limits_{a\to 0}\frac{(-1)^n}{n!}\frac{\partial^n}{\partial a^n}\left(\frac{z}{z-e^{-aT}}\right)$
6	$\frac{1}{s+a}$	e^{-at}	$\frac{z}{z-e^{-aT}}$
7	$\frac{1}{(s+a)^2}$	te^{-at}	$\frac{Tze^{-aT}}{(z-e^{-aT})^2}$
8	$\frac{a}{s(s+a)}$	$1-e^{-at}$	$\frac{(1-e^{-aT})z}{(z-1)(z-e^{-aT})}$
9	$\frac{b-a}{(s+a)(s+b)}$	$e^{-at}-e^{-bt}$	$\frac{z}{z-e^{-aT}}-\frac{z}{z-e^{-bT}}$
10	$\frac{(a-b)s}{(s+a)(s+b)}$	$ae^{-at}-be^{-bt}$	$\frac{az}{z-e^{-aT}}-\frac{bz}{z-e^{-bT}}$
11	$\frac{\omega}{s^2+\omega^2}$	$\sin\omega t$	$\frac{z\sin\omega T}{z^2-2z\cos\omega T+1}$
12	$\frac{s}{s^2+\omega^2}$	$\cos\omega t$	$\frac{z(z-\cos\omega T)}{z^2-2z\cos\omega T+1}$
13	$\frac{\omega}{(s+a)^2+\omega^2}$	$e^{-at}\sin\omega t$	$\frac{ze^{-aT}\sin\omega T}{z^2-2ze^{-aT}\cos\omega T+e^{-2aT}}$
14	$\frac{s+a}{(s+a)^2+\omega^2}$	$e^{-at}\cos\omega t$	$\frac{z^2-ze^{-aT}\cos\omega T}{z^2-2ze^{-aT}\cos\omega T+e^{-2aT}}$
15	$\frac{1}{s-(1-T)\ln a}$	$a^{t/T}$	$\frac{z}{z-a}$

附录B　MATLAB常用函数及功能说明

MATLAB 常用函数及功能说明见表 B-1。

表 B-1　MATLAB 常用函数及功能说明

函数名	功能说明	函数名	功能说明
abs	计算绝对值或复数幅值	iztrans	z 反变换
acos	计算反余弦	j	虚数单位
angle	计算相角	laplace	拉普拉斯变换
ans	为表达式创建的缺省变量	log	计算自然对数
asin	计算反正弦	log10	计算常用对数
atan	计算反正切	lsim	计算系统在任意输入和初始条件下的时间响应
axis	设定坐标轴	margin	绘制伯德图，计算截止频率、相角裕度、相角穿越频率和幅值裕度
bode	绘制伯德图	max	求向量中的最大元素
break	终断循环执行语句	min	求向量中的最小元素
c2d	将连续系统变换为离散系统	NaN	不定式表示
clc	清除命令窗显示	nichols	绘制尼柯尔斯图
clear	删除内存中的变量和函数	nyquist	绘制奈奎斯特图
conj	求共轭复数	ode23	微分方程低阶数值解法
conv	多项式相乘或卷积	ode45	微分方程高阶数值解法
cos	计算余弦	parallel	两个系统的并联连接
else	与 if 一起使用的转移语句	pi	圆周率 π
end	结束控制语句	plot	绘制线性坐标图形
exp	计算以 e 为底的指数函数	pzmap	绘制线性系统的零极点分布图
feedback	两个系统的反馈连接	residue	部分分式展开
figure	创建图形窗口	rlocfind	由根轨迹的一组根确定相应的增益
for	循环控制语句	rlocus	绘制根轨迹
format	设置输出格式	roots	求多项式的根
grid	在图形上加网格线	semilogx	绘制 x 轴半对数坐标图形
help	查询函数调用格式	semilogy	绘制 y 轴半对数坐标图形
hold off	取消当前图形保持	series	两个系统的串联连接
hold on	保持当前图形	sign	符号函数

续表 B-1

函数名	功能说明	函数名	功能说明
i	$\sqrt{-1}$	sin	计算正弦
if	条件转移语句	solve	求解代数方程
ilaplace	拉普拉斯反变换	sqrt	计算平方根
impulse	计算系统的单位脉冲响应	step	计算系统的单位阶跃响应、绘制单位阶跃响应曲线
initial	计算系统的零输入响应	syms	创建符号对象
tan	计算正切	xlabel	在图形上添加 x 坐标说明
text	在图形上添加文字说明	ylabel	在图形上添加 y 坐标说明
tf	系统的传递函数描述	zp2tf	将零极点模型转换为传递函数模型
tf2zp	将传递函数模型转换为零极点形式	zpk	系统的零极点模型
title	在图形中添加标题	ztrans	z 变换
while	循环控制语句		

参考文献

[1] 胡寿松.自动控制原理[M].6版.北京:科学出版社,2015.

[2] 王划一,杨西侠.自动控制原理[M].3版.北京:国防工业出版社,2017.

[3] Katsuhiko Ogata.现代控制工程[M].5版.卢伯英,佟明安,译.北京:电子工业出版社,2011.

[4] Gene F. Franklin,J. David Powell,Abbas Emami-Naeini.自动控制原理与设计[M].6版.李中华等,译.北京:电子工业出版社,2014.

[5] Richard C. Dorf,Robert H. Bishop.现代控制系统[M].12版.谢红卫,孙志强,宫二玲,等,译.北京:电子工业出版社,2015.

[6] 戴忠达.自动控制理论基础[M].北京:清华大学出版社,1991.

[7] 李友善.自动控制原理[M].修订版.北京:国防工业出版社,1989.

[8] 吴麒.自动控制原理[M].北京:清华大学出版社,1990.

[9] 胡寿松.自动控制原理习题集[M].北京:国防工业出版社,1990.

[10] 王万良.自动控制原理[M].北京:科学出版社,2001.

[11] 夏德钤.自动控制理论[M].北京:机械工业出版社,1989.

[12] 卢京潮.自动控制原理[M].北京:清华大学出版社,2013.

[13] 胥布工.自动控制原理[M].2版.北京:电子工业出版社,2016.

[14] 冯巧玲.自动控制原理[M].2版.北京:北京航空航天大学出版社,2007.

[15] 苏欣平.自动控制原理及应用[M].北京:北京理工大学出版社,2016.

[16] 陈复扬.自动控制原理[M].2版.北京:国防工业出版社,2013.

[17] 王划一,杨西侠.自动控制原理习题详解与考研辅导[M].北京:国防工业出版社,2014.

[18] 钱学森,宋健.工程控制论[M].北京:科学出版社,1980.

[19] 薛定宇.控制系统计算机辅助设计[M].北京:清华大学出版社,1996.

[20] 薛定宇.反馈控制系统设计与分析[M].北京:清华大学出版社,2000.

[21] 郭雷.控制理论导论——从基本概念到研究前沿[M].北京:科学出版社,2005.

[22] 张彦斌.火炮控制系统及原理[M].北京:北京理工大学出版社,2009.

[23] 臧克茂,马晓军,李长兵.现代坦克炮控系统[M].北京:国防工业出版社,2007.

[24] 杨一栋.直升机飞行控制[M].北京:国防工业出版社,2007.

[25] 林涛.导弹制导与控制系统原理[M].北京:北京航空航天大学出版社,2021.

[26] 梅晓榕.自动控制原理[M].3版.北京:科学出版社,2015.

[27] 魏克新,王云亮,陈志敏. MATLAB语言与自动控制系统设计[M].北京:机械工业出版社,1997.

[28] 史忠科,卢京潮.自动控制原理常见题型解析及模拟题[M].西安:西北工业大学出版,1999.

[29] 陈小琳.自动控制原理习题集[M].北京:国防工业出版社,1982.

[30] 吕家兵,侯远龙,等.坦克炮控系统的复合自抗扰控制研究[J].控制理论与应用,2020,39(4)1-7.